무선 통신 시스템 개론

Short-range Wireless Communication

Fundamentals of RF System Design and Application

SECOND EDITION

Alan Bensky 저
이용업 | 박중후 공역

CD ROM Included

Newnes

홍릉과학출판사

Short-range Wireless Communication (2/e)

Fundamentals of RF System Design and Application

Alan Bensky 저
이용업, 박중후 공역

ISBN : 9780750677820
Translated Edition ISBN : 9788972838463
Publication Date in Korea : 2010. 02. 26

Translated by HongReung Publishing Co.
Printed in Korea.

1판 머리말

근거리 무선시스템이 포함된 제품의 개발자, 제조업자, 판매업자들은 보안, 원격 측정, 메디컬 케어 등의 분야에서의 전문가들이다. 그들은 무선 인터페이스를 적용해서 현존하는 유선 제품의 유선 부분을 제거한다. 그들은 전기적으로 쉽게 시스템에 집적이 되는 무선 부시스템을 변형시키기도 하는데, 그것은 통신 범위가 그들이 예상하는 것보다 너무 짧거나, 빈번하게 오작동하거나, 전혀 동작되지 않기 때문이다. 이 책의 주된 목적은 이러한 무선 부시스템을 변경 개선하여 응용하기 위함이다.

이 책의 또 다른 잠재 독자들은 무선 통신의 커지는 응용 분야를 알고 있고, 특정한 시스템이나 장치에 대한 깊은 이해가 없이도 무선 시스템이 어떻게 동작하는지 알기를 원하는, 다양한 기술적 배경을 가진 호기심이 많은 사람들이다. 이 책에서는 실제 전파 전달, 안테나, 송신기, 수신기, 설계 원리, 전기통신 규정, 정보 이론을 포함한 무선 통신의 모든 분야를 다룬다. 이 책에서 제시한 지식으로 무장된 독자들은 셀룰러 무선 시스템, 개인 통신 시스템(PCS), 무선 랜(WLAN)과 같은 전문 무선 통신 주제에 대한 깊숙한 사항들을 쉽게 배울 수 있다.

이 책의 기술적 수준은 공학 교육을 받았거나, 과학적인 배경이 있으면서 설계자, 공학 분야 관리자, 기술 영업 사원으로 일하는 독자들도 적합하다. 다만, 그들은 전기회로와 공업수학에 익숙해야 된다. 앞부분의 몇 장은 기본적인 확률 이론이 필요하다. 적합한 배경이 없거나, 확률을 복습하고자 하는 독자들은 10장을 먼저 보기 바랍니다.

이 책은 다음과 같이 구성된다.

1장은 서론으로서, 책의 핵심 내용과 이 책에서 다루는 근거리 무선 시스템들을 소개한다.

2장은 무선 전파와 통신범위와 신뢰도에 영향을 주는 요소에 대해 설명한다.

3장은 근거리 무선 시스템에 사용되는 안테나와 전송선로, 근거리 무선에 사용되는 안테나에 대해 알아본다.

4장은 정보 전송과 변조에 사용되는 다양한 형태의 신호들과 전체적인 무선시스템의 특성에 대해 다룬다.

5장과 6장은 각각 다양한 종류의 송신기와 수신기에 대해서 설명한다.

7장은 무선시스템의 성능 특성을 자세히 다룬다.

8장은 근거리 무선시스템을 구현하는데 사용되는 다양한 형태의 부품들에 대해 설명한다.

9장은 규정과 표준을 다룬다. 여기서는 북미와 유럽에서 근거리 무선 시스템에 대한 승인을 얻기 위한 조건에 대해 개략적으로 살펴본다.

10장은 확률과 통신 이론을 소개한다.

11장은 근거리 무선 시스템에서의 가장 중요한 새로운 개발 기술에 대해 검토한다.

도입부에서는 책과 함께 제공되는 CDROM에 포함되어 있는 12개의 Mathcad 워크시트를 설명하는데, 이것들은 무선 설계 엔지니어가 업무를 하는데 도움이 될 것이다. 이 책에 대한 전체 검색이 가능한 PDF 파일이 CDROM에 담겨있다.

이 책의 여러 가지 용어들은 다소 미묘한 차이는 있지만, 동일한 의미를 지닌 다양한 표현을 위해서 사용된다. 이 책에서 다루지 않는 적외선 통신과 전력선 통신을 포함하는 일반적인 무선 시스템을 나타낼 때 "wireless"란 용어를 사용하지만, "wireless"와 "radio"는 동일하게 "무선"이란 의미로 사용된다. 저전력 무선 시스템은 수천 km 거리에서 통신을 할 수 있는데 비해서, 근거리 무선 시스템은 여기에서 사용된 것처럼, 기껏해야 수 km에서 통신이 가능하지만, "근거리 무선 시스템"과 "저전력 무선 시스템"은 모두 비허가 무선 통신 분야를 언급하고 있다.

이 책에는 수많은 배선도(schematic diagram)들이 있는데, 대부분이 부품 값 표시가 없다. 회로 설계는 배선도의 부품 값을 많이 참조하는데, 이 책의 의도는 개념을 설명하고 특정한 요구에 따라 회로를 설계하는 능력을 가진 엔지니어에게 초기 방향을 제시하는 것이다. 많은 구현 관련 책이 필요하다면 실제 회로 개발에 도움이 될 것이다.

무선통신에 흥미를 가졌던 시기부터 격려와 도움을 주고, 원고 교정과 수많은 도움을 주신 Moe Bergman 교수에게 감사하게 생각합니다.

2판 머리말

근거리 무선제품 사용은 차고 문 개폐기와 키레스 엔트리(keyless entry)의 출현 이후, 꾸준히 증가하고 있지만, 이 책의 첫판 출간 이후, 3년간 이런 주제의 출판물은 함께 증가되지 않았다. 무선 랜(WLAN)이 현장 사용이 활발해짐에 따라, 유선 랜을 보완함과 동시에, 무선랜이 유선 랜을 전체적으로 대체되고 있다. 수년 동안 무선 랜은 컴퓨터를 여러 대 사용하는 가정에서 그 기반을 확고히 할 것으로 예상되므로, 상용과 가정용 무선 랜의 요구 조건 차이가 거의 없어질 것이다. 이 기간에 Wi-Fi 표준는 어디에서나 접하고, 특히 가정용으로 개발된 HomeRF 시스템이 시장에서 밀려나는 것을 볼 것이다. 또 다른 현상으로는 미국, 유럽과 다른 지역에서 Wi-Fi hotspot이 널리 퍼지고 있어, 휴대용 컴퓨터에 Wi-Fi 기능이 포함하게 권장하고 있다. 공용 액세스 지점(access point)을 통해, 언제 어디서나 인터넷을 연결하고자 하는 욕구 때문에 무선 네트워크의 성장이 가속화되고 있다.

또 다른 네트워킹 산업표준인 블루투스도 급격하게 채택이 되는 중이다. 초기 예상과 달리 다소 지연이 되었지만, 블루투스 칩의 판매는 빠르게 증가하는 중이며, 기기들은 더 많은 셀룰러 전화 모델, 무선 헤드폰, 무선 USB 아답터, 랩톱, 노트북, 그리고 휴대용 컴퓨터 등으로 영역을 확장하는 중이다.

근거리 무선통신이 급격히 증가하는데 비해, 비허가 대역의 허용 주파수는 거의 증가되지 않았기 때문에, 보다 효율적으로 스펙트럼을 사용할 수 있는 새로운 기술 적용에 대한 압력이 자연스럽게 커지고 있다. 이에 부합되는 것 중, 하나가 초광대역 시스템이다. 기저대역에서 생성되고, 정보가 검출될 수 있으며 잡음과 같은 광대역 스펙트럼을 갖는 초광대역 시스템은 지표와 벽 투과 레이더, 가상적으로 검출이 불가능한 통신 등의 군용 통신에 지금까지 두드러지게 널리 사용되고 있다. 초광대역 시스템이 상용 시스템으로 확고히 자리를 잡을 수 있고, 많은 무선 통신 사용자들이 공존할 수 있는 방향으로 규격 인증 기관은 규정을 재정립할 필요가 있다. FCC는 2002년 비허가 초광대역 전송과 관련된 규정을 추가함으로써 이와 같은 일을 수행하였으며, 몇몇 기업에서는 데이터율과 거리 측정 능력에 있어서 돌파구를 여는 혁신적 제품을 개발함으로써 이러한 도전에 맞서고 있다.

불가피하게, 대량 소비를 권장하는 요구 조건인 매우 높은 기능 밀도, 높은 생산량, 낮은 가격은 기본 부품의 교체와 개선 등으로 인해 대부분은 달성되어졌다. 뿐만 아니라, Wi-Fi와 블루투스와 같은 산업 표준 장치에 직접 사용되는 부품도 영향을 받는다. IC와 적절한 장치에 사용되는 부품들의 성능을 향상시키고 가격을 낮추기 위해 유사한 기술이 적용되어 진다. 3년 전 무선 소자의 핵심이었던 많은 부품들이 더 이상 쓸모가 없다. 비허가 대역 소자용 IC들을 생산하였던 명망이 있는 기업들이 사업을 접었거나, 알람, 제어, 근거리 원격제품 설계자에게 IC를 공급하는 것을 포기하고, 정력적으로 이런 도전을 받아 들인 소규모 회사들에게 셀룰러, Wi-Fi, 그리고 블루투스와 같은 대량 사용제품을 공급하는 일에 집중하고 있다.

위에서 언급한 모든 것을 고려하면, 2판은 필수적으로 근거리 무선소자를 설계하거나 전자제품에 집적하는 사람들에게 최신 참고문헌과 능동적인 개발도구를 제공할 목적으로 간행하게 되었다. 이 책의 주요 변경 사항은 다음과 같다.

- 8장인 시스템 구현 부분을 개정하였다. 단종된 부품에 대한 내용은 삭제하였고, 구매 가능한 부품의 종류를 소개하고, 요구 조건에 맞는 다양한 옵션에 따라 부품을 선택할 수 있도록하기 위한 시발점으로서 많은 제조업체에서 제공하는 광범위한 부품들에 대해서 간략하게 설명하였다.
- 9장은 규정과 표준에 대한 내용인데, 비허가 시스템에 관한 FCC 규정 중에서 중요한 변경 사항이 포함되도록 개정하였다. 이 장에는 Wi-Fi의 802.11a 표준안이 사용되는 U-NII 대역에 관한 정의도 포함하고 있다. 이 판에서는 초광대역 통신 장치를 규정하는 제한값들에 대해 상세히 소개하였다. 또한, 9장에서는 유럽에서 무선 통신 장치들을 판매하려는 사람에게 중요한 R&TTE 규정집의 기본 내용을 간략하게 소개하고 있다. 9장에 추가된 중요한 사항은 일본의 근거리/저전력 무선기기의 인증에 관한 기술적 요구 사항이다.

응용과 기술이라고 제목을 바꾼 11장은 많이 보완되었는데, Wi-Fi, 블루투스, 그리고 새로운 지그비 네트워크 기술에 대해 매우 상세히 설명한다. 공용과 호환성 주제를 다루는 절은 Wi-Fi와 블루투스 전송 사이의 간섭을 추정하는 기준에 대해 알아 보고, 동일한 주파수 대역에서 작동하는 다양한 표준안의 네트워크들 간 공용 기술을 개선하는 방안에 대해 다룬다. 초광대역 시스템에 대한 중요성이 증가하여 FCC 규칙에 포함된 것과 부응하여, 설명을 보다 이해하기 쉽도록 그림을 포함시켜, 초광대역 시스템의 동작에 대해 철저하게 설명을 하고자 한다.

이러한 주요 개정 사항 이외에도, 책의 여러 장에서 정정과 사소한 수정이 행해졌다. 웹사이트 목록을 포함하는 참고문헌과 이력서가 있으며, 마지막으로 3개의 Mathcad 워크시트들이 추가되어 개정되었다.

근거리 무선기술과 같이 빠르게 발전하는 기술을 다루는 엔지니어링 책이 출판 이후 몇 년 동안 완전하게 최신 내용으로 남아 있을 거라는 환상을 갖지 않는다. 하지만, 이 판에서는 CCK, OFDM과 같은 새로운 변조 방식 등의 최신 기술적인 내용을 포함시켰으며, 곧 공개될 초광대역 기술을 포함시켜, 독자들이 대하게 되는 새로운 관련된 개발품들을 이해하기 위한 통찰력을 제공하고자 한다. 지금까지 보아온 것처럼, 근거리 무선통신에 관해 광범위하고 완전하게 다루려고 노력하였으면서도, 2판 출간이 필연적으로 끊임없이 나타나는 발전된 새로운 기술을 이해하기 위한 핵심적인 역할을 하기를 바라며, 그 중의 어떤 부분들은 독자들의 노력에 돌리고자 한다.

Alan Bensky, 2003년 8월

역자 머리말

세계 최초로 휴대폰 상용화에 성공하고, 빠르게 초고속 인터넷 망을 구축한 국내 IT 기술의 놀라운 저력을 바탕으로 곧 다가올 4세대 통신 시대에서 전 세계 IT 기술을 선도하는 능력을 키우기 위해서는 무엇보다 국내 무선 통신의 기초 체력을 크게 증대시켜야 한다.

상대적으로 미국, 일본, 유럽에 비해 연구개발 역사가 짧은 국내 무선통신 기술은 최근의 중요하고 괄목할만한 휴대폰과 인터넷 기술과 많은 특허 자료들을 확보하고 있지만, 아직까지 기초 기술에 대해 많은 연구가 수행되어야 한다. 이를 위한 학계와 산업계의 연구 활성화에 도움을 주는 시도도 많이 부족한 상황이다. 이런 점에서 이 책은 무선 통신의 기초기술 연구를 위한 입문서로 역할을 하고자 한다.

이 책의 특징 및 장점

- 다양한 주제를 함축적으로 정리
- 시스템 레벨의 관점을 유지하면서 핵심적인 개념을 잘 전달
- 시뮬레이션 프로그램을 통한 설계 능력 개발
- 학부과정의 1개 학기에 걸친 무선 통신분야 강의교재로 적합/추천
- 통신 분야에 관심 있는 비전공자들에게 기초개념을 확립하는 데 필요

-번역자의 감회

- 좋은 번역이란 많은 독자들에게 사랑받는 책을 만드는 것을 염두에 둔 작업
- 무선 통신 분야에 관심을 가진 학계 및 산업계의 전문가들에게 도움이 되고 싶다.

역자 일동

CD-ROM 무선 공학 워크시트에 대해

이 책의 동봉 CD-ROM에는 15개의 무선 공학 워크시트가 포함되어 있다. 교재를 통해, 워크시트가 있는 절들은 아이콘으로 알려 준다. 이 워크시트들은 독자들이 다양한 종류의 문제들을 풀 수 있게 하며, 무선시스템 설계에 도움을 제공한다. 이 워크시트들은 Mathcad에 기반을 두고 있는데, MathSoft에 의해 출판된 잘 알려진 수학 프로그램으로 수식과 데이터들은 마치 종이와 연필을 사용하거나 또는 칠판으로 문제를 푸는 것과 같이 친숙하게 수학적 형식으로 입력이 된다.

워크시트를 사용하려면, Mathcad 2000 professional 이나 더 높은 버전이 컴퓨터에 있어야 한다. CD-ROM에는 Mathcad 11의 평가판이 담겨 있다. 프로그램은 설치 후, 120일 동안만 유효하다. Mathsoft로부터 사용허가권을 구입하고 설치 소프트웨어에 따라 설치과정을 따르는 기간 동안에만 사용할 수 있다. 평가판 사용이 끝나고 직접 영구판을 구입하지 않고 나중에 하기 위해서 평가기간 동안, 워크시트를 인쇄할 수 있다.

Mathcad11의 평가판을 설치하기 위해, CD-ROM을 컴퓨터에 넣고, Academic 폴더를 열고, Setup.exe를 작동시킨다. Mathcad11을 클릭하여, Evaluation Copy를 선택하고 화면에 표시된 설치과정을 따라한다. 다 마친 후, 시작 프로그램으로 Mathcad11을 작동시킨다. 화면 상에 Activate Later가 표시되면 Finish 메뉴를 누른다. Mathcad에 익숙하지 않으면, 소개면을 따라할 것을 추천한다. CDROM의 Mathcad Worksheets 폴더를 사용하기 원하면 워크시트를 열어라.

Mathcad 웹사이트인 WWW.mathcad.com 에는 엔지니어링 워크시트들을 다룰 수 있으며, Mathcad11 평가판 프로그램을 사용할 수 있다

워크시트의 사용

앞에 있듯이, Mathcad 수식은 워크시트 상에서 일반 작성 형식으로 표현된다. 심벌 해석에는 약간의 차이가 있다. 예를 들어, 데이터 열 표현은 := 와 같이 콜론과 등호 부호로 보이는 특수 등호부호가 따르는 왼편에 변수로 구성이 된다. 등호 부호만은 계산된

답이 따른다. 자신이 직접 수식 계산과 동시에 워크시트로부터 이득을 얻기 위해 HELP 메뉴를 알아야 한다.

수식이 곁들인 문장은 워크시트 구조를 설명하고, 데이터 입력을 하는 곳과 답이 있는 장소를 알려준다. 모든 워크시트는 특수 문제를 풀기 위해 독자의 데이터를 대체할 원래 데이터를 가진다. 다음을 주목하자.

- 워크시트에서 노랑색 표현은 독자의 데이터를 넣는 장소이다. 원래 데이터 상에 커서를 클릭하고 delete 또는 backspace 키를 사용하여 그것을 제거하라. 남아있는 작은 검은색 직각형태 위에 득자의 수치 데이터를 타이핑해라.
- 청색으로 나타난 표현은 계산된 답이다. 아래처럼 데이터를 변화시키면, 자동으로 변경된다.

계산은 대개 데이터를 변경하고 Enter 키를 누르자마자 자동적으로 프로그램이 수행된다. 이는 독자가 본래 데이터를 워크시트에 입력할 때, 귀찮은 것이 될 수 있어서. 독자는 이 기능을 상단 바에 있는 Math 키를 눌러 멈추게 할 수 있는데, 그러면 체크마크를 없애기 위해 자동계산이 된다. 데이터 입력을 마치면, 자동계산 키를 다시 눌러라. 지금 데이터를 변경하려면, 답과 그림은 자동으로 워크시트 상에 갱신이 될 것이다. F9 키를 눌러 멈추는 경우가 있다면, 계산을 초기화 할 수 있다.

그림

몇 개의 워크시트에는 그림이 있다. 독자가 특별한 좌표를 원하거나 축의 분해도가 충분하지 않으면, 그림 상에서 오른쪽 마우스 버튼을 눌러라. Trace 키를 클릭하고, 그림 상으로 커서를 옮겨서 Trace 윈도우 상의 좌표를 관측하라.

측정 도구

Mathcad의 특별한 특징은 측정단위 사용이 용이한 것이다. 독자가 단위를 바꿀 때, 별도의 변환도구를 사용할 필요가 없다. 예를 들면, 노랑색 데이터 입력 표현에서 길이의 기본 단위를 cm(센티미터)로 사용하고, 인치단위로 데이터를 입력하기를 원하면, 간단히 인치 값을 입력하라. 그러면 인치에서 센티미터로 대체된다. 유사하게, 청색으로 나타낸 해답 표현의 측정단위도 또한 대체될 수 있다.

워크시트 설명

각 워크시트에는 기본 설명이 있으며, help 메뉴도 사용할 수 있다. 더 자세한 설명은 다음 절에 있다.

Charge Pump PLL.mcd – 'Charge Pump PLL를 위한 필터 계수 계산'

Charge pump phase-locked loop은 대개 송신기와 수신기의 주파수 결정 블록에서 사용된다. PLL 회로는 자주 다른 RF 부품과 함께 집적되는 반면, 필터 부품은 대개 칩 외부에 있으며 시스템 설계자에 의해 정해진다. 워크시트는 2차 또는 3차 계수 필터를 설계하는 데 사용될 수 있는데, 후자가 PLL 출력 주파수 스펙트럼에 있는 기준 발진기 출력의 더 많은 감쇠가 된다.

필터 부품 값을 발견하기 위해 여러 가지 변수들을 입력해야 한다. f_{rdf}는 위상비교기에 인가되는 주파수이다. 어떤 PLL 칩은 가변 또는 고정된 기준 분배기를 가지며, f_{rdf}는 입력 기준 주파수와 내부 약수 계수이다. fp개방루프 단위이득 주파수인데, 기준 주파수 f_{rdf}의 10분의 1보다 크기 않게 해야만 한다. Kφ는 charge pump 위상비교기에서 오는 펄스들의 출력전류이며, 일반적으로 PLL 소자 규격에 있다. VFO 민감도는 Kv인데, 주파수 경사대 VFO 제어전압으로 표현한다. 정해진 것이 없으면, VFO에 가변 제어전압을 인가하고 제어전압 충전 당 출력 주파수 변화량을 측정하여 얻을 수 있다.

*N*은 출력 주파수를 기준 주파수로 나눈 나눔 비이다. 루프 감쇠는 φp에 의해 정해지는데, 45 또는 50도로 설정해야 한다. 더 큰 값은 과도 감쇠가 발생하며 주파수 변경을 할 때, 느린 응답이 되고, 더 작은 값은 오버슈트가 증가하여 불안하게 된다.

추가로 루프 필터 값의 계산으로 워크시트는 개방루프, 폐루프, 필터 응답과 VCO 제어전압 입력에서 관측될 수 있는 PLL의 이상적인 시간 응답을 보여 주는 그림을 가지고 있다.

Conversions.mcd – 임피던스 변환

이 워크시트는 회로 설계에 일반적으로 사용된다. 특히, 'Matching.mcd' 워크시트와 함께 임피던스 정합 네트워크 설계에 도움이 된다. (6)과 (7) 절은 소스와 부하 임피던스가 순수 저항이 아닌 경우의 임피던스 정합에 사용될 수 있다. 이런 경우에 정합 네트워크의 인접 리액턴스는 리액턴스와 결합된다.

Diffraction.mcd – 회절

송신기에서 가시거리 환경이 아닌 경우에도 무선 수신이 가능한 이유를 알 수 있다. 회절 현상은 가시거리 경로의 신호세기에 영향을 받는다. 이 워크시트는 결과들이 칼 모서리 형태를 가지는 방해물 장소에서만 정확하므로 실제보다 특정한 경우이다. 대부분 실제 상황은 신호세기가 반사에 의해서도 영향을 받으므로 다양한 형태의 여러 가지 방해물이 있다. 하지만, 음영지역으로 전파투과 등의 주파수 변화 영향을 보는 것이 흥미가 있고 유익하다. 그림 계산은 복잡하고 시간이 걸리므로 인내를 가져라.

Helical.mcd – 나선(헬리칼) 안테나

나선 안테나는 휴대용 근거리 송신기와 수신기에 일반적으로 사용되며, 이 워크시트의 사용으로 좋은 설계의 시작을 할 수 있다. 일반 변수인 주파수, 안테나 직경, 그리고 유선 직경 등을 입력한 후, 남은 데이터를 위해 두 가지 선택을 가진다. 안테나 감은 수의 인치당 횟수를 아는 경우 (1) 절투터 시작하여 데이터 입력을 하면, 안테나 높이가 계산된다. (2)절에서 높이를 위한 노랑색 표현 위에서 마우스의 오른편 클릭을 한 후, 팝업 위도우의 'Disable Evaluation'을 클릭하라. 설계 결과를 검사하기 위해 (3)에서 (7)까지 절을 점검하라.

안테나의 높이와 직경 모두를 아는 경우, (2)절의 노랑색 표현에 높이를 입력하라.(표현을 위와 같이 할 수 없으면, 검은 색의 소형 직사각형이 있는데, 마우스의 오른쪽 면을 클릭 한 다음 'Enable Evaluation'을 클릭한다.) 공진을 위해 감기의 필요한 수는 청색 표현에 나타난다. (3)에서 (7)절까지 더 많은 정보를 얻어라.

안테나의 형태인자 변경으로 방사저항과 효율에 영향을 준다. (6)절은 정합된 경우의 전체저항을 준다.

이 워크시트의 수식은 완벽한 접지 면을 가정하는데, 휴대소자인 경우 거의 없으므로, 설계의 시작점에서 계산 결과를 고려하고 계산보다 더 많은 감기로 시작되면 공진이나 최대방사, 최대 수신이 달성될 떠 까지 안테나를 조정하라.

Loop.mcd – 루프 안테나

인쇄 루프 안테나는 소형 휴대 UHF 송신기용으로 가장 알려진 것이다. 단위와 주파수 등의 기본 데이터를 넣으면 (1), (2)와 (3)절에서 방사효율을 포함한 결과가 제공된다. (3)절의 결과가 가장 많이 언급되는데, 고려되지 않은 다른 요소가 효율을 감소시키기 때문이다. 이 중에는 부품과 외관물질을 포함한 보드의 유전체 손실 등이 있다.

워크시트의 (4)절에는 송신기 출력을 정합하는데 필요한 루프 인덕턴스의 근사를 볼 수 있다.

Matching.mcd – 임피던스 정합

이 워크시트는 무선 회로의 정합 기능 블록을 위한 여러 가지 개념들이 있는데, 안테나와 수신기 입력, 송신기 최종단과 안테나, 그리고 RF 증폭 단사이의 정합 등으로, 예를 들어 R2에 의해 종단될 때, 네트워크에 보이는 저항은 R1이다. R1 저항이 왼쪽 면과 연결이 되면, 오른쪽 면에서 보이는 저항은 R2가 된다. (1)과 (2) 회로 각각은 R1과 R2 복수 값에 대한 유일한 정답을 가지는 데, (3)과 (4) 회로에서는 정합 부품 값은 Q로 선택된 값에 좌우된다. 정합회로 부품의 손실, 특히 인덕터 손실은 정합회로 형식을 선택할 때, 반드시 고려해야만 한다. 인덕터는 큰 병렬저항과 작은 직렬저항으로 표현할 수 있는데, 이런 저항들은 'Impedance Transformation'의 help 워크시트와 일치된 일부분의 저항으로 구현될 수 있다. 3장에서 임피던스 정합 예제를 보라.

Microstrip.mcd – 마이크로스트립 전송 선로

이 워크시트는 독자에게 넓이를 알거나 일정한 특성임피던스를 얻는데 필요한 도체 넓이를 알 때, 인쇄 회로 보드의 특성 임피던스를 알려준다. 도체가 반대면의 접지판에 의해 돌아가야만 함을 명심해라. 독자는 주파수, 보드 절연 물질의 유전체 상수, 보드 두께를 정해야만 한다. 특성 임피던스를 결정하는 데 필요한 실제 유전체 상수는 보드 두께와 도체 넓이의 함수이다. (2)절에서 발견하고자 하는 것은 넓이이므로 진짜 답을 얻기 위해 반복 과정이 필요하다. 필요한 특성임피던스를 위해, 첫 번째 시도에서 결정한 넓이를 진짜 넓이와 가장 근접한 추정치를 얻게 하도록 두 번째 시도의 'guess value'로 사용한다.

결과에는 특정한 도체 넓이를 위해 보드의 파장이 포함되는데, 인쇄회로 정합 네트워크 또는 반응부품 설계에 필요한 Smith chart를 사용할 때 필요하다.

Miscellaneous.mcd – '잡동사니'

RF 엔지니어를 위한 여러 가지 유용한 계산들이 이 워크시트에서 수행된다.

(1) 시스템 임피던스와 dBm 단위의 전력에 주어질 때, watt(또는 mW) 단위로 전력을

구하고, 실효치 전압이나 V_{rms}를 아는 경우 dBm 단위의 전압을 구한다.

(2) 코어 크기와 인덕턴스가 주어질 때 단일 계층 공기 코일용 감기 횟수를 발견하거나 크기 또는 감는 횟수를 아는 경우 임피던스를 발견하라.

(3) VSWR의 함수로 부정합손실을 구하라.

(4) 길이와 주파수를 아는 경우 RG-58C/U 공용 동축케이블의 감쇠를 구하라.

(5) 잡음지수, 대역폭, 그리고 사전검파 신호 대 잡음 비로 부터 수신기 민감도를 계산하라.

Noise Figure.mcd – **'잡음지수'**

수신기의 복잡한 잡음지수를 아는 것은 민감도 계산의 선행조건이다. 워크시트에서 각 단의 잡음지수와 이득은 행렬 입력이며, 워크시트의 잡음지수 계산은 수신기의 프론트 엔드에서 이미지제거 필터의 위치 또는 부족한 것을 설명할 수 있다. 'modification flag'는 문서의 명령에 따라 잡음 행렬의 두 번째 열에 입력한다. 믹서 잡음지수는 단측파대 이어야 한다. 워크시트는 단측파대와 양측파대 잡음지수 값들 사이 변환을 할 수 있다.

Patch.mcd – **'마이크로스트립 패치 안테나'**

이 워크시트를 사용하여 직각형태의 반 파장 마이크로스트립 패치 안테나를 설계할 수 있다.수식은 '잔상 거리(fringing distance)'를 설명하는데, 보드의 반 파장 길이보다 다소 작게 패치 길이를 만들게 된다. 워크시트의 결과는 수신기의 입력 임피던스 또는 송신기의 출력 임피던스를 정합해야만 하는 보드 모서리 중심의 임피던스이다. 이 정합은 대개 인쇄기판의 마이크로스트립 분산 소자에 의해 이루어진다. 독자가 직접 동축케이블에 정합하기를 원하면, 케이블 차폐물을 보드의 반대면 접지판에 납땜 연결을 하라. 접지판에서 중심에서 거리 '*x*' 지점의 패치로 절연체를 통해 중심 커넥터로 연결하라. 그러면, 워크시트의 마지막 절에 결과가 표시된다.

Radiate.mcd – **'무선 전파 수식'**

이 워크시트는 전파전파와 안테나를 다루는 누구에게도 매우 적합하다. (1)절에서 인자 '*L*'이 있는데, 회로와 시스템 손실 성분이 포함되며, 다른 절은 명확하지 않지만, 이런 손실은 이득인자에 포함되어야 한다. 예를 들어, (3)절은 3미터 거리의 최대 필드세기를 위한 FCC 규정 만족에 필요한 송신기 전력을 알아내는데 사용될 수 있다. 루프 안테나를 사용할 때, 안테나 손실은 10dB 또는 더 이상 될 수 있어 G_t가 이 경우 최대 0.1이어야 한다.

Range.mcd – '개방 필드 범위'

저전력 무선통신 시스템의 범위 추정은 개방 필드 조건이 자유공간 조건보다 더 관련이 있다. 이 워크시트 사용으로 신호세기 값의 영점들과 최대 값들을 볼 수 있어서 자주 실제를 경험하며, 어떻게 동작 주파수와 안테나 높이에 영향을 받는 지 알 수 있다.

워크시트를 사용하기 위해 독자는 동작 주파수, 지표면 위의 송신 및 수신 안테나 높이, 송신 안테나 극성 등을 입력해야 한다. 또한, 그림을 위해 최대거리를 알려 주어야 한다. 계산 에는 직접 가시거리와 지표면에서 반사된 수신 신호세기를 더해야 한다. 일반적인 지표면 전도율과 permittivity가 사용되는데, 대개는 필요하지 않지만, 원하면 변경할 수 있다. 안테나는 수직으로 상수 이득을 가진다고 가정한다. 결과는 수신 안테나 이득이 0dB인 수신기 방향의 방사 송신기 전력에 비해 수신기 입력 전력 비를 나타낸 데시벨 단위의 등방향 경로 이득(음값의 경로손실) 그림이다. 개방 필드 경로 이득은 3 미터로 정해진 기준 거리 d_0 지점에서의 자유 공간 전력에 비교해 계산된다. 그러면, 송신전력은 d_0 지점에서 자유공간 전력에서 알 수 있다. 자유공간 경로 이득도 또한 참고적으로 그림으로 표시한다.

워크시트의 마지막 절은 주어진 송신 전력과 개방 필드의 주어진 범위에서 독자가 필요한 수신기 민감도를 알 수 있거나 수신기 민감도를 아는 경우 개방 필드 범위를 알 수 있다. 전력과 범위를 아는 경우 민감도 계산은 수월하게 되지만, 주어진 전력과 민감도로부터 범위를 얻으려면, 좌표(경로이득)를 아는 경우 곡선(거리) 축을 발견해야 한다. 워크시트는 이를 위한 명령도 있다.

Translines.mcd – '전송 선로'

이 워크시트는 전송선로 동작을 위한 여러 가지 유용한 수식을 풀어 준다. 우선 동작 주파수와 전송선로 변수를 입력한다. 계산을 통해 선로 손실을 알려 주는데, 그 값은 입력해야 하지만, 알 필요가 없으면 짧은 저손실 선로 상에 영향이 없게 0dB로 입력할 수 있다. 선로 손실을 사용하면, 손실은 주파수에 따라 증가하므로 동작 주파수에서 손실을 알아야 한다. 독자가 제공하는 케이블 속도 인자와 주파수로부터, 케이블 파장이 계산되고 표시된다.

(1)절은 자주 사용되는 정합 변수와 단지 입력된 선로 특성 임피던스 사용사이의 관계를 제공한다 . (2)절은 신호원에서 선로의 특정 임피던스를 위해 필요한 부하 임피던스 뿐만 아니라 신호원에서 선로를 관측할 때의 임피던스로 부하 임피던스의 변환을 제공한다. 독자는 단지 선로 길이만을 입력한다. (3)절은 단락 또는 개방 선로를 위해, 원하는 유도성 또는 용량성 리액턴스를 얻기 위해서 독자에게 필요한 선로길이를 알려준다.

Probabilities.mcd – '검파확률'

전송 시스템에서 특정한 수의 비트 열 전송에 대해 오류가 없는 검파 확률이나 오류확률을 알 수 있는 것은 매우 유용하다. 각 비트의 오류 확률을 아는 경우 이 워크시트를 사용하여 이를 할 수 있다. 워크시트에서 얼마나 많이 오류정정부호가 오류확률을 개선(감소) 할 수 있는 지 알 수 있다. 계산은 주어진 수까지 모든 오류를 정정하기 위해 필요한 최소 수 부호 문자를 위한 해밍 경계치(Hamming bound)를 사용한다.

워크시트는 전송 메시지에서 오류정정 비트 증가로 인해, 정보 전송 시간의 비트율이 상수 이면 증가함을 알려준다. 오루정정이 없이 정보속도가 비트율 이상이 되게 하는 비트율 증가는 대역폭 증가와 당연한 신호대 잡음비 감소가 필요하다. 비트 오율 영향은 사용한 변조 형식에 좌우되며, 새로운 비트 오율 확률을 아는 경우 이를 데이터 시트에 입력할 수 있으며 오류정정 부호화로 오류확률에 대한 최상의 해법을 얻을 수 있다.

워크시트는 또한 오경보 확률도 계산한다. 오경보는 수신 비트에 잡음이 변화하면 발생되어 메시지가 전송하지 않을 때, 불규칙하게 수신된 데이터 열이 예상된 메시지와 동일하게 된다.

오류정정 부호화의 사용 없이 메시지의 검파 확률을 개선하는 일반적인 방법은 동일한 메시지를 여러 번 연속하여 보내는 것이다. 독자는 워크시트의 마지막 절에 표시된 결과에서 메시지 반복으로부터 검파확률의 개선정도를 볼 수 있다.

S-parameters.mcd – 'S 파라메타'

자주 능동과 수동 소자들의 제조업자들은 S 파라메타 세트를 제공하는데, 동작 주파수 대역과 바이어싱 전류와 전압의 범위를 가진다. 워크시트에 S 파라메타의 관련 세트를 연결하여 그 소자들을 위한 정합 네트워크 설계에 필요한 입력 및 출력 임피던스를 발견할 수 있다. 워크시트는 반사계수, 언급된 부하에 따른 입력 및 출력 임피던스, 부품에 인가된 신호원 임피던스를 알 수 있다.

차례

제 1 장

소개

1.1 근거리 무선의 발전추이

1970년대에는 제한된 수의 근거리 무선 응용제품들이 사용되었다. 이중 하나의 시스템인 차고 문 개폐기는 LC 동조 회로를 가진 발진기 송신기와 초재생 수신기로 시스템이 구성되었다. 그런데, 주파수 편이와 간섭 감염에 의해 오작동이 자주 발생하고, 차고 문 열림이 불규칙하게 동작하여, 신뢰할 수가 없었다. 현재 무선기술이 크게 발전했지만 아직까지 유사한 시스템이 사용되고 있다. 크게 개선된 회로와 기술이라도 유선 응용의 무선 대체, 예를 들어 보안시스템인 경우에 무선방식이 유선방식보다 신뢰도가 떨어지며, 가격차이도 너무 커서 셀룰러 무선이 전화기 통신을 대체하는 변화를 가져올 수 없는 어려움이 있다.

19세기 후반의 전력 보급, 자동차의 대량 생산, 트랜지스터 발명 등과 같이 최근 마지막 세기에 인간 생활에 지대한 영향을 준 소수의 다른 기술적 발전과 같은 부류에 셀룰러 무선이 있다는 주장을 비판하는 사람은 거의 없을 것이다. 최근 10년 또는 그 이상에서 전자통신 기술의 또 다른 개발인 위성통신이 우리 사회에 충격을 주었으며, 직접 방식의 위성 텔레비전 보급으로 그 충격이 가정에 더 밀접하게 다가오는 중이다.

이런 강력한 반응이 있는 무선 기술은 전혀 놀랄 일이 아니다. 무엇보다 실제 본래 유선만의 사용은 없으며, 우리가 유선에 매어 있을 뿐이고, 적절한 가격에서 신뢰도 있는 동작을 할 수 있으면 점진적으로 유선 방식이 없어도 가능할 것이다. 오늘날 셀룰러 무선은 일반적으로 유선 전화보다 낮은 품질, 낮은 신뢰도, 그리고 높은 가격이지만, 공공기관의 채택이 일시적이지 않다. 전기력이 유선 없이도 분배될 때 생활 변화를 생각해 보자.

사회에서 무선 시스템의 영향이 지속적으로 증가하는 면을 고려하면서, 이 책에서는 무선 동작에 대한 호기심을 가지거나 무선사용 확장에 공헌하며 기술적으로 넓은 기초지식을 가진 독자에게 무선통신의 기초이지만 이해하기 쉽도록 작성되어 있다. 이 책의 대부분 장은 위성과 셀룰러 시스템을 포함해 무선 통신의 모든 형식에 대한 기초를 이해하기 위한 소개 또는 선행지식이 포함되며, 일반적인 근거리 또는 저전력 무선 응용의 정의 기술에 대해 강조하며 그것의 구현에 대해 다룬다. 셀룰러 무선변혁의 기술적 발생에 의해 이런 응용 기술의 대부분은 고속으로 확산되는 중이다.

1.2 무선 응용의 확산 이유

무선 스펙트럼은 한정된 양이고, 더욱 많은 사용으로 고갈되고 있는 중으로, 무선 응용의 확산과 무선사용 증가의 한계를 가진다. 가격과 크기 제한으로 무선 대체 소자의 증대가 제약을 받지만, 기술 개발은 이런 점을 극복한다.

- 이전의 스펙트럼 사용은 불가능했거나 비싼 가격이었지만 지금은 더 높은 주파수를 사용할 수 있다. 특히, 반도체 소자는 최근에 mm 파장 또는 십 GHz 신호를 증폭할 수 있게 개발된다. 또한 효율적이고 아담한 크기의 안테나도 근거리 소자에 사용되는 평면 안테나처럼 가능하다. SAW 소자 개발로 매우 간단한 회로를 사용해 UHF 대역의 주파수 생성이 가능하다.
- 디지털 변조 기법들은 이전의 아날로그 방법을 대체하는 중인데, 주어진 대역폭에서 점유할 수 있는 많은 통신 채널들의 증가를 가져온다.
- 회로 소형화에 많은 발전을 가져왔다. 한 개의 칩에 아날로그와 디지털 기능을 결합한 하이브리드와 RF 집적회로는 셀룰러 전화기가 아담한 크기에 비해 큰 역할을 수행하게 해준다. 이런 소형화는 편리성과 짧은 파장 회로의 효율적 설계에도 필요하다.

1.3 근거리 무선 특성

근거리와 저전력은 모두 상대적 용어들로 그 범위를 정해야만 한다. 우리가 다룰 응용에 대해 모든 특성을 알지 못하지만, 거의 모두는 다음의 특징을 가질 것이다.

- 수μW에서 100mW까지의 RF 전력 출력
- 수cm에서 수 백m까지의 통신 범위
- 대개 실내 동작
- 전방향성, 내장 안테나
- 단순 구조와 상용 전자제품 범주에서 상대적으로 낮은 가격
- 미인가 동작
- 까다롭지 않은 대역폭 규격
- UHF 작동

- 배터리 작동의 송신기 또는 수신기

이 책의 내용을 이해하여 유비쿼터스 소자 동작에 대해 자세한 이해를 할 수 있어도 구현 관점에서 보면 셀룰러 무선과 무선 전화기는 해당이 안 된다.

◈ 근거리 무선 응용

아래 표는 근거리 무선 응용과 이 책의 중심을 말해주는 특성이 열거된다.

응용	주파수(MHz)	특성
보안시스템	300-500, 800, 900	간편함, 쉬운 설치
비상 의료용 알람	300-500, 800	운반편리, 긴 배터리 수명, 신뢰성
컴퓨터 보조장치 – 마우스, 키보드	UHF	높은 데이터 율, 짧은 범위, 싼 가격
RFID(무선주파수 인식)	100kHz – 2.4GHz	짧은 범위, 능동 또는 수동 트랜스폰더
WLAN(무선랜)	900MHz, 2.4GHz	연속적인 높은 데이터 율, 대역확산 변조, 높은 가격
무선 마이크, 무선헤드폰	VHF, UHF	고신뢰도의 아날로그 음성변조, 적절한 가격
키없는 출입구 – 게이트 개폐기	UHF	소형 송신기, 복제 방지를 위한 특별 부호화
무선 바코드 리더기	900MHz, 2.4GHz	산업용도, 대역확산, 비싼 가격

새로운 근거리 응용 방향은 수 m 거리에서의 고속 데이터 통신, 통신에서 블루투스 그룹과 셀룰러 폰을 통한 무선 인터넷 제어, 그리고 컴퓨터와 주변기기 사이의 유선을 제거하는 것으로 PC 리더 기술자들에 의해 개발 되는 중이다. 대량생산은 신뢰성 증대와 유선의 대체 허용을 증가하여, 소비자가 비용을 지불하려는 고급기술을 지속적으로 가져오며, 또한 개발 부산물도 위의 표에 있는 많은 응용에서 적용할 수 있을 것이다.

1.4 무선 통신 시스템 요소

그림 1-1은 무선 시스템의 완벽한 블록도이다. 이 시스템의 모든 요소는 이 책의 마지

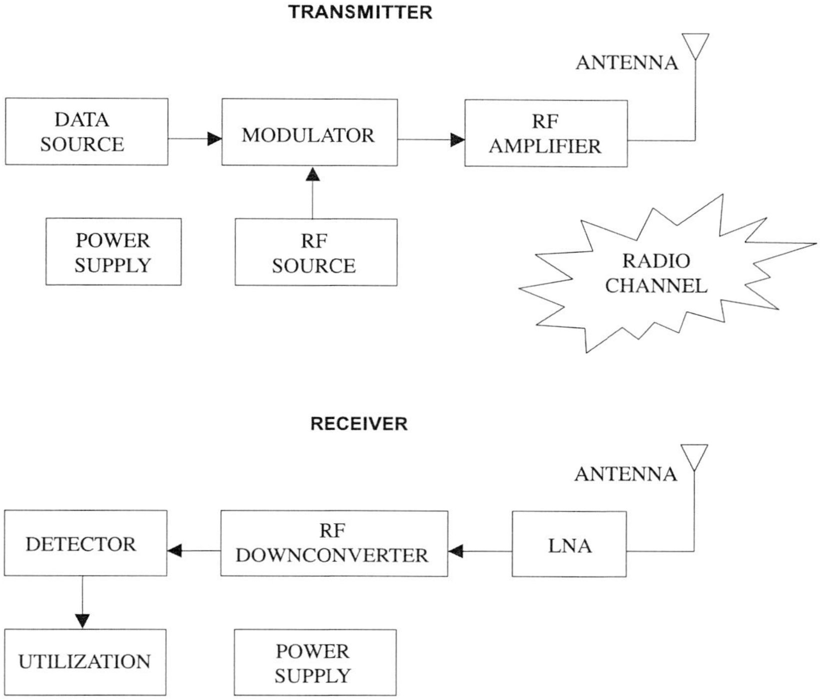

그림 1-1 무선 시스템

막 장에서 자세히 설명이 된다. 간략한 설명은 다음에 있는 근거리 응용 기술의 참고 문헌에 있다.

◈ 데이터 신호원

이것은 한쪽에서 다른 쪽으로 전달되는 정보이다. 4페이지의 표에 나열된 각 소자들은 각기 자신의 데이터 신호원을 가지는데, 아날로그 또는 디지털 형식이다. 많은 경우에 데이터는 보안 침입 검출기의 비상 스위치 또는 수동 원격 제어 장치에서의 단순한 온/오프(ON/OFF) 정보이다. 이 경우, 데이터 상태 변화는 메시지 프레임을 RF 캐리어로 변조한다. 가장 간단한 형식으로 메시지 프레임은 그림 1-2와 같다. 어드레스 필드

ADDRESS BITS	DATA	PARITY

그림 1-2 메시지 프레임

는 전송 중인 데이터 단위와 일치하며, 데이터 필드는 온/오프(ON/OFF) 형식의 특정 정보를 전달한다. 패리티 비트 또는 패리티 비트들은 오류 메시지를 검출하기 위해 추가된다.

다른 디지털 소자들은 더 복잡한 메시지를 가진다. 컴퓨터 주변장치와 무선 랜(WLAN) 등은 근거리 링크 상에 연속적인 디지털 데이터를 전송한다. 이런 데이터는 고급 오류 검출과 오류 정정 기법(10장 참조)에 있는 프로토콜에 따라 구성이 된다. 무선 마이크와 무선 헤드셋 같은 오디오 장치들은 변조기로 아날로그 데이터를 전송한다. 그런데, 이런 데이터는 무선 채널 상에서 최적의 성능을 가지게 처리되어야 한다.

전 세계적으로 사용하는 FM 전송에서, 프리엠파시스 필터는 전송 전에 고주파수 성분을 증대 시키고 수신기에서 고주파수를 감쇠시켜 고주파수 잡음을 줄일 수 있다. 유사하게, 동적 범위는 압신기(compander) 사용으로 증대시킨다. 송신기에서 미약한 음은 더 증폭시키고 강한 음은 상대적으로 덜 증폭시킨다. 반대로 수신기에서 미약한 음을 적절한 원래 크기로 두고, 배경잡음도 줄여 동적범위를 개선시킨다.

다른 면의 데이터 신호원은 RFID의 경우이다. 여기에서 데이터는 송신기에 있지 않고 변환기라는 중간 수신기에서 RF 신호에 더해진다. 그림 1-3을 보자. 변환기는 수동 또는 능동 방식으로 이 경우 전송 무선 주파수는 변환기에 의해 변경되고 허가된 데이터를 해독하는 수신기에 의해 검파되어 호스트 컴퓨터로 전송이 된다.

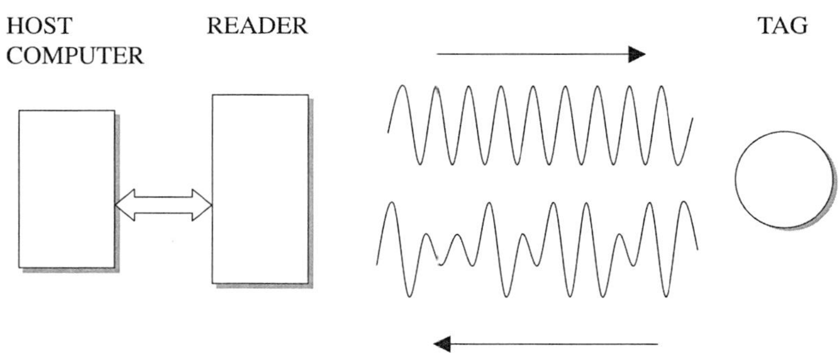

그림 1-3 RFID

◈ 무선주파수 생성부

송신기에서 이 부분은 RF 신호원(발진기 또는 합성기), 변조기, 증폭기로 구성이 된다.

가장 간단한 근거리 소자는 세 가지 모든 기능이 한 개의 트랜지스터 회로에 포함될 수 있다. 5장에서 자세히 다룬다. RFID 방식은 변조가 RF 신호원에서 멀리 수행되는 다른 응용과는 다르다.

◈ RF 전도와 방사

실제 모든 근거리 소자는 내장 안테나를 가지므로, 전송선로는 매우 짧고 간단하다. 하지만, 고주파수에서 길이가 파장에 비해 커서 송신기의 전송효율에 영향을 준다. 3장에서 가까운 거리의 시스템에 있는 전송선로와 적절한 정합의 중요성, 기술에 대해 다룬다. 근거리 소자 안테나는 다른 무선 응용과는 구별이 되는데, 안테나는 매우 작고 대개 한 파장의 일부분이며 대부분 전방향이다.

◈ 무선 채널

정의에 의해, 근거리 응용의 무선 채널은 대개 실내에서 사용되는 장치이다. 허용되는 RF전력은 매우 작고 인증기관에 의해 규칙이 정해진다. 장치들은 대개 통신 성능에 영향을 주는, 인간이나 동물 몸에 근접 또는 밀착되어 작동이 된다. 이런 시스템에서 신뢰성 있는 동작을 예측하기는 어렵다. 제조업자, 판매자, 사용자의 근거리 무선의 특수한 전파 특성에 대한 지식 부족이 신뢰성이 없는 평판의 주요 이유이다. 근거리 장치는 자주 많이 유선 대체로 사용이 되는데, 유사한 성능에서 유선에 비해 무선 전파의 한계점도 각 응용에서 설명이 되어야 된다. 2장에서 이런 문제를 살펴본다.

◈ 수신기

수신기는 송신기와 많이 유사한 블록이지만, 동작은 정 반대이다. 수신기는 안테나와 전송선로, RF 증폭기, 그리고 수신기 작동을 위해 발진기를 가진다. 미약한 신호는 안테나에 의해 수신되어 저잡음 증폭기(LNA)에 의해 회로잡음보다 크게 증폭된다. 원하는 신호는 다른 모든 신호와 분리되고 하향변환기에 의해 더 낮은 주파수로 이동이 되며 복조 또는 검파에 의해 필요한 크기로 더 효율적 증폭이 된다. 검파기는 수신기의 원래 목적을 수행한다. 즉 송신기의 RF 파형에 의해 변형된 데이터 신호원을 본래 형태로 변환시킨다.

정부기관에 의해 송신기의 전력이 제한되지만, 수신기 민감도는 그렇지 않다. 시스템 성능을 개선시키는 가장 명확한 방법은 원하지 않은 신호원으로부터의 간섭을 줄이는 선택도와 민감도를 개선하는 것이다. 이는 물리적 제한, 가격, 크기와 전력 소비 조건에서 수행 해야만 한다. 7장에서 이런 문제를 다룬다.

때때로 논쟁거리이지만, 저전력 시스템 설계의 핵심요소는 사용할 변조 형식이다. 간단한 시스템인 경우, 예로써 보안과 의료 장치의 알람은 아날로그 변조인 진폭변조에 대응하여 진폭 시프트 키잉과 주파수 변조에 대한 주파수 시프트키잉 방식사이의 선택을 가진다. 4장에서 두 개 시스템의 장단점을 다룰 것이다.

◈ 전원공급기

대부분의 근거리 소자는 적어도 무선 링크의 한 쪽 면은 완전히 개방이 되어야 한다. 이는 무선을 위한 것이다. 크기가 제한될 때, 즉 손으로 동작되는 원격제어 송신기와 보안 검출기들은 배터리 크기와 그 에너지가 제한된다. 빈번한 배터리 교환은 매우 불편하고 비용이 들며. 유선을 대체하는 무선의 광범위한 보급에 방해물이 된다. 그래서, 저전류 소비는 무선 소자를 위한 중요 설계 목표이다. 대개 송신기보다 수신기에서의 달성이 힘들다.

많은 근거리 응용에서 예로써, 보안 시스템에서 간헐적인 송신기 동작을 요구한다. 송신기들은 데이터를 보낼 필요가 있을 때까지 저전력 정지 상태를 유지할 수 있다. 한편, 수신기는 대개 데이터를 보낸 때를 모르기 때문에 항상 경계를 해야 한다. 그래도, 수신기의 동작 주기를 줄이는 기법들이 있어서 항상 최대 전류일 필요는 없다. 수신기의 전력 소비를 줄이는 또 다른 방법은 저전력 동작 모드로 작동시키는 것이다. 이 작동은 신호의 처음 부분이 검출될 때 정상적으로 동작하며, 이 방법은 민감도를 필연적으로 감쇠시킨다.

1.5 요약

근거리 무선은 무선통신 확장의 하나이면서 뛰어난 부산물의 개념으로 개발이 진행 중이다. 기본 동작 특성들은 모든 무선 시스템에서 동일 하지만, 특정 분야에서 다루는 특징들과 특수 문제들이 있는데, 이중에는 저전력, 저가격, 소형크기, 배터리 동작, 실내 전파의 불확실성, 혼잡한 대역 상의 미인가 작동 문제 등이 있다.

이 책의 나머지는 안테나, 수신기, 송신기, 규정, 표준, 그리고 약간의 정보이론을 통해 전자기장의 전파 환경에서 근거리 무선 통신의 동작과 설계 능력에 대해 다룬다. 마지막 장에서 무선을 가정에 적용한 개발에 대해 상세하게 설명한다. 전자워크시트는 CD-ROM에 있으며, 책 전체를 통해 언급되며, 교재에서 주어진 예제를 다룰 수 있고, 자신의 특정한 설계 문제를 풀 수 있도록 도움을 제공한다.

제 2 장

무선 전파

무선 전파들의 전달, 물리적 매개체 없이 한 지점에서 다른 지점으로 정보를 전달하는 현상을 관찰하는 무선 통신에 대해 배우는 것은 매우 적절하다. 짧은 근거리 상의 작동이라도 효율적인 무선 통신 시스템을 설계하기 원하면 통신이 일어나는 다양한 환경에서 무선 채널 특성을 이해 해야만 한다. 힘의 증대, 즉 전송전력의 증가가 많은 경로손실, 정부기관에 의한 한계 또는 배터리 수명의 한계 등은 극복할 수 있지만, 무선 전파지식이 제공한 근거리 무선 시스템 개발과 운영은 어렵게 한다.

무선 전파의 전체 동작은 맥스웰(Maxwell) 방정식으로 설명이 된다. 1873년도에 영국 물리학자 James Clerk Maxwell은 「*Treatise on Electricity and Magnetism*」 제목의 저서를 출판했는데, 이 책에서 시간과 공간적인 면에서 전자기장의 성질을 설명하는 방정식을 보였다. 부록 2-A에 이 방정식에 관한 간략한 설명이 있다. Heinrich Rudolph Hertz는 맥스웰 이론을 확신시켜주는 실험을 수행하였는데, 이것이 무선 전신과 무선 라디오 개발의 계기가 되었다.

맥스웰 방정식은 도체와 부도체 물질에서 가변되는 전기장 및 자기장의 성질 뿐 만 아니라 공간상에 무선 전파와 도파관의 파장 전송을 설명하는 기본이다. 이를 사용해, 방정식의 표면 효과 방정식과 모든 종류의 안테나에서 매우 밀접한 전자기장 관계들이 표현된다. 맥스웰 방정식들의 해법을 근거로 하여 시장의 수많은 컴퓨터 프로그램이 안테나 설계에 도움을 주거나, 회로 보드 배치에서 오는 전자기 방사를 예상하거나, 차폐의 효율성을 계산하고 초고주파와 마이크로파 회로에 대해서 정확한 모의실험을 수행한다. 이런 문제를 풀기 위해 전문가가 될 필요는 없지만(사용하기 위해 그렇게 해야 한다!) 이 방정식의 친숙함은 소프트웨어 작동에서 신비함이 없으며, 그 응용과 한계 범위에 관한 올바른 이해가 제공된다.

2.1 무선 전파의 원리

무선 전파는 송신기에서 수신기로 전달되는 네 가지 방법이 있는데, 지표면파, 창공파, 자유공간파, 지상파 등이다.

지표면파는 송수신 안테나들이 지표면에 밀접한 경우에 수직 안테나에 의해 생성되며 수직편파에서만 존재한다(3장의 3.2절에 *편파*내용이 있다). 전송 방사는 지구 내 전류를 유도하고, 전파는 도체 지구에 의해 흡수된 에너지만큼 감쇠하면서 지표면을 따라 이동한다. 수평 안테나가 지구 표면 전파에 효율적이지 않는 이유는 수평 안테나에 의해 생성된 수평 전기장이 지구를 단락시키기 때문이다. 지표면파의 전파는 대개 저주파수에서 수 MHz까지로 관심대상은 아니다.

창공파의 무선 전파는 햇빛에 의해 이온화 된(일차적으로 자외선 방사된) 지표면 위에서 공기가 희박하고 고지대인 전리층의 반사에 좌우된다. 전리층은 3~ 30MHz 사이의 고주파수 대역에서 장거리 통신을 위한 것이다. 시간, 계절, 지구 경도, 주기적인 태양 흑점의 생성에 많이 좌우된다. 극 저전력 송신기의 사용으로 장거리 통신도 가능하게 할 수 있다. 이 책에서 다룰 대부분의 근거리 통신 응용은 VHF와 UHF 대역, 그리고 40MHz 이상의 마이크로파 대역을 사용한다. 주파수 범위의 낮은 쪽에서 전리층 반사가 일어날 수 있는데, 그 경우 창공파 전파는 수 백 km로부터 전달된 신호에 간섭을 줄 수 있다. 하지만, 일반적으로 창공파 전파는 우리가 관심이 있는 근거리 무선 응용에 영향을 주지는 않는다.

VHF와 UHF 대역의 근거리 통신에서 가장 중요한 전파 개념은 개방필드에 있다. 이 경우 수신신호는 가시거리 신호와 지표에서 반사된 동일 신호원에서 온 신호들의 벡터 합이다. 가시거리와 개방필드의 신호세기에서 통신 범위와의 관계에 대해 알아보자.

지구 또는 전리층에서 반사가 없는 경우, 가시거리 신호의 통신 범위는 송신기 안테나에서 전송된 전파의 확산 함수이다. 이런 자유공간의 경우, 신호세기는 송신기 안테나에서 멀리 떨어진 거리에 역 비례하여 감쇠한다. 방사전력을 아는 경우, 필드세기는 (2-1) 식에 의해 주어진다.

$$E = \frac{\sqrt{30 \cdot P_t \cdot G_t}}{d} \tag{2-1}$$

여기서 P_t는 송신전력이며, G_t는 안테나 이득, 그리고 d는 거리이다. P_t가 W단위이고, d가 m단위이면, E는 V/m단위를 가진다.

송신 안테나의 입력전력을 아는 경우, 수신기전력 (P_r)는 (2-2) 식이다.

$$P_r = \frac{P_t G_t G_r \lambda^2}{(4\pi d)^2} \tag{2-2}$$

여기서 G_t와 G_r은 송수신기의 안테나 이득이며, λ는 파장이다.

고이득 안테나를 사용하고 지표면 위의 수 파장에 위치된 경우, 통신 범위는 높은

UHF와 마이크로파 주파수에서 이를 기준으로 계산된다. 지구와 위성 또는 위성들 사이의 신호세기는 거리의 역에 비례하는 법칙을 따르지만, 이 경우는 근거리 통신 부류는 아니다. 마이크로파 주파수에서의 신호세기는 공기를 구성하는 다른 가스와 수증기 등에 의해 생기는 대기층 흡수에 의해 감소가 된다.

2.2 개방필드 전파

이전 절의 수식이 어떤 환경에는 유용하지만, VHF 또는 UHF 대역 신호의 실제 통신 범위는 지표면과 주위 물체의 반사에 영향을 받는다. 반사된 신호의 경로 길이는 가시경로 신호 길이와 다르다. 수신기는 다양한 크기와 위상들을 가지는 성분들의 결합된 신호를 받는다. 한편, 반사는 위상반전을 일으킨다. 반사된 신호들은 가시경로 길이보다 큰 경로길이를 가지며, 정확히 신호 파장 길이 또는 파장의 배수 길이의 원하는 신호를 거의 완벽히 제거한다('거의'는 크기가 직접경로 신호크기에 비해 약간 작기 때문이다). 한편, 반사된 신호 경로길이가 정확히 신호 반파장의 홀수 배로 다르면, 전체 신호는 자유공간에서 직접경로 길이의 '거의' 두 배만큼 확장된다.

평평한 지역의 개방필드는 지표면에서 오는 어쩔 수 없는 반사를 제외하면 반사가 없다. 이 경우 필드세기와 거리에 대해 깊이 알아보는 것도 유익하다. 수학적 상세한 지식은 'Open Field Range' 메뉴의 Mathcad 워크시트에서 알 수 있다.

그림 2-1에서 송신기 안테나와 수신기 안테나는 d거리 만큼 떨어져 있고, 각각 h_1과 h_2높이에 설치된다. 삼각법을 사용하면, 가시거리 신호와 반사된 신호 경로인 d_1과 d_2를 구할 수 있다. 광학 분야처럼, 입사각도는 반사각도 θ와 동일하다. 직접경로 신호와 반사된 경로 신호사이의 상대적 세기는 역 경로 길이 관계식으로 구한다. 지표면이 완벽히 거울이면, 상대적으로 반사된 신호세기는 정확히 d_2의 역수 값과 동일하다. 이 경우, 반사된 신호 위상은 반사 관점에서 180° 이동된다. 지표면이 완벽한 반사체가 아니므로, 그 반사 특성은 지표면의 전도율, 유전율, 신호 편파, 그리고 입사각도에 좌우된다. Mathcad 워크시트에서 반사계수를 얻기 위해 편파, 입사각도, 그리고 유전율에 대해 설명이 있는데, 송신기로 부터의 거리가 증가함에 따라 반사계수는 -1이 된다. 수신기에 도달하는 신호들은 모두 위상과 크기를 가지므로 복소수로 표현된다. 위상은 전체 경로 길이에서 전체 파장의 배수 중 가장 큰 간격을 빼고 한개 파장의 남은 부분에 2π 또는 360°값을 곱하면 얻는다.

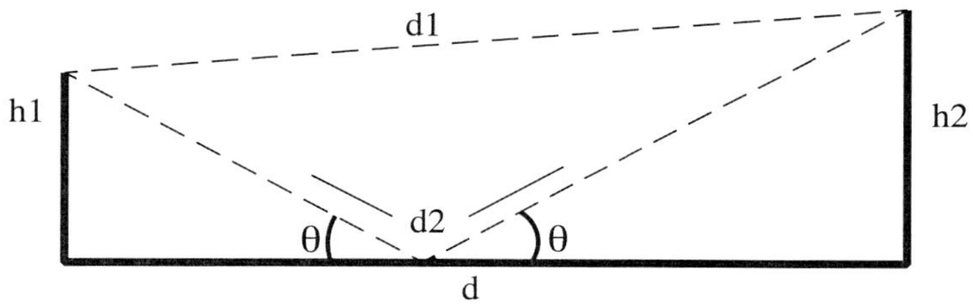

그림 2-1 개방필드 신호경로

그림 2-2는 다음 조건에서 얻은 개방필드 신호세기 대 거리 관계를 보여준다.

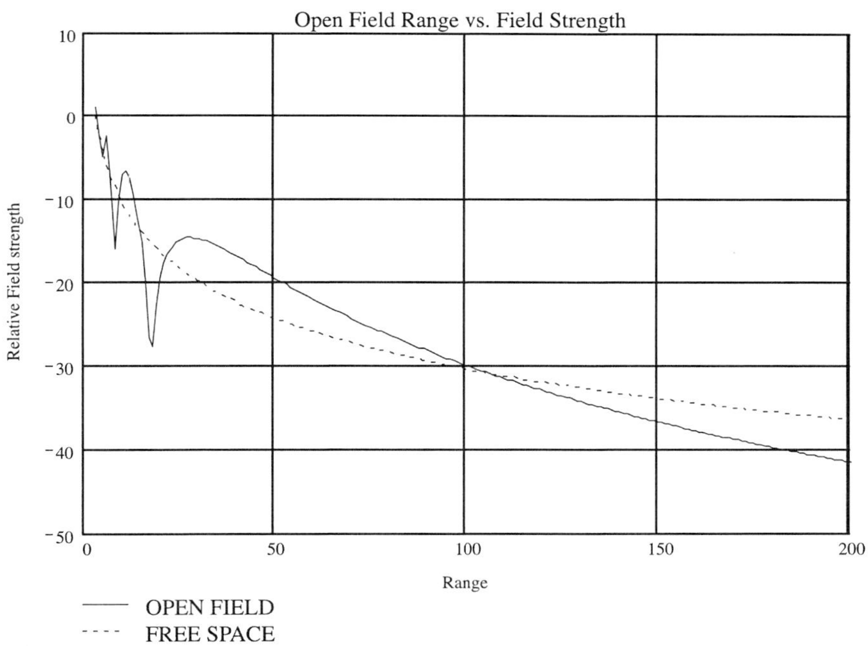

그림 2-2 300MHz에서 필드세기 대 통신 범위

- 편파 — 수평
- 주파수 — 300MHz
- 안테나 높이 — 모두 3m
- 지표면 유전율 — 15

또한, 점선으로 표시된 자유공간 필드세기 대 거리 관계도 있는데, 모두 신호세기는

3m 통신 범위에서 자유공간 필드세기를 기준으로 한다.

그림 2-2에서 보면, 50m 근처의 통신 범위까지 여러 개의 필드세기 감쇠들이 있다. 하지만 신호세기는 자유공간보다 크다. 100m를 넘는 신호세기는 자유공간 모형보다 더 빠르게 감쇠한다. 자유공간 모형에는 거리의 역수 법칙이 있지만, 100m가 넘는 경우의 개방필드 모형에는 신호세기가 거리 역수의 제곱 법칙에 따른다. 안테나 높이의 증가는 거리 역수의 제곱 법칙에 영향을 주는 지점을 확장시킨다. 이 때, 거리 d_m은 다음으로 근사된다.

$$d_m = (12 \times h_1 \times h_2)/\lambda \tag{2-3}$$

여기서, h_1과 h_2는 지표면 위의 송신 안테나와 수신 안테나 높이이며, λ는 파장이고, 거리 d_m과 동일한 단위이다.

그림 2-2는 수평 편파로 가정했다. 안테나 높이는 모두 3m인데 수직 편파가 사용되면, 50m 근처의 신호세기에서 큰 국브 변화는 감쇠된다. 이는 지표면 반사계수가 반사각도보다 작기 때문이다. 하지만, 모든 편파에서 거리의 역수 제곱 법칙은 근사적으로 동일하게 거리에 영향을 받는다. 그림 2-2에서 λ가 1m일 때, 이 거리는 (2-3)식으로부터 $d_m = (12 \times 3 \times 3)/\lambda = 108$m로 구해진다. 그림 2-2에서 자유공간 필드세기가 개방필드에서 필드세기 아래 지점의 거리로 근사됨을 알 수 있다.

2.3 회절

무선 전파가 통과되지 않는 장애물로 인해, 가시거리 경로가 없는 지점들 사이에서 무선 통신을 가능하게 하는 것이 회절의 전파 원리이다. 예를 들어, 회절은 언덕과 장애물을 넘어 지구 곡면을 따라 통신하는 것을 가능하게 한다. 근거리 무선이 빌딩 내부에서 사용되는 경우 장애물 근처 공간에서 회절이 많이 생긴다. 그림 2-3은 방해물의 끝이 칼의 끝부분 형태를 가지는 회절구조의 예제이다. 방해물은 크기가 책의 안쪽과 바깥쪽 방향으로 무한한 절반 평면이다. 방해물이 없는 경우, 자유공간 필드세기에 비해 수신 지점의 필드세기는 회절이득이다. 회절 현상은 송신기에서 방출되는 전파의 각 지점이 이차 전파 발생의 근원이다. 이와 같이, 그림 2-3a처럼 방해물의 칼 끝에서 음영을 포함한 모든 방향에서 방사가 있다.

회절이득은 방해물로부터 송신기와 수신기의 거리 d_1과 d_2, 방해물 높이 h와 파장

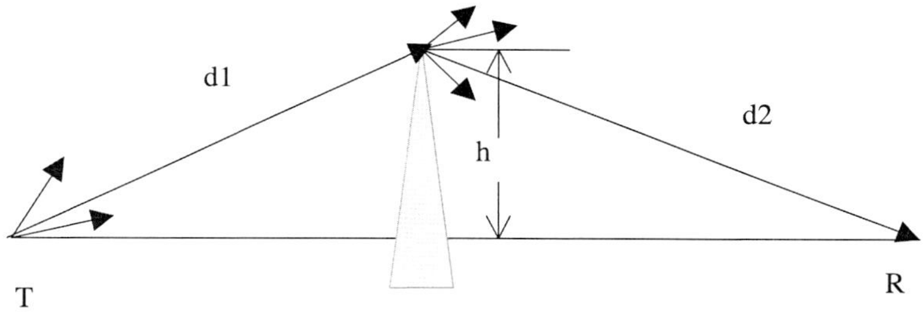

(a) R이 음영지역, h가 양수인 경우

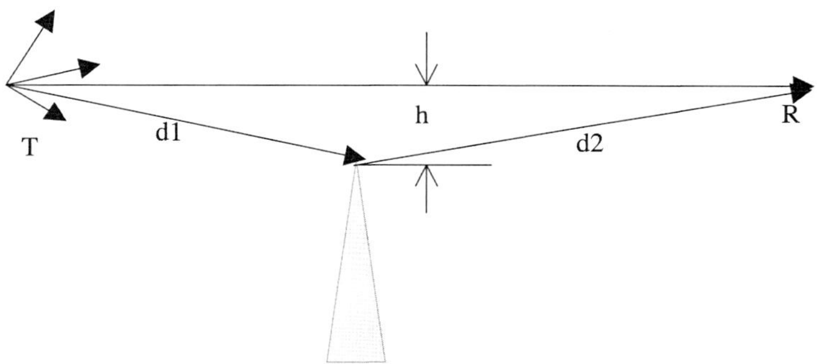

(b) T와 R이 가시거리 지역, h가 음수인 경우

그림 2-3 칼 끝부분 형태의 회절 구조

등의 함수 변수로 된 다소 복잡한 형식에 좌우된다. 송신기와 수신기사이에 있는 마루에서 천장까지에 펼쳐진 넓은 금속 방해물을 가진 빌딩의 개방 공간에서 회절 효과를 생각하자. 이 예제에서 공간은 12m로 넓고 오른편으로 확장된 방해물은 6m 넓이이다. 송신기와 수신기 위치는 방해물에 대해 오른 쪽 각도 상의 선 위에 고정되고, 수신기의 필드세기는 방해물 끝 부분에 대해 가시거리 경로에서 수직 거리에 좌우된다. 그림 2-4는 송신기와 수신기가 방해물 끝부분과 반대쪽에서 각각 10m인 경우의 회절 이득 그림이다.

h높이는 -6m에서 6m로 변화되는데, 즉 h높이가 음수라고 생각하는 공간의 왼쪽 편에서 h높이가 양수이고 방해물의 음영지역인 공간의 오른쪽 편까지 거리이다. 그림에서 전송 주파수는 300MHz이다. 방해물은 송신기와 수신기사이의 명확한 가시거리가 있는 경우라도(h높이는 그림 2-3b처럼 음수) 수신신호세기에 영향을 주는 것을 명심해라. 방해물 끝부분이 사람의 가시선상에 있는 경우, 회절이득은 대략 -6dB이며, 가시거리 경로가 방해물에서 점점 멀어짐에 따라(이 예제에서는 왼쪽으로), 신호세기

는 0dB 근처에서 주기적으로 변화된다. 송신기와 수신기 사이의 경로가 방해물 끝부분에서 음영지역으로 이동함에 따라 신호감쇠는 공격적으로 증가한다.

명백히, 그림 2-4의 표현 상태는 매우 큰 규모인 한 개 방해물에만 다룬 것이므로, 이상적이다. 정상적으로 가시거리 경로들 사이 또는 근처에 있는 다른 방해물들과 여러 가지 물체들이 있는데, 회절이득의 계산은 불가능하지 않지만 매우 복잡하다. 하지만, 회절이득에 관한 이상적인 행동지식과 거리와 주파수에 대한 의존도는 양적인 시야를 제공한다. Mathcad 워크시트의 'Diffraction'은 여러 가지 변수들이 어떻게 회절이득에 영향을 주는 지를 보여준다.

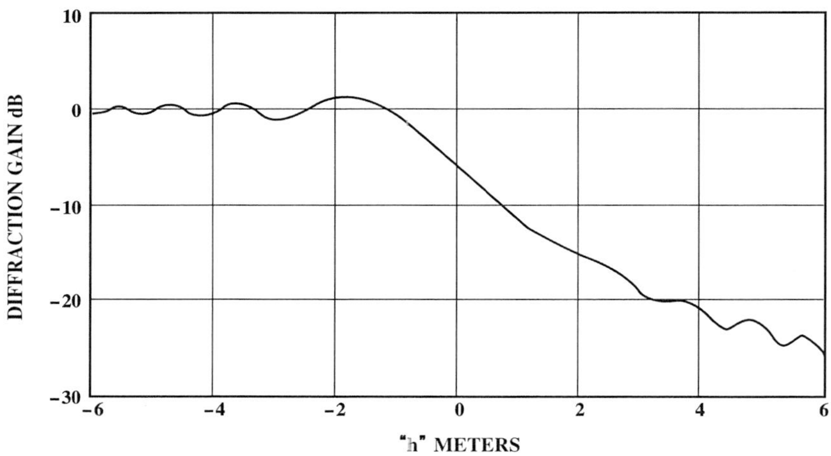

그림 2-4 회절이득 대 방해물 높이 h관계

2.4 산란

반사와 회절이후, 경로손실에 영향을 주는 세 번째 무선 전파의 원리는 산란이다. 송신기 부근의 거친 표면은 입사각도에 의해 정해진 방향으로만 명확하게 신호 반사를 하는 것이 아니고, 모든 방향으로 산란을 시킨다. 결과적으로 수신기는 추가 방사를 허용하며 작은 경로손실이 반사와 회절에 영향을 준다.

표면의 거친 정도와 그것에 의해 생성된 산란은 파장과 입사각도의 함수에 비유해 표면의 돌출된 부분의 높이에 좌우된다. 임계 표면 높이 h_c는

$$h_c = \frac{\lambda}{8\cos\theta_i} \tag{2-4}$$

로 주어진다(Gibson, p.360). 여기서, λ는 파장이고, θ_i는 입사각도이다. 최대와 최소 돌출정도 차이에 적용할 때, 완만한 면과 거친 면을 나누는 기준이 된다.

2.5 경로손실

수치적 경로손실은 수신기 방사의 안테나 이득에 곱해진 송신기 안테나의 전체 방사 전력과 수신기 안테나에서 허용된 전력비이다. 이는 1 (0dB) 값의 수치 이득을 가지는 무손실 안테나에 전달된 전송전력과 0dB 이득의 수신기 안테나출력의 전력비이다. 간략하게 이 비율을 *등방향성*(isotropic) 경로손실이라고 한다. 등방향성 방사기는 모든 방향으로 균등하게 방사되는 이상적 안테나로 0dB 이득이다. 경로손실 비율의 역수가 때때로 사용하기 편리하며, 경로이득이라고 부르고, 데시벨로 표시하면 음수이다. 자유공간에서 등방향성 이득 PG는 (2-2) 식에서 구하면 다음과 같다.

$$PG = \frac{\lambda^2}{(4\pi d)^2} \tag{2-5}$$

지금까지 VHF-UHF 신호들의 경로손실, 지표면 반사, 회절, 그리고 산란 등에 영향을 주는 여러 가지 인자들을 알아 보았다. 주어진 장소에서, 송신기와 수신기 사이의 경로손실을 계산하는 것은 매우 어렵고, 실험 관측도 다양한 물리적 환경을 표현한 일반적 결론을 가진다. 이런 결론은 짧은 기준거리 d_0와 거리 d에서 인자 또는 인자 범위

표 2-1 개방필드 신호경로(Gibsom, p. 362)

환경	경로이득 인자 n
자유공간	2
개방필드 (장거리)	4
셀룰러 무선 – 도심지역	2.7 – 4
음영 도심지역의 셀룰러 무선	5 – 6
빌딩안의 가시거리 지역	1.6 – 1.8
빌딩안의 방해물 지역	4 – 6

를 정하는 것이다. 그러면, 독자는 인수 n에 의해 좌우되는 경로이득을 얻는다. 즉

$$PG = k\left(\frac{d_0}{d}\right)^n \tag{2-6}$$

이며, $d = d_0$일 때, k는 경로이득과 동일하다. 표 2-1은 다양한 환경에서 경로이득을 보여준다.

경로이득 인자를 사용하는 예제에서 보안시스템의 송신기와 수신기의 개방필드 범위를 300m 하면, 빌딩에 설치되는 경우 통신 범위는 얼마가 예상되는가?

그림 2-5는 경로이득 대 자유공간 전파, 개방필드 전파, 그리고 표 2-1의 빌딩안 방해물 지역에서 최악의 경우인 인자 6의 경로이득에 관한 결과를 보여 준다. 송신기와 수신기 높이는 2.5m이며, 편파 형태는 수직, 주파수는 915MHz이다. 기준 거리는 10m이며, 세 가지 모든 그래프에서 10m의 경로이득은 자유공간 데이터가 된다.

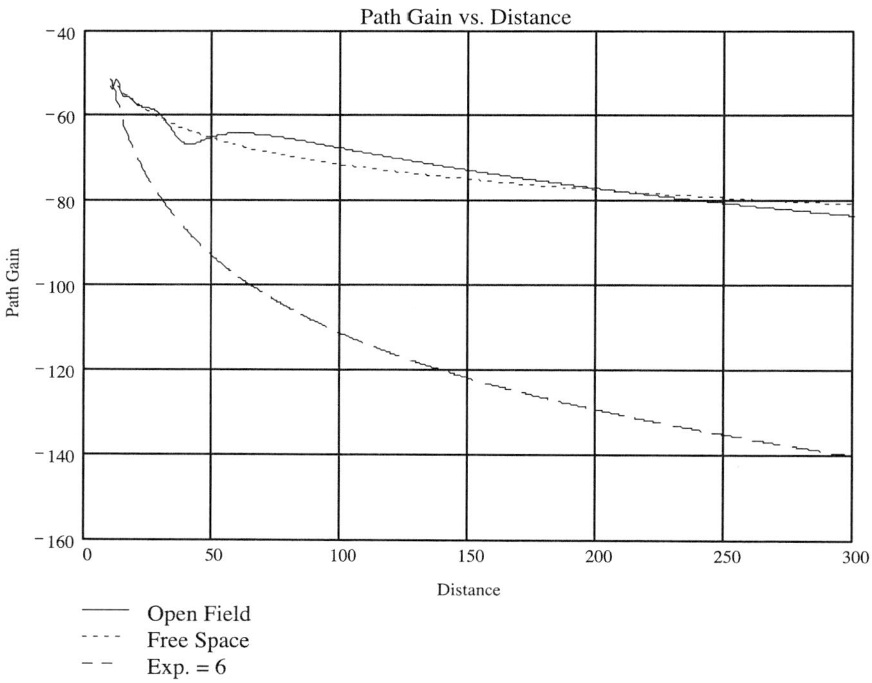

그림 2-5 경로이득 참조

300m의 개방필드 거리에서 경로이득은 −83dB이다. 동일한 경로이득을 주는 인자 $n = 6$의 그래프에서 거리는 34m이다. 이와 같이, 300m의 실외 통신 범위를 가지는 무선 시스템이 실내 설치에서 평균적으로 34m 범위 이상에서만 효율적이다.

실험적으로 표현한 경로이득 인자는 평균 범위에 대한 추정치를 제공하지만, 평균값 근처에서 흔들림이 예상된다. 다음 절에서 다중경로 방사로 인해 발생되는 평균 근처 값들의 퍼짐을 볼 수 있다.

2.6 다중경로 현상

지표면의 신호반사가 수신신호세기에 큰 영향을 주는 것을 알았다. 근거리 무선 링크의 특성은 실내에 자주 설치되고 전방향성 안테나를 사용하고 마루, 천장, 벽 그리고 다양한 가구와 송신기와 수신기 근처에 있는 고정위치의 사람들에게 반사된 신호 덩어리를 만든다. 이와 같이, 수신기의 전체 신호세기는 단지 두 개 신호가 아니라 2.2절에서 배웠듯이 다중경로로 이동하는 많은 신호들의 벡터 합이다. 실내인 경우, 직접 가시거리 경로는 없으며 모든 신호들은 반사, 회절, 그리고 산란 결과이다.

수신기의 관점에서 다중경로 현상에 대해 다양한 결과들이 있다.

(a) 신호세기 변화: 통신 범위가 변하고, 설사 고정된 범위라도 가구 또는 사람의 이동이 있는 경우 수신신호의 위상 사라짐과 강화됨은 신호세기의 불확실성을 발생시킨다. 수신기는 신호세기의 현저한 변화를 다룰 수 있어야 한다.

(b) 주파수 왜곡: 신호 대역폭이 충분히 넓어서 다양한 주파수 성분들이 신호 경로 상에 다양한 위상 전이를 가지면, 결과적으로 신호크기와 위상은 측파대 주파수들의 함수가 된다. 이를 주파수 선택적 페이딩이라 한다.

(c) 지연시간 퍼짐(time delay spread): 다양하게 반사된 신호들의 경로길이 차이는 최단거리 경로와 최장거리 경로사이의 지연시간 퍼짐을 발생시킨다. 지연시간 퍼짐이 전송된 디지털 신호에 있는 최소 펄스폭 크기 수준이면 결과적으로 심각한 왜곡이 될 수 있다. 펄스가 짧을수록, 신호 대역폭이 넓어지므로, 주파수 선택적 페이딩과 지연시간 왜곡에는 밀접한 관련이 있다. 공장들과 다른 빌딩들의 측정에서 40~800 ns 범위의 다중경로 지연이 있다(Gibson, p.366).

(d) 페이딩(fading): 송신기 또는 수신기가 움직이거나 실제 환경이 변할 때(나뭇잎이

바람에 떨릴 때), 느린 또는 빠른 페이딩이 있는데, 크기와 주파수 왜곡 그리고 지연시간 퍼짐 등이 생긴다. 수신기의 자동이득제어(AGC)와 복조회로는 이런 현상을 적절히 다루어야 한다.

2.7 평탄 페이딩

여기서 다루는 근거리 무선 응용들은 신호 대역폭은 협소하고 주파수 왜곡은 무시할 만하다. 이런 경우 다중경로 효과는 *평탄 페이딩*으로 분류된다. 다중경로 환경에서 합성된 신호들의 크기 변화는 다음 두 가지 경우로 구분된다: (1) 가시경로가 없으며 신호가 불규칙하게 퍼진 수많은 반사 신호들의 합성이다. (2) 불규칙한 반사된 신호들은 주요 경로인 가시거리 경로상의 신호에 합쳐진다.

계획된 지역의 실내 또는 실외에 설치된 근거리 무선 시스템은 본래 위의 첫 번째 경우인 (1)의 다중경로 페이딩에 해당된다. 이 절의 목적은 주어진 확률에서 신뢰도 있는 통신 보장에 필요한 신호세기의 여유 값(margin)을 결정하는 것이다. 많은 경우에서 다중경로 페이딩에 추가적인 주요한 신호 경로가 있는 반면에, 모든 경로들이 불규칙한 반사 신호들의 합성인 경우에 대한 분석으로 제한하여 여유 값의 상한점을 얻는다.

◈ 레일리(Rayleigh) 페이딩

첫 번째 경우의 수신신호 $R(t)$는 다음과 같이 표현이 된다.

$$R(t) = r \cdot \cos(2\pi \cdot f_c \cdot t + \theta) \tag{2-7}$$

여기서 r과 θ는 피크(peak) 신호 또는 포락선(envelope), 그리고 위상 확률변수이다. 여러 가지 반사물체(예로써, 실내의 사람)가 이동하는 경우 또는 물체들 사이의 거리에 비해 송신기 또는 수신기 위치 변화가 있는 경우 이 값들은 시간에 따라 변한다. (2-5)와 (2-6) 식으로 표현된 경로이득은 여기서 다루지 않는다. (2-7) 식에서 연속 전파(CW) 신호는 페이딩 통계 설명이 불필요함을 보여준다.

수신신호 r의 포락선은 통계적으로 아래 확률밀도함수를 가지는 레일리 분포함수로 표현된다.

$$p(r) = \frac{r}{\sigma^2} e^{\frac{-r^2}{2\sigma^2}} \tag{2-8}$$

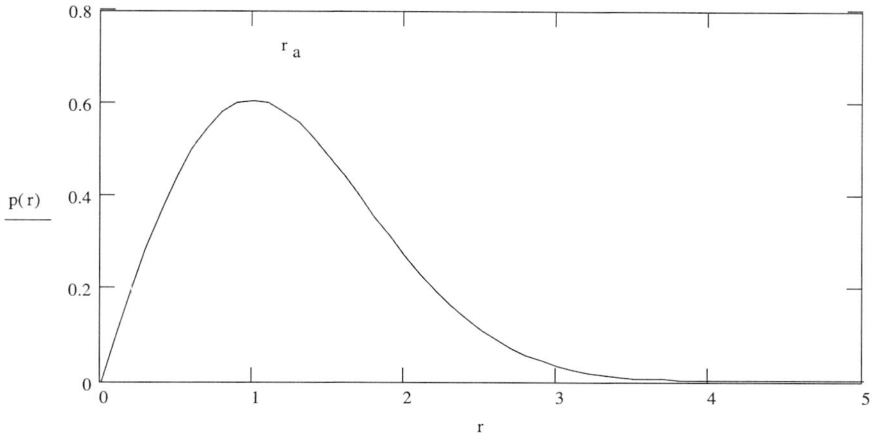

그림 2-6 레일리 확률밀도 함수

여기서 σ^2는 (2-7) 식에서 $R(t)$의 분산을 의미하며, 평균적으로 수신된 신호전력이다. 이 함수는 그림 2-6에서 볼 수 있다. 그래프에서 σ를 1로 정규화 하였다. 이 그림에서 점선의 수직선으로 표현된 신호 포락선의 평균 값은 1.253인데, 최대 확률 값인 1(σ)이 아님을 명심하라. 신호세기 r의 두 가지 값들 사이의 그래프 면적은 신호세기가 그 범위에 있는 확률을 나타낸다. 대칭이 아닌 레일리 분포의 평균 값은 절반의 그래프 면적으로 나눌 수 없다. 이와 관련된 변수는 중간 값(median)이며, 이 경우에 1.1774이다. 신호가 중간 값 아래에 있을 50% 확률과 중간 값 이상이 될 확률 50%를 가진다.

위에서 말했듯이, 레일리 분포는 가시거리가 없는 페이딩 채널 상에 원하는 통신의 신뢰도를 얻기 위해 필요한 신호 여유 값을 결정하는데 사용이 된다. 그림 2-7에서 '1 channel'로 표시된 그래프는 로그 단위 축을 가진 누적함수이다. 그래프의 임의 점에서 가로좌표에서 지시한 여유 값 아래의 페이딩 확률은 세로 좌표로 주어진다. 그래프는 크기가 변환 되어서 페이딩이 없는 경우의 수신신호 전력이 페이딩이 있는 경우의 평균전력과 동일한 가정 아래에서 '0dB' 신호 여유 값은 수신신호는 페이딩 신호의 평균전력 σ^2와 동일 지점을 의미한다. 참고문헌에 있는 유사한 그래프들도 0dB 값을 기준으로 평균 포락선 신호 크기 r_a에 언급되는 전력을 중간 값 전력 또는 전력으로 사용한다.

이 그래프를 사용하는 예제는 다음과 같다. 99% 통신 신뢰도가 필요하다고 하자. 그러면, 최소 사용할 수 있는 신호 크기는 그 크기 아래의 1% 페이딩 확률이 된다. 그래프 상에 1%에 해당되는 여유 값은 20dB가 된다. 따라서, 페이딩이 없는 경우, 필요한 신호보다 20dB 만큼 더 큰 신호세기가 필요하다. 경로손실 계산을 가정하면 수신기의 민감도 레벨로 수신을 허용하기 위해 4mW를 송신할 필요가 있음을 알 수 있다. 즉, 페이딩 시간에 신호의 99% 수신을 위해 20dB 이상의 전력 또는 6dBm (4mW)이 추가된 20dB 전력, 즉 26dBm 또는 400mW가 되는 전력이 필요하다. 전력을 증대할 수 없으면, 그림 2-7의 '1 Channel' 그래프의 ' 0dB' 여유 값 지점에 대응하는 63% 통신손실이 예상된다.

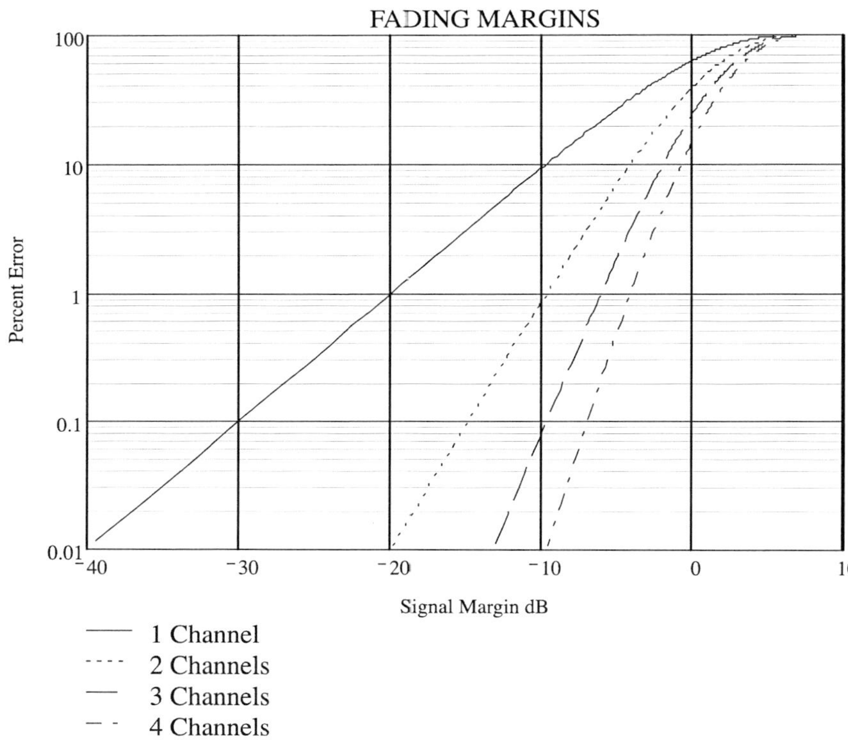

그림 2-7 페이딩 여유 값

다음의 표 2-2는 여러 가지 신뢰도에 대한 신호 여유 값을 보여준다.

표 2-2 300MHz에서 필드세기 대 통신 범위

신뢰도, 퍼센트	페이딩 여유 값,dB
90	10
99	20
99.9	30
99.99	40

2.8 다이버시티 기법

주어진 신호전력에서 다중경로 환경에서도 통신 신뢰도는 다이버시티 수신을 통해 증대된다. 복수개의 독립적 채널들로부터 신호들이 수신되면, 가장 큰 신호는 추가적 처리 기법으로 선택이 가능한데, 이 기법의 핵심은 독립 채널이다. 신호의 널(null)과 증대에 대한 다중경로 효과는 송신기, 수신기의 공간 위치들, 파장(또는 주파수)과 극성에 좌우된다. 이런 변수들을 사용해 독립적인 다양한 채널을 만드는 방법을 알아보자.

◈ 공간 다이버시티

약간 차이가 있는 거리로 부터 수신기로 전송된 신호는 매우 다양한 신호세기로 수신이 된다. 예를 들면, 그림 2-2에서 17m에서 신호는 널(null) 지점에 있고 11m에서는 피크 (peak)이다. 두 개의 수신기가 있는 경우, 이런 위치의 한 곳에 안테나를 두면 가장 강한 신호를 선택하고 사용할 것이다. 실제 다중경로 환경에서 신호원, 수신기 또는 반사기들은 계속 움직이므로, 널(null)들과 피크 값들은 각 채널에서 다른 시간에 생성이 된다. 어떤 때에는 수신기 1이 가장 큰 신호를 가지며, 다른 시간에는 수신기 2가 가장 큰 신호를 가지게 된다. 그림 2-8은 여러 개의 반사기들로부터 두 개 수신기까지의 경로를 설명해 준다. 두 수신기 위치에서의 신호들이 동일한 크기의 환경이라 해도, 수신기출력을 선택하지 않는 경우, 대부분 한 쪽 신호가 다른 것보다 더 크게 된다. 가장 큰 출력을 선택하고 나면, 평균 출력은 한 개 채널의 평균 출력보다 크게 된다. 더 큰 평균 출력을 얻는 확률을 키우기 위해서, 세 개 또는 더 많은 수신기들이 사용된다. 그림 2-7에서 2, 3, 또는 4 채널의 다이버시티 수신 기법을 사용하여 필요한 페이딩 여유 값을 알 수 있다. 그림 2-7의 결과는 완벽한 독립적 채널에 근거함을 알아야 한다. 채널들이 완벽한 독립이 아닐 때, 결과는 계획대로 되지 않는다.

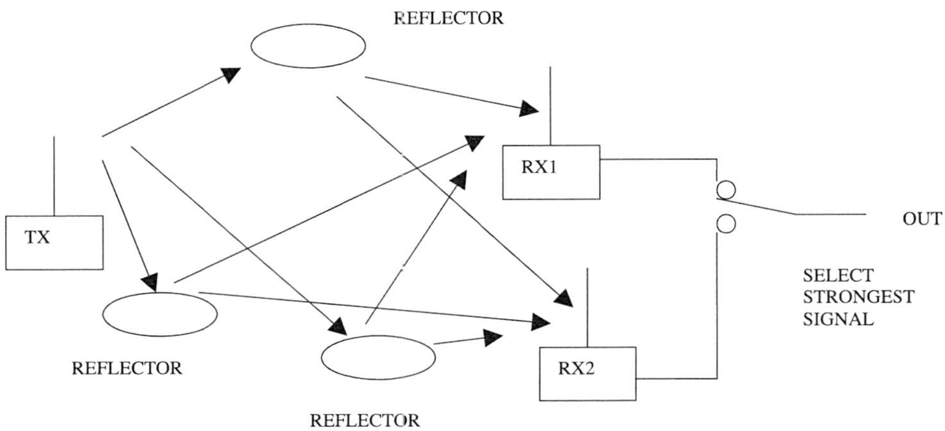

그림 2-8 공간 다이버시티

각 위치에서 완벽한 수신기들을 사용할 필요는 없지만, 최소 신호 크기가 분별되고 스위치 위치를 결정해야 하는 지점까지, 분리 안테나와 프론트 엔드를 사용해야 한다.

◈ 주파수 다이버시티

분할된 주파수 전송으로 두 개 이상의 신호 채널에서 미세한 신호세기의 차이를 얻을 수 있다. 송신 안테나와 수신 안테나의 동일 위치에서 피크(peak)와 널(null) 지점 생성은 주파수 채널마다 다르다. 공간 다이버시티인 경우, 가장 강한 신호 선택이 어느 다른 채널보다 높은 평균 신호 대 잡음비를 제공한다. 여러 채널에서 거의 독립적 페이딩을 얻기 위해 주파수 차이 요구는 경로 길이 또는 신호 지연의 다이버시티에 좌우된다. 경로 길이의 차이가 클수록 채널의 주파수 차이 요구는 작아진다.

◈ 편파 다이버시티

페이딩 특성은 편파(polarization)에 좌우된다. 두 개의 다이버시티 채널을 만들기 위해 수평과 수직 안테나가 분리되어 전송과 수신을 한다. 반사파는 무선 전파의 편파 방향을 변화시키는 원인이 되어서, 신호의 편파 특성은 두 개의 분리 채널을 생성하는데 사용된다. 그래서 십자형 편파(cross-polarized) 안테나는 수신기에만 사용된다. 편파 다이버시티는 특히, 휴대형 소형 송신기에서 장점을 가진다. 이는 안테나 방향이 엄격히 정의되지 않기 때문이다.

편파 다이버시티는 두 개 이상의 채널 사용을 허용하지 않으며, 각 채널의 독립정도는 다른 두 방식의 다이버시티 경우보다 작다. 하지만, 구현이 더 간단하고 덜 비싸며, 공간 또는 주파수 다이버시티의 달성하는 것 보다 성능이 작지만, 사용 당위성이 있을 만큼 충분한 개선효과를 제공한다.

◈ 다이버시티 구현

이전 설명에서, 가장 큰 신호 크기를 가지는 채널의 선택(selecting) 또는 절환(switching) 기법에 대해 알아보았다. 다이버시티를 사용하는 가장 효과적 방법은 최대 비 결합(maximum ratio combining) 기법이다. 이 기법은 채널 위상을 동일하게 만들고 채널 이득을 동등한 신호 크기로 조정한 후, 각 독립적 채널출력을 서로 더한다. 최대 비 결합 기법은 어떤 다른 선형 다이버시티 결합기의 페이딩 보다 통계적으로 최대 감쇠를 주는 최적 기법으로 알려져 있다. 정확한 진폭 추정이 어려운 응용에서도 채널 위상은 등화가 되고 출력 이득을 가중하지 않고 더하는데, 이 경우의 성능은 거의 최대 비 결합과 같다(Gibson, p. 170, 171).

공간 다이버시티는 적어도 VHF 대역과 낮은 UHF 대역에는 심각한 안테나 분리가 필요한 단점을 가진다. 다중경로 신호가 모든 방향에서 오는 경우, 적절하게 독립적이고 서로 상관이 없는 채널들이 되려면, 0.5λ에서 0.8λ 정도의 안테나 분리이면 충분한데, 이는 300MHz에서 적어도 반파장이 된다. 다중경로의 각도 퍼짐이 작으면, 예로써 방향성 안테나가 사용이 되면, 더 많은 분리가 필요하다.

주파수 다이버시티는 안테나를 분리할 필요가 없지만, 복수(multiple) 주파수 채널의 동시 사용으로 전체 전력과 스펙트럼 효율이 증대된다. 때때로, 데이터는 여러 주파수에서 반복되고 동시 전송을 할 필요가 없다. 주파수 분할은 서로 상관이 없는 채널 생성을 위해 반드시 충분해야 한다. 미인가 근거리 사용으로 할당된 대역폭들은 충분하지 않는데, 특히 VHF와 UHF 범위(두 개의 분리 대역에서 동시 전송을 할 수 있는 범위)에서 그렇다. 지연시간 퍼짐을 감쇠시키는 주파수 다이버시티 기법은 주파수 도약 또는 직접 수열 대역 확산 변조방식으로 가능하지만, 펄스 속도가 효과적이기 위해 실내응용에서의 확산은 상대적으로 커야 되는데, 초당 수 메가비트 정도이다. 긴 펄스 폭에서 지연 시간 퍼짐은 더 이상 문제가 아니지만, 다중경로 페이딩은 아직까지 발생된다. 이 경우에 사용 주파수의 퍼짐은 일반적으로 해결할 수 없다.

파장에 비해 외관 크기가 작은 경우, 편파 다이버시티가 사용되면, 공간 다이버시티에 비해 장점을 주면서 직교 방향 안테나들을 서로 가깝게 둘 수 있다. 특히 불규칙한 편파의 휴대 소형 송신기 시스템에서 사용되는 경우, 성능은 충분하게 좋지는 않지만 적당하다.

적어도 두 개의 독립된(서로 상관이 없는) 채널들이 다이버시티 수신에 필요하지만, 때때로 손쉬운 방법이 있다. 예를 들어, 저가의 보안 시스템에서 다양한 공간 또는 다양한 편파 특성을 가진 두 개의 수신 안테나가 프론트 엔드 또는 믹서 회로 이 전에 다이오드 스위치에 의해 직접 절환이 된다. 그래서 최소의 회로 중복이 필요하다.

메시지 프레임이 여러 번 반복되는 응용에서, 프론트 엔드가 한 쪽 안테나로 절환이 되면 메시지 프레임이 손실이 되고, 다중경로 널(null)이 생성되어 스위치가 널(null)에 의해 영향을 덜 받는 다른 안테나에 있으면, 적어도 한 개 이상의 완벽한 프레임들이 정확하게 수신된다. 이런 기법은 느린 페이딩(slow fading)에서 작동되는데, 페이딩은 메시지 프레임의 전송동안에 크게 변하지 않는다. 예로써, 이동 소형 송신기의 사용에서 빠른 페이딩(fast fading) 동안에는 어떤 장점이 없으며, 절환 안테나가 사용되며 전체 프레임수의 절반만이 유효하다. 이에 반해, 한 개 안테나를 가진 수신기는 많은 프레임 중의 최소 하나를 복호화를 할 수 있는 더 좋은 기회를 가진다. 최악의 빠른 페이딩에서, 각 안테나는 순차적으로 신호 널(null)이 된다.

◈ 통계학적 성능 측정

그림 2-7의 도움으로 다이버시티 수신 성능에 대한 장점을 알 수 있다. '2 channels' 에서 '4 channels' 까지 표시된 그래프들은 선택 결합 기법에 근거를 두고 있다.

이전에 99% 통신 신뢰도의 필요 또는 1%의 오율을 가정했다. 확률이론에서(10장을 보라) 두 독립 채널 모두가 통신 에러를 가지는 확률은 각 채널의 오류 확률의 곱이다. 그래서 두 개 채널이 각각 10% 오율이면, 선택이 수행된 후, 모든 채널이 민감도의 문턱 값 크기 아래의 신호인 확률은 0.1 곱하기 0.1 값으로 0.01 즉 1%가 된다. 이 결과는 '2 channels' 그래프에 적용된다. 또한, 99% 신뢰도(1% 오율)를 위해 필요한 신호 여유값은 10dB이다. 다이버시티가 없는 경우에 필요한 20dB 대신에 두 개 채널의 다이버시티 수신 기법으로 10dB의 신뢰도 여유 값 만으로 충분하다. 이전 예제를 계속하면, 400mW 대신 99% 신뢰도의 40mW 송신만이 필요하다. 세 개 채널과 네 개 채널 중에서 선택에 의해 요구된 여유 값은 6dB와 4dB보다 각각 작다

그림 2-7에 있는 선택 결합 다이버시티의 사용에 의한 신뢰도 여유 값은 이상적인

경우이며, 레일리 페이딩 확률분포와 독립적 페이딩 채널에 근거를 둔다. 하지만, 아직까지 이런 규칙이 실제 실현되지 않더라도 그래프는 다이버시티 수신이 주는 개선을 근사적으로 제공한다.

2.9 잡음

무선 통신의 근본적인 한계는 경로손실이나 페이딩이 아니다. 실제 어느 정도의 미약한 신호들은 증폭이 되지만, 통신 범위 또는 무선 시스템의 예상 신뢰도를 제약하는 것은 잡음이다. 수신기 잡음에는 두 가지 소스(source)가 있는데, 신호에 따라 안테나에서 획득된 간섭 방사와 수신기 회로에서 생성된 전기적 잡음 등이다. 어느 경우에도, 최상의 신호 대 잡음비는 신호가 포함된 정보의 통과에 필요한 대역폭의 제한으로 얻는다. 추가적인 개선으로 내부 수신기 잡음 감소에 의한 수신기 잡음지수 감소로 얻지만, 이런 측정은 단지 안테나를 통해 수신된 잡음이 수신기 잡음과 동일한 크기인 경우에만 유효하다. 마지막으로, 잡음 감소가 더 없으면, 채널 용량을 나타내는 지점까지 오류 정정 부호화 기법을 사용하여 디지털 수신기의 성능을 개선한다. 그 채널 용량은 특정 채널이 제공하는 최대 정보속도이며, 그 속도를 넘는 통신은 불가능하다. 채널 용량은 잡음 밀도(Hz당 잡음전력)와 대역폭에 의해 제한된다.

그림 2-9는 20kHz~10GHz의 주파수 범위에서의 다양한 잡음 소스를 보여준다. 잡음 세기는 10kHz 대역폭에서 μV/m단위이며, 그 주파수에서 반파장 다이폴 안테나로 수신된 것이다. '등가 수신기 잡음'으로 표현된 그래프 곡선은 수신기 회로의 생성 잡음을 등가 필드세기로 변환시켜서 외부 잡음 소스와 비교한다. 그래프 곡선을 기준으로 수신기 잡음 지수는 50MHz 에서 2dB와 1GHz에서 9dB의 선형 로그 단위로 변환된다. 그림 2-9의 데이터는 특정 시간과 장소에서 얻은 방사와 수신기 잡음을 표현한 예제이다.

그림 2-9에서 보인 모든 잡음 소스는 주파수에 좌우됨을 명심하라. 수신기 잡음에 비유해서 수신기 민감도에 대한 여러 가지 잡음소스의 상대적 중요성은 그 세기에 좌우된다. 대기 잡음은 낮은 무선 주파수에서 우세하지만, 근거리 통신의 사용 대역인 40MHz 근처 이상에서는 중요하지 않다. 우주 잡음은 태양과 은하 중심에서 주로 온다. 그림에서 인위적 잡음은 없지만, 인위적 잡음이 중요하지 않는 위치의 우주 잡음은 1GHz 까지 민감도에 영향을 준다.

인위적 잡음은 VHF 대역과 중저 UHF 대역의 근거리 무선 시스템에서 광범위하게

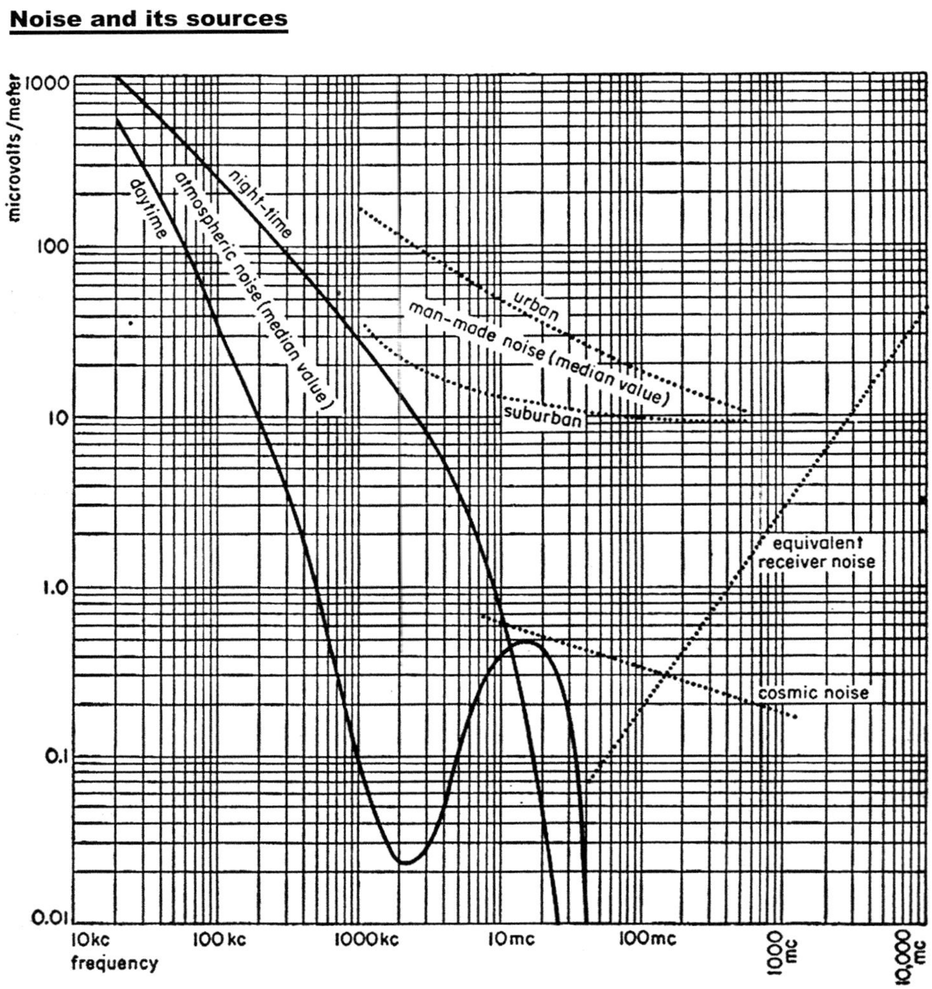

그림 2-9 외부 잡음 소스

사용되는 주파수 범위에서 우세하다. 이 잡음은 자동차 점화 시스템, 전기기계, 컴퓨팅 소자와 모니터를 포함하여 유비쿼터스 전기 장비와 전자 장비 등의 넓은 범위에서 생성이 된다.

장비규격에 있는 수신기의 민감도 데이터를 중요하게 생각하지만, 높은 주위 잡음(ambient noise) 크기는 다른 소자와 비교하면 민감도가 관련이 안된다. 예를 들어, 수신기는 10dB의 신호 대 잡음비에서 −105dBm의 실험실 측정 민감도를 가지는 반면, 알고 있는 전기장에서 안테나로 측정하여 안테나 이득을 설명할 때, −95dBm이 동일한 신호 대 잡음비의 제공을 위해 필요할 수 있다.

800MHz 근처 또는 그 이상에서 수신기 민감도는 주로 잡음 지수에 의해 결정된다. 성능이 개선된 저잡음 증폭기의 개별소자와 집적회로 블록들은 그림 2-9에서 본 것 보다 높은 UHF 대역과 마이크로파 대역 주파수에서 더 많은 잡음을 생성한다. 잡음 지수 개선이 다른 특성의 보상이 될 필요는 없는데, 예로써 잡음지수를 개선하기 위해 믹서 앞단의 고이득 증폭기 사용으로 감쇠되는 혼변조 왜곡 특성의 보상이 있다. 혼변조 왜곡은 수신 대역폭 밖의 강한 신호로 대역 내 간섭 신호를 생성시킨다. 7장에서 이 주제에 대해 상세히 다룬다.

외부잡음은 방향성 안테나가 사용이 되면 감쇠된다. 미인가 송신기 규정은 피크 방사전력을 제한시킨다. 가능하면, 더 낮은 안테나 이득을 가지고 동일한 값의 피크 방사 전력 달성을 위해 고이득 안테나와 더 낮은 송신기전력을 사용한다. 이 결과는 외부 잡음 감쇠를 통한 더 높은 민감도 달성이다. 인위적 잡음은 대개 수직 안테나보다 수평 안테나가 더 작다.

2.10 요약

이 장에서, 신뢰성이 있는 무선 통신 범위에 영향을 주는 여러 가지 요소에 대해 알아보았다. 전자기파의 전달은 송신기와 수신기 사이의 가시거리 경로 위 또는 경로 근처에 있는 물체들에 의한 영향을 받는다. 지구로부터 전송된 신호 반사만을 고려하여 통신 거리에 대해 대략적인 근사 값을 얻는다. 통신 시스템 종류를 분류하기 위해 실험적인 결정 인수들은 경로손실과 통신 범위 추정을 위해 사용된다. 송신기와 수신기가 움직이거나 주위 물체가 일정하지 않은 경우, 경로손실은 변하고 통계적으로 추정해야 한다. 통신 링크가 페이딩을 겪을 때, 주어진 신뢰도를 위해 필요한 전력을 감소하는 여러 가지 다이버시티 수신 기법들을 설명하였다.

잡음은 통신 범위의 본질적 한계로 표현 되었다. 잡음소스는 동작 주파수에 좌우됨을 알았다. 저잡음 수신기 설계의 중요성은 안테나에 의해 수신되고 생성된 잡음의 상대적 강도에 의해 좌우된다.

전자기파 전달과 잡음에 대한 어느 정도의 이해를 통해, 무선 통신 시스템(설계자, 설치자와 사용자들) 운용에 포함된 모든 것은 시스템의 예상 성능과 시스템 개선을 위한 정확한 측정에 대해 알아야 하는 것이다.

부록 2-A 맥스웰(Maxwell) 방정식

맥스웰 방정식은 전자기장을 구성하는 다섯 개의 관계식을 설명한다. 이 벡터들은 다음과 같다.

E = 전계 강도, volts/m

B = 자속, Webers/m

D = 전기 변위, coulombs/m^2

H = 자기 밀도, amp/m^2

J = 전류 밀도, amp/m^2

이런 변수들은 삼차원 공간 상의 벡터들이므로, 미분 방정식 또는 적분 방정식이며, 그것의 관계표현에는 삼차원 연산자 사용이 필요하다. 그래서, 맥스웰 방정식을 이해하고 사용하기 위해, 벡터 분석의 수학 주제에 대한 지식이 있어야 한다. 위의 변수들은 또한 시간의 함수 인데, 정적 특성이 아니면, 그들의 상호 관계식 또한 시간에 대한 미분이 포함된다.

전자기파의 전달은 전기장과 자기장사이의 상호 관계에 의한 결과이다. 도선의 전기 전류 흐름은 도선 주위에 자기장을 생성한다. 이는 전기 모터 작동의 기초 원리이다. 한편, 자기장에서 도선이 움직이거나 도선의 끝들이 서로 연결이 될 때, 정지된 도선 근처의 자기장 변화는 도선에 전압 차이와 전류 흐름을 생성한다. 실제, 무선 전파는 도선이 없는 공간에도 전달이 된다. 하지만, 마치 교류 전류가 캐패시터의 절연 물질을 통해 흐르는 것처럼 이동전류도 부도체에 존재한다.

간단한 적분 형식으로 네 가지의 전자기학 기본 법칙을 알아보자. 각각의 식은 삼차원 미분 연산자를 사용한 등가 형식들이 있다. 방정식에서 변수의 오버헤드 선 표시는 삼차원 벡터를 가리킨다. 방정식에 대한 쉬운 이해를 위해, 벡터 대신에 친숙한 스칼라 변수를 사용하자. 전류 밀도 J의 표면 적분 대신 전체 전류의 부분으로 표현된 첫 번째 방정식이 전기 전류이다. 유사하게, 자속 밀도 B에 대한 적분 대신 (2) 식이 자속 ϕ이다.

$$\oint \overline{H} \bullet d\bar{s} = I_{total} \tag{1}$$

위 법칙은 자속 밀도와 전기 전류사이의 관계를 말해준다. 왼쪽 항은 전류 흐름 경로를 따라 자속 밀도의 폐 경로의 선적분이다. 전류 I_{total}은 두 가지 성분을 가지는데, 도선을 통과하는 전도성 전류와 시간에 따라 변하는 전하에 의해 생성된 이동 전류 등이다. 공간을 통하는 전달되는 경우, I_{total}은 도체가 없으므로 이동전류가 된다.

$$\oint \bar{E} \bullet d\bar{s} = -\frac{\partial \phi}{\partial t} \qquad (2)$$

위 식은 앞의 첫 번째 방정식을 보완한다. 폐 경로로 적분된 전기 밀도는 그 경로가 포함된 면적을 통해 흐른 자속 변화율의 음수 값과 동일하다(ϕ는 상수 값이며, 공간 좌표의 함수이므로 편미분 심벌은 오른쪽 항에서 사용한다). 이 방정식과 Faraday의 자속 유도 법칙을 비교한다.

$$V_{out} = -N\frac{d\phi}{dt}$$

위 식은 전기 발전기 동작의 기본식이다(N은 자속 ϕ의 변화에 노출된 코일의 감은 횟수이다).

$$\oiint \bar{D} \bullet d\bar{S} = Q \qquad (3)$$

전체 전하 Q는 Q를 감싸는 전체 표면 위로 전기 유속 밀도 D를 발생시킨다. 이 표면적 위로 D의 적분 값은 Q값과 동일하다. 이 방정식은 전하와 전하를 둘러 싼 전기장을 연결한다. 공간에 전하가 없으므로 닫힌 표면 (구 표면)을 따라 적분한 값은 0이다.

$$\oiint \bar{B} \bullet d\bar{S} = 0 \qquad (4)$$

이전 방정식의 보완으로, (3) 식의 방정식에서 격리된 전하에 비교하면, 격리된 자기 막대 또는 자기 전하는 존재하지 않는다. 자기 유속 선은 연속 경로이므로, 닫힌 표면으로 들어가는 선들은 또한 표면을 통해 나온다. 결과적으로 이 방정식의 왼쪽 항에 있지만, 닫힌 표면을 따라 자기 유속 밀도 B의 선 적분은 0이다. 자속을 방출하는 N극 막대만을 가지는 자석은 없다.

맥스웰 방정식에 대한 자세한 설명은 George J. Spix의 참고문헌 54에 있다.

제 3 장

안테나와 전송선로

3.1 소개

안테나는 송신기 또는 수신기와 전달 매질 사이의 인터페이스이므로 무선 통신시스템 성능의 결정 요인이다. 방향성, 이득, 그리고 방사저항 등의 안테나 주요 성질들은 송신기 또는 수신기에서 모두 동일하다. 가역원리에 따르면, 송신 또는 수신 목적과 관계없이 신호원과 부하 임피던스들이 송신과 수신 안테나의 켤레(conjugate) 이면 두 개 안테나 사이의 전달전력은 동일하다.

안테나를 특성화시키는 여러 가지 용어들을 정의한다. 근거리 무선 시스템에서 일반적으로 사용되는 다양한 형식의 안테나에 대해 알아본다.

3.2 안테나의 특성

어떤 안테나가 특정 응용에 적합한 것인지를 결정하기 전에 안테나의 다양한 특성에 관한 이해는 먼저 해야 될 중요한 단계이다. 안테나들은 여러 가지 전기적 특성을 가지지만, 안테나 선택의 일차적 관심은 물리적인 크기이다. 여러 가지 안테나 형식과 모양, 크기를 다루기 전, 먼저 안테나가 수행하는 일을 알아보자.

◈ 안테나 임피던스

앞에서 언급했듯이, 안테나는 회로들과 공중사이의 인터페이스이며, 공중과 송신기 또는 수신기 사이의 전력 전달을 가능하게 한다. 안테나 임피던스는 송신기는 부하, 수신기는 입력 임피던스로 역할이며, 방사저항과 손실저항, 두 부분으로 구성이 된다. 방사저항은 가상저항으로 안테나 공급 점(feed point)에서 실효치(RMS) 전류의 제곱 값이 곱해지면, 송신기의 경우, 안테나에 의해 방사된 전력 또는 수신기의 경우 공간에서 발췌한 전력과 동일한 값이다. 방사저항은 접지가 안 된 안테나의 경우 최대전류, 안테나가 접지된 경우는 안테나 기초에서의 전류로 언급되는 것이 관례이다. 안테나에 전달된 송신기전력은 항상 방사된 전력보다 크다. 송신기전력과 방사전력의 차이는 안테나 도체의 손실저항과 다른 손실에 의해 소비된 전력이다. 안테나 효율은 방사전력 대 안테나에 의해 흡수된 전체전력 비인데, 방사저항 R_r과 손실저항 R_l로 표시된다.

$$\text{안테나 효율}(\%) = 100 \times R_r/(R_r + R_l) \tag{3-1}$$

송신기 또는 수신기의 안테나 단자(terminal)에서 본 저항은 단자들이 안테나의 최대전류 흐름 지점에 위치를 하면 방사저항과 손실저항을 더한 값과 동일하다. 이 지점의 임피던스는 리액턴스 성분이다. 리액턴스 성분이 없는 경우, 안테나는 공진 상태이다. 안테나와 송신기 또는 안테나와 수신기 사이의 최대 전력 전달은 안테나 단자에서 본 임피던스가 안테나 임피던스의 복소 켤레(conjugate)인 경우에만 가능하다. 송신기의 안테나 정합은 최대 전력 전달을 위해 중요하다. 허가가 불필요한 송신기의 불요방사 요구 조건 통과의 중요사항인 송신기가 안테나에 정합된 경우, 기본 주파수와 관련된 고조파 성분의 감쇠는 최대가 된다. 방사저항은 도체와 절연체 등의 안테나 주변에 좌우된다. 특히, 지표면에서 안테나 높이에 좌우된다. 그래서 소형 의도의 완벽한 안테나를 가진 송신기의 안테나 정합회로는 일반 동작 상태에서 안테나 임피던스에 최적이 되어야 한다.

◈ 방향성과 이득

안테나의 방향성은 안테나의 방사 형태와 관련이 있다. 삼차원 공간에 모든 방향으로 균등하게 방사되는 안테나는 등방향성(isotropic) 안테나라고 부른다. 이런 안테나는 존재하지 않지만, 안테나의 방향성 성질을 다룰 경우에는 참조하는 것이 편리하다. 실제 모든 안테나는 특정 방향으로 강하게 방사가 된다. 안테나의 방향성은 평균전력 밀도로 나누어진 삼차원 공간의 최대 방사 방향의 안테나 전력 밀도로 정의된다. 가설의 등방향성 방사기의 방향성은 1 또는 0dB이다.

반 파장 다이폴 안테나의 방향성은 1.64 또는 2.15dB이다. 반 파장에 비교해 짧은 거리의 도선 안테나의 방사 형태는 그림 3-1(a)에서 볼 수 있다. 안테나는 충분히 높아 지표면에 영향을 받지 않는다. 안테나의 도선 방향이 지구와 평형이면, 방사 형태는 그림 3-1(b)에서 볼 수 있는 안테나의 직선 형태와 수평 판과의 교차를 의미한다. 수직도선 안테나는 전방향성이며, 원형 수평 방사 형태이고 수직면에 방향성을 가진다.

안테나 이득은 방향성 곱하기 안테나 효율이다. 안테나손실이 작다면, 두 항은 거의 동일하다. 일반적으로, 안테나의 방향 구분에 관심이 있는 경우, 안테나의 방향성에 관심을 둘 것이다. 안테나로 입력된 전력을 알면, 최대 방사전력을 구하는 데 이득이 사용된다.

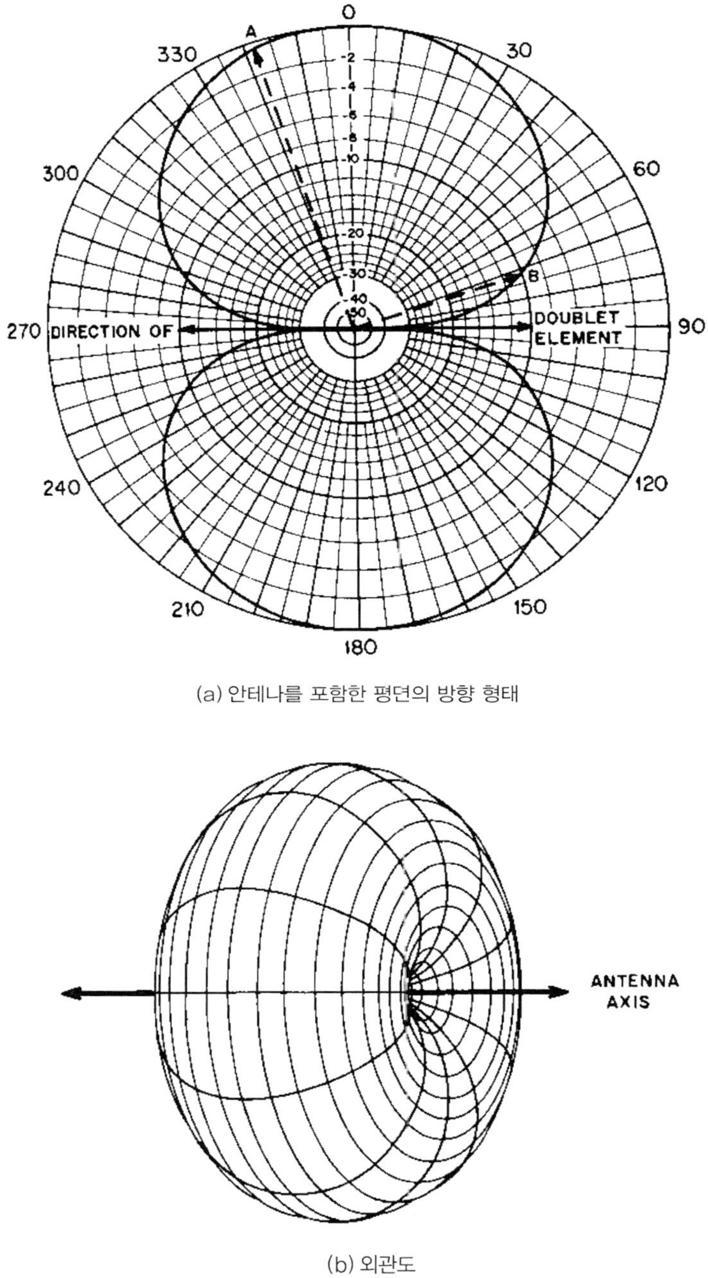

(a) 안테나를 포함한 평면의 방향 형태

(b) 외관도

그림 3-1 짧은 다이폴 안테나

◈ 유효 면적

자주 보는 또 다른 용어는 안테나의 유효 면적이다. 전파 전달은 자유공간에서 거리의 제곱에 따라 면적이 확장되는 구의 표면적 상에 퍼지는 모든 방사전력처럼 표현이 된다. 수신 안테나에 의해 획득된 전력은 그 위치에서 전력 밀도를 곱한 안테나의 획득 면적 또는 유효 면적이다. 전력 밀도는 구의 표면적으로 나눈 방사전력이다.

이득, 파장과 관련이 있는 안테나의 유효 면적은 아래 식으로 표현된다.

$$A_e = \frac{\lambda^2 \cdot G}{4\pi} \tag{3-2}$$

이 식은 이득 G로 주어진 안테나의 신호 획득 능력이 파장의 제곱에 비례하여 증가되는 것을 보여준다. 특정한 형식의 안테나는 더 높은 고주파수에서 더 작은 전력을 획득한다(주파수는 파장 λ에 역비례 됨을 기억하라).

전기필드세기 E를 아는 경우, 전력 밀도는 다음과 같다.

$$P_d = \frac{E^2}{120\pi} \tag{3-3}$$

필드세기를 아는 경우, (3-2) 식과 (3-3) 식을 곱하면 다음과 같이 수신전력을 얻는다.

$$P_R = \frac{E^2\lambda^2 G}{480\pi^2} \tag{3-4}$$

직관적으로, 유효안테나 면적이 안테나의 실제 크기와 연결을 가지고 있는 것을 주목하라. 유효 면적이 물리적 크기에 근접한 마이크로파 안테나의 경우, 이 점은 명백하다. (3-4) 식에 주어진 방사전력과 필드세기를 보면 저주파수(긴 파장) 시스템은 고주파수 장비보다 더 강한 수신기 신호를 제공한다. 하지만, 근거리 소자들은 휴대용이거나 크기가 제한되고, 안테나들은 주파수에 관계없이 대략적으로 동일한 크기를 가진다. 크기가 파장의 일부분인 저주파수 안테나는 나쁜 효율과 낮은 이득을 가지며, 고주파수 안테나와 유사한 유효 면적을 가진다. 이와 같이, 저주파수 사용은 수신기의 더 큰 전력을 의미하지 않으며 (3-4) 식은 이를 증명한다.

◈ 편파

전자기 방사는 자기 필드와 전기 필드로 구성이 되고, 서로 직각이며, 모두 전달 방향의 수직 평면에 있다. 편파 방향은 지구와 관련된 전기 필드의 방향이다. 선형 편파는 직선의 도선 안테나에 의해 생성된다. 지구에 평행한 도선 안테나는 수평 편파이고 지구에 수직한 도선 안테나는 수직 편파이다.

전기와 자기 필드는 전달 방향주위의 평면에서 회전할 수 있는데, 이를 타원형 편파라고 부르며, 동일한 시간대의 위상이 아니며, 동기(coherent) RF 신호에 의해 전달된 수직 안테나 소자들에 의해 생성된다. 원형 편파는 90°위상차가 있는 동일한 전력의 RF 신호들이 안테나 소자에 공급될 때 생성이 되는데, 전기(그리고 자기) 필드가 전파의 모든 주기(1/주파수의 시간) 동안, 완벽한 360° 회전을 생성한다. 그 중 하나의 안테나 형식인 나선(helical) 안테나는 두 개의 안테나 공급점(feed point) 없이 본질적으로 타원형 편파 또는 원형 편파를 생성한다. 타원형 편파에는 두 가지인 오른손과 왼손 형태가 있는데, 전기 필드의 회전 방향에 의해 구분이 된다.

전파 또는 안테나의 편파는 여러 가지 이유로 중요하다. 수평 편파의 수신 안테나는 수직 전송 안테나의 수직 편파 방사를 수신할 수 없으며, 이와 반대인 경우도 그렇다. 유사하게, 오른 손과 왼손 형식의 원형 안테나 시스템도 서로 호환되지 않는다. 때때로 이런 성질은 좋은 장점으로 사용된다. 예를 들어, 동일한 주파수로 두 개 지점사이 두 개의 다른 정보채널 전송을 통해 반대 개념의 편파 안테나 시스템을 사용하면 마이크로파 링크의 용량은 두 배가 된다. 지표면의 무선 신호 반사 정도는 편파에 의해 영향을 받는다. 지표면에서 수직 편파된 전파의 반사 양과 위상은 수평 편파된 전파에 비해 입사 각도에 의해 많이 좌우된다.

방향성이나 가시거리 마이크로파 시스템을 제외하고, 신호 극성은 송신기와 수신기 사이의 전달동안에 변한다. 그래서, 대부분의 근거리 무선 응용에서, 감쇠를 완화시키는 수직안테나의 전송을 수평 안테나가 수신한다. 교차 편파(cross polarization)는 어떤 편파 특성의 안테나 전송이 반대 편파특성의 안테나로 수신되는 정도의 정의이다. 송신기 또는 수신기 안테나의 편파는 자주 소형 소자 경우처럼 잘 정의되지 않는다. 원형 편파 안테나는 반대 편파 형식의 안테나가 정의되지 않아도 사용되는데, 선형 안테나의 방향을 구분하지 않기 때문이다.

◈ 대역폭

어떤 특성이 주어진 범위 안에 있을 때, 안테나 대역폭은 안테나가 동작될 수 있는 주파수 범위이다. 매우 자주, 대역폭은 정재파비로 표현되는 안테나 임피던스와 관련이 있다. 명백히, 대역안의 수많은 주파수 채널에서 동작되는 소자는 비교적 좋은 광대역폭 안테나를 가져야만 한다. 단일 주파수 소자에 필요한 대역폭은 명백히 작다.

협대역 또는 높은 Q 값의 안테나는 고조파 성분과 다른 불요 방사 등이 구분되어 보조 필터의 요구가 감소되는데, 이는 무선 허용 규격에 맞게 허용할 필요가 있다. 한편, 안테나의 물리적 크기 또는 정합 소자의 변동은 출력전력(또는 민감도)을 시간에 따라 감소시킨다. 특히 버퍼가 아닌 증폭단의 단일 발진기 단의 저전력 송신기에서, 휴대 송신기에 대한 근처 물체 또는 '손 효과(hand effect)'에 의한 주변 변화는 전력 감소 또는 주파수 변동을 발생시킨다.

◈ 안테나 인자(antenna factor)

공통적으로 테스트 수신기 또는 스펙트럼 어날라이저(spectrum analyzer)로 필드세기를 측정하기 위해 테스트 안테나를 보정하는 데 안테나 인자가 사용되며, 필드세기는 안테나가 특정 임피던스(대개 50 또는 75 Ω)로 종단될 때, 안테나 종단점 양단의 전압과 관련이 있다.

$$AF = \frac{E}{V} \tag{3-5}$$

여기서, AF = 안테나 인자로 단위는 1/m, E = 필드세기로 단위는 V/m, V = 부하전압이며 단위는 V이다.

대개, 안테나 인자를 데시벨(dB)로 나타내며, 이는 다음과 같다.

$$AF_{\text{dB}}(m^{-1}) = 20 \log (E/V)$$

수치이득 G와 안테나 인자 AF 사이의 관계는 다음과 같다.

$$AF = \frac{4\pi}{\lambda} \cdot \sqrt{\frac{30}{R_L \cdot G}} \tag{3-6}$$

여기서, R_L은 부하저항으로 대개 50Ω이다.

3.3 안테나 형태

이 절은 근거리 무선 소자에 사용된 여러 가지 안테나 형태들을 다룬다. 안테나 크기는 파장과 관련이 있는데, 파장은 주파수를 알면 구할 수 있다.

파장 = 전달 속도 / 주파수

최대 전달 속도는 진공조건에서 생성되는데, 근사적으로 3,000,000,000m/sec이며, 공중조건과 약간 차이가 있다. 파장은 약간 덜 고체인 플라스틱 코팅으로 보호된 안테나 또는 인쇄회로 기판 물질내 안테나의 경우 더 짧다.

◈ 다이폴

다이폴은 안테나 중심에서 공급되는 도선 안테나이며 전체 길이가 반파장인 한 개의 안테나를 말한다. 자유공간에서 방사저항은 73Ω이지만 그 값은 지표면이나 큰 전도체가 한 파장 거리 내에 있는 경우 약간 변한다. 다이폴은 대개 수평으로 설치되지만 수직 설치가 되면, 안테나로부터 오른쪽 각도로 최소 1/4 파장의 거리까지 전송선로의 공급선을 확장시켜야 한다.

자유공간에서 영도(0°) 수직높이의 수평 반파장 다이폴 안테나 방사패턴은 그림 3-1(a)에서 본 다이폴과 매우 유사하며, 방향성은 1.64 또는 2.15dB이다. 이 안테나는 전방향성 안테나 방사가 필요한 근거리 소자에 쓸모가 없을 것 같지만 반드시 그런 경우는 아니다. 안테나가 도체 평면위의 반파장인 경우, 30° 높이의 방사 패턴은 그림 3-2에서 볼 수 있다. 도선 방향을 따라서 최댓값에서 8dB 아래 지점의 방사가 있다. 벽들, 마루, 천장 등의 반사덩어리들이 있는 실내에서 사용할 때, 수평 다이폴은 모든 방향에서 좋은 결과를 제공한다.

반파장 다이폴 안테나에서 송신기 또는 수신기를 안테나 방사저항에 정합하는 것이 수월하므로 반파장 다이폴 안테나는 사용하기 편리하다. 반파장 다이폴 안테나의 도선저항 손실성분은 방사저항의 작은 부분이므로 높은 효율을 가진다. 안테나 특성은 안테나를 사용하는 소자의 크기나 형태에 큰 영향을 받지 않으며, 안테나는 지표면을 사용하지 않는다. 안테나 크기에 비해 크기가 작은 소자들은 전송선로 없이 직접 다이폴에 연결된다. 밀접하게 만들기 위해, 두 개의 안테나 소자를 직선 대신 각도로 확장시킨다.

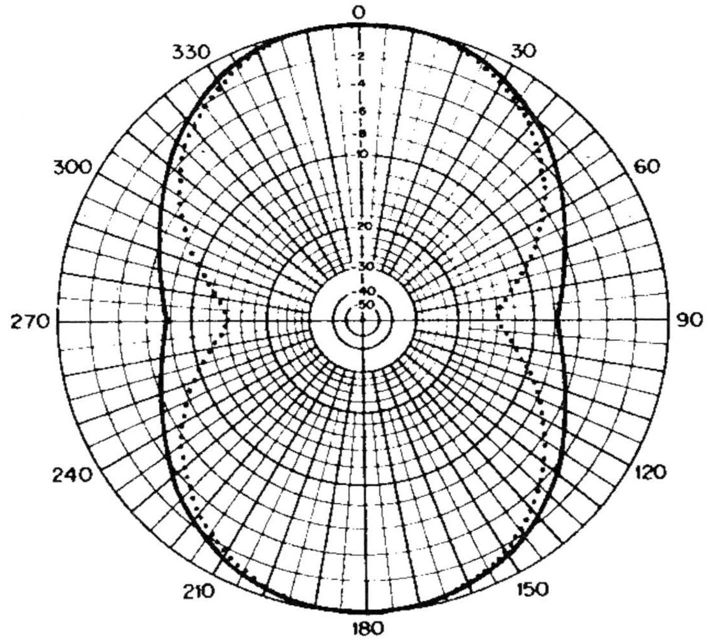

그림 3-2 30° 높이의 방사 패턴

많은 매력적인 특징에도 불구하고, 반파장 다이폴은 근거리 무선 장비에서 일반적으로 사용되지 않는다. 미인가 주파수 대역에서 휴대 소자 등의 응용에서 많지 않다. 다음의 안테나 형식은 반파장 다이폴보다 더 적으며, 일반적으로 성능 감소가 생긴다.

◈ 접지평면

다이폴은 수직으로 설치될 수도 있다. 한 개의 다이폴 소자를 큰 금속 평면에 수직으로 설치하면, 바닥면이 필요가 없는데, 가상 소자가 전기적으로 면에 반사되기 때문이다. 금속판이 근사적으로 반 파장 길이의 제곱이거나 더 큰 경우, 안테나의 방사저항은 36Ω이며, 수신기 또는 송신기에서 좋은 정합을 할 수 있다.

효율적인 수직 안테나를 위해, 수신기 또는 송신기를 수평 면적의 금속 포장에 쌓을 경우 1/4 파장의 접지평면 안테나가 이상적이다. 하지만, 많은 근거리 소자에서, 1/4 파장의 수직 소자는 적당한 접지 평면 없이도 사용된다. 이 경우, 방사저항은 많이 적은 값이며, 용량성(capacitance) 리액턴스가 커진다. 인덕터는 안테나와 소자 사이에 최대 전력 전달을 보증하는 정합회로 뿐만 아니라 리액턴스를 제거하는데 필요하다. 낮은 방사 저항과 함께 인덕터의 저항손실, 다른 정합부품 등은 낮은 안테나 효율을 가져온다. 가능하면, 안테나 길이는 안테나가 공진된, 즉 리액턴스가 없을 때까지 증가시켜야만 한다. 전기 길이는 증가될 수도 있고 여러 번 감은 코일 안으로 안테나 소자의 바닥면을 넣어서 용량성 리액턴스를 줄일 수 있다. 이런 방법으로 손실저항은 줄이고 효율을 증대한다.

◈ 루프

루프 안테나는 소형 인쇄기판에 담을 수 있고, 특히 휴대용 송신기에 많이 사용되고 다른 소형 공진 안테나보다 근처의 전도체에 영향을 덜 받지만, 가장 큰 단점은 비효율적이다.

루프 안테나의 크기는 한 파장에 비해 작고, 즉 0.1λ이며, 전류 흐름이 일정하고 방사 필드는 다음과 같다.

$$E(\theta) = \frac{120\pi^2 \cdot I \cdot N \cdot A}{r \cdot \lambda^2} \cdot \cos\theta \tag{3-7}$$

여기서, I는 전류, A는 루프 면적, r은 거리, θ는 루프 면의 각도, N은 감은 수이다. 이 식에서 다음과 같은 방사저항을 얻을 수 있다.

$$R_r = 320 \cdot \pi^4 \cdot \frac{(A \cdot N)^2}{\lambda^4} \tag{3-8}$$

루프 안테나는 매우 낮은 UHF 대역 주파수에서 소형 휴대용 원격 제어 송신기로 사용된다. 방사저항은 일반적으로, 0.1Ω 정도로 10% 아래의 효율이다. 작은 값의 안테나저항에 송신기출력 단을 정합하기 위해 루프 종단점에 교차된 캐패시터를 사용하여 병렬 공진을 생성한다. 방사저항과 효율은 루프에 감은 수 또는 면적 증대로 키울 수 있지만, 이런 방법은 제한적이다. 면적 증대는 루프 인덕턴스를 증가시켜, 더 작은 값의 공진 캐패시턴스가 필요하다. 면적 제한은 이 캐패시턴스가 수 pF이면 생기고, 방사저항과 위에 언급된 근사 효율을 얻는다. 루프 안테나의 낮은 효율 때문에 UHF 대역의 근거리 수신기에 거의 사용되지 않는다. 예외로 페이저 수신기인데, 낮은 안테나 효율을 보상하기 위해 낮은 데이터율과 높은 감도를 사용한다. 루프 안테나의 장점은 지표 평면이 필요하지 않다.

저전력 비허가 송신기에서, 루프의 낮은 효율은 큰 관심은 아닌데, 이는 방사전력의 규정 때문이다. 저전력에서 저효율을 만들기 위해 전력은 크게 키울 수 있다. 기본 주파수에 반해 고조파 방사 성분을 작게 하기 위해서, 높은 Q값의 루프 회로가 필요하며, 많은 근거리 송신기에서 허용크기 아래로 기본전력을 제한하는 것이 고조파 방사 규정이다.

루프 안테나 성능과 정합에 대한 자세한 정보는 참고문헌 15와 58에 있다.

예제

315MHz로 동작하는 송신기의 루프 안테나를 설계한다. 이 작업은 Mathcad 워크시트의 'Loop Antenna' 메뉴를 사용하면 쉽다.

주어진 데이터인 f = 315MHz, G10 회로보드로 1/16 인치 두께, 구리 코팅, 유전율 = 4.7, 루프측면 25mm와 40mm, 도체 넓이 2mm에서 워크시트에 관련된 데이터를 입력하라.

이 예제 결과는 다음과 같다.

방사저항 = 0.038Ω
손실저항 = 0.15Ω
효율 = 20.1% = −7dB
공진 캐패시턴스 3.65pF

루프 안테나 워크시트를 사용한 결과는 정확하지 않지만, 설계 시작점을 제공한다. 효율은 회로 보드 손실들이 고려되지 않았고, 주위 부품 영향 효과도 고려하지 않았으므로, 계산된 값보다 더 나빠질 것으로 예상이 된다. 또한, 저전력 송신기와 작은 값의 루프 임피던스 정합의 어려움으로 정합회로에서 심각한 손실들이 있다. 낮은 배터리 전압으로 작동하게 설계된 송신기들은 이런 점에서 더 좋아짐이 예상된다(이절 후반의 '송신기출력 임피던스'를 보라).

◈ 나선(Helical) 안테나

방사효율이 중요한 경우, 나선 안테나는 루프 안테나보다 더 좋은 결과들을 제공하지만, 아직까지 다이폴 또는 1/4 파장 지표 평면에 비해 상대적으로 작은 크기이다.

나선 안테나는 파장에 비해 직경이나 피치가 매우 작은 스프링 형태로 감은 도선을

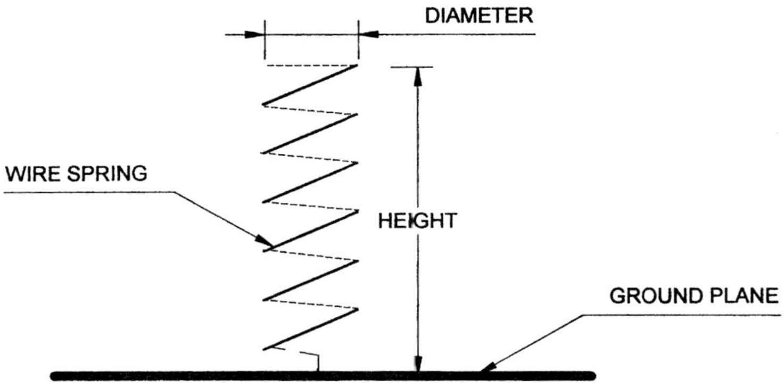

그림 3-3 나선 안테나

고정시켜 만들거나 원통형 형태로 도선을 감아서 만든다. 그림 3-3에 있다. 이런 나선 감김은 근사적으로 공간상의 빛 속도인 직선 도선을 따른 전달 속도에 비해 많이 떨어지는 스프링을 따른 축 상의 전달 속도를 생성한다. 그래서 나선 스프링상의 1/4 파장은 직선 도선에 비해 더 짧다. 안테나는 이런 길이로 공진을 하지만, 방사저항은 더 작아지고 결론적으로 효율은 표준 1/4 파장 안테나에서 얻는 것에 비해 덜하다. 나선 안테나는 도선 길이가 반파장 길이 근처에 있는 경우 공진이 발생한다. 송신기 또는 수신기에 대한 임피던스 정합은 상대적으로 쉽다.

나선 안테나의 방사표면에는 수평과 수직 성분 모두가 있으므로 편파는 타원형이다. 가장 힘들게 사용되는 형태 요소들로 안테나 길이가 직경에 비해 수 배정도 큰 경우에 편파는 본래 수직이 된다.

나선 안테나는 최상의 예상 성능을 위해 좋은 지표 평면을 가져야 한다. 휴대용 소자에서 사용자의 팔과 몸은 균형을 잡는데 사용되고 안테나는 이런 형태로 설계가 되어야 한다.

Mathcad 워크시트의 'Helical Antenna' 메뉴는 나선 안테나 설계에 도움을 준다. 한 개 예제를 다루어 보자.

예제

안테나는 173MHz용으로 설계된다. AWG 20 크기의 도선을 가지고 10mm 형태로 감는다. 16cm 높이의 공진 안테나를 얻기 위해 감은 횟수를 알아야 한다. 또한, 방사저항과 안테나 효율의 근사 값을 알아야 한다.

조건: 안테나의 평균 직경 D = 10.8mm(도선 직경을 포함), AWG 20의 도선 직경은 d = 0.8mm, 안테나 높이 h = 160mm, 주파수 = 173MHz이다.

이 값들을 나선 안테나 워크시트에 입력하면 다음 값을 얻는다. 감은 횟수 = 26, 도선길이 = 89cm = 0.514λ, 방사효율 = 90%, 전체입력저항 = 6.1Ω이다.

프로토 타입 안테나는 결과물의 물리적 특성으로 얻은 지표 평면의 공진조건이나 좋은 정합이 될 때까지 회귀손실을 관찰하면서 길이가 점진적으로 감쇠가 되도록 설계 값보다 더 많은 수를 감아야만 한다. 안테나 바닥을 접지 하든가 원하는 임피던스가 발견된 지점에서 도선을 마무리하여 안테나의 입력저항을 증대시킨다.

◈ 패치

패치 안테나는 마이크로파 주파수 특히 2.4GHz 대역과 이 보다 큰 주파수에 적합하며, 인쇄회로 기판의 한쪽 면에 도금된 기하구조(패치)와 방사 패치 크기보다 크게 한 접지 평면의 반대 기판 면으로 구성된다. 직각과 원형 형태들이 가장 공통이지만, 다른 형태, 예로써 사다리꼴 형태가 가끔 사용된다. 최대 방사는 일반적으로 기판에 수직이다. 직각 반파장 패치 안테나는 7에서 8dB의 방향성을 가진다.

직각 패치 안테나는 그림 3-4에서 볼 수 있다. 크기 L은 근사적으로 반파장이며, 기판 물질의 유효 유전율(ε)의 제곱근으로 나눈 자유공간의 반파장(λ)으로 계산된다. 실제 L 만큼 분리된 두 개의 반대편 모서리에서의 잔상(fringing) 방사효과 때문에 반파

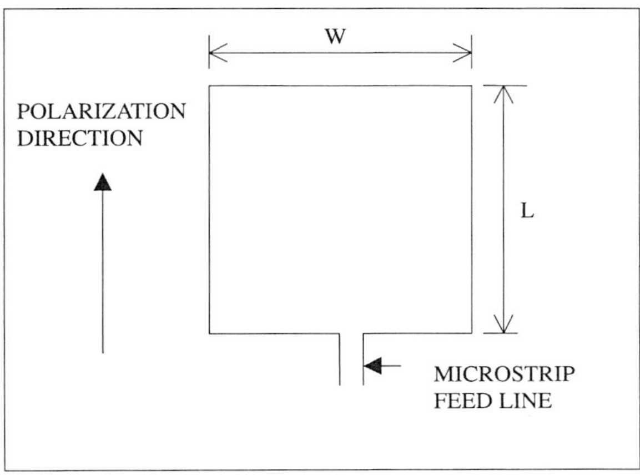

그림 3-4 패치 안테나

장보다 약간 작게 만든다. 공급선이 중심인 한, 두 개의 다른 모서리는 방사하지 않는다. 그림은 마이크로 스트립 피더(feeder)를 보여 주는데, 패치와 함께 동일한 면에서 다른 부품 흔적이 있는 기판에 도금이 편리하다.

공급점(feed point)의 임피던스는 패치의 넓이 W에 좌우된다. 마이크로스트립은 필요한 부하(송신기) 또는 신호원(수신기) 임피던스로 변환된다. 공급점 임피던스는 전송선로에 정합시키기 위해 공급점을 중심선의 끝에서 기판의 중심으로 직접 이동하여 만든다. 이런 방법으로 50Ω 동축 전송선로는 접지평면에 납땜된 절연물질과 작은 구멍을 통해 공급점으로 가는 중심의 도체를 가지고, 직접 패치 안테나의 바닥면에 직접 연결된다.

동봉된 CDROM에 있는 Mathcad의 'Patch Antenna' 워크시트 메뉴는 직각형의 패치 안테나 설계에 도움을 주는데, 동축 케이블 공급점 위치를 발견하는 계산이 포함된다.

3.4 임피던스 정합

안테나와 소자사이의 최상 전력 전달을 얻기 위해, 임피던스 정합은 송신기와 수신기에서 매우 중요하다. 수신기에서 정합은 두 단계로 수행되는데, 수신기 입력을 50Ω에 정합시켜 대역폭 필터에 적합하게 하고 실험실 측정을 수월하게 한다. 그런 다음, 50Ω에서 안테나 임피던스로 정합을 시킨다. 수신기 모듈은 대부분 50Ω 입력 임피던스를 가진다. 수신기 집적회로 또는 저잡음 RF 증폭기들은 50Ω 입력을 가진다. 또는 입력 임피던스는 다양한 동작 주파수를 가진다. 때때로, 최소 잡음지수를 얻기 위해 입력 RF 단에서 본 특정한 값의 신호원 임피던스로 정해진다.

정합된 임피던스는 부품 또는 모듈 데이터 시트에 다양한 방법으로 규정된다. 복소 임피던스는 직접 작동 주파수 또는 여러 가지 작동 주파수로 규정된다. 또 다른 형태의 규정은 병렬 또는 직렬로 된 캐패시터 또는 인덕터와 함께 있는 저항이다. 특정 임피던스 대개, 50Ω에 정합된 정도는 *반사계수*로 표현되는데, 후에 다룬다.

임피던스 정합에 사용되는 다양한 회로 정합이 있는데, 순수저항을 복소 임피던스에 정합시키는 간단한 예제를 다루자. 사용하기 원하는 정합 형태는, 병렬 또는 직렬 형식의 저항과 리액턴스 결합이나 임피던스로 표현된다. Mathcad 워크시트의 'Impedance Transformations' 메뉴를 사용 할수 있는데, 넓은 범위의 임피던스 정합을 위해 부품 값을 발견하고, 워크시트를 사용하여 임피던스 정합을 해야 한다. 병렬 또는 직렬 신호원 리액턴스는 정합회로에서 사용되는 부품 값을 구하기 위해 인접된 유도 리액턴스 값에서 떨어져야 한다. 예제 1에서 병렬 신호원 캐패시터 경우 이를 볼 수 있다.

코일과 캐패시터는 순수 리액턴스 값만을 가질 수 없음을 기억하자. Q 인자에 의해 정해지는 코일손실은 매우 중요하지만, 캐패시터의 손실은 대개 무시된다. 병렬 등가회로(리액턴스와 병렬인 손실저항)에서 $Q = R/X$(X는 리액턴스)이며, 직렬은 $Q = X/R$이다. 손실저항이 정합된 저항의 5 근처 안에 있다면, 임피던스 정합 식을 사용하기 전에 저항을 결합해야만 한다. 예제 2는 이것을 하는 방법을 보여준다.

계산 값에 가장 근처의 표준 부품 값을 사용한다. 가변 부품들은 높은 값를 가진 회로에서 필요하다. 또한, 분포성 캐패시턴스와 인덕턴스는 정합에 영향을 주며 정합회로 선택에 고려됨을 기억하라.

예제 1

그림 3-5는 저전력 송신기에서 발견되며 높은 임피던스를 50Ω에 정합시키기 위해 사용하는 회로를 보여준다. 1000Ω의 저전력 송신기출력 임피던스와 1.5pF 병렬 캐패시턴스를 50Ω 대역통과 필터 또는 안테나에 정합하기 위해 회로를 사용하자('Transmitter Output Impedance' 절을 보라). 주파수는 315MHz이다. 워크시트에 'Impedance matching' 워크시트의 회로 3을 사용한다.

주어진 값은 $R_1 = 1000\Omega$, $C_{out} = 1.5\text{pF}$, $R_2 = 50\Omega$, $f = 315\text{MHz}$이다.

(a) 워크시트 상단에, $f = 315\text{MHz}$를 설정하라. 회로(3)에서 R_1과 R_2를 각각 1000Ω과 50Ω으로 설정한다. Q 값을 선택한다.

$Q = 10$

(b) 소수점이하를 정리한 결과는

$C_1 = 5.1\text{pF}$

$C_2 = 20.3\text{pF}$

$L_1 = 101\text{nH}$이다.

(c) 워크시트의 C_1은 그림 3-5의 C_{out}과 C_{1A}의 병렬 결합으로 구성된다.

$C_{1A} = C_1 - C_{out} = 5.1\text{pF} - 1.5\text{pF} = 3.6\text{pF}$

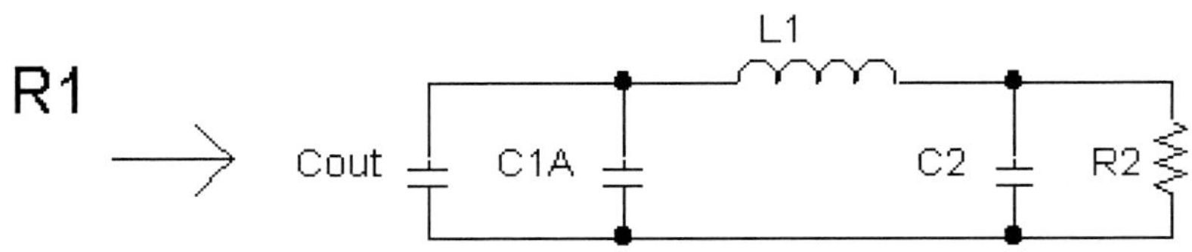

그림 3-5 임피던스 변환, 예제1

예제 2

45MHz에서 RF 믹서와 IF 증폭기 IC(필립스사의 NE605) 입력을 50Ω 안테나에 정합하기를 원한다. 등가 입력 회로는 2.5pF과 병렬인 4500Ω 저항이다. 220nH 값을 가진 병렬 코일 L_{1A}와 50의 Q_{1A}로 하자. 그림 3-6을 보자.

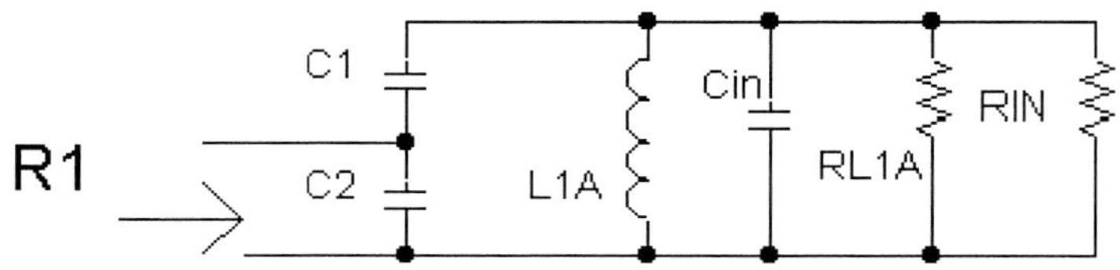

그림 3-6 임피던스 변환, 예제 2

주어진 조건인 f = 45MHz, R_1 = 50Ω, R_{in} = 4.5KΩ, C_{in} = 2.5pF, L_{1A} = 220nH, Q_{1A} = 50에서 C_1과 C_2를 구하자.

(a) RL_{1A}를 구하라.

$XL_{1A} = 62.2\Omega$(워크시트의 'Conversions' 메뉴를 사용할 수 있다)

$RL_{1A} = Q_{1A} \times XL_{1A} = 3110\Omega$

(b) 정합하기 위한 등가 입력저항 RL_1을 구하라.

$RL_1 = RL_{1A} \,||\, R_{in} = (3110 \times 4500) / (3110 + 4500) = 1839\Omega$

(c) 등가 병렬 인덕턴스 L_1을 구하라.

$XC_{in} = -1415\Omega$(워크시트의 'Conversions' 메뉴)

$XL_1 = XL_{1A} \,||\, XC_{in} = (62.2 \times (-1415)) / (62.2 - 1415) = 65.06\Omega$

(d) 워크시트의 'Impedance Matching' 메뉴를 사용하여 C_1과 C_2 계산에 필요한 Q 값을 구하라.

$Q = RL_1/XL_1 = 28.27$

(e) R_1, R_2, 그리고 Q 값을 정한 후, 워크시트의 'Impedance Matching' 메뉴의 회로 (4)를 사용하여 C_1과 C_2를 발견한다.

$R_1 = 50\Omega$, $R_2 = RL_1 = 1839\Omega$, $Q = 28.27$

결과: $C_1 = 60\text{pF}$, $C_2 = 322\text{pF}$

병렬 인덕터 선택은 임의로 보이지만, 결과인 Q 값이 워크시트 예제에서 주어진 최소 Q 값보다 더 큰 조건 하에서 이는 설계자의 특권이다(이 경우, 근사적으로 6 이다). 인덕턴스의 선택은 회로의 Q 값을 결정하여, 결과적으로 정합회로의 대역폭이다. 회로의 전체 Q 값에는 신호원저항의 부하효과가 포함되며, 이 예제에서 그 값은 설계과정에서 사용된 Q 값의 1/2이거나 28.27/2로 근사적으로 14이다.

예제 3

50Ω 입력을 가지는 수신기 모듈에 사용된 15Ω 임피던스의 나선 안테나가 있다. 동작 주파수는 173MHz이고, 그림 3-7에서 정합 네트워크를 볼 수 있다.

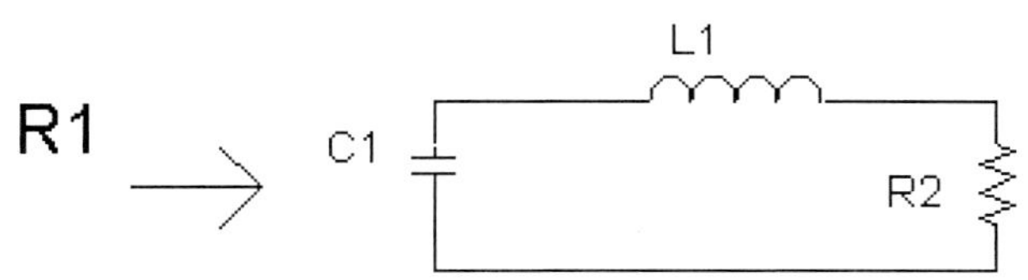

그림 3-7 임피던스 변환, 예제 3

주어진 조건: $f = 173\text{MHz}$, $R_1 = 50\Omega$, $R_2 = 15\Omega$

정합 네트워크 부품들을 얻기 위해, 워크시트의 'Matching Impedance' 메뉴의 회로 (1)에 있는 값들을 사용한다.

$L_1 = 21.1\text{nH}$

$C_1 = 28.1\text{pF}$

◈ 송신기출력 임피던스

송신기에서 안테나로의 최대 전력 전달을 하기 위해 안테나 임피던스 뿐만 아니라, RF

증폭기출력 임피던스도 알아야만, 정합 네트워크가 이전 절에서 보인 것처럼 설계가 된다. 기껏해야 수십 μW의 방사전력을 가지는 저전력 송신기에서 근접한 정합은 흠이 아니다. 하지만, 10mW 방사전력에서, 특히 저전압 리튬 배터리전력이 사용될 때, 적절한 정합은 증대 효율로 인해 배터리 에너지를 절약할 수 있고, 일반적으로 송신기 설계를 간단하게 할 수 있다. 이외에도, 예측된 주파수 응답을 얻기 위해 출력 대역폭 필터는 타당한 좋은 정합이 필요하다.

RF 증폭기의 출력 임피던스 R_L의 간단한 추정은 다음 표현으로 구한다.

$$R_L = \frac{\left(V_{CC} - V_{CE(sat)}\right)^2}{2P} \qquad (3\text{-}9)$$

여기서, V_{CC}는 RF 단의 공급전압, $V_{CE(sat)}$는 동작 주파수에서 RF 트랜지스터의 포화전압, 그리고 P는 출력 전력이다.

◈ 전송선로

많은 근거리 무선 소자에서, 송신기 또는 수신기 안테나는 장치 회로의 핵심부분이며, 개별 부품을 통해 송신기 출력이나 수신기 입력회로에 직접 결합되는데, 특히 휴대 장치의 경우이다. 장비 외관에서 멀리 떨어진 외부 안테나를 가진 소자들은 안테나를 입력 또는 출력 회로에 연결하기 위해 전송선로가 필요하다. 전송선로는 *분포 회로*의 한 예제이며, RF 회로 소자와 안테나사이의 RF 신호 전달 또는 결합에 영향을 준다. 높은 UHF 대역과 마이크로파 주파수에서, 내장 안테나와 RF 회로사이의 짧은 연결이라도 적절한 임피던스의 정합 달성을 위해 전송선로의 특성을 고려한다.

전송선로는 동축 케이블, 2선 평형선로, 마이크로스트립, 그리고 도파관 등의 여러 가지 형태를 가진다.(특별한 경우는 고려하지 않는다.)

전송선로의 기본 특성은 선로의 *특성 임피던스*이다. 그 값은 단위 길이 당 캐패시턴스 C와 단위 길이 당 인덕턴스 L에 좌우되는데, 결과적으로 도체를 둘러 싼 물질의 유전율 상수와 선로의 물리적 특성의 함수이다. 선로에 손실이 없는 이상적인 경우에 관계식은

$$Z_0 = \sqrt{\frac{L}{C}}$$

인데, 여기서 L은 단위 길이 당 인덕턴스로 H(헨리)이며, C는 단위 길이 당 캐패시턴스로 F(패러드) 이다. 또 중요한 특성은 속도인데, 빛의 속도와 도선의 전달 속도 또는 위상 속도 비율이다. 속도는 다음과 같이 전송선로 도체를 감싸는 물질의 유전율 상수에 좌우된다.

$$VF = \frac{1}{\sqrt{\varepsilon}}$$

또한, 전송선로 규격에서 중요한 것은 VHF 대역과 더 높은 주파수에서 상대적으로 긴 도선인 경우의 감쇠 또는 선로손실이다.

예를 들어, 가장 공통으로 사용되는 동축 케이블 RG-58C 규격은 다음과 같다.

특성 임피던스	50Ω
미터당 인덕턴스	0.25μH
미터당 캐패시턴스	101pF
속도	0.66
50MHz에서의 감쇠	30 미터당 3.5dB
300MHz에서의 감쇠	30 미터당 10dB

이전 절에서 안테나 임피던스를 회로 임피던스에 정합하는 것에 대해 다루었다. 안테나가 전송선로를 통해 회로에 연결이 되면, 전송선로의 끝에서 본 정합 임피던스는 안테나 자체의 임피던스와 다른데, 전송선로의 특성 임피던스와 선로 길이에 좌우된다.

대개 전송선로와 안테나 등과 관련이 있고 임피던스 정합 정도를 정의하는 여러 가지 용어들이 아래에 있다.

*정재파비*는 전송선로를 안테나에 정합하는 데, 공통으로 사용되는 용어다. 부하 임피던스가 전송선로의 특성 임피던스와 다르면, 선로의 피크 전압은 지점마다 다르다. 반파장보다 큰 길이의 선로에서, 피크 전압 또는 널(null) 전압들 사이의 거리가 반파장이다. 피크와 널 전압사이의 비는 정재파비, 영문으로 간략하게 *SWR*, 또는 *VSWR*(전압정재파비)로 표시한다. 피크전류와 최소전류 비도 *VSWR* 또는 *SWR*과 동일하다.

부하가 순수 저항 R이고, 선로의 특성 임피던스보다 큰 경우 $SWR = R/Z_0$이며, 부하가 순수 저항이고, 특성 임피던스 보다 작은 경우의 정재파비는 $SWR = Z_0/R$이다. 일반적으로, 선로와 특성 임피던스 모두가 리액턴스 성분, 즉 복소수인 경우, 전압 정재파비는

$$SWR = \frac{1+\left|\dfrac{Z_{load}-Z_0}{Z_{load}+Z_0}\right|}{1-\left|\dfrac{Z_{load}-Z_0}{Z_{load}+Z_0}\right|} \tag{3-10}$$

이다.

*반사계수*는 부하로부터 반사된 전압과 부하에 의해 흡수된 진행파 전압의 비로 $\rho = E_r/E_f$이다. 부하가 전송선로에 완벽히 정합이 되면, 신호 발생기에서의 최대 전력은 부하에 의해 흡수되고, 반사파는 없으며, 반사계수는 영이다. 다른 부하 임피던스에서는 부하에 의해 더 작은 전력이 흡수되고, 남은 허용 전력은 신호발생기로 반사 된다. 부하가 개방 또는 단락 회로, 또는 순수 리액턴스이면, 모든 전력이 뒤로 반사되고, 반사전압은 진행전압과 동일하여, 반사계수는 1이다. 부하 임피던스와 특성 임피던스로 다음과 같이 반사계수로 표현된다.

$$\rho = \frac{Z_{load}-Z_0}{Z_{load}+Z_0} \tag{3-11}$$

정재파비와 반사계수사이의 관계는

$$SWR = \frac{1+|\rho|}{1-|\rho|} \tag{3-12}$$

이다.

회귀손실(return loss)은 신호발생기의 허용전력에 비해 신호원으로 회귀되는 전력양의 표현이다. 데시벨로 나타내면 다음과 같다.

$$RL = -20\log(|\rho|) \tag{3-13}$$

회귀손실은 항상 0보다 크거나 같다.

전송선로 정합과 관련된 세 가지 용어 중, 반사계수는 복소수이므로 가장 많은 정보를 제공한다. 다른 두 용어들은 정재파비는 큰 부정합(mismatch)인 경우에 더 정확하고, 부하 임피던스가 선로의 특성 임피던스에 가까울 때 회귀손실이 정재파비보다 더 큰 세밀한 값을 나타낸다.

정재파비 범위의 진행과 반사전력에 대한 소개는 그림 3-8에 있다. 이 그림은 부하에 의해 실제 소비되거나 안테나에서 허용한 전력에 관한 임피던스 부정합 효과를 편리하게 알 수 있는데, 진행전력에 반사전력을 뺀 전력이다.

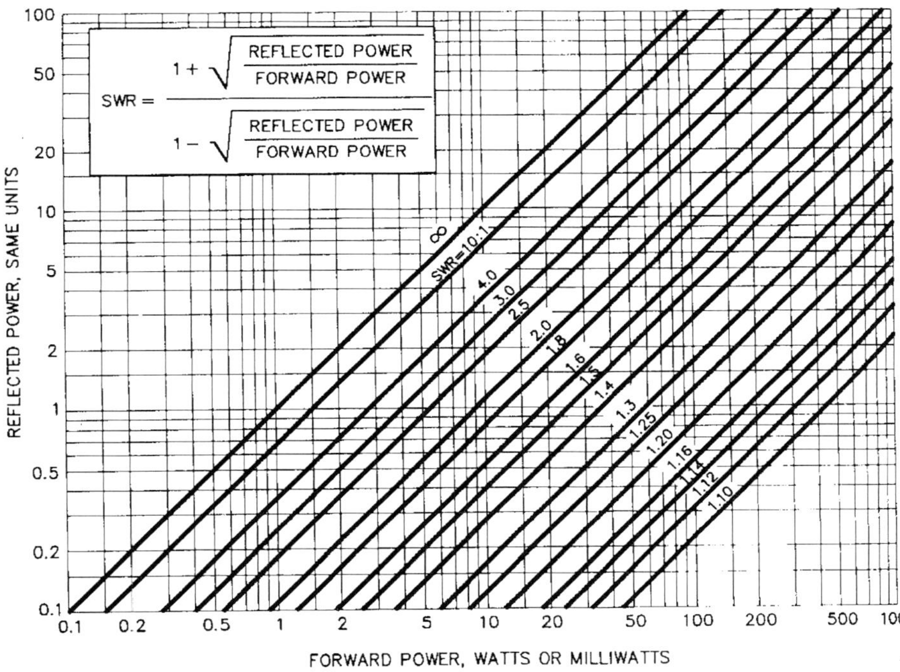

그림 3-8 정재파비, 진행과 반사전력

전송선로 손실은 위 정의에 없는데, 그 효과는 동일한 부하에 대해, 무손실 선로에 비교해 정재파비를 감소시키고, 회귀손실을 증가시킨다. 이는 주어진 표현에 모순이 되는데, 부하 임피던스의 관점이지, 실제로는 그렇지 않다. 예를 들어, 정재파비로 표현된 부하 임피던스((3-10) 식)는 정재파비가 원하는 특정지점의 임피던스이고, 선로 끝에서의 임피던스일 필요는 없다. 즉, 높은 손실의 긴 도선은 신호 발생기 끝에서 측정된 낮은 정재파비를 가지지만, 부하는 높은 정재파비이다. 전송선로 손실은 완벽한

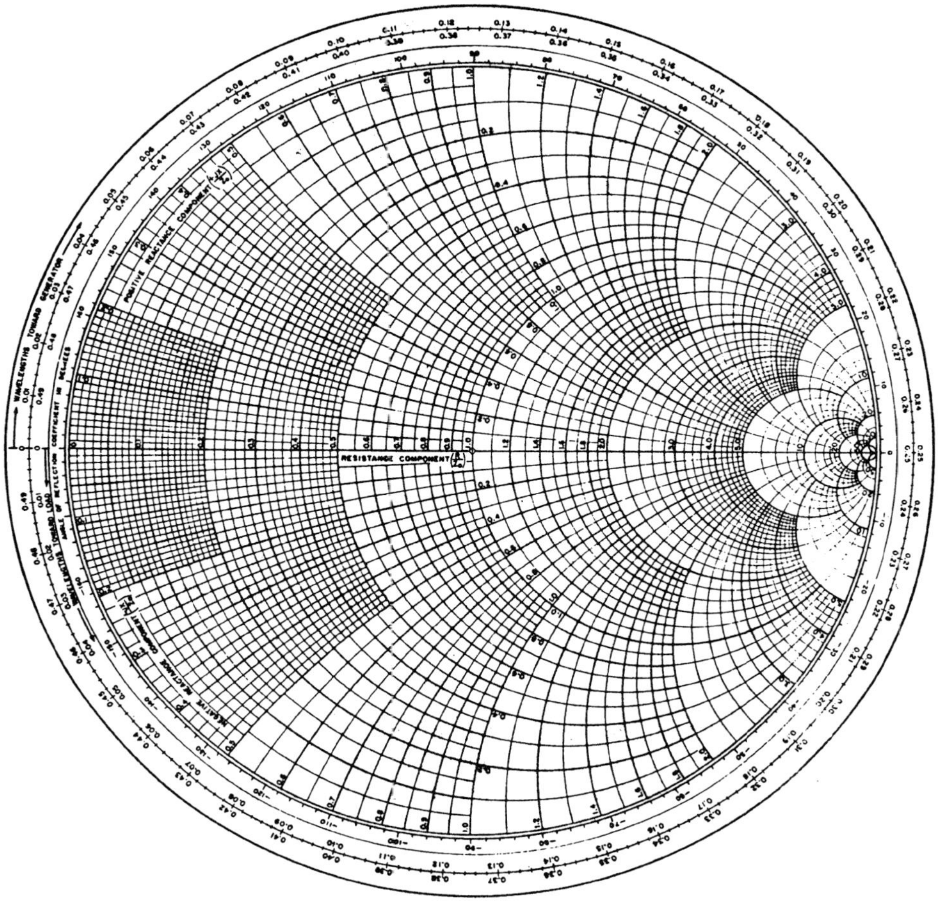

그림 3-9 스미트 차트그림

정합선로에만 극한 되지만, 부정합이 있을 때, 더 높은 피크 전류와 선로의 증대된 I^2R 전력 때문에 손실은 더 크다.

◈ 스미트 차트(Smith Chart)

전송선로의 임피던스를 발견하고 정합회로를 설계하는 편리한 도구가 그림 3-9에 보는 스미트 차트이다.

스미트 차트는 복소 임피던스와 어드미턴스(어드미턴스는 임피던스의 역수)를 볼 수 있는 그림이다. 차트에서 임피던스 값은 중앙의 수평 직선으로 표시된 저항 원과 '0' 값인 저항 원의 원주로 표시된 리액턴스 원호와의 교차된 값들이다. 그림 3-10은

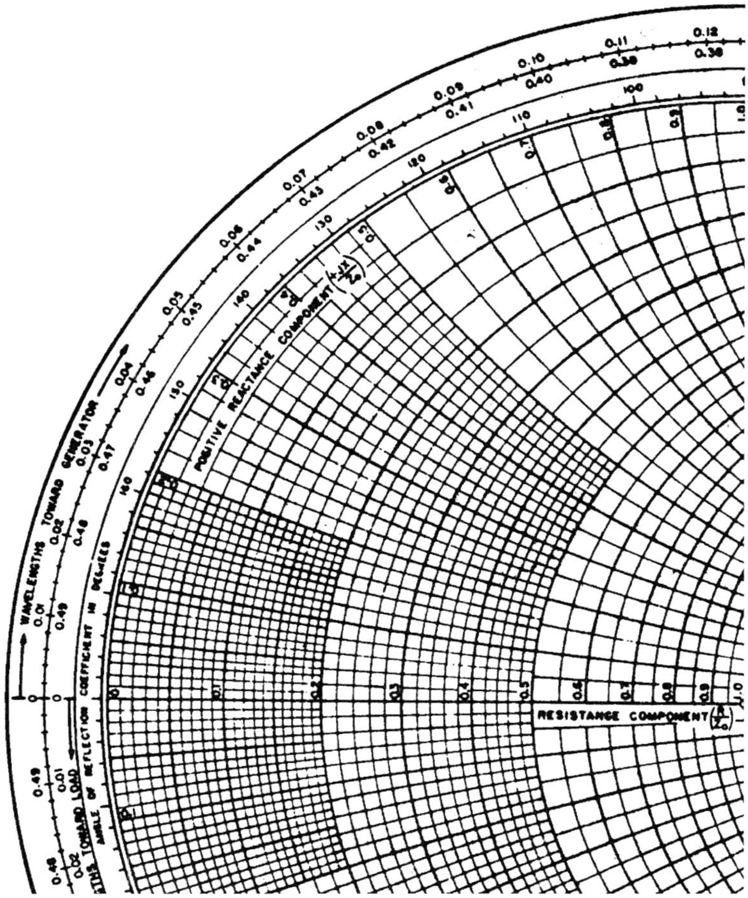

그림 3-10 스미트 차트의 확대면

차트의 표시된 면을 확대해 보여준다. 차트의 유일한 형식은 정합 네트워크를 설계할 때, 특히 전송선로가 포함될 때, 임피던스와 어드미턴스들에 대한 편리한 그래픽 도구를 위해 고안되었다. 스미트 차트는 UHF 대역과 마이크로파 주파수에서 인쇄회로 흐름 특성을 표현하는 부분 변수를 다루는데 유용한다.

한 개의 예제를 사용하여 스미트 차트의 여러 가지 특징에 대해 설명한다. 75Ω의 캐패시턴스 리액턴스와 직렬 연결된 15Ω 임피던스의 안테나를 50Ω의 출력 임피던스를 가진 송신기에 정합시켜야 한다. 동작 주파수는 173MHz이며, 안테나는 73cm 길이의 RG-58C 동축 케이블을 통해 송신기와 연결된다. 정합 네트워크가 50Ω으로 변환해야 되는 송신기 임피던스는 얼마인가? 예제는 그림 3-11에 나타내고, 그림 3-12는

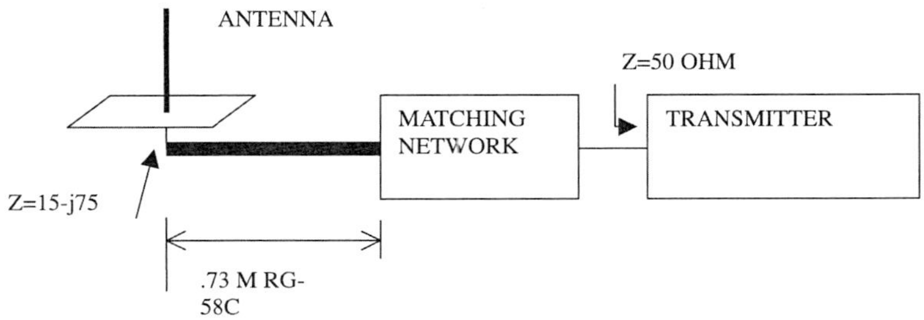

그림 3-11 안테나 정합 예제

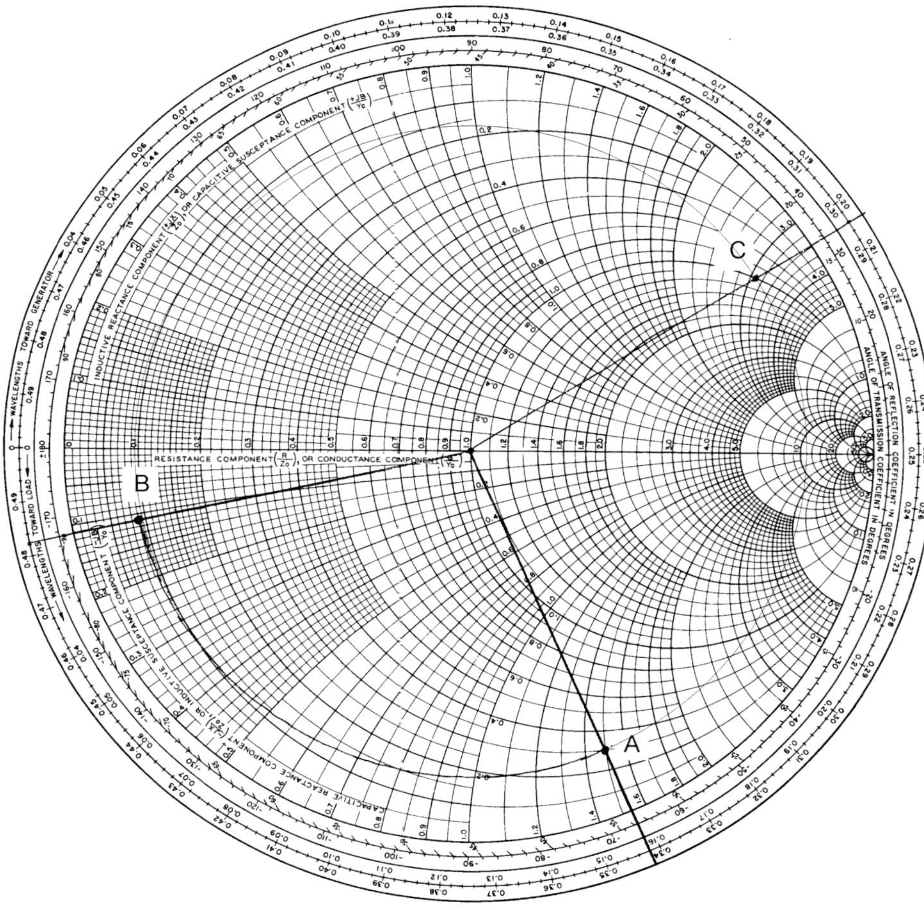

그림 3-12 스미트 차트를 사용할 때

스미트 차트 사용을 보여 준다.

단계 1 : 먼저, 차트 상에 안테나 임피던스를 표시한다. 저항과 리액턴스 좌표를 정규화 한다. 1.0으로 표시된 차트 중심은 전송선로의 특성 임피던스로 50Ω이다. 안테나의 저항과 용량성 리액턴스 값을 50으로 나누고, 복소 형태로 $Z_{load} = 0.3 - j1.5$를 얻는다. 이는 차트의 하단 면의 좌표에 0.3 저항 원과 1.5 용량성 리액턴스의 교차점으로 표시되며, 그림 3-12에 'A' 로 표시된다.

단계 2 : 전송선로의 송신기 끝단 임피던스는 차트의 중심에서 'A' 지점까지인 선 길이가 반경인 원 상에 위치한다(케이블손실은 없다고 가정한다). 73cm 동축 케이블에 대해 이 원상에 있는 정확한 임피던스 위치를 알기 위해, 물리적 케이블 길이 l을 파장 단위의 전기적 길이 L과 관계를 만들어야 한다.

$$L = \frac{l}{\eta\lambda}$$

여기서 η는 0.66으로 속도이며, λ는 파장으로 자유공간에서 3×10^8/주파수이다. 이 예제에 값을 대입하면, 선로의 전기적 길이는 0.64 파장이 된다.

스미트 차트는 부하로부터 시계방향으로 신호 발생기로 향해 이동되는 것을 알려 준다. 파장 측정은 최 외곽 표시된 원에 나타난다. 매 0.5 파장마다, 부하 임피던스는 변화 없이 케이블 끝에 반영되므로, 이 경우에 케이블 길이에서 반파장의 전체 수를 빼면, 다음을 얻는다.

$$.64\lambda_c - .5\ \lambda_c = 0.14\lambda_c$$

여기서 λ_c는 케이블 파장이다.

중심에서 Z_{load}(A점)을 통해 그림 3-12에 그린 선은 0.342 값에서 '신호 발생기 파장' 의 원과 교차된다. 0.14 값을 더해 0.482 값을 얻고 중심에서 이 점까지 선을 그린다. 중심과 A점으로 중심에서 동일한 거리인 B점의 선에 표시한다. 이는 제도용 도구를 사용하여 편리하게 할 수 있다.

단계 3 : B점을 읽어주면 $0.1 - j0.113$이고, 50Ω 특성 임피던스를 곱하면 다음을 얻는다.

$$Z_{gen} = 5 - j5.65 \text{ ohms.}$$

단계 4 : 위 예제 3의 과정을 사용하여 동축 케이블에서 본 임피던스를 송신기의 50 임피던스에 정합시키는 정합 회로를 설계한다. L_1을 위해 용량성 리액턴스 5.65Ω을 리액턴스에 더하면 결과적인 네트워크 부품들은 L_1 = 19nH, C_1 = 55pF이다.

그림 3-12의 스미트 차트를 검사하여, 더 긴 동축 케이블을 사용하면, 50Ω 임피던스의 실수부 또는 저항과 50 × 3.1 = 155Ω 유도성 리액턴스를 가지는 임피던스를 케이블 끝에서 얻는데, 그림에서 C 점이다. 98cm 동축 케이블 길이에서는 0.22λ_c = 25cm를 본래 전송선로에 더해 이 임피던스를 얻는다. 지금 필요한 정합 부품은 155Ω인 유도성 리액턴스를 제거하기 위한 직렬 캐패시터이다. 워크시트의 'Conversion' 메뉴를 사용하면, 그 캐패시턴스는 근사적으로 6pF이다.

다른 전송선로 정합문제들은 스미트 차트를 사용하여 풀 수 있다. 이 차트를 사용하면, 쉽게 정재파비, 반사계수, 회귀손실 등을 정할 수 있다. 또한 차트는 선로손실을 설명하는 규칙이 있다.

스미트 차트는 선로 길이 변화에 대한 임피던스 효과를 보는 것과 전송선로를 정합 네트워크로 사용하는 것이 편리하다. 컴퓨터 프로그램으로 스미트 차트 그림을 표시하는 것이 가능하다. 동봉한 Mathcad 워크시트의 'Transmission Lines' 메뉴의 수학식으로 전송선로 문제를 직접 풀 수 있다.

◈ 마이크로스트립

800MHz 근처와 더 높은 주파수에서, 인쇄회로 기판 도체 길이는 파장의 일부 비율로 전송선로로 동작 된다. 수신기 IC 입력이나 저잡음 증폭기 입력이 50Ω이고, 6m 도체 길이가 안테나 소켓에 연결이 될 경우, 도체가 50Ω 특성 임피던스를 가진다고 설계가 되지 않으면, 안테나의 RF 플러그에서 50Ω을 볼 수 없다. 접지면 위의 인쇄도체를 마이크로스트립이라 부른다(기판의 반대 면은 구리 코팅이다). 기판의 도체 전송선로 특성은 UHF와 마이크로파 회로에서 다양한 부품들 사이의 정합 네트워크로 사용된다.

Mathcad 워크시트 메뉴의 'Microstrip'을 사용하여, 필요한 특성 선로 임피던스를 얻기 위해 필요한 도체 폭을 발견하거나 폭을 알면, 임피던스를 구한다. 마이크로 스트립 부품을 사용하는 정합 네트워크를 설계하고 임피던스 변환을 하기 위해 스미트 차트를 사용한다. 'Microstrip' 워크시트는 주어진 주파수에서 인쇄기판의 파장을 알려준다. 이 워크시트를 사용하기 위해서는 기판 두께와 기판 물질의 유전율을 알아야 한다.

3.5 측정 기법

벡터 어날라이저(vector analyzer)가 있으면, 정합하기 원하는 임피던스를 측정하고, 정합회로를 설계하며, 설계 정확도를 점검할 수 있다. 정합회로를 설계하고 정확하게 조정할 경우, 부하 또는 신호원에 연결된 네트워크에서 본 임피던스는 부하 또는 신호원 임피던스의 복소 켤레(complex conjugate)이다. 임피던스의 복소 켤레는 임피던스와 임피던스 허수부의 음수 값이 같은 실수부이다. 예를 들어, $Z_{source} = 30 - j12\Omega$이면, 출력포트가 부하에 연결될 경우 입력에서 정합회로로 본 임피던스는 $30 + j12\Omega$ 값을 가진다.

벡터 어날라이저 없이, 안테나와 정합부품을 최적화하기 위해 많은 시행착오가 필요하다. 대개 RF 전자공학 실험실에 있는 다른 장비들도 큰 도움을 준다. 상대적으로 값싼 장비(벡터 어날라이저에 비해)를 사용해, 동작 주파수에서의 공진을 위해 안테나와 회로를 조정하는 아이디어가 있다.그리드 딥 미터(grid dip meter)는 간단하고 값싼 도구로, 아마츄어 무선에 잘 알려져 있다(수년 동안 진공관이 아니고 트랜지스터 발진기에 기초되어 왔지만, 그렇게 부른다). 그것은 공진회로에 가볍게 결합되어, 외부 코일을 가진 RF 동조 발진기로 구성되어, 임의의 형태 안테나가 될 수 있다. 딥 미터가 시험 수동 회로의 공진 주파수에 동조가 되면, 지시한 미터 값은 장비 발진기의 에너지 흡수에 의한 전류 측정 값을 보여준다. 캐패시터로 공진된 루프 안테나는 이런 방법을 사용하여 조정하기가 쉽다. 다이폴, 접지면 그리고 나선 안테나는 분리된 정합회로 부품을 가지고 한 번 감긴 작은 루프를 안테나 종단점과 연결하여 공진을 점검한다. 루프에 근접한 딥 미터 코일을 설치하고 장비를 조정하여 측정 값(딥)을 발견한다.

그리드 딥 미터의 주요 한계는 주파수 범위로, 대개 250MHz이다. 더 높은 주파수 공진은 회귀손실 브리지(return loss bridge) 또는 방향성 브리지(directional bridge) 또는 임피던스 브리지(Impedance bridge)를 가지고 측정한다. 이 장비는 스칼라 네트워크 어날라이저(scalar network analyzer)의 핵심부분으로 스팩트럼 어날라이저(spectrum analyzer)와 신호발생기 추적기 또는 회귀손실 대 주파수 표시를 제공하는 잡음 신호원과 함께 사용된다.

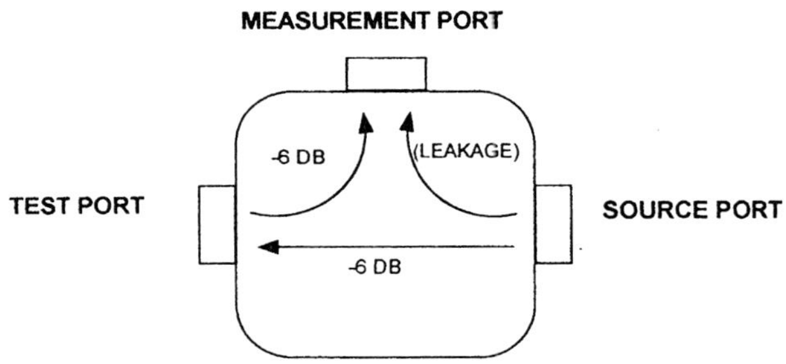

그림 3-13 회귀손실 브리지

회귀손실 브리지는 정합이 안된 부하의 반사전력을 지시하는 3 포트 장치이다. 그림 3-13은 브리지의 구조를 보여 준다. 신호원 포트에 인가된 전력은 6dB 정규감쇠로 시험 포트에서 시험 중인 소자로 통과시킨다. 시험 중인 소자로부터 반사된 전력은 근사적으로 6dB가 감시되어 측정포트에 나타난다. 시험 회로가 브리지 장비의 특성 임피던스와 동일한 임피던스로 나타나면, 신호원출력 아래의 50dB 단위의 누설출력을 제외하고, 측정포트에 출력이 없다. 시험포트가 개방 또는 단락회로이면, 모든 전력은 반사되며 측정포트 출력은 -12dB 근처이다. 회귀손실은 시험포트가 개방 또는 단락일 때, 측정포트에서 dBm 단위로 측정된 출력들 사이 차이이며, 시험 중인 회로가 시험 포트에 연결될 때, dBm 출력 값이 된다.

안테나의 공진 주파수를 정하는 설정을 그림 3-14(a)에서 보여준다. 안테나는 50Ω 동축 케이블의 짧은 길이를 통해 브리지의 시험 종단점에 연결된다. 스펙트럼 어날라이저가 측정포트와 추적 발생기에 연결 되며, 그 주파수는 스펙트럼 어날라이저의 주파수 스윙과 나란히 스윙하며, 신호원 포트를 구동한다.

스윙 주파수가 안테나의 공진 주파수를 통과하면, 어날라이저는 그 주파수에서 측정 값을 표시한다. 공진 주파수에서 리액턴스는 제거되고 안테나에는 순수 저항만 나타난다. 안테나 임피던스가 50Ω에 접근 할수록, 측정 값은 더 정확해진다. 안테나 변수는 원하는 동작 주파수에서 측정 하면, 길이, 부하코일 또는 나선 코일 크기 등은 변한다. 측정 값은 대개 시스템에서 공진이 한번 이상 생기므로 여러 가지 주파수에서 관측 된다. 근사적으로 정확한 공진주파수를 얻기 위해 우선 안테나의 적절한 설계 뿐만 아니라, 여러 가지 측정으로 안테나 변화 효과를 관찰하면, 올바른 측정을 거의 정확히 알 수 있다.

회귀손실 측정과 (3-11) 식과 (3-13) 식으로 얻은 아래 식이나 Mathcad의 'Transmission Lines' 워크시트 사용으로 공진 안테나저항 R_{ant}의 근사 값을 얻는다.

$$\rho = \pm 10^{\frac{-RL}{20}} \tag{3-14}$$

$$R_{ant} = Z_0 \cdot \frac{1+\rho}{1-\rho} \tag{3-15}$$

회귀손실은 양수이며, (3-14) 식의 반사계수를 풀 경우 ρ는 양수 또는 음수가 되며, (3-15) 식의 R_{ant}는 두 개의 가능한 값을 가진다. 예를 들어, 회귀손실이 5dB이면, 안테나저항은 14Ω이나 178Ω으로 두 값 중에서 결정한다. 나선으로 감겼거나 부하코일을

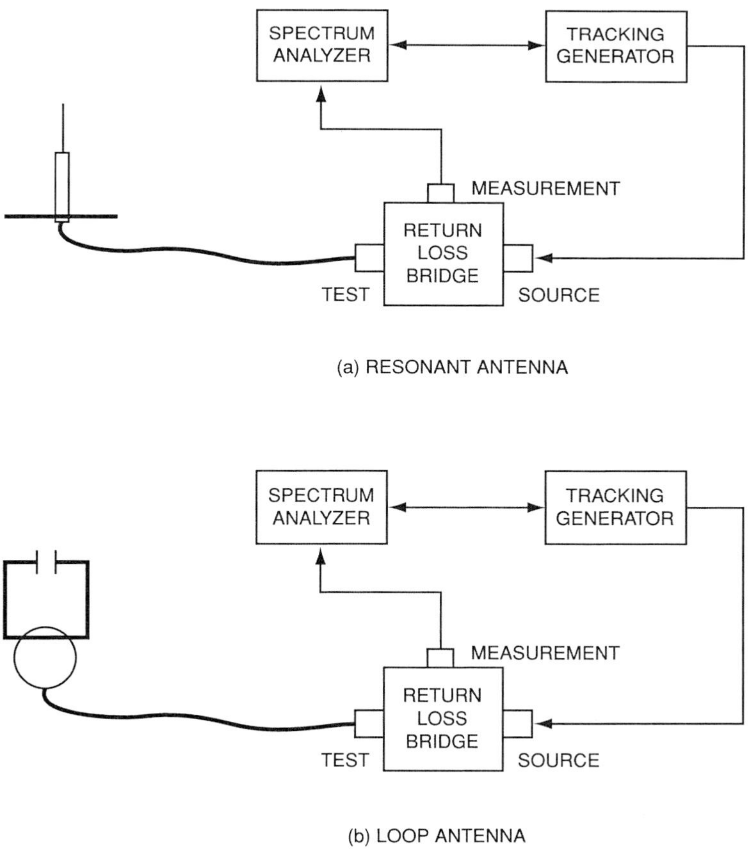

그림 3-14 공진회로 시험 설정

가지며, 그 길이가 1/4 파장보다 작은 접지면 위의 모노폴(monopole) 안테나는 50Ω보다 적은 임피던스를 가진다. 저항 값을 알면, 위 표현과 같이 정합 네트워크를 설계할 수 있다.

그림 3-14(b)에 보인 배치는 500MHz근처까지 루프 안테나의 공진 주파수를 점검하는데 편리하다. 직경 2cm의 딱딱한 자석 도선의 한 개 루프와 동축 케이블의 짧은 조각을 사용하라. VHF 대역과 더 낮은 주파수에서 두 번 또는 세 번 감긴 루프를 사용하라. 루프 공진에서 스펙트럼 어날라이저 화면은 정확한 측정을 보여준다. 회로 영향을 피하기 위해 측정을 하면서 루프로부터 가능한 만큼 시험코일을 유지하라. 측정 위치를 관측하고, 조정 캐패시터를 가지면, 쉽게 루프회로가 동조된다. 송신기 또는 수신기의 동조 코일의 공진을 점검하는 데 동일한 설정이 사용된다. 이 시험이 완료될 때 회로에서 방사는 없다. 가능하면, 발진기를 끄고, 시험 중인 소자에 전력을 인가하라. 트랜지스터 단에 결합된 동조 회로의 공진 주파수는 전압이 인가되고 인가되지 않을 때 다르다.

3.6 요약

이 장에서 근거리 무선 시스템을 알기 위해 필요한 안테나와 전송선로의 중요한 성질을 다루었다. 안테나 특성들이 정의되었고, 근거리 시스템에 공통으로 사용된 안테나 형태를 다루고 설계 예제를 제공했다. 임피던스 정합은 안테나의 입출력을 이해하기 위해 필요하며, 여러 가지 정합회로와 그것을 사용하는 방법의 예제를 제공하였다. 스미트 차트를 소개하고, 설계도구로 지금은 널리 사용되지 않지만, 회로 정합, 특히 분산 부품들의 개념이해에 도움을 준다.

마지막으로, 설계 구현에 도움이 되고, 완벽한 생산에 불가피한 시행착오 과정을 크게 줄이는 간단한 측정들을 보았다.

제 4 장

통신 프로토콜과 변조

이 장에서는 통신 시스템 특성에 대한 전반적 검토를 한다. 이런 특성들은 어떠한 무선 통신 링크에도 공통이며, 특히 상세하게 근거리 시스템의 특이성에 대해 다룬다.

디지털 무선 링크에 대한 블록도가 그림 4-1에 있다. 그 링크는 소스(source) 데이터라고 하는 한쪽 위치에서의 생성 정보를 데이터 재생을 하는 또 다른 위치로 전송한다. 무선 시스템에 관해 좀 더 구체적으로 구현된 보안 시스템이 그림 4-2에 있다.

4.1 기저대역 데이터 포맷과 프로토콜

먼저, 다른 쪽으로 전송하길 원하는 정보에 대해 알아본다. 이 점은 시스템이 필요한 대역폭을 결정하는 데 중요하다.

◈ 소스 데이터의 변화상태

많은 근거리 시스템들은 연결 상황에 대한 정보를 전달해야만 한다. 움직임이 감지될 때 적외선 움직임 감지기(Motion Detector)가 제어판(control Panel)에 알리는 그림 4-2의 보안 시스템의 실제상황이 바로 이것이다. 또 다른 예는 푸시버튼(push button) 송신기로 비상버튼(Panic Button) 또는 제어 시스템의 기동과 정지 방법으로 사용되거나, 무선 연기 감지기로 화재 발생시 경보를 제공하는 경우이다. 기술적으로 알람인 가스 감지기, 물 레벨 검출기, 그리고 저온과 고온 감지기 등에서 그 기능은 비정상 상태 정보를 제공한다.

이런 모든 예들은 매우 낮은 대역폭의 정보 소스 특징을 가진다. 상태 변화는 거의 발생되지 않고, 발생이 되면 사건 정보가 발생 후 수십 또는 심지어 수백 msec 동안 신호를 보내어도 염려할 것이 없으므로, 필요한 정보 대역은 수 Hz로 매우 작다.

매우 단순한 통신 링크를 만들어, 정보가 생기는 동일한 속도로 송신기를 on/off하는 소스 데이터를 사용해 이를 매우 낮은 대역폭으로 유지하는 것이 가능하다. 하지만, 이는 실제 방법은 아닌데, 합법한 신호에 비해 수신기가 쉽게 무선 채널 상의 랜덤 잡음을 잘못 판단하여, 발생이 없는 경우도 침입 또는 화재로 알릴 수 있기 때문이다. 이런 오경보들은 매우 바람직하지 않아서 송신기의 간단한 on/off 정보는 수신기에서 오판을 할 수 없도록 부호화 되어야 한다.

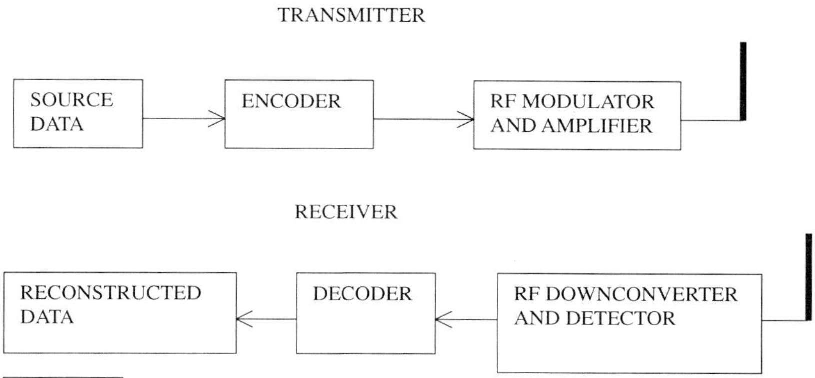

그림 4-1 무선 통신 링크도

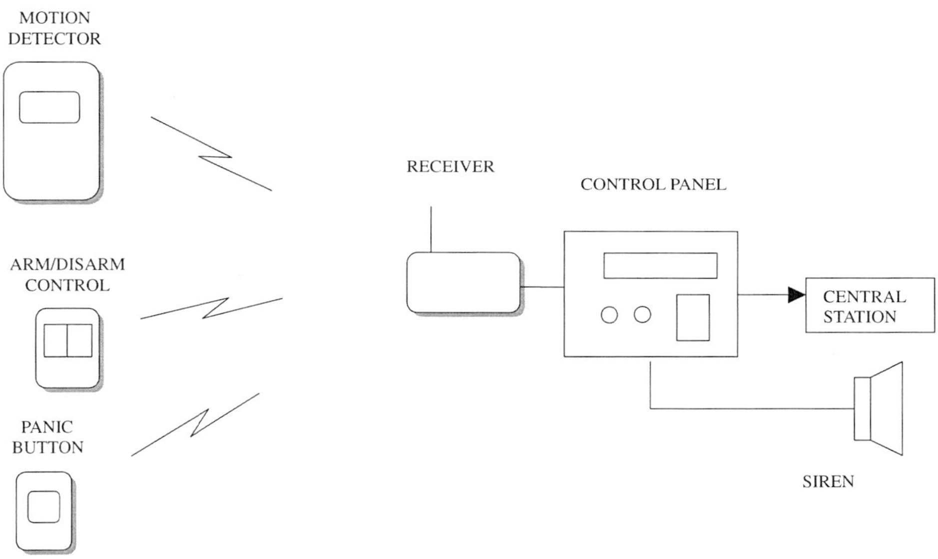

그림 4-2 보안 시스템

이것이 그림 4-1의 인코더(encoder) 목적이다. 이 블록은 비트 그룹을 생성하여 프레임으로 모아 수신기가 실제 상황에서 오작동을 하지 않게 확실하게 만든다. 그림 4-3은 메시지 프레임의 예제이다. 이 예제는 네 가지 필드(field)가 있는데, 첫 번째 필드는 시작비트가 있는 프리앰블(preamble)로 메시지가 시작될 때를 알려주고 정보 전달을 위해 수신기를 조정한다. 다음 필드는 식별(identifying) 주소인데, 이 주소는 송신기마다 유일(unique)하며 그 목적은 메시지가 오는 장소 또는 단위를 수신기에게 알려

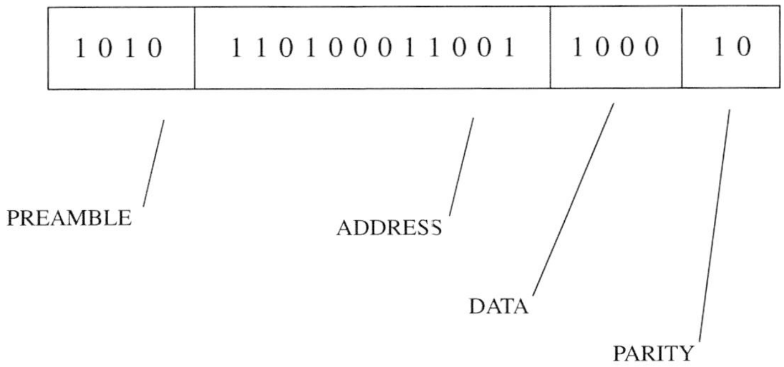

그림 4-3 메시지 프레임

준다. 이어서 데이터 필드가 있는데, 사건(event)이 신호로 보내지는 상황을 알려 주며, 프로토콜에 따라 메시지가 정확히 수신되게 수신기가 결정하도록 패리티 비트 또는 비트들이 뒤를 따른다.

◈ 어드레스 필드

어드레스 필드의 비트 수들은 시스템에 있는 여러 가지 송신기들의 개수에 좌우된다. 주위와의 혼돈을 막고 통계적으로 랜덤 잡음이 어드레스를 이중으로 만들 기회를 막기 위해 선택이 가능한 수를 이것보다 더 크게 한다. $L1$이 메시지 필드 길이이면, 코드에서 가능한 어드레스 수는 2^{L1}이다. 많은 단순한 보안 시스템에서 어드레스 필드는 사용자의 딥(dip) 스위치 세트로 결정한다. 공통으로, 256에서 1024의 어드레스 선택 가능성을 위해 8에서 10개의 열 개 딥 스위치 위치가 필요하다. 다른 시스템에서 어드레스 필드 또는 장치 식별(identity) 번호는 제조 작업 동안에 마이크로 콘트롤러의 코드 번호 세트이다. 이 코드 번호는 딥 스위치에 의한 생성보다 더 길며, 16에서 24 비트 길이로 65,536에서 16,777,216까지의 다양한 코드를 가진다. 코드가 길수록 주위시스템 또는 랜덤 사건의 오경보 발생 기회는 크게 줄어든다. 한편, 검파 확률은 더 높은 오류 확률 때문에 긴 코드인 경우 더 낮아진다. 이는 주어진 검파 확률에서 더 큰 신호 대 잡음비가 필요함을 의미한다.

모든 경우에 수신기는 그 자신의 시스템에서 송신기를 인식하기 위해 설정된다. 딥 스위치 어드레싱 경우에 수신기의 딥 스위치는 송신기와 동일한 어드레스로 설정된다. 여러 개의 송신기를 동일한 수신기에서 사용할 경우, 모든 송신기들은 수신기에 설정된 것과 같은 동일한 식별 어드레스를 가진다. 각각 개인 송신기를 인식하기 위해 두 개에서 네 개 까지 여분의 딥 스위치 위치에서, 구분을 위해 부필드(subfield)가 사용된다. 내장된 개인의 고정 식별(identity)이 딥 스위치 대신 사용될 경우, 수신기는 시스템에 사용된 모든 송신기들의 식별 번호를 인식하는 것을 배워야 한다. 이는 설치 기간 동안에 수행된다. 이를 수행하는 여러 가지 공통 방법은 다음과 같다.

(a) 무선 학습(learn) 모드: 수신기는 특별한 설치과정 동안에 이 모드에서 전송이 발생된 각 송신기들의 어드레스를 저장한다.
(b) 적외선 전송: 송수신기 각각의 적외선 이미터와 검파기들은 어드레스 정보를 전달한다.
(c) 직접 키 입력(key-in): 각 송신기는 개개인 어드레스로 식별되고, 시스템 설치자에 의한 제어판 또는 수신기 내로 입력된다.
(d) 유선 학습 모드: 설치 동안에 초기 어드레스 인식 과정을 수행할 경우 일시적으로 송수신기 사이에 연결된 단거리 케이블이 사용된다.

◈ 두 어드레싱 시스템들의 장단점

딥 스위치

장점	단점
무제한 수의 송신기들이 한 대 수신기와 사용된다.	제한된 비트수들이 오경보와 인접 시스템과의 간섭을 증대시킨다.
상업적으로 유용한 데이터 인코더와 디코더를 가지고 사용된다.	장치는 설치 동안에 코딩 작업에 개방되어야 한다.
송신기 또는 수신기는 쉽게 반대쪽 터미널 기록 없이 대체가 가능하다.	시스템의 다중 장치들은 대부분 단순 시스템으로 구분되지 않는다.
	제어 시스템은 시행착오에 의해 어드레스 코드가 중복될 수 있기 때문에 비인증된 동작에 대해 취약하다.

내부의 고정 식별코드(code identity)

장점	단점
많은 수의 코드비트들은 오경보 가능성을 줄인다.	긴 코드는 검파 확률을 줄인다.
시스템은 송신기 개방 없이 설정된다.	송신기 또는 수신기 대체는 코드 학습과정 반복이 포함된다.
각 송신기는 개인적으로 수신기에 인식된다.	제한된 수의 송신기들은 각 수신기와 함께 사용된다.
	설치된 마이크로콘트롤러와 함께 사용되어야 한다. 표준 인코더와 디코더를 가지고 사용할 수 없다.

◈ 코드 도약 어드레싱

어드레스 필드에서 대량 비트의 사용은 신호에 대한 오류 인식 가능성이 줄지만, 제어된 출입의 액세스를 얻기 위해 송신기 코드의 의도적 중복 기회가 아직까지 있다. 무선 푸시버튼들은 차량이나 빌딩 액세스 제어를 위해 많이 사용된다. 대중적으로 코드 그래버(code grabbers)라고 불리는 라디오 수신기들이 있는데, 송신된 출입 신호를 수신하고 차량 또는 다른 것을 보호하기 위해 재전송이 허용된다. 이런 가능성을 계산하기 위해 어드레싱 기법들이 발달하였고 푸시버튼이 눌러질 때 마다, 코드 변경이 발생된다. 송신기가 도청되고 기록되어도 침입자 반복은 그 수신기를 기동하지 않는데, 이는 현재 다른 코드를 예상하는 중이기 때문이다. 이 방법은 코드 회전(code rotation), 코드 도약(code hopping), 또는 회전 코드(rolling code) 어드레싱이라고 부른다. 침입자가 정확한 코드에 도달하기 위한 여러 가지 결합 시도나 추정을 가상적으로 불가능하게 만들기 위해, 상대적으로 큰 어드레스 비트들이 사용된다. 어떤 장치에서 36 비트 어드레스가 적용되어 총 68억 개의 가능한 코드가 제공된다.

시스템이 작동되기 위해, 송신기와 수신기는 동기가 되어야 한다. 수신기가 특정한 전송을 허용한 다음, 다음의 전송 어드레스가 무엇인지를 알아야만 한다. 그것이 너무 쉬우면 침입자가 그 시스템을 파괴하기 때문에 어드레스는 연속이 아니다. 사용자가 전송을 하기 위해 푸시 버튼을 누르는 것이 가능하다. 하지만 송신기가 너무 멀리 있거나 간섭으로 인해 수신기는 그것을 수신하지 못할 수 있다. 송신기와 수신기가 비동기화가 되면, 이는 여러 번 발생된다. 모든 코드 도약 시스템들이 이런 비동기화를 막기 위해 설계가 된다.

다음은 어떻게 코드 도약이 동작되는 지에 대한 간략한 설명으로 그림 4-4가 도움이 된다.

수신기와 송신기 모두 어드레스의 의사랜덤 시퀀스를 생성하기 위해 공용 알고리즘을 사용한다. 이 알고리즘은 어드레스 비트들을 다루는 것이 특정 형식으로 작동된다. 아는 값의 어드레스에서 시작하여, 그 링크의 모든 측이 같은 다음 어드레스가 생성한다. 데모 목적으로, 그림 4-4는 송신 측과 수신 측에서 두 개 디지트 십진수인 동일 시퀀스를 보여준다. 송신기의 직선 화살표는 현재의 송신기 어드레스를 보여주고, 수신기의 직선 화살표는 예상된 수신기 어드레스를 가리킨다.

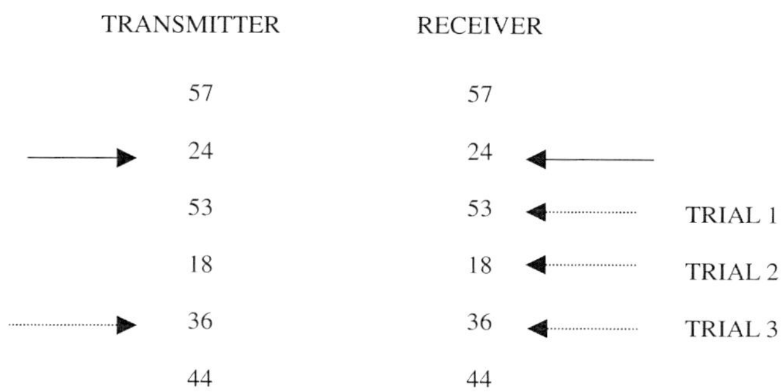

그림 4-4 코드 도약

전송과 수신 후, 모든 송신기와 수신기는 그들의 다음 어드레스를 계산한다. 화살표들은 동기가 되어 시스템 설정 과정 동안에 동일 어드레스를 가리킨다. 수신기가 전송을 놓치지 않으면, 각 측은 동일하게 다음 어드레스가 계산되므로 문제가 없다. 하지만, 한 개 또는 여러 개 전송을 수신기가 놓치면 마지막으로 메시지를 받는 경우, 예상 어드레스는 수신된 어드레스와 일치하지 않는다. 이 경우, 새로운 어드레스를 생성하기 위해 그 알고리즘은 다시 수행되고, 일치 되게 노력한다. 아직까지 어드레스가 일치가 안 되면, 일치 되거나 주어진 시도 횟수를 할 때까지 새로운 어드레스가 계산된다. 송신기와 수신기는 비동기가 되고 원래 설정 과정은 송신기와 수신기 어드레스의 재조정을 위해 반복이 되어야 한다.

수신기에 허용된 시도 횟수는 일반적으로 64와 256사이이다. 이 숫자가 너무 크면,

시스템 일치 가능성은 더 커지고(36비트 어드레스에서 매우 많은 수의 시도들이 이를 위해 필요하다) 몇 개의 시도로 맞지 않는 재동기 주파수는 더 커진다. 여러번의 시도는 계산에 많은 시간이 걸리고 응답에 심각한 지연을 발생시킨다.

여러 회사에서 회전 코드 부품을 만드는데, 그들 중에는 마이크로칩, 텍사스 인스투르먼트, 내셔날 세미콘덕터 회사 등이 있다.

◈ 데이터 필드

메시지 프레임의 다음 부분은 데이터 필드이다. 비트 수는 얼마나 많은 정보조각을 송신기가 수신기로 보낼 수 있는 지에 좌우된다. 예를 들어, 움직임 검출기는 세 가지 형식의 정보를 전송하는데, 움직임 검출, 손상(tamper)검출, 낮은 배터리 전압 등이다.

◈ 패리티 비트 필드

마지막 필드는 오류 정정 비트들 또는 패리티 비트들이다. 후에 다루겠지만, 어떤 프로토콜들은 원래의 오류 검출 특징을 가져 마지막 필드가 필요하지 않다.

◈ 기저대역 데이터율

데이터 프레임을 결정한 다음, 적합한 기저대역 데이터율을 결정한다. 예로써, 보안 시스템에서 이 비율(rate)은 대개 수 백 Hz로 최대 수 kHz까지 이다. 빠른 응답이 필요하지 않기 때문에, 프레임이 더 확실히 통과 되도록 여러 번 반복이 된다. 프레임 반복은 수신기의 공간 다이버시티가 있는 시스템에서 필요하다. 이런 시스템에서 두 개의 분리된 안테나가 주기적으로 스위칭(switching)을 하여 수신확률을 개선시킨다. 신호 널링(nulling)이 한 쪽 안테나에서 다중경로 현상으로 발생이 되면, 다른 쪽 안테나에는 더 강한 신호가 생성하는데, 이는 정확히 디코더가 된다. 그래서 메시지 프레임은 한 쪽 안테나의 실패한 수신 후, 수신할 기회를 주기 위해 더 자주 보내야 한다.

◈ 감독

디지털 시스템의 또 다른 특성은 링크 감독의 필요이다. 의료 응급 시스템이 포함된 보안 시스템과 다른 사건 시스템들은 한쪽 방향 링크들이다. 그들은 여러 가지 송신기와 한 개의 수신기를 가진다. 위에 언급했듯이, 이런 시스템들은 거의 전송되지 않고,

경보 또는 낮은 전압의 배터리 조건인 경우에만 전송된다. 부품결함에 의해 송신기가 작동을 시작하거나 비정상적인 연속 간섭이 무선 채널에 있으면 링크가 파괴된 사실을 감지하지 못한다. 보안 시스템의 경우, 일상 시스템 감시가 수행될 때까지 가능하면 설치는 보호하지 않는다. 유선 시스템에서 이런 것은 제어판에 밀착된 면에 연결된 릴레이(relay)에 의해 보호된다. 오류가 장치에서 발생되면, 릴레이는 에너지 공급을 끊고 제어판은 접착면 개방을 감지한다. 유사하게, 연결선 절단도 제어판에 의해 감지된다. 무선 시스템의 장점은 동작이 수반된 낮은 신뢰 레벨에 부합되는 것이다.

많은 보안 시스템들은 일정 간격으로 감시신호를 수신기에 보내 감지가 안 된 송신기의 실패 위험을 최소화한다. 수신기는 이 구간동안 신호 수신을 예상하고 신호 수신이 안 되면 감시 경보를 방출한다. 감시 신호는 경보에 대해 실수하지 않게 수신기가 다음과 같이 분류를 한다.

감시 구간 시간은 여러 가지 요소로 정해진다.

- 북미에서 대부분의 무선 보안 장치에 적용되는 FCC 파트(part) 15의 15.231절 규격으로 인증된 장치는 시간 당 한 번 이상보다 더 빈번하게 정규 전송을 보내지 않는다.
- 더 빈번하게 정규 감시 전송이 수행되면, 장치의 배터리 수명이 더 단축된다.
- 시스템에 많은 송신기가 있는 경우 빈번한 감시 전송은 경보신호와 충돌가능성이 커지며, 수신기를 통과하지 않은 경보가 생성된다.
- 감시 전송이 더 빈번할수록, 시스템의 신뢰 단계는 높아진다.

송신기 기능 불량의 최초 신호에서 시스템 운영자가 인지되는 장점이 있는 반면에, 빈번한 감시는 존재하지 않을 때 오류로 기록될 가능성을 키운다. 대부분의 보안 시스템은 경보 발생 전 연속적인 잘못된 감시 전송의 감지여부를 결정해야 한다. 예로써 매시간 보안 방출로 규정된 시스템은 여덟 번의 잘못된 감시 전송 또는 감시 경보가 발생 전에 여덟 시간을 기다린다.

◈ 연속적인 디지털 데이터

시스템에서 디지털 데이터의 흐름은 실시간으로 전송되어야 하며 원래 소스 데이터는 기저대역 데이터율로 결정된다. 이는 무선 랜과 무선 주변 연결 소자의 경우이다. 데이터는 메시지 프레임으로 배열되고 데이터 자체는 한쪽에서 다른 쪽으로 데이터의 정

BEGINNING FLAG - 8 BITS	ADDRESS - 8 BITS	CONTROL - 8 BITS	INFORMATION - ANY NO. OF BITS	ERROR DETECTION - 16 BITS	ENDING FLAG - 8 BITS

그림 4-5 동기식 데이터 링크 제어(SDLC) 프레임

확한 전송에 필요한 필드들이 포함된다.

동기식 데이터 링크 제어(SDLC) 방식으로 사용된 프레임 예제가 그림 4-5에 있다. 메시지 프레임을 제한하는 시작과 마지막 바이트들, 어드레스와 제어 필드, 정의가 안 된 길이의 데이터 필드, 그리고 프레임이 정확히 수신되었는지를 점검하기 위한 체크(check) 비트 또는 패리티 비트들로 구성된다. 수신기는 짧은 응답을 보내고 송신기는 다음 프레임을 가지고 계속한다. 응답 수신이 안 된 경우, 송신기는 응답을 수신할 때까지 다시 메시지를 반복하는데, 이를 ARG(automatic repeat query) 프로토콜이라 부른다. 무선채널에서 볼 수 있는 큰 잡음 환경에서, 반복 전송은 메시지 유효출력(throughput)을 더디게 한다.

현재 가장 공용되는 것은 *전방향 오류 정정*(forward error control) 프로토콜이다. 이 경우, 수신기가 메시지의 소량 에러를 정정하도록 패리티 비트에 충분한 정보가 있어 재전송을 요구할 필요가 없다. 더 많은 패리티 비트들이 오류 검출보다 오류 정정에 필요하지만, 유효출력은 잡음채널에서 FEC를 사용할 때 크게 증가된다.

모든 경우에, 여분의 비트들은 적합한 전송을 확신하기 위해 반드시 메시지에 포함됨을 알 수 있으며, 결과적으로 더 긴 프레임들은 소스 데이터 전송 보다 더 빠른 전송율이 요구된다. 이런 메시지 오버헤드는 채널 상의 필요한 비트율, 디지털 변조 형식, 대역폭이 결정될 때 고려되어야 한다.

◈ 아날로그 전송

무선 마이크와 같은 아날로그 전송 장치 또한 소스 데이터로 결정된 기저대역 대역폭을 가진다. 고품질의 무선 마이크는 50에서 15,000Hz 통과대역이 요구되는데 비해, 아날로그 무선 전화기는 단지 100에서 3000Hz 대역만이 필요하다. 이 경우 채널 대역폭 결정은 대역폭의 사용 방식인 AM 또는 FM 변조에 좌우되어도, 디지털 경우가 더 수월하다. 대부분의 근거리 무선 응용에서 FM 방식이 선호되며, 음성통신으로 협대역 FM 방식이, 고품질 음성과 음악 전송에는 광대역 FM 방식이 선호된다.

4.2 기저대역 코딩

RF 캐리어로 변조된 정보 신호 형식을 기저대역 코딩이라 부른다. 엄격히 말하면, 아날로그 신호는 원하는 시스템 특성을 얻기 위해 코딩된 것이 아니라 변경된 것이다. 다음에서 디지털과 아날로그 시스템 모두에 대해 다룬다.

◈ 디지털 시스템

일단 어드레스와 데이터 필드들로 구성된 메시지 프레임이면, 정보를 효과적으로 송신, 수신, 그리고 디코딩할 수 있게 신호 레벨로 형식을 만든다. 여기서는 이진(binary) 데이터 전송에 관심이 있으므로, 선택한 기저대역 코딩은 회로와 채널소자에 의한 응답과 잡음에 의해 신호가 변경된 다음, 디코딩을 위해 최선의 기회가 제공되어야 한다. 이 코딩은 송신기의 변조기로 보낸 신호에 1과 0 표시 방법으로 구성된다.

기저대역 코딩을 인식하는 다양하고 많은 시스템이 있다. 몇 개의 공통적 예제를 다루자. 다음은 기저대역 코드를 선택 또는 판단하기 위해 중요한 기준들이다.

(a) 타이밍(timing): 수신기는 잡음으로 오염된 데이터열을 취하고 각 비트들 사이의 이동을 인식한다. 비트 이동은 메시지 내용과 무관한데, 1 또는 0 값의 긴 데이터열에서도 구분된다.

(b) DC 정보: 메시지 평균 레벨, 즉 DC 레벨은 메시지 내용에 무관하게 메시지 프레임 동안에 일정하게 유지된다. 만일 그렇지 않으면, 수신기 검파 회로들이 직류인 주파수 응답을 가져야 되고, 메시지 비트열의 레벨은 프레임 주기에 떨리는 것이 없다. 결합 캐패시터를 사용하는 회로에서 이런 응답은 불가능하다.

(c) 전력 스펙트럼: 기저대역 코딩은 다양한 주파수 응답을 가진다. 협대역 주파수 응답을 가진 시스템은 검파 전 잡음 감소를 위해 효율적으로 필터링이 된다.

(d) 고유의 오류 검출: 수신기가 비트 순서로 오류를 인식하는 코드들은 오류 검출 비트를 사용하지 않을 때에 비해 낮은 확률의 오경보를 기록한다.

(e) 오류 확률: 주어진 고정 송신기전력에서 신호를 적절히 디코딩하는 능력은 코드마다 다르다. 또한 이 품질은 주어진 신호 대 잡음비를 위해 낮은 오류확률을 가지도록 언급된다.

(f) 극성 독립성: 때때로 그 특성을 보유하는 코드 사용과 역으로 디코딩 능력에는 어떤 장점이 있다. 변조와 복조의 어떤 형식들은 극성 정보 유지가 안 된다. 위상변조

가 그 예이다.

어떤 공통 코드를 보고(그림 4-6) 위의 기준에 따라 등급을 매기자. 비트 또는 심볼 시간이 그렇게 정밀하지 않고, 메시지 프레임들이 검파확률 개선과 오경보 감소를 위한 중복(redundancy)이 반복되므로, 사건(event) 기록을 고려한 코딩은 실시간 데이터 흐름보다 많이 달라야 된다. 데이터 흐름 메시지에서 데이터율은 중요하고 복잡한 오류 검출과 오류정정 기법들이 시스템 민감도와 신뢰도를 개선하기 위해 사용된다.

(a) Non-return to Zero(NRZ) — 그림 4-6a

이 부호는 가장 친숙한 부호인데, 디지털 회로와 RS-232와 같은 직렬 유선 단거리 통신 링크에 사용하기 때문이다. 하지만, 무선통신에서는 거의 직접 사용되지 않는다. 1과 0 데이터열들은 정의된 비트 경계 값이 없으며 DC 레벨은 메시지 내용에 크게 좌우된다. 고유의 오류 검출 방식이 없다. NRZ 코딩이 사용되면, 오류 검출 또는 정정 필드는 강제적이다. 진폭 시프트 키잉(ASK) 변조가 사용되면, '0' 데이터열은 전송이 아닌 확장 주기를 의미한다. NRZ 신호방식이 사용되면, 여덟 개 비트인 짧은 프레임을 위해 부호가 있어야 된다.

(b) 맨체스터(Manchester) 코드 — 그림 4-6b

이 코드의 일차적 장점은 다른 코드에 비해 상대적으로 낮은 오류 확률이다. 이더넷(Ethernet) 랜에 사용되는 코드이며, 항상 비트 중간에 전이(transition)가 있는데, 양 전이 이면 '0' 으로 음 전이 이면 '1' 로 디코딩되므로, 좋은 타이밍 정보가 제공한다. 맨체스터 코드는 일정한 DC 값을 가지며, 그 파형은 캐패시터 또는 트랜스포머(transformer)를 지날 때 변화되지 않는다. 하지만, 실제 메시지 비트들이 오기 전에 수신기 검파 회로의 캐패시터가 평형 충전 상태에 도달 하도록 허용되기 위해 프리앰블(preamble)로서의 연습(training) 코드 시퀀스는 메시지 정보 전, 삽입되어야 한다. 맨체스터 코드의 역변환은 '0'을 '1'로 '1'을 '0'으로 바꾼다. 맨체스터 코드의 주파수 응답은 NRZ 코드보다 두 배 큰 값을 가져서 수신기의 저역통과 필터와 동일한 비트열에서 NRZ 코드보다 두 배 정도 더 큰 컷오프(cut off) 주파수를 가진다.

(c) Biphase Mark — 그림 4-6c

이 코드는 약간 맨체스터 코드와 유사하지만, 비트 식별은 비트 중간에 전이의 유무에 따라 정해진다. Biphase Mark 코드에서 비트 중간의 레벨 전이는(어떤 방향이든) '1' 값을 의미하며, 전이가 없으면 '0'을 지시한다. 또한 Bipahse Space 코드도 사용되는데, 스페이스 문자가 '0' 전이를 가진다. 비트 경계 값들에는 항상 전이가 있어서 타이밍 내용이 좋다. 이런 전이 부족은 비트오류의 즉각 알림통보가 제공되며 프레임은 보류된다. Biphase 코드는 메시지 내용에 관계없이 일정한 DC 레벨을 가지며, 메시지 비트가 도착하기 전, 캐패시터의 전하(charge)들의 등화를 허용하기 위해 프리앰블을 보낸다. 맨체스터 코드와 함께 주파수 양은 NRZ 코드의 두 배 정도이다. Biphase Mark 또는 Space 코드 극성에 무관한 추가적인 장점을 가진다.

(d) 펄스폭 변조 — 그림 4-6d

그림에서 보듯이, '1' 은 두 번의 타이밍 지속 기간을 가지고, '0' 은 한 번 지속기간의 펄스폭이다. 신호 레벨은 각 비트에 대해 역수가 되고 동기화에 대한 타이밍 정보는 좋다. 일정한 DC 레벨이다. 다른 예제에 반하여, 평균 펄스폭은 메시지 내용에 따라 변하기 때문에 비트율은 상수가 아니다. 이런 코드는 고유의 오류 검출 능력을 가진다.

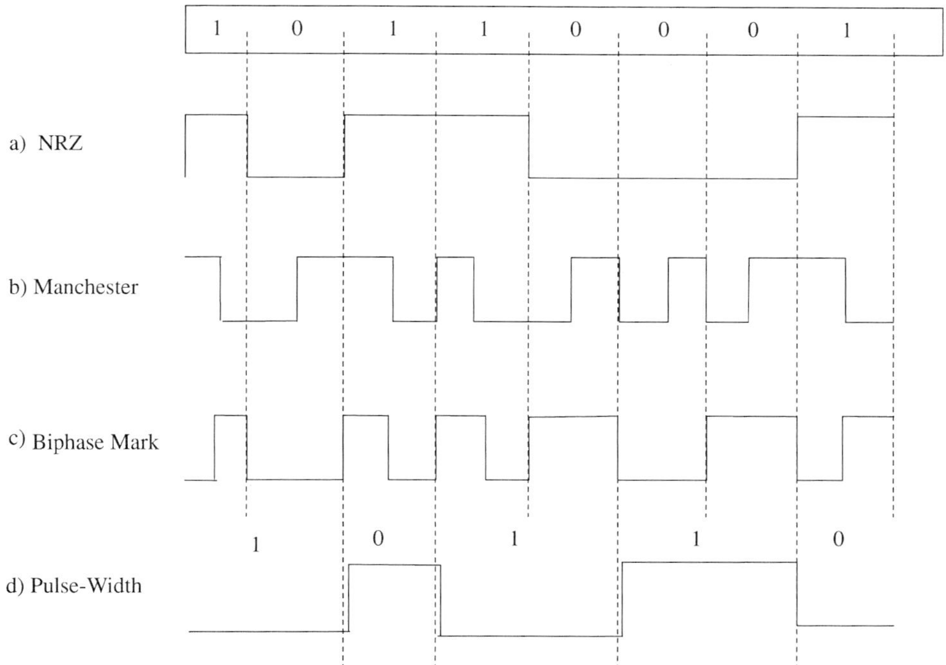

그림 4-6 기저대역 비트 포맷

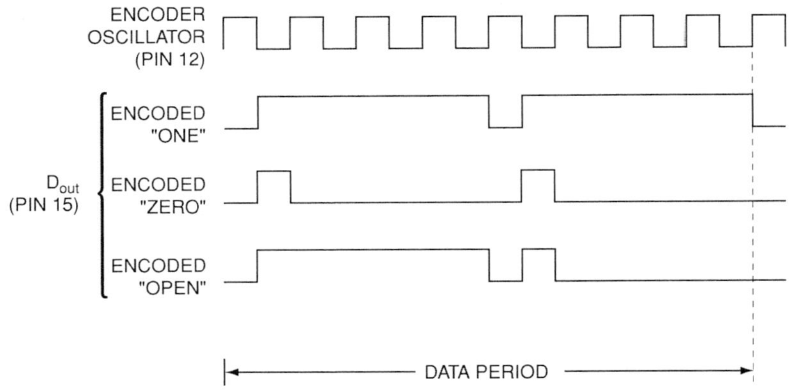

그림 4-7 Motorola MC145026

(e) Motorola MC145026-145028 코딩

다양한 기저대역 코딩은 특히 설계자가 자신의 프로토콜을 만들고 마이크로콘트롤러 안에 구현할 경우, 매우 중요하다. 하지만, 비상버튼 또는 도어개폐 제어기와 같이 마이크로콘트롤러가 회로기능에 필요하지 않고 단순히 특정전송의 송신기용도로 많은 범용 집적회로들이 있다.

모토롤라 칩은 삼진(three-state) 어드레싱이 소자 핀을 하이, 로우 또는 개방(open) 연결로 결정하는 특정전송을 위해 특별히 개발된 비표준 코딩의 예제이다. 그래서, 비트 심볼 하나는 세 개의 다른 형태 중의 하나이다. MC145028 수신기는 두 개의 연속 동일 프레임을 한 개의 유효 메시지로 알린다. 모토롤라 프로토콜은 매우 높은 신뢰성을 제공하고 오경보에 자유롭다. 그 신호는 데이터율에 비해 넓은 주파수 스펙트럼을 가지므로 수신기 필터의 통과대역은 맞게 설계되어야 한다. DC레벨은 메시지 내용과 무관하다.

◈ 아날로그 기저대역 조정

무선 마이크와 헤드셋은 옥내 환경과 경로길이가 변하는 변덕스러운 환경에서도 작은 크기와 낮은 가격을 가지고 높은 오디오 품질을 유지하는 근거리 시스템의 예이다. 이를 달성하는데 도움이 되기 위해 변조 전 기저대역 경로에서 시스템들은 신호 조정 부분을 가진다. 넓은 동적 범위의 높은 신호 대 잡음비를 달성하기 위해 두 가지 기능인 프리엠파시스와 디엠파시스 그리고 압축과 확장 기능이 사용된다. 그 기능의 위치들

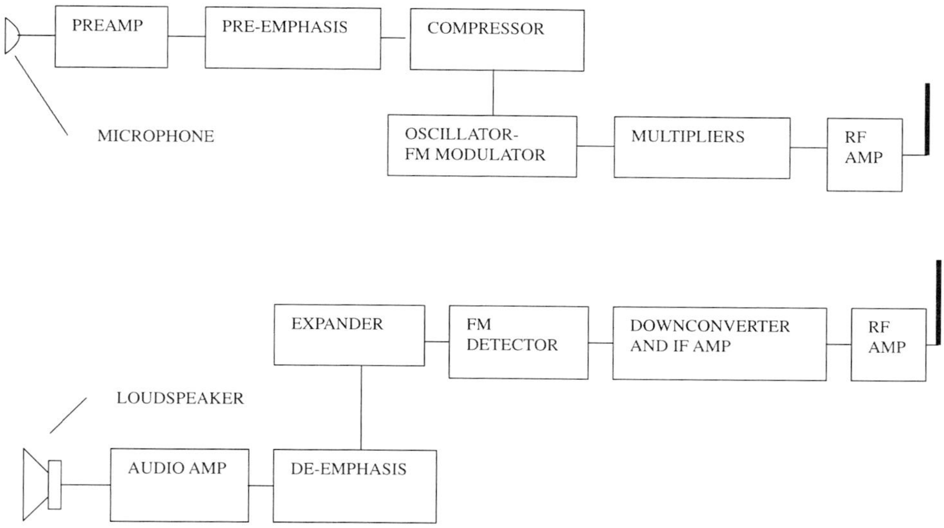

그림 4-8 무선 마이크 시스템

은 송신기와 수신기 구조인 그림 4-8에서 볼 수 있다.

송신기의 오디오 신호는 신호의 고주파 성분을 증대하는 고역 통과 필터(프리엠파시스)에 인가된다. 수신기에서 검파된 오디오 신호는 원래의 스펙트럼 구조로 재생이 되면서 이와 보완되는 저역 통과 필터(디엠파시스)를 통과한다. 하지만, 그렇게 하면서 변조과정 후 신호 경로에 삽입된 고주파수 잡음을 원하는 신호가 본래의 품질이 되도록 수신기에 의해 필터링이 된다.

전송 신호의 압축 기능은 변조가 더 효과적이 되게 미약한 신호를 키우고 강한 신호를 압축한다. 수신기에서의 반대과정은 신호를 본래 동적 범위로 회복하기 위해 배경 잡음을 미약하게 한다.

4.3 RF 주파수와 대역폭

근거리 시스템의 무선 주파수를 정할 때 고려되는 여러 가지 요소들은 다음과 같다.

- 통신 규정
- 안테나 크기

- 가격
- 간섭
- 전파 특성

세계의 여러 나라와 지역에서 제품을 판매할 때, 여러 지역에서 사용되는 주파수 또는 최소한 많은 차이가 없어 주파수가 변해도 기본 설계가 변하지 않는 것을 원한다. 9장에서 주파수 선택과 규정문제를 상세히 다룬다.

UHF 주파수 대역은 대개 무선 경보, 의료, 그리고 제어 시스템에서 선택이 된다. 미인가 동작을 허용하는 대역에는 엄격한 주파수 정확도가 요구되지 않는다. 다양한 부품들인 SAW와 IC 소자들이 이 대역에 맞게 설계가 되며, 싼 가격이어서 이 주파수 선택은 간단한 설계와 저가를 의미한다. 많은 기업들이 315MHz와 902~908MHz(미국과 캐나다), 433.92MHz 대역, 그리고 868~870MHz(유럽지역)의 공용 주파수대역이 포함되는 완벽한 RF 송신기와 수신기 모듈들을 생산한다.

안테나 크기는 어떤 응용에는 매우 중요한데, 주어진 안테나 형식에서 크기는 파장 또는 주파수의 역수에 비례된다. 공간 다이버시티 기술이 다중경로 간섭을 다루기 위해 사용된 경우, 장치 크기 단위의 짧은 파장이 다중경로 반사에 의한 널링(nulling)을 막기 충분한 간격의 두 개 안테나 사용을 가능하게 한다. 일반적으로, 효율적인 내장 안테나들은 짧은 파장의 소형 장치들에서 더 동작되기 쉽다. VHF 주파수부터는 가격이 직접 주파수 증가에 비례한다.

자연적이고 인위적 배경 잡음은 저주파수에서 더 크다. 한편, 근거리 사용자에 유용한 주파수 대역인 ISM 대역은 다른 사용자와 많은 경쟁이 있다. 가능하면, 특정 사용목적의 설정 대역이며 유럽에서 허용된 868-870MHz 대역 선택을 권장한다. 전달 특성에는 동작 주파수 선택이 영향을 준다. 고주파수는 표면에 쉽게 반사되지만 저주파수보다 작게 절연체를 관통한다.

무선 주파수 대역폭은 기저대역 대역폭과 적용 변조 형식의 함수이다. 보안 송신기에서 필요 대역폭은 수 kHz 단위로 작다. 완벽한 통신 시스템으로 이런 협대역 장점을 노리고 설계가 되면 수 백 kHz 대역폭에서의 공통 사용된 시스템에는 중요한 성능 장점이 있다. 주어진 방사 송신기전력에서, 그 범위는 역으로 수신기 대역폭에 좌우가 된다. 협대역 미인가 주파수 할당은 다른 사용자에 의한 간섭을 줄이기 위해, 다른 지역에서 사용이 된다. 하지만, 가격과 복잡도 측면의 고려될 사항이 시스템들의 통신 신뢰성보다 중요한 경향이 있으며, 제조업체들은 필요한 성능의 절충안을 가지고 수행하도록 결정된다. 대량 생산되는 보안 장치의 대역폭은 송신기의 주파수 안정도와 수신기의 주파수 결정소자에 의해 정해지며, 필요 신호 대역폭에 좌우되지 않는다. 가장 공통으로 사용되는 SAW 소자들은 최소 200kHz 대역폭인데, 신호 대역폭은 단지 2kHz이다. 200kHz 대신에 20kHz 통과대역의 수신기 설계는 대략 그 범위의 두 배로 10dB의 민감도 증가를 가져온다. 이는 송신기에서 안정적인 수정 발진기 사용과 수신기의 국부 발진기 사용의 타당성을 제공한다.

4.4 변조

상용방송으로 알려진 진폭변조(AM)와 주파수변조(FM) 등은 디지털 신호 변조 방식에 대응하는 기술을 가지지만, 장점 표현은 주의를 기울여야 한다. 세 번째 변조 기술이 위상변조(PM)인데 방송에는 사용하지 않지만, 디지털 방식의 위상변조 기술은 고기능, 고속의 디지털 무선 통신에 공통적으로 사용된다.

디지털 AM 방식은 ASK, 진폭 시프트 키잉으로 말하며 때로 OOK, 온 오프 키잉으로도 말한다. FSK 방식은 주파수 시프트 키잉이며 FM 방식에 대응된다. AM 방식은 10kHz 대역폭인 반면 FM 방송 신호는 180kHz 대역을 점유한다. FM 방식의 높은 사후 검파(post detection) 신호 대 잡음비는 넓은 대역폭에 기인한 것이다. 하지만, 부정적 측면에서 미약한 FM 신호들은 아직까지 AM 신호에 사용되는 레벨에서 파악이 안 된다. FM 방식이 양방향 아날로그 통신에 사용될 때, AM과 유사 대역폭을 가진 협대역 FM 방식도 주어진 SNR에서 비유되는 민감도를 가진다.

◈ 디지털 통신을 위한 변조

근거리 디지털 통신에서 고충실도보다 고민감도에 관심이 있다. 다른 고려 사항들은 간편성, 변조가격 그리고 복조 기술이다. 변조 형식 또는 다른 것을 선택하는 이유에 대해 알아보자.

오율 대 비트에너지와 잡음밀도에 대한 분석은 ASK 또는 FSK 방식의 시스템이 다른 시스템에 비해 본래 장점이 없음을 알려준다. 이 결론은 대역폭과 검파방법에 관한 이론적 가정에 근거한다. 실제 구현 방법에서 한 시스템이 다른 시스템에 비해 선호되는데, FM과 AM 방송의 잘못 대비에 근거해서 FSK 방식이 최상이라는 결론에 도달되면 안 된다.

저가의 보안 시스템에서 ASK 방식은 사용하기 간단하고 가격이 싼 방법이다. 이런 변조 형식는 디지털 변조 신호에 따라 무선 주파수출력을 끄거나 켜야 한다. 마이크로 콘트롤러출력 또는 공용 코딩 소자들은 단일 SAW 제어 트랜지스터 방식의 RF 발진기를 바이어스 온(bias on)과 바이어스 오프 동작에 사용한다. 수신기 검파는 간단한데, 여러 개 수신기 구조에서 다이오드 검파기 또는 많은 수퍼헤테로다인 수신기의 RSSI출력인 수신신호세기 표시출력에 의해 수행된다. ASK 방식은 아직까지 널리 퍼진 초재생 수신기에도 사용된다.

한편, FSK 방식은 디지털 코드의 응답으로 두 가지 다른 값들 사이로 전송 주파수를 이동해야 한다. 특히, 수정 또는 SAW 소자들이 주파수의 안정을 유지하기 위해 사용된 경우 단순한 ASK 송신기보다 이 방식이 더 필요한 수단이다. ASK 방식에 비유해, 수신기의 추가 부품들이 FSK 복조에 필요하다. 추가 가격과 복잡도면에서 FSK 방식을 위해 공을 들이는 지 여부의 결정을 해야 한다.

두 가지 변조 시스템을 판단할 때, 비교 기준인 공통 변수에 근거해야 되는데, 피크 또는 평균전력이 이것이다. FSK 방식에서 피크와 평균전력은 같으며, ASK 방식에서는 주어진 피크전력에서 평균전력은 변조신호의 듀티 사이클(duty cycle)에 좌우된다. 우선, ASK와 FSK 방식은 모든 경우에 평균전력이 같다면 동일한 성능, 즉 동일한 민감도를 가진다고 가정된다. 이 경우는 선호도는 일차적으로 북미 또는 유럽에 시스템을 판매하는 지에 좌우되는 것으로 판명되는데, 이는 공용 유럽 규정에 비해 미국과 캐나다의 통신 규정들 사이의 출력전력 한계 정의의 차이 때문이다.

미국 FCC 파트(part) 15와 유사한 캐다나 규정은 평균 필드세기의 한계로 정한다. 즉, 송신기가 허용된 *평균*전력을 유지하면서 그 변조 신호의 듀티 사이클(duty cycle)의 역수에 비례하는 피크전력이 사용되면, 동일한 평균전력의 동일한 성능 추정 하에서 ASK 방식에 비해 추가 복잡도와 가격을 가진 FSK 방식을 선호할 이유는 없다.

한편, 서부유럽에서 저전력 무선 규격인 ETSI 300 220안은 송신기의 피크전력을 제한한다. 이는 최대 허용 *피크*전력의 장점을 얻지 못하면, 주어진 피크전력에서 ASK 송신기의 평균전력이 변조신호의 듀티 사이클에 비례해서 FSK 송신기전력에 비해 항상 작기 때문에 FSK 방식이 적합한 선택이 되기 때문이다.

그런데, 동일한 평균전력에서 동일한 성능 추정이 사실인가? 가산성 정규백색 잡음

(AWGN) 조건에서는 사실이다. 이런 잡음 형식은 무선 채널상의 우주 배경 잡음 뿐만 아니라 모든 전기회로에 있는 잡음을 나타내므로 대개 성능 계산에 사용된다. 하지만, 실제 생활에서 간섭의 다른 형식들이 수신기 통과대역에 존재하는데, 대개 알 수 없으며, AWGN과는 통계적 특성이 매우 다르다. 근거리 무선에 일반적으로 사용되는 UHF 대역 주파수와 일차적으로 동일하거나 부근의 주파수를 사용하는 다른 송신기들에서 이런 간섭이 생긴다. 성능 비교를 위해, ASK와 FSK 방식 수신기들이 어떻게 이런 형식의 간섭을 다룰 수 있는 지를 검사해야 한다. 이런 검사는 평균전력 또는 신호 대 잡음비가 일정하다고 생각할 경우 ASK와 FSK 방식 차이를 선택해야만 하는 미국과 캐나다에서는 타당하다. 동일한 평균전력이지만 낮은 피크 값의 다른 신호보다 더 좋은 간섭 배경을 비트 또는 높은 피크 신호가 통과하기 때문에 비트 당 높은 피크 전력을 가져오는 작은 듀티 사이클이 장점이 있다고 설계자들은 믿는다. 이 점을 점검하기 위해, 공정하고 동등한 비교 근거를 가정해야 한다. 주어진 데이터율에서 작은 듀티 사이클의 ASK 신호가 FSK 경우보다 더 짧은 펄스를 가진다. 짧은 펄스들은 높은 기저대역 대역폭과 사후검파 대역폭 필터를 위한 높은 컷 오프 주파수를 의미 하며, 동일한 데이터율에서 더 넓은 대역 잡음을 가져온다. 그 결정은 우연히 만나는 간섭 형식 가정에 좌우되므로 정답이 명확하지 않다.

다양한 형식의 간섭 효과에 대한 분석은 RF Monolithics사의 Anthes가 제공하는데, '0' 비트 데이터에서 완전히 캐리어를 막는 ASK 방식이 FSK 방식보다 더 우수한 점을 보인다.

◈ 연속 디지털 통신

연속 디지털 데이터의 효율적 전송을 위해, 변조 방식 선택은 특별 전송보다 더 많이 변한다. 이것은 세 가지의 앞선 셀룰러 디지털 무선 시스템에서 볼 수 있는데, 모두 동일한 사용과 기본 요구사항을 가진다. D-AMPS 또는 TDMA(time division multiple access) 로 언급된 시스템은 $\pi/4$ DPSK(differential phase shift keying)라고 하는 변조 형식을 사용한다. GSM 네트워크는 GMSK(Gaussian minimum shift keying) 변조 방식을 사용한다. 세 번째 주요 시스템은 CDMA(code division multiple access) 시스템이다. 각 시스템은 자신의 시스템 선택이 최선이라 하지만, 간단하고 틀에 박힌 답이 아님은 명백하다. 여기서는 셀룰러 시스템을 세부적으로 다룰 수 없어 근거리 무선 응용에서 정의된 변조 방법들과 관련된 비슷한 방식에 대해 알아본다. 이 장의 끝에서 디지털 변조와 대역확산 변조의 기본 원리를 다룬다.

대부분 미인가 응용들은 신호들이 협대역 채널에 있는 ISM 대역을 사용한다. 하지만, 잡음전력은 직접 대역폭에 비례하므로 수신기 대역폭은 사용 데이터에 필요한 것이어야 한다. 주어진 데이터율과 평균 또는 피크전력 제한에서, 다른 것에 비해 한 가지 변조 방식이 선호되는 것에는 여러 가지 이유가 있다. 그 이유에는 오율, 구현의 복잡도, 그리고 가격 등이 있다. 다양한 시스템들의 성능 비교의 공통 방법은 잡음 밀도에 의해 나누어진 비트 당 에너지로 표현되는 비트오율(BER) 대 신호 대 잡음 비 곡선에 의한 것이다. 세 가지 변조 시스템 형식을 그림 4-9에서 비교한다. 두 가지 변조 형식은 위에 언급했으며, 세 번째 위상 시프트 키잉 방식은 다음에 설명된다.

◈ 위상 시프트 키잉(PSK)

진폭 시프트 키잉(ASK)과 주파수 시프트 키잉(FSK) 방식에서 진폭과 주파수는 디지털 소스 데이터에 따라 변하지만, PSK 방식에서 변하는 것은 RF 캐리어의 위상이다. 가장 간단한 형식으로 파형은 그림 4-10처럼 보인다. 캐리어 위상은 데이터 신호 비트에 따라 180° 이동한다. FSK 방식과 유사하게 캐리어는 일정하게 유지가 되며 피크전력 제한이 있을 때 최대 신호 대 잡음비는 FSK 방식과 동일한 장점을 가진다.

◈ 디지털 변조 방식 비교

디지털 변조 방식의 비교에는 수신기 입력에서 신호전력과 잡음을 반영한 공통 기준 변수들과 데이터의 비트 속도가 필요하다. 디지털 시스템에서 신호 대 잡음비 공통 변수는 잡음 밀도로 나눈 비트 당 신호 에너지 E/N_0로 표현된다. 이 변수는 더 친숙한 신호 대 잡음비 S/N과 데이터율 R 관계로 보면 다음과 같다.

1) S/N = 신호전력/잡음전력. 잡음전력은 잡음 밀도 N_0[W/Hz] 곱하기 전송 신호 대역폭 B_T[Hz]이다. 그래서 $S/N = S/(N_0 B_T)$이다.

2) 신호에너지는 신호전력 곱하기 비트시간, 즉 1/데이터율 $E = S(1/R)$이다.

3) 초당 R비트 열이 통과하기 위한 최소 전송 대역폭(나이퀴스트 대역폭)은 $B_T = R$[Hz]이다.

4) 합하면 $E/N_0 = (S/R)/N_0 = S/N_0 = S/N$이다.

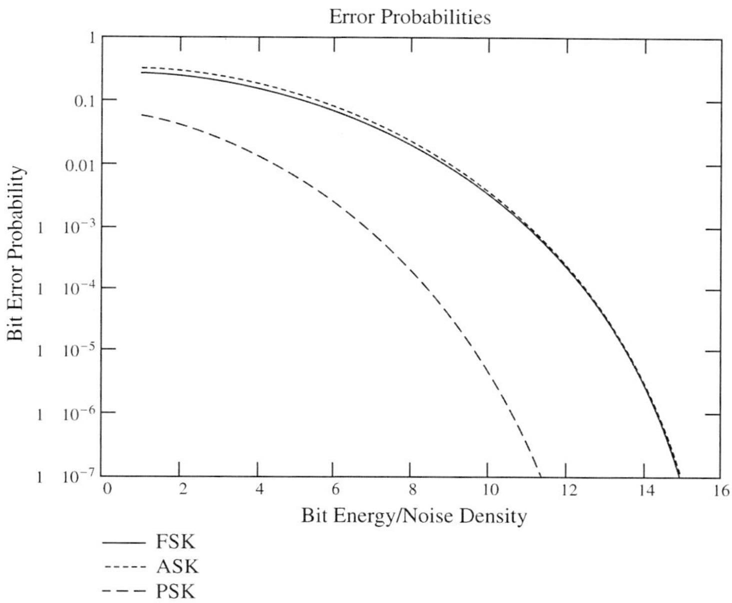

그림 4-9 비트오율

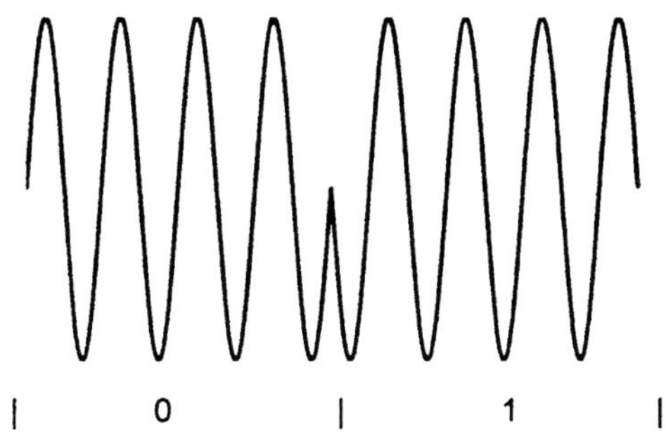

그림 4-10 위상 시프트 키잉(PSK)

이 표현에 대한 신호전력은 수신기의 입력전력인데, 이는 방사 전송전력, 수신기 안테나 이득, 그리고 경로손실로 표현된다. 잡음 밀도 N_0 또는 더 정확히 단측파대 잡음 전력 스펙트럼 밀도 [W/Hz]는 다음 값으로 계산된다.

$$N_0 = kT = 1.38 \times 10^{-23} \times T(\text{Kelvin}) \quad [\text{W/Hz}]$$

여기서 k는 볼쯔만 상수이며 T는 동일한 온도에서 저항에 있는 열잡음과 관련된 수신기 입력 잡음이다. 그래서, 290°Kelvin의 표준 상온에서 잡음전력 밀도는 4 ×

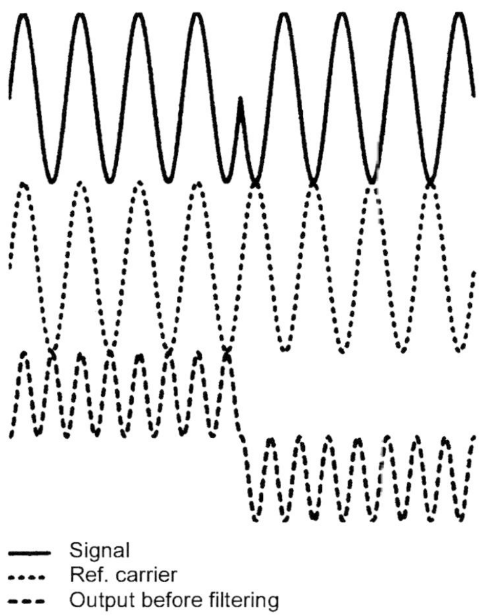

그림 4-11 PSK 복조

10^{-21}[W/Hz] 또는 −174dBm/Hz이다.

그림 4-9의 곡선을 만든 변조 형식들은 위상 시프트 키잉(PSK), 비동기식 주파수 시프트 키잉(Noncoherent FSK), 비동기식 진폭 시프트 키잉(Noncoherent ASK) 방식들이다.

주어진 신호 대 잡음 비에서 가장 낮은 비트 오율인 E/N_0 관점에서 보면 가장 좋은 변조 방식은 PSK 방식임을 알 수 있다. 그래프에 의하면 ASK 방식과 FSK 방식의 주요 차이점은 없다(이는 가장 단순한 근거리 시스템에서 비동기 검파 방식이 사용될 때만 사실이다). 그러면 선택할 때 고려될 점은 무엇인가?

PSK 방식은 만들기 어렵지 않은데, 평형 변조기로 구현된다. 하지만, 어려움은 수신기에 있다. 평형 변조기는 여기서 많이 사용되지만, 입력 신호의 극성을 스위칭하는 입력 중 하나는 변조 없이 수신신호 캐리어와 상관관계를 가져야 한다. 평형 변조기는 곱셈기로서 작동하며, 완벽히 동기화된 RF 캐리어가 수신신호에 의해 곱해지면 저주파 필터링 후, 출력은 원래 비트 열이 된다. PSK 방식의 복조는 그림 4-11에서 보여 준다.

수신신호에 필요한 기준 캐리어 신호를 생성하는 데는 여러 가지 방법들이 있다. 두 가지 예제는 코스타스 루프(Costas loop)와 제곱 루프(Squaring loop)인데, 세 가지 곱셈 블록들과 가변 주파수 발진기(VFO)등이 포함된다. 복잡도와 가격 때문에 PSK 방식은 가격이 싼 근거리 장비에서 사용되지 않지만 고성능의 데이터 통신 시스템을 위해 가장 효율적인 변조 형식이 된다.

진폭 시프트 키잉 방식은 생성과 검출하기 용이하며, 그림 4-9에서 알 수 있듯이 그 비트 오율 성능은 FSK 방식과 동일하다. FSK 방식은 대체로 많은 시스템에서 변조 형식으로 선택되는데, 그 일차적 이유는 50% 듀티 사이클(duty cycle)과 '1' 과 '0' 데이터 값의 동등한 확률을 가정하면 ASK 방식은 단지 1/2 평균전력을 가지는 것에 반해, FSK 방식은 모든 비트율에서 일정한 전력을 가지기 때문에 FSK 방식에 3dB 장점을 제공하는 한계가 피크전력인 이유이다. FSK 방식은 ASK 방식에 비해 약간 더 복잡한데, 모든 근거리 디지털 시스템에 사용되지 않는 이유이다.

위에 토론된 방식을 적용한 변조 시스템들은 나중에 다룰 확산 스펙트럼으로 높은 간섭 면역성이 제공한다.

◈ 아날로그 통신

근거리 아날로그 통신인 무선 마이크, 무선 이어폰, 청각 보조 장치 등에서 FM 방식은 무수히 사용 된다. 고품질의 오디오를 전송할 경우, FM 방식은 큰 대역폭 사용의 보상으로 뛰어난 사후검파의 신호 대 잡음비를 제공한다. 사후검파 신호 대 잡음비를 사용하지 않는 협대역 FM 방식에서 조차 그 잡음 성능이 AM 방식에 비해 우수한데, 제한된 IF 증폭기로 잡음을 줄이는 데 사용하기 때문이다. 선형 변조 과정으로 AM 방식은 FM 방식에 사용되는 C급 증폭기보다 덜 효율적인 송신기에서 변조 후 선형 증폭기가 필요하다. 높은 전력 변환 효율은 FM 방식의 배터리 작동 장비에 장점을 제공한다.

◈ 향상된 디지털 변조 방식

최근 몇 년간 무선통신의 앞선 두 가지 특성은 고속 데이터율의 필요성과 무선 스펙트럼의 더 나은 유용성이다. 더 좁은 대역폭에서 더 빠른 속도로 변환 된다. 동시에 많은 무선 장치들이 휴대용이고 배터리로 작동이 된다. 그래서 필요한 것은 다음과 같다.

- 고속 전송율
- 좁은 대역폭

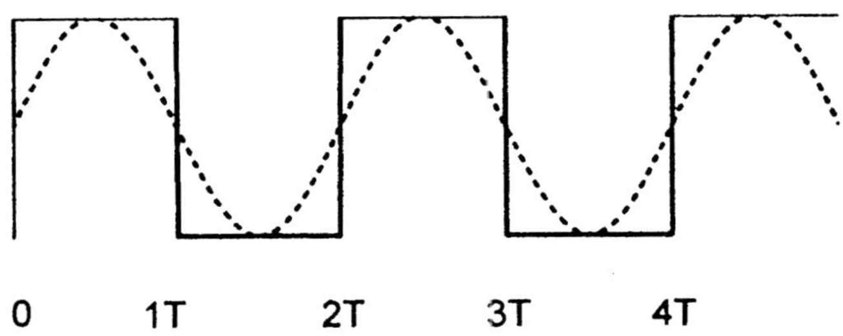

그림 4-12 나이퀴스트 대역폭

- 낮은 신호 대 잡음비에서 낮은 오율
- 저전력 소비

디지털 변조와 코딩 시스템의 발전으로 일대 혁명이 일어났다. 여기서, 디지털 변조 원리를 다루고 10장에서 코딩에 대해 토론한다.

이전에 다룬 변조 형식들은 ASK, FSK, 그리고 PSK 방식 등으로 한 번에 무선 주파수의 캐리어 한 비트 변경이다. 심볼 간 간섭 없이 한 비트열 통과를 허용하는 이상적 필터의 가장 좁은 대역폭인 나이퀴스트(Nyquist) 대역폭에 대해 알아보았다. 디지털 비트열의 대역폭이 감소함에 따라, 비트들은 길어지고 연속 비트의 검출로 인해 간섭이 생긴다. 이런 최소 또는 나이퀴스트 대역폭은 기저대역에서 1/2 비트율과 같은데, 그것은 변조 신호 대역폭의 두 배이다. 이 결과는 그림 4-12에서 볼 수 있다. 다른 '1'과 '0' 데이터열들은 사인파 주파수가 1/2 비트열인 $f_{\sin} = 1/2T$에 의해 표현이 된다. 더 낮은 컷오프 주파수를 가진 이상적 필터는 이런 기본 주파수를 통과시키지 않고 데이터도 얻지 못한다.

어떤 다른 비트 결합들은 다른 주파수를 생성하는데, 모든 주파수가 나이퀴스트 주파수보다 작은 값이다. 기저대역에서 통과 필터의 컷 오프 주파수의 Hz 당 비트 단위의 최대 값은 2로 판명이 났다. 전화선의 대역폭이 3.4kHz이면, 심볼간 간섭 없이 통과되는 이진(binary) 형식의 최대 비트 열은 6.8Kbps이다. 전화선 모뎀은 이 비율의 수배로 통과시킨다. 나이퀴스트 대역폭에 의해 제한된 심볼율을 위해, 전송될 각 심볼에 여러 개 비트들이 포함 되어 수행이 되며, 나머지 문제는 주어진 S/N 비에서 가능한 오류기회를 줄여 수신 끝에서 심볼을 효과적으로 복원하는 방식으로 각 심볼에 여러 개 비트를 두는 것이다.

그림 4-13에서 각 심볼이 결합되는 세 가지 방법에 대해 알 수 있는데, 각 방법은 변

조의 기본 형식인 ASK, FSK, 그리고 PSK 방식 중의 하나에 근거한다. 각 심볼 기간 T 동안에 네 가지 다른 값들 또는 두 개 비트 중의 하나가 운반된다. 앞의 변조 형식 중의 하나를 사용하면, 전화선 또는 무선 링크는 동일 대역폭으로 전 보다 두 배 높은 비율로 비트를 통과시킨다. 이런 형식의 결합도 적용되며, 특히 ASK와 FSK 방식은 한 심볼 당 여러 개 비트를 둘 수 있다. 직교진폭 변조(QAM)는 신호 대역폭에 비해 높은 비트율의 높은 대역폭 효율을 제공하기 위해 캐리어 주파수의 네 개 위상 값에 여러 개의 신호 레벨들을 전송한다. 그러면 본래 주어진 대역폭 안에 압축된 많은 비트들로 제한이 없는 것처럼 보인다. 그게 사실이면, 3.4kHz 전화선은 초당 수 백만 비트를 옮기며, 가정 인터넷의 좁은 통로(bottleneck)는 더 이상 존재하지 않는다. 하지만, 잡음 있는 전송 매질에서 정보전달 비율은 한계가 있는데, 하틀리-샤논(Hartley-Shannon) 법칙으로 나타내면 다음과 같다.

$$C = W \log(1 + S/N)$$

이 표현은 통신 링크에 오류 없이 전송되는 최대 정보전송 율(용량 C)은 대역폭 W와 신호 대 잡음비 S/N의 함수임을 말해 준다. 10장에서 자세히 다룬다.

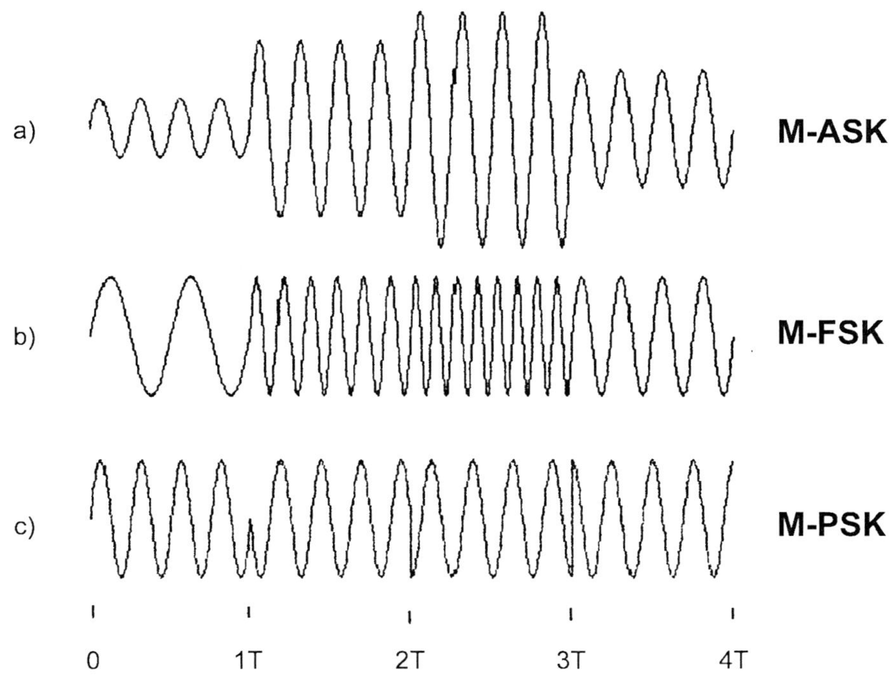

그림 4-13 M진 변조

심볼당 여러 개 비트를 변조와 복조하는 방법에 대해 보면, 근거리 응용에 공통으로 사용되지 않는 방법에 대해 다루게 된다. 이 방식은 M진(M-ary) FSK 방식이며(그림 4-13b), 위에서 언급했듯이 Hz 당 비트 수들을 증가하는 목적에 비해 심볼당 비트 수 증가에 따라 필요 대역폭이 증가한다. M-FSK 방식에서 'M' 은 각 심볼 주기에서 전송되어야 할 다양한 주파수들의 개수를 의미한다.

이런 방식의 장점은 심볼당 비트 수가 증가함에 따라 주어진 비트 오율에서 비트당 필요한 S/N 비는 감소된다. 결과적으로 S/N 비를 증가시키기 위해 소스 오디오 신호의 대역폭을 능가한 광대역 무선 채널을 사용하는 아날로그 FM 변조 방식과 유사하게 된다. M진 FSK 방식은 일반적으로 대역폭 제한이 문제가 아니라 전력제한이 문제인 고속 데이터 통신을 위한 점 대 점 마이크로파 전송 링크에서 사용된다.

대부분의 고속 대역제한된 채널들은 다진 위상 PSK 또는 QAM 방식에서 사용된다. 사용 중인 다양한 변조 방식들이 있지만, 핵심은 그림 4-14의 블록도에서 설명된다. 그림의 블록도는 IQ 변조 또는 직교변조인 벡터 변조라 불리는 방식의 기본이다. I는 동상, Q는 직교를 의미한다.

직교변조의 기본은 두 개의 완전 독립된 데이터열들이 동일한 주파수와 캐리어 파형에서 동시에 변조되는 것이다. 이는 각 데이터열이 위상이 90° 다른 동기 캐리어를 변조하면 가능하다. 그림의 블록도에서 이 캐리어들 각각은 90° 위상 변이기(shifter)를 통해 그들 중 하나를 통과시킨 동일한 소스에 생성 된다. 각 위상 변이된 캐리어를

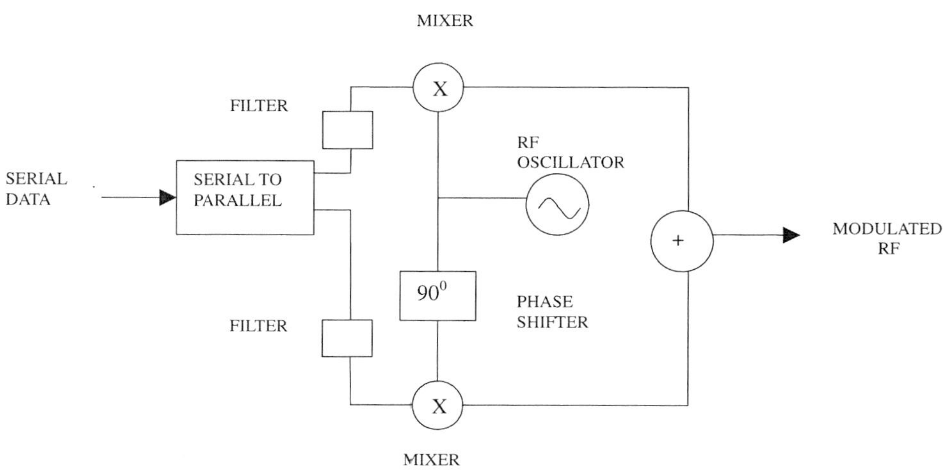

그림 4-14 직교변조

위해 사용된 변조 방법은 문제가 안 된다. 두 개의 캐리어들이 함께 더해지거나 전송 전에 증폭이 되어도 송신기에서 사용되는 반대과정에 의해 수신기는 완벽히 들어오는 신호를 두 개 성분으로 분리한다(그림 4-15를 보라).

그림 4-14와 그림 4-15는 데이터열이 두 개로 나누어 비트별로 독립 변조되고 결합되어 단일 캐리어로 전송되는 직교 위상 시프트 키잉(QPSK) 방식을 보여준다. 수신기는 두 개의 데이터열로 구분되어 복조되고 결합되어 원래 직렬 디지털 데이터를 얻는다. 변조에 의한 캐리어 위상변화의 벡터 또는 성상도(constellation diagram)를 보여준다. QPSK 방식의 성상도는 그림 4-16에서 보여준다. 그림에서 'X' 표시는 크기를 표시하는(원점에서의 거리) 벡터의 끝이며, 그림 4-14의 I와 Q 캐리어들의 합이 신호 위상이며, 각각 0과 1 비트 값에 대응되며 −1 또는 +1로 곱해진다. 모두 두 개 비트의 네 가지 가능한 결합의 신호 크기는 I와 Q 캐리어들이 크기 '1'를 가지면 동일하게 '$\sqrt{2}$'가 된다. 각 벡터에 대응하는 I와 Q 비트 값 결합은 그림에서 보여준다.

R2 속도인 두 개 데이터열은 동일한 RF 채널 상에 병렬 전송이 되며, 1/2의 R1 속도를 가진 단일 데이터열과 동일 대역폭임을 보인다. 수신기 끝에서 나눈 비트열에 대한 각각의 복조 과정은 정확히 앞의 그림 4-11에서 본 이진 위상 시프트 키잉 방식과 동일하며, 그 오류 성능은 그림 4-9의 BPSK 곡선에서 본 것과 동일하다. 그래서 이전에 동일 오율을 유지하면서 동일한 대역폭 채널에서 데이터율은 두 배가 된다. 간단히, 통신 효율이 두 배가 된다.

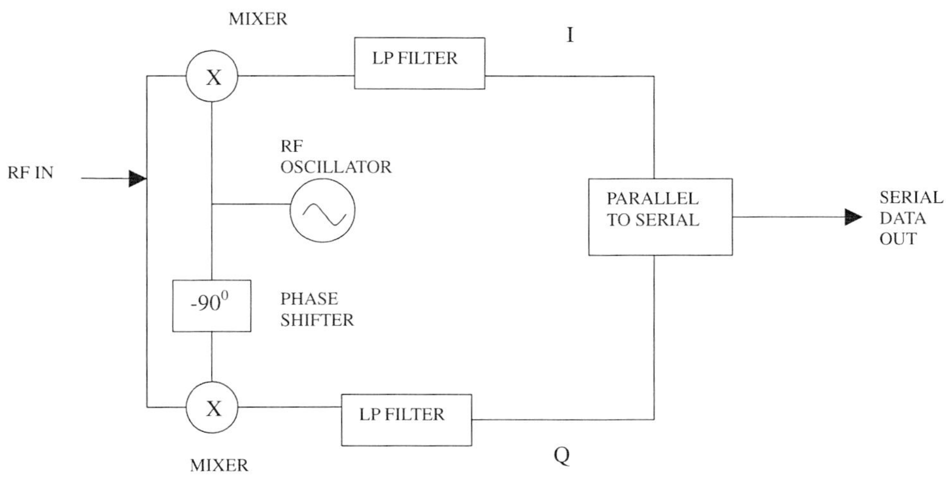

그림 4-15 직교검파

하지만, 직교변조에는 복잡한 점이 있다. 이전에 다룬 기본 변조 방식과 유사하게, RF 캐리어를 변조하기 위한 구형파 사용은 허용 채널 대역폭을 넘고 원하지 않는 측파대가 생성된다. 그래서 그림 4-14의 변조 전에 특별 저역 통과 필터를 신호 경로에 삽입한다. 이런 필터로 데이터 상태 변화에서 RF 신호 위상의 급격한 변화로 인해 측파대 증대가 발생된다. 그림 4-13c의 데이터 상태 변화에서 RF 캐리어 위상이 변할 때 '0' 값이 통과된다. 캐리어 진폭 변화는 진폭변조와 유사한 신호를 만드는데, 예로써 주파수 변조에 사용되는 비선형 증폭기에 비교해 비효율적 선형증폭기가 필요하다.

직교 위상 시프트 키잉의 두 가지 변화는 연속 심볼 사이에서 위상변화를 줄인 기법이며, 캐리어가 위상전이 동안 '0' 크기 지점을 통과하지 못하게 한다. 그 방식 중에 하나는 오프 셋 위상 시프트 키잉(offset OOK) 방식이다. 이 방법에서 송신기의 I와 Q 데이터열은 1/2 비트 주기만큼 시간상 치우쳐 있어서 캐리어 위상이 점진적으로 더 자주 변한다. 즉, 새로운 'I' 비트는 'Q' 비트가 사인파(sine) 캐리어를 변조하는 동안, 1/2 비트시간 전 또는 후에 코사인파(cosine) 캐리어로 변조된다.

QPSK 방식의 다른 변형은 $\pi/4$ DPSK인데, 미국 TDMA(time dividion multiple access) 디지털 셀룰러 시스템에서 사용된다. 거기서 성상도는 매 비트 시간마다 $\pi/4$ 라디안(radian) 또는 45° 만큼 회전하며, 캐리어 위상각도가 45° 또는 135°로 변한다. 이 시스템은 캐리어 크기 변화를 줄여 더 효율적인 비선형전력 증폭기를 송신기에서 사용한다.

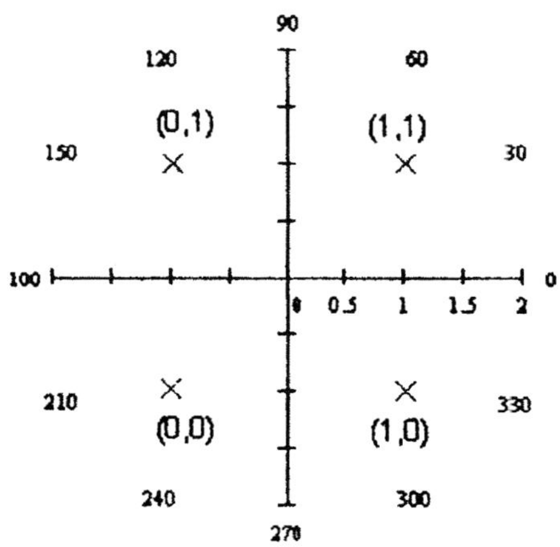

그림 4-16 QPSK 성상도

위에 언급된 직교변조의 다른 문제는 동상과 직교 데이터열을 분리하기 위해 수신기에 동기된 국부 발진기의 필요함이다. 바이폴라 위상 시프트 키잉 방식에서 이런 문제는 차등변조(differential modulation)의 사용, 심볼에서 심볼로의 위상 차이를 알기 위해 수신신호의 지연된 복사본을 곱하여 개선시킨다.

동상과 직교 RF 캐리어의 분리된 데이터열 전송의 확장에서는 각 캐리어 당 심볼이 2, 3, 4 또는 더 많은 비트들이 포함된다. 예로써, 각 캐리어 벡터 심볼당 4비트는 캐리어 당 16개 진폭 레벨과 진폭 크기를 합쳐 전체 256개의 다른 상태까지 허용된다. 이런 변조 형식을 직교 진폭 변조(QAM)라고 부르며, 이 예제는 256-QAM 방식으로 이진 위상 시프트 키잉 방식의 한 개 비트처럼, 8 데이터 비트들이 동일한 시간과 대역폭에 전송이 된다. 16-QAM(심볼당 4비트) 방식의 성상도가 그림 4-17에 보인다.

한 개의 캐리어 심볼에 더 많은 비트를 두는 과정에는 한계가 없다. Hz 당 비트율이 증가하면, 주어진 비트오율(BER)에서 채널의 필요한 S/N 비도 증가된다. 더 많은 전력을 전송하거나 또는 현대 디지털 통신 시스템에서 공용 양자택일로 복잡한 코딩 알고리즘들을 데이터 프로토콜에 적용하는 것이다. 하지만, 잡음이 있는 특별 통신 채널을 위해 궁극적으로 데이터율의 한계는 위에 언급한 하틀리-샤논의 한계 값이 된다.

증대하는 근거리 무선 응용에서 중요한 디지털 통신의 다른 형식인 대역확산 변조를 알아 보자.

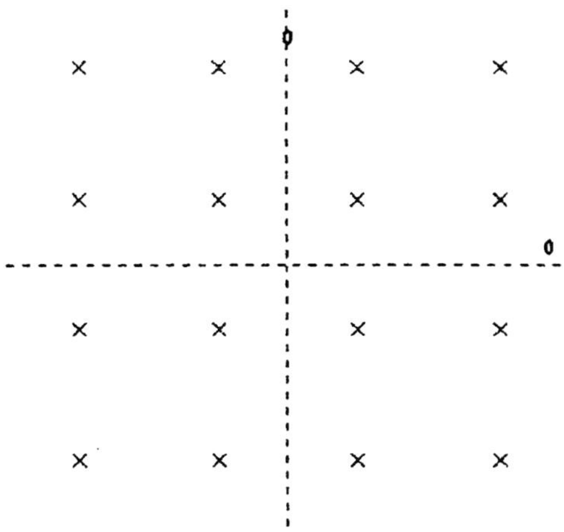

그림 4-17 16-QAM 성상도

◈ 대역확산

미국과 유럽의 일반적 변조 방식을 사용하는 미인가 통신 규정의 대부분의 나라에서는 수십 μW에서 10mW까지 범위의 최대 전력출력을 정한다. 이런 제약은 동일하게 통신 신뢰성을 얻고 유선을 대치하는 무선 장치의 가능성을 크게 감소시킨다. 하지만, 미국에서는 1W 그리고 유럽은 100mW 까지 전송하는 주파수 대역의 이용도는 지정된 변조 시스템을 사용하는 조건에서 크게 사용 범위 가능성과 미인가 근거리 통신 신뢰성을 증대시킨다.

과도한 간섭 발생 또는 타당하지 않은 간섭 없이 공인 전송의 다른 형태로서 대역확산 신호들은 동일한 주파수 대역을 공유할 수 있기 때문에 대역 확산은 통신 기관들의 더 큰 송신기전력 허용을 가능하게 한다. 이런 이유는 그림 4-18에서 보면 명백하다. 그림 4-18a는 대역확산 신호가 협대역보다 큰 대역폭 위로 확산되는 것을 보여준다.

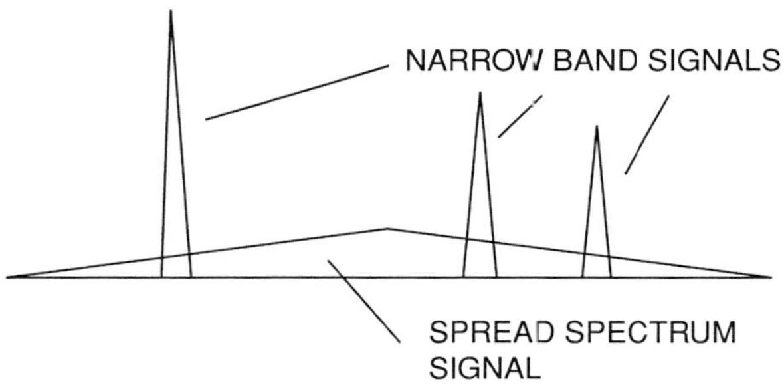

(a) Signals at receiver input

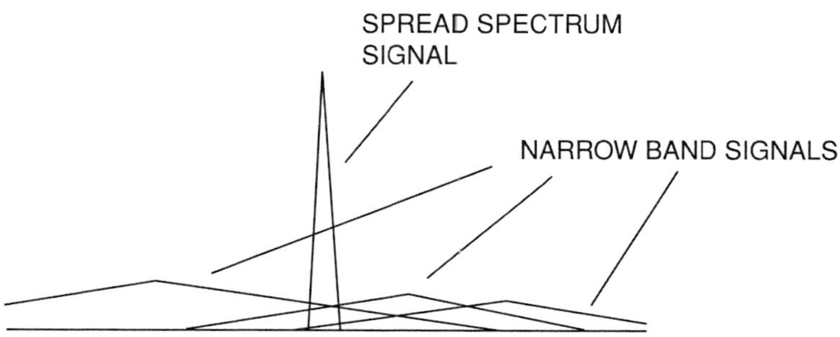

(b) Signals after despreading

그림 4-18 대역확산과 협대역 신호들

협대역 신호로 전송 되면 전체 전력이 동일하고 인접된 주파수에서 다른 협대역 신호를 완전히 압도해도, 협대역 신호 대역폭의 점유 부분은 전체에 대해 작게되어 간섭되지 않는다. 다시 말해, 넓은 주파수 대역위로 전송전력의 확산은 협대역 신호전력과 간섭가능성을 크게 줄인다.

그림 4-18b는 어떻게 대역확산 과정이 인접신호로부터 간섭을 줄이는 지를 보여준다. 협대역 신호의 간섭 가능성이 확산되어 원하는 신호 대역폭에서 그 전력이 상대적으로 낮은 쪽으로, 반면 역확산 과정은 대역확산 신호의 전체 전력이 협대역의 큰 피크전력 신호로 집중된다.

대역확산 변조의 여러 가지 장점들이다.

- FCC 규정은 미인가 장치에 더 큰 전력을 허용한다.
- 동일 채널 간섭을 줄이고 경쟁하는 ISM 대역에서 적합하다.
- 다중경로 간섭을 줄인다.
- 의도적인 재밍(jamming)과 의도되지 않은 재밍에 강하다.
- 도청 가능성을 줄인다.
- 공용 채널에서 다중 사용자의 코드 분할 다중화를 허용한다.

때때로 대역확산 방식과 방송에서 사용된 광대역 주파수 변조와 비교하는 경향이 있다. 모든 과정들이 전송 중인 정보 대역폭보다 채널 대역폭 점유로 성능 개선을 달성하기 때문이다. 하지만, 두 시스템의 중요한 차이가 있는 것을 이해하는 것이 중요하다.

광대역 FM(WBFM) 방식에서 대역폭은 변조신호의 크기와 그 주파수 내용에 의해 정해진 비율로 직접 확산된다. 수행 결과는 기저대역(변조 없이)에서 동일한 신호를 보내고 RF 채널에 같은 잡음 밀도를 가지고 얻는 것보다 더 큰 신호 대 잡음비이다. WBFM 방식에서의 사후검파 신호 대 잡음비(S/N)는 수신기 입력에서 S/N 비의 배수이지만, 입력 S/N 비는 변조의 주파수 편이 요소에 좌우되는 임계 값보다 더 커야 한다. 반대로, 대역확산은 신호 대 잡음비 관점에서 보면 기저대역 전송에 비해 장점이 없다. 변조 방식의 일반 비교는 단지 가산성 광대역 정규 잡음을 가진 채널에 근거한다. 비교를 위해 이런 기준으로 협대역 링크에 동일 데이터를 전송하는 것의 비교에서 대역확산 사용은 전혀 장점이 없다. 대역확산 장점은 간섭신호에 대한 상대적 면역성, 도청기회자에 의한 메시지 탈취 어려움, 그리고 코드 선택적 신호 미분을 사용할 능력 등과 관련이 있다. 자주 언급된 대역확산의 또 다른 장점인 다중경로 간섭 감소는 펄스폭이 실내에서 생기는 지연시간 보다 많이 길기 때문에 특별히 근거리 통신과 관련이 없다(대역확산 기술 전문회사인 Digital Wireless 사는 단거리에서 다중경로 간섭을 계산하는 방법에 대해 다음의 권리를 주장한다).

WBFM 방식과 대역확산 방식의 기본 차이는 후자의 확산과정은 완전히 기저대역 신호 자체와 무관하다. 전송 신호는 여러 가지 다양한 확산 방법들 중의 한 가지 방법으로 확산되고 송신기의 확산 코드를 아는 수신기에서 역확산이 된다.

대역확산 전송의 대역폭 확산 방법은 주파수 도약 대역확산(FHSS) 방식, 직접수열 대역확산(DSSS) 방식, 펄스 주파수 변조 방식 또는 첩(chirp) 변조 그리고 시간도약 대역확산(THSS) 방식 등이다. 마지막의 두 가지 방식은 미인가 동작에서 FCC 규정이 허용되지 않으며, 간단한 정의 후 더 이상 고려하지 않는다.

(1) 주파수 도약 대역확산 방식에서, RF 캐리어 주파수는 소스 정보(아날로그 또는 디지털)의 대역폭 크기와 같은 단위 비율로 상대적으로 빠르게 변화되지만, 어느 쪽에 좌우되지 않는다. 최소한 수십의 다양한 주파수들이 사용되며, 수신기에 알려진 의사 랜덤 코드에 따라 변화된다. 스펙트럼 대역폭은 캐리어 주파수 개수에 도약 주파수의 변조 정보에 의해 점유된 대역폭을 곱한 것이다.

(2) 직접수열 대역확산 신호는 수신기에 알려진 의사 랜덤 디지털 코드 시퀀스에 의해 변조 된다. 이 코드의 비트열은 정보 데이터 비트 열보다 더 빨라서, RF 신호의 대역폭은 결과적으로 데이터 대역폭보다 더 크다.

(3) 첩 변조에서 전송 주파수는 주어진 기간 동안 한개 값에서 다른 값으로 변화된다. 수신기는 시작 주파수와 기간을 알아 그 신호를 역확산 할 수 있다.

(4) 시간도약 대역확산 송신기는 작은 듀티 사이클(duty cycle) 펄스들 사이에 의사 랜덤 간격을 가지고 전송한다. 수신기는 송신기에서 사용된 동일한 코드에 따라 그 수신 경로의 출입제어로 신호를 역확산한다.

실제, 위의 모든 방법들과 운용들은 송신기의 의사 랜덤 또는 임의 변조과정(첩 변조의 경우)이 수신기에서 광대역 전송을 복원하기 위해 반대로 중복된 과정이 수행되고, 협대역 전송과 같이 원하는 신호를 복조하는 형태이다.

모든 대역 확산 신호 형식의 성능은 프로세스 이득(process gain)이라는 성질과 크게 관련이 있다. 동일한 통과대역에서 협대역과 다른 광대역 신호 간섭에서 원하는 신호의 선택 정도를 정량화 한 것이 프로세서 이득이다. 프로세서 이득은 역확산 후 출력 S/N 비와 수신기의 입력 S/N 비사이의 dB 단위의 차이 값으로 다음과 같다.

$$PG_{dB} = (S/N)_{out} - (S/N)_{in}$$

프로세서 이득 인자는 다음 비율로 근사화가 된다.

$$PG_f = (\text{RF 대역폭})/(\text{정보 속도})$$

대역확산 시스템 효율에 대한 유용한 표시인 재밍 마진(jamming margin)은 다음과 같다.

$$\text{재밍 마진(jamming margin)} = PG - (L_{sys} + (S/N)_{out})$$

여기서, L_{sys}는 시스템 구현손실로 2dB 단위 정도이다.

재밍 마진은 수신기의 통과대역에서 잠재적 간섭신호가 원하는 신호의 통과 능력 손상 없이 원하는 신호보다 더 강하게 되는 정도이다. 다음은 주파수 도약과 직접수열 대역확산 방식에 대해 상세히 알아보자.

◈ 주파수 도약

FHSS 방식은 빠른 도약(fast hopping)과 느린 도약(slow hopping)의 두 가지 방식으로 나눈다. 빠른 도약 방식은 데이터 비트당 한 개 또는 여러 번의 주파수 변화이고, 느린 도약 방식에서는 여러 비트들이 도약 주파수당 전송 된다. 송신기와 수신기의 주파수 합성기에서 도약(hopping)당 하나 또는 몇 비트들이 전송되면, 데이터율을 유지할 정도로 충분히 빠르게 새로운 주파수로의 스위칭과 이동을 할 수 없기 때문에 느린 도약 방식은 빠른 데이터율에 사용된다. 주파수 도약 신호는 그림 4-19에서 보인다.

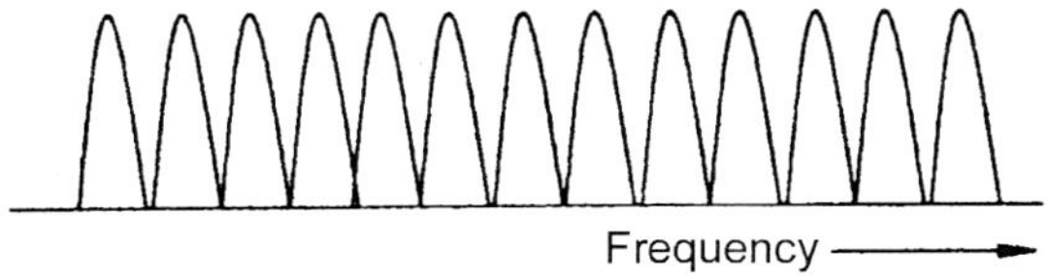

그림 4-19 주파수 도약 대역확산 신호의 스펙트럼

그림 4-20은 FHSS 송신기와 수신기의 블록도이다. 모든 송신기와 수신기의 국부 발진기 주파수들은 주파수 합성기에 의해 제어가 된다. 수신기는 전송 시작에서 검출

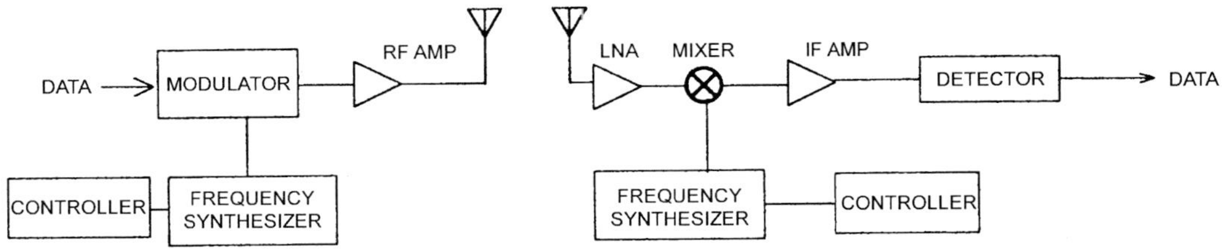

그림 4-20 FHSS 송신기와 수신기

해야만 하며 송신기 주파수와 수신기의 합성기를 동기시켜야 한다. 수신기가 송신기의 의사 랜덤 형태를 아는 경우 입력 신호는 채워지고(lock) 동시에 송신기에서 주파수 변경에 의한 동기 상태로 남아 있어야 된다. 정확한 동기 후, IF 주파수는 일정하게 되고 신호는 정상적인 협대역 수퍼헤테로다인 수신기와 같이 복조된다. 일시적으로 전송이 차지하는 하나 또는 여러 주파수들을 간섭 신호가 점유하면, 그 당시에 전송된 그 비트들은 손실이 된다. 그래서, 전송 메시지는 중복(redundancy) 또는 오류 정정 코딩 방식을 채택하여 손실된 비트들을 복원한다.

◈ 직접 수열

그림 4-21은 DSSS 시스템의 블록도이다. 의사 랜덤 확산 코드는 송신기 캐리어 주파수를 변조하고, 캐리어 주파수는 데이터에 의해 변조가 된다. 이런 코드를 칩(chip)이라 부른다. 생성된 주파수 스펙트럼은 그림 4-22에서 보여준다. 필요한 대역폭은 주로브(main lobe) 넓이로 그림에서 $2 \times R_c$이며 칩율의 두 배이다. 넓은 대역폭으로 수신기 입력에서 신호 대 잡음비는 매우 낮아 대개 0dB 이하이다. 수신기는 수신기의 국부 발진기에 의해 송신기의 의사 랜덤 확산 코드의 복사본과 곱해지며, 그 결과는 입력 신호와 합해진다.

송신기와 수신기의 확산 코드가 동일하고 동상일 때, 협대역 IF 신호는 종래 방식으로 복조가 가능하다.

송신기와 수신기의 의사랜덤 코드를 동기화하는 데는 두 가지 단계인 획득(acquisition)과 추적(tracking) 단계가 있다. 신호를 획득하기 위해 수신기에 입력되는 RF 신호에 알고 있는 예상 코드를 곱한다. 이 곱셈출력은 원하는 신호와 다른 신호가 채널에 있으면 랜덤 잡음이 된다. 원하는 신호가 있으면, 강한 출력을 달성하기 위해 수신기의 코드 시퀀스와 정확히 위상이 일치되고 동기화가 되어야 한다. 이런 동기를

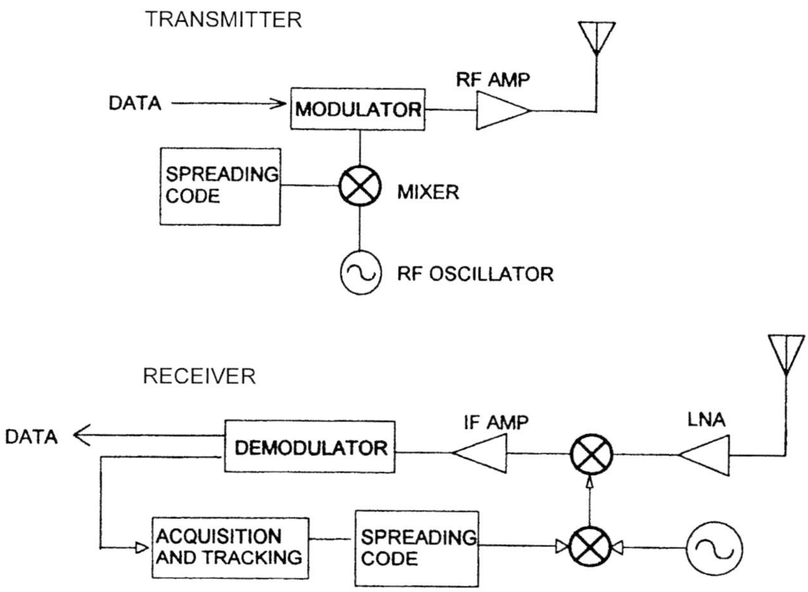

그림 4-21 DSSS 송신기와 수신기

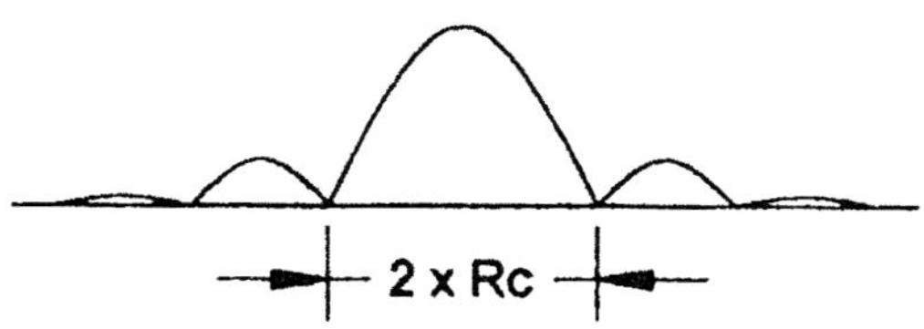

그림 4-22 DSSS 주파수 스펙트럼

달성하는 방법은 수신기가 그 코드를 송신기 코드와 약간 다른 비율로 조정하는 것이다. 그러면, 두 코드 사이의 위상 차이는 각자 한 개 비트 안에 있을 때까지 꾸준히 변하고, 그 때 곱셈기출력은 코드가 완벽히 동기화가 될 때 피크까지 증가된다. 이런 획득 방법을 슬라이딩 상관기(sliding correlator)라고 부른다.

동기화의 다음 단계인 추적(tracking)은 완전한 메시지 기간 동안에 전송과 수신된 코드 비트를 정렬한다. 타우델타($\tau\delta$) 방식에서 송신기와 정확히 동일한 평균 비율을 만드는데 사용된 오류 신호를 생성하기 위해 전송 비율 근처에서 수신기 코드 비율을 약간 변경한다.

코드 획득과 추적의 다른 방식은 다른 참고자료에서 볼 수 있다. 동기화가 달성된 후, 결과적인 협대역 IF 신호는 수신기의 S/N 비에 프로세서 이득이 더해진 값과 동일한 S/N 비를 가지며, 임의의 협대역 신호로 복조된다. 대역 확산 사용 차이는 협대역 신호를 난해하게 만드는 간섭신호들이 프로세서 이득 만큼에 의해 감소된 것이다.

◈ DSSS 방식과 FHSS 방식의 상대적 장점

다른 것에 비해 한 가지 방법의 장점은 자주 검토되지만, 공통적으로 어느 것이 좋다는 결론은 없고 모든 형식의 공용으로 사용된다. 그 방식들 모두 IEEE 802.11 무선랜 규정에 참조가 된다. 하지만, 토론으로 다음과 같은 결론을 낼 수 있다.

- 주어진 데이터율과 출력전력에서, FHSS 시스템은 DSSS 방식에 비해 적은 전력 소비로 설계가 가능하다.
- DSSS 방식은 덜 중복(redundancy) 될 높은 데이터율을 제공한다.
- 획득시간은 일반적으로 FHSS 방식이 작다(정합필터와 짧은 코드 시퀀스 사용으로 DSSS 방식에서 짧은 시간을 달성할 수 있지만).
- FHSS 방식은 가장 작게 허용된 프로세서 이득의 DSSS 방식에 비교할 때 높은 간섭 면역성을 가진다.
- DSSS 방식은 더한 유연성을 가진다. 주파수 예민함은 간섭 면역성을 증가하기 위해 사용된다.

4.5 RFID

근거리 무선에서 증대되는 응용 분야가 무선 주파수 인식(RFID) 기술이다. RFID기술과 위에 언급한 응용과의 기본적 차이는 RFID 장치는 본질적으로 통신 소자가 아니지만, 질문 응답하는 트랜스폰더들이 포함된다. 두 개의 분리된 송신기와 수신기 단자대신에 RFID 시스템은 수동형과 능동형 태그(tag)에 신호를 전송하는 리더기로 구성이 되고 수정된 반사 신호 또는 재전송 신호를 수신하고 해석한다. 그림 1-3을 보자.

리더기는 이미 다룬 장치들과 유사한 특성을 가지는 일반 송신기와 수신기를 가진다. 태그 그 자체는 이런 응용분야에서 특별한 데, 리더기로부터 보낸 신호의 재전송을 위해 그 전력을 수신하는 수동형 방식 또는 얇게 내장된 장기수명의 배터리와 능동형 방식의 송신기와 수신기를 가진다. RFID 범위는 수 cm에서 수십 m까지이다. 작동 주파수는 125kHz에서 2.45GHz 범위이다. 주파수들은 대개 미인가 응용으로 지정 된다.

높은 데이터율은 높은 주파수를 요구한다.

가장 공통적인 동작 형태로 RFID 시스템은 다음과 같이 작동 된다. 리더기가 질문 신호를 전송하면, 그 신호는 태그에 의해 수신 된다. 태그는 입력신호를 어떤 유일한 방법으로 변경 하여 다시 반사하거나, 전송 회로가 메모리에 있는 ID 코드를 읽기 위해 트리거가 되고, 이 코드를 수신기로 다시 전송한다. 능동형 태그는 수동형 태그보다 더 큰 범위를 가진다. 태그가 고속도로 톨게이트 경우처럼 수신기에 부착이 되어 이동을 하면 태그가 범위를 벗어나기 전에 완벽하고 충분히 빠르게 데이터 전송이 발생 되어야 한다.

RFID 시스템을 위한 설계 결과들이 있다.

- 태그 방향은 랜덤인데, 태그와 리더기 안테나는 어떤 방향에서도 필요한 범위를 제공하게 설계 되어야 한다.
- 전송 범위 안에서 다중 태그는 메시지 충돌의 회귀를 생성하는데, 이를 회피하는 방법은 응답에 대해 태그의 랜덤한 지연시간 제공인데, 이는 여러 개의 태그들이 한꺼번에 질문할 경우이다.
- 태그들은 잘못 읽는 것을 방지하기 위해 정성을 들여 코딩이 되어야 한다.

4.6 요약

이 장에서는 근거리 시스템의 다양한 형식에 대해 알아보았다. 무선 링크 상의 전송을 위해 데이터를 다양한 정보 필드들의 형태로 만드는 방법으로 시작하였다. 일정한 DC 레벨과 최소 비트 오류 확률과 같이 수신기의 성능 요구사항을 달성하기 위해 변조 전에 기저대역 정보인 '0'과 '1' 값을 인코딩하는 여러 가지 방법을 알아보았다. 또한, 아날로그 시스템도 언급하였는데, 음성통신에서 프리엠파시스/디엠파시스와 압축/확장 회로는 신호 대 잡음비를 증가시키고 동적범위도 증대시킨다.

주파수 또는 진폭 디지털 변조를 선호하는 이유는 미국과 캐나다에서 다양한 규정의 요구사항과 장비 복잡도 관점에서 표현된 것이다. 유사하게, 배경 잡음, 안테나 크기, 그리고 가격 등의 무선 시스템을 위한 주파수 대역 선택에서 여러 가지 고려될 사항들이 있다.

세 가지 기본 변조 형식에는 RF 캐리어 신호의 크기, 주파수, 또는 위상에 기저대역 데이터를 인가하는 것이 포함된다. 현대 디지털 통신은 고효율 대역폭 또는 상대적으로 적은 전력을 가진 높은 신호 대 잡음비를 달성하기 위한 기본 방법들의 결합과 변경들을 사용한다. 직교변조와 대역확산 통신 원리에 대한 소개를 하였다. 진전된 변조 방법의 중요성은 증가하고 있으며 가까운 미래에 근거리 무선 설계에 대한 확실한 영향 증대를 예상할 수 있다.

제 5 장

송신기

이 장에서는 상세한 트랜시버(transceiver) 설계 방법을 살펴 본다. 무선 송신기의 기본 구성 요소는 그림 5-1에 표시되어 있다. 변조기에서 RF 반송파는 아날로그 형태나 디지털 형태인 신호원 데이터에 의해 변조된 후, 증폭하고 필터링하여 안테나에 인가된다. 송신기는 전력 신호원을 갖고 있어야 한다. 우선 각 블록을 정의하고, 트랜시버를 구현하는 여러 가지 방법을 고찰하자.

5.1 RF 신호원

근거리 무선 송신기는 LC 제어, SAW 소자 제어, 수정 소자 제어, 합성기 제어 등 4가지 형태의 제어 방식 중에서 하나를 채택한다. 다른 형태의 제어 방식인 직접 디지털 합성 방식이 미래에 출현할 수 있기 때문에 이에 대해서도 간단히 언급하기로 하자.

여러 가지 주파수 제어 장치의 속성을 비교하기 위하여 정확도와 안정성에 대해서 언급한다. 정확도는 주어진 온도와 특정한 회로 특성에서 정격 주파수로부터의 편이 정도를 말한다. 안정성은 온도 범위와, 인접 물체와의 근접도와 같은 외부 조건에서 주파수가 얼마나 변하는지를 표시하는 것이다.

◈ LC 제어

가장 간단하고 값이 싼 휴대용 송신기에서는 인덕터-캐패시터(LC) 공진기 형태의 주파수 제어 방식을 채택할 수 있다. 이것은 SAW 공진기에 의해 대체되어 왔다. SAW 소자 제어와 같이 LC 회로 제어는 거의 모든 UHF 주파수 범위에서 직접적으로 RF 반송파를 발생시킨다. LC 제어의 안정성은 수 백 kHz이고, LC 제어는 주파수를 천이시킬 수 있는 손 효과(hand effect)와 근접 교란(proximity disturbance)의 영향을 받는다.

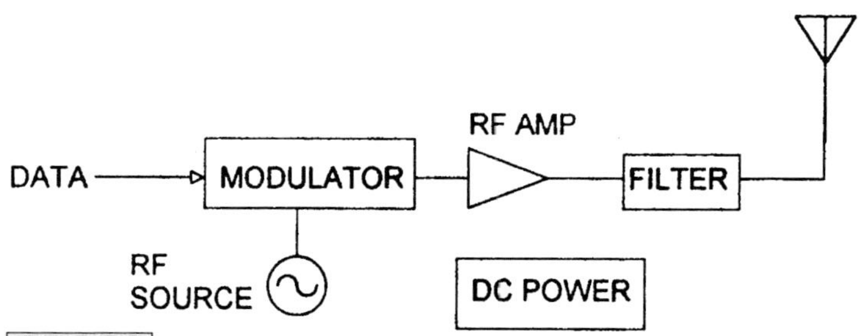

그림 5-1 기본 트랜시버 블록도

LC 제어는 안정성과 정확도가 낮아서 넓은 대역 응답을 갖는 초재생 수신기(superregenerative receiver)와 같이 사용된다. LC 발진기는 차고 문 개폐기와 자동차 무선 키에 사용된다.

◈ SAW 공진기

SAW는 표면 음향파(surface acoustic wave)의 약어이다. 대부분의 근거리 무선 제어기와 경보기에서는, 주파수를 결정하는 소자로 SAW 공진기를 사용한다. SAW 공진기는 LC 공진기보다 안정적인데, SAW 공진기를 기본으로 제작된 단순한 회로는 약 ±30kHZ의 안정성을 갖는다. SAW 공진기는 합리적인 가격과 단순한 회로에서 상대적으로 안정적인 UHF 주파수를 발생시키기 때문에 널리 쓰인다.

그림 5-2는 SAW 공진기의 구성도이다. 금속 전극에 인가된 RF 전압에 의해 수정체의 표면에 음향파가 발생된다. 주파수 응답, Q 인자, 삽입손실(insertion loss)은 표면에 입힌 금속 전극의 형태와 크기에 의해 결정된다. SAW 공진기의 주파수와 온도의 관계는 그림 5-3에 표시되어 있다. 이 그래프는 실내 온도(room temperature)에서 피크가 나타나는 포물선 형태이며, SAW 소자의 온도 안정성은 정상적인 내부 온도에서 매우 좋은 특성을 (0°C에서 75°C 사이에서 −50ppm 이내) 보여준다.

SAW 공진기는 단일 포트와 2단 포트 형태로 구성된다. 간단한 송신기에는 그림 5-4a에 표시된 것처럼, 공진 회로로 콜피츠(Colpitts) 형태인 단일 포트 장치가 널리 사용된다. 2단 포트 형태의 SAW 장치는 그림 5-4b에 표시된 것처럼, 모노리식(monolithic)

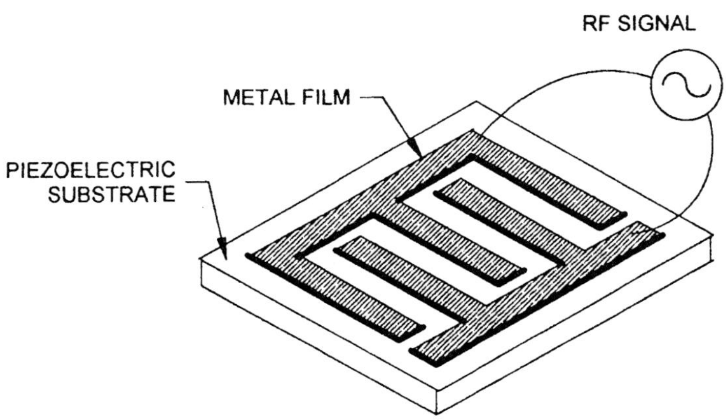

그림 5-2 SAW 공진기 구성도

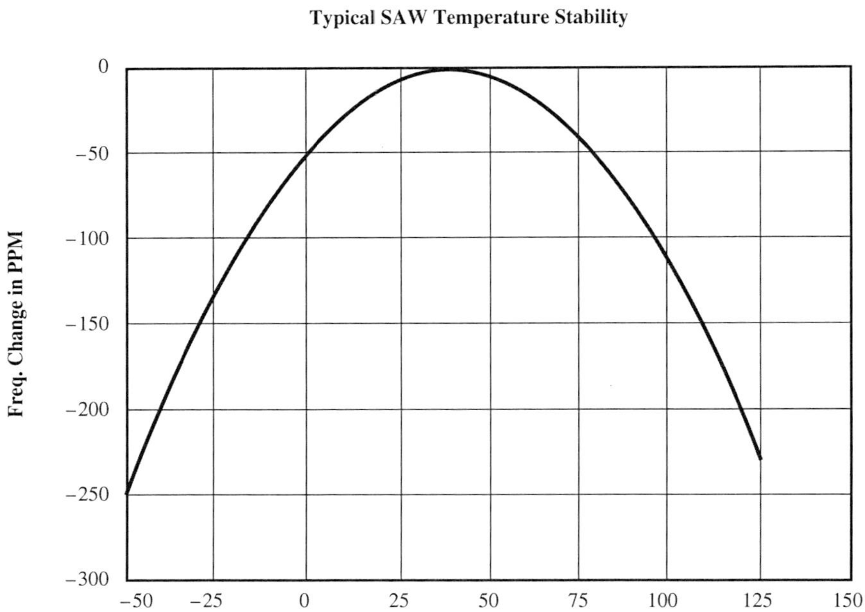

그림 5-3 SAW 공진기의 주파수와 온도의 관계

증폭기 블록을 이용하여 발진기를 설계하기 편리하다. 발진을 위해서 정궤환(positive feedback)이 필요하기 때문에, 증폭기의 위상 천이에 따라 0°나 180°의 위상 천이를 갖는 소자를 선택해야 한다. 발진기 설계자는 위상 천이를 고려하여 SAW 소자에 적합한 임피던스 정합기를 사용해야 한다.

SAW 공진기의 주파수 정확도는 ±100kHz~±200kHz이고, 대개 주파수 조정 회로에 동조 소자를 포함시킬 필요가 있다. 이러한 동조 소자로는 공진 회로부에 있는 트리머 캐패시터(trimmer capacitor)와 슬러그 동조 코일(slug-tuned coil), 턴 수를 왜곡시켜 동조시킬 수 있는 에어 코일(air coil)이 있다. SAW 공진기 외에 근거리 송신기와 수신기용 SAW UHF 필터가 있다.

SAW 소자로는 약 200MHz에서 950MHz까지 사용할 수 있는 SAW 공진기와 SAW 필터가 있다. 이 소자들은 미국과 캐나다, 영국과 유럽 대륙, 다른 몇몇 나라에서 사용되는 비허가 장치에 적합한 주파수에서 동작할 수 있다. 또한 수퍼헤테로다인 수신기(superheterodyne receiver)에 장착된 국부 발진기의 오프셋 주파수(offset frequency)에서 동작하는 공진기가 있다.

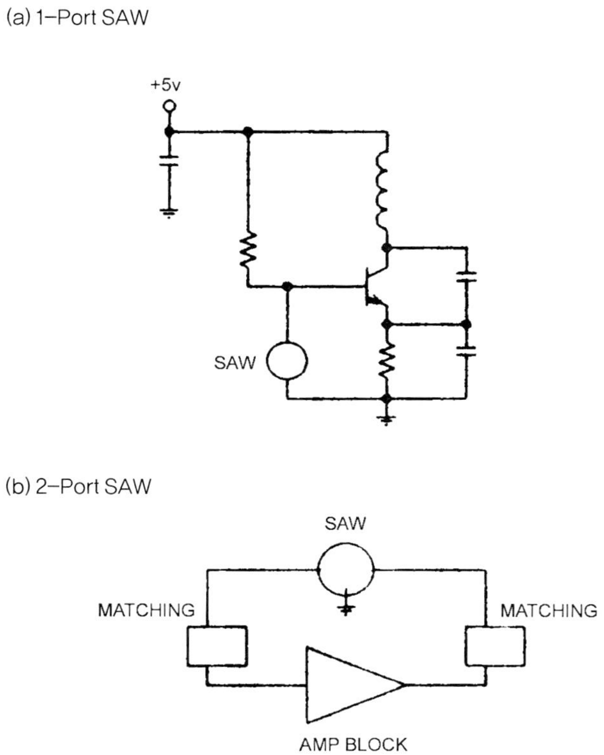

그림 5-4 SAW 발진기

SAW 소자에 기반을 둔 근거리 무선 시스템을 설계할 때에는 사용할 주파수를 결정하기 전에 다양한 제조업체에서 그 주파수에서 동작하는 송신기와 수신기용 공진기와 필터를 구할 수 있는지 확인해야 한다. 또한 제품이 판매되는 나라에서 그 주파수가 허용되어 있는지를 고려해야 한다. 다만 대량 생산을 하는 경우에는 초기 설치 비용과 재고를 감당할 수 있기 때문에 출하 대기 중인 제품이 표준 주파수에서 벗어나더라도 무방하다.

SAW 공진기는 금속 캔이나 표면 장착용 SMT 패키지 형태로 제공된다. 제조업체들 간에 패키지나 단자 연결 방법이 다를 수 있다는 것을 설계 시에 고려해야 한다.

◈ 수정 발진기

근거리 비허가 장치에 SAW 소자들을 사용할 수 있어서 LC 회로에 비해 성능을 많이 향상시킬 수 있지만, SAW 소자들은 고성능의 장치에는 적합하지 않다. 민감도가 높은 수신기에서는 좁은 대역폭이 요구되므로, 정확하고 안정적인 국부 발진기와 이에 대응되는 정확한 송신용 발진기가 필요하다. 수 kHz 범위의 정확도를 보장하기 위해서는 수정 진동자를 사용해야 한다.

SAW 소자와 같이 수정 진동자는 수정 압전 물질로 만들어진다. SAW 소자와는 달리 수정 진동자의 동작은 표면파 전파에 의해 행해지는데, 수정자의 진동은 다름아닌 벌크(bulk) 물질의 반대 쪽에 위치한 전극에 가해지는 고주파 여기에 의해 야기된 벌크 효과(bulk effect)이다. 근거리 송신기에 사용되는 수정 발진기는 기본 모드와 오버톤(overtone) 모드 등 두 개의 모드가 있다. 기본 모드 발진기는 수 십 kHz에서 약 25MHz까지 동작하고, 오버톤 발진기는 200MHz까지 동작한다. 오버톤 주파수는 수정의 기본 주파수의 약 3배, 5배, 7배이다.

300MHz~950MHz 범위의 UHF 주파수를 발생하기 위해서는 송신기의 주파수 발생부나 수신기의 국부 발진기를 하나 이상의 2단이나 3단 회로 형태로 구현해야 한다. 이 경우에 부가적인 소자가 필요하기 때문에 저비용, 근거리 장치 (특히 휴대용과 키 체인(keychain)형태의 송신기)에는 SAW 소자 기반의 회로가 훨씬 많이 채택되고 있다.

그러나, 주파수 체배 형태로 구현한 수정 발진기가 SAW 소자 기반의 발진기보다 반드시 나쁘다고 할 수 없다. 단일 단으로 구현한 SAW 발진기를 직접적으로 안테나에 연결하면 근접 효과와 손 효과 때문에 주파수 당김(frequency pulling) 현상이 나타난다. 안테나와 공진 회로의 수 cm 내에 위치한 인체를 포함한 전류가 흐르는 표면에 의해 SAW 발진기의 주파수가 20kHz 이상 천이될 수 있다. 이런 현상을 방지하기 위하여 안테나를 발진기에서 격리시키는 버퍼 회로가 사용된다. 버퍼 회로를 사용하는 경우에는, 비용이나 공간 면에서 SAW 송신기나 2단 또는 3단 회로 형태의 수정 발진 송신기 간에 차이가 없다.

수정 송신기의 이점 중의 하나는 대규모 튜닝을 할 필요가 없도록 쉽게 설계할 수 있다는 것이다. 많은 근거리 장치에서는 10kHz까지의 튜닝을 하지 않아도 되는 주파수 정확도가 유지된다. 그림 5-5에는 수정 발진기 회로가 표시되어 있다.

◈ 합성기 제어

주파수 합성기의 기본 역할은 수정과 같이 하나의 주파수만 생성시키는 소자를 사용하여 여러 개의 주파수를 발생시키는 것이다. 합성기를 사용하는 다른 이유는 다음과

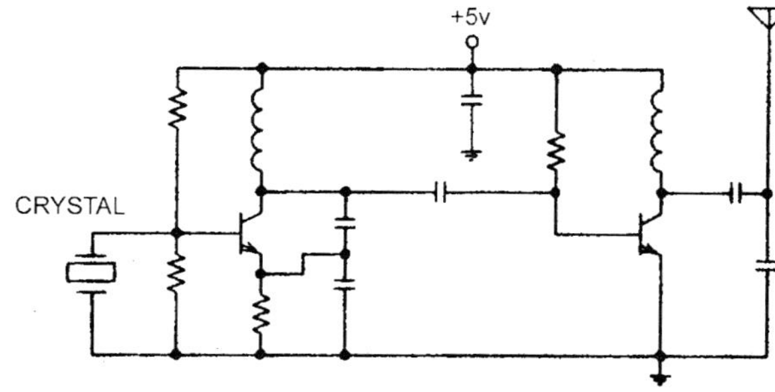

그림 5-5 수정 발진 송신기

같다.

- 체배기를 사용하지 않고 발진기에서 직접적으로 출력 주파수를 발생시킨다.
- 주파수 변조의 경우에 수정 발진기를 직접적으로 변조할 때보다 더 큰 주파수 편이를 허용한다.

PLL이라고 불리우는 주파수 합성기의 블록도가 그림 5-6에 표시되어 있다. 기본 구성 성분은 기준 수정 발진기, 위상 검출기(PD), 저역 필터, 전압(혹은 전류) 제어 발진기(VCO), 주파수 분주기이다. 기준 분주기와 프리스케일러는 다음에 언급하는 이유 때문에 추가된다.

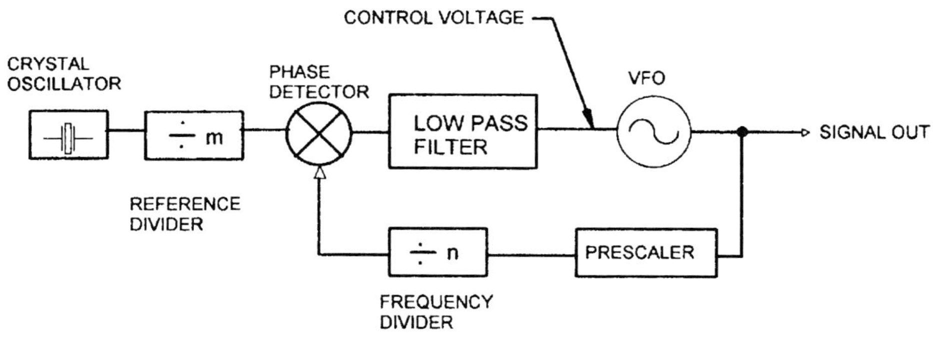

그림 5-6 주파수 합성기

출력 주파수는 그 주파수에서 동작하는 발진기에서 발생된다. 정확한 주파수는 제어기 입력 단자에 인가되는 전압이나 전류 입력에 의해 제어된다. 제어 신호의 범위는 출력 신호가 장치에 허용된 주파수 범위 내에서 변할 수 있도록 선택되어진다. VCO 주파수를 변화시키는 보편적인 방법은 발진기의 주파수를 결정하는 공진 회로에 있는 캐패시턴스와 전압 간의 변환이 가능한 버랙터 다이오드(varactor diode)를 사용하는 것이다.

주파수 합성기는 서보 기구(servo mechanism)와 여러 모로 비슷한 피드백 제어 소자이다. 오류 신호는 위상 검출기에서 만들어 지는데, 위상 검출기에서는 출력 신호에서 얻어진 신호와 기준 신호 간의 위상 차에 비례하는 전압을 발생시킨다. 수정 발진기의 기준 주파수는 안정화시키려는 출력 주파수보다 훨씬 낮기 때문에, VCO와 PD 사이에 주파수 분주기를 삽입한다. PD 다음 단의 저역 필터는 PLL의 안정성과 반응속도를 결정하고, 불필요한 출력 주파수와 잡음을 차단한다.

제어 전압은 수정 발진기의 기준 주파수가 f_{out}/n이 되도록 궤환(feedback)을 통해서 스스로 조정하기 때문에 주파수 분주기의 분주비 n에 따라 출력 주파수가 결정된다. 분주비 n을 1씩 증가시키거나 감소시킴에 따라, 출력 주파수가 기준 주파수만큼 증가하거나 감소된다. 수정 발진기의 주파수보다 낮은 주파수 해상도를 필요로 하는 경우에는, 회로에 기준 분주기를 삽입한다. 다양한 분주비를 갖는 분주기를 위해 규정된 최대 입력 주파수가 출력 주파수보다 낮은 경우에는, 낮은 값의 주파수 분주기인 프리스케일러가 필요하다. 단일 주파수 분주비를 갖는 프리스케일러를 사용하면 합성기의 주파수 증가분을 프리스케일러 분주비만큼 증가시킬 수 있다. 원하는 주파수 해상도를 유지하거나 강제로 기준 주파수를 더욱 분주시키기 위해서, 이중 모듈러스 프리스케일러(dual modulus prescaler)를 사용할 수 있다. 이런 프리스케일러는 분주기가 동작하는 동안 두 개의 인접한 분주값 (예를 들어 32/33이나 64/65) 간의 스위칭이 가능하도록 해주며, 따라서 출력 주파수의 해상도는 영향을 받지 않게 된다. 이런 목적 때문에 많은 PLL 집적 회로에서는 이중 모듈러스 프리스케일러의 스위칭 단자에 연결할 수 있는 출력을 제공한다. 위상 검출기, VCO, 기준 분주기를 갖는 완전한 VHF 합성기와 UHF 합성기 집적회로에는 이중 이상의 다중 모듈러스 프리스케일러가 포함되어 있다.

두 가지 형태의 위상 검출기가 사용된다. 아날로그 PD (또한, 간단한 조합 논리회로를 사용한 디지털 PD)는 두 개의 입력 신호 간의 위상차에 비례하는 전압을 발생시킨다. 이 신호들의 주파수가 다르면 주파수차와 같은 비율로 위상차가 변한다. 루프의 부궤환(negative feedback)에 의해 분주된 주파수가 기준 주파수와 같아지고, 위상차가 원하는 주파수를 발생시키는 정확한 VCO 제어 전압을 만들도록 VCO 주파수가 바뀐다. PD에서의 위상차는 잠김 상태가 되면 90°이거나 90°와 매우 근접한 값을 갖는다.

기준 주파수와 VCO 분주 주파수가 차이가 매우 큰 경우에는, 저역 필터 때문에 급격히 변하는 위상 신호는 VCO를 제어할 수 없으므로 합성기는 잠김 상태가 될 수 없다. 출력 주파수가 잠김 상태에 있는 최소 주파수와 최대 주파수의 차이를 포착 범위(capture range)라고 한다. 개회로 주파수가 잠김 범위(lock range)에 있는 동안 출력 주파수는 잠김 상태가 된다. 잠김 범위는 포착 범위보다 크고, 발진기의 안정성을 결정하는 온도 변화, 환경 변이, 소자 변이에 대한 주파수 합성기의 저항성(immunity)에 영향을 준다. 아날로그 형태의 위상 검출기를 사용하는 경우에는, VCO 주파수가 잠김 상태가 되도록 하기 위해 별도의 주파수 분별기 회로가 필요할 수 있다.

다른 형태의 위상 검출기로는 전하 펌프 PLL(charge-pump PLL)이 있다. 전하 펌프 PLL은 플립 플럽(flip-flop)과 같은 순차 조합 회로로 구성된 디지털 소자이다. 그것은 저역통과 필터에 전압(또는 전류) 펄스를 전송함으로써 작동되는데, 저역통과 필터에서는 펄스를 평탄하게 한 후에 VCO에 인가한다. 펄스의 극성과 펄스 폭은 기준 발진기에서 발생되는 디지털 신호의 에지 전환(edge transition)과 입력되는 분주된 VCO 신호의 관계에 따라 결정된다. 아날로그 위상 검출기와는 달리 전하 펌프 PLL에서는 항상 입력 신호들의 위상차가 0이 되게 해준다. 이 소자는 주파수 분별기와 위상 검출기의 역할을 동시에 해주기 때문에 별도의 주파수 분별기가 필요하지 않다.

저역 필터의 특성이 합성기의 과도 응답, 포착 범위, 포착 시간을 결정하고, VCO와 기준 주파수 신호원에서 야기되는 잡음을 제거한다. 저역 필터의 설계 시에는 시스템 요구 조건에 따라 고려 사항이 달라진다. 예를 들어, 컷오프 주파수(cut-off frequency)가 상대적으로 낮으면 기준 신호에 의한 반송파 변조에 의해서 불필요한 출력을 감소시킬 수 있고, VFO에 주파수 변조를 적용할 때 기저대역폭을 줄일 수 있다. 그러나, 잠김 상태에 이르는 평균 시간이 상대적으로 증가하고, 출력 신호에는 VCO와 VCO 제어 회로에서 생기는 잡음의 영향이 증가한다. 컷오프 주파수를 높게 설정하면 루프가 더 빠르게 잠김 상태에 도달하지만, 출력 신호에 나타나는 기준 발진기 잡음과 불요 주파수(spurious frequency) 성분들이 증가한다. 이미 언급한 것처럼, 필터 설계는 특히 아날로그 주파수 변조 방식의 사용에 영향을 준다. PLL에서는 변조를 완료할 수 있도록 출력 주파수가 바뀌는 것을 방지시켜 주는데, 그러기 위해서는 VCO의 주파수 제어 입력 단에 인가되는, 변조하려는 신호의 스펙트럼이 저역 필터의 컷오프 주파수보다 높은 주파수대에 위치해야 한다.

주파수 합성기의 출력 신호는 출력 주파수에서 동작하는 발진기에서 직접적으로 발생되지만, PLL에서 생기는 (특히 기준 발진기와 고조파 때문에 생기는) 불요 주파수 성분을 포함하고 있다. 발진기 출력에 포함된 불요 신호(spurious signal)들은 수신기의 통과 대역에서 원하지 않는 신호와 혼합되어 불요 응답(spurious response)과 간섭을 일으키기 때문에 잡음이 없는 깨끗한 신호를 수퍼헤테로다인 수신기의 국부 발진기에 인가할 필요가 있다. 이러한 불요 신호들을 줄이기 위해서 PLL의 설계와 배치를 신중하게 해야 한다.

흔히 "스퍼(spur)"라고 불리는 합성기 출력의 불요 주파수 성분들을 제거하기 위하여 분수형 나눗셈(fractional division)이나 *N*-분수형(fractional-*N*) 합성기를 사용할 수 있다. 이런 설계 방법을 채택하면 빠른 스위칭이 가능하므로 주파수 도약 확산 스펙트럼용 송신기와 수신기에 사용된다. *N*-분수형 합성기에서는 이중 모듈러스 프리스케일러를 복잡하게 조작하여 분수형 나눔비(fractional division ratio) *N*을 발생시킨다. 이런 기법을 사용하면 출력 주파수를 기준 주파수보다 작은 비율로 증가시킬 수 있다. 같은 비율로 주파수가 증가하는 일반적인 합성기에 비해서 더 높은 기준 주파수를 선택하면, *N*-분수형 합성기의 성능을 향상시킬 수 있다.

◈ 직접 디지털 합성

직접 디지털 합성법을 사용하면 발생되는 무선 전파의 주파수, 위상, 진폭을 정확하게 제어할 수 있다. 직접 디지털 합성기(DDS)는 근거리 장치에 보편적으로 사용되고 있지 않지만, 장치가 보다 정교해지고 DDS 구성 요소의 가격이 저렴해지는 미래에는 널리 사용될 수 있을 것이다. DDS는 위에서 언급한 방식들에서와 같이 아날로그 발진기를 기반으로 하는 게 아니라, 디지털 방식으로 파형을 발생시킨다. 사인파의 표본값을 대표하는 디지털 워드가 아날로그/디지털 변환기에 인가되고, 그 출력을 저역 필터에 통과시킨다.

DDS 시스템에서는 출력 주파수가 수 십 MHz 범위에 위치하기 때문에, 대부분의 근거리 장치에서 필요로 하는 주파수를 직접적으로 발생시킬 수 없다. 그러나, PLL의 기준 주파수로 사용할 경우에 높은 정확도와 해상도를 갖는 UHF 신호와 마이크로파 신호를 만들 수 있다. 복잡하고 정확한 파형이 요구되는 경우에 발생된 신호에 소프트웨어를 사용하여 직접적으로 진폭 변조, 주파수 변조, 위상 변조를 적용할 수 있어서 매우 편리하다.

5.2 변조

이 절에서는 근거리 송신기에 ASK, FSK, PSK, FM을 구현하는 가장 보편적인 방법을 설명한다.

◈ ASK

그림 5-7에 표시한 것처럼 발진단 바이어스를 키잉(keying)함으로써 LC 발진기와 SAW 발진기에 진폭 변조를 적용할 수 있다. 코드 발생기에 적절한 바이어스 전류가 공급되도록 저항 R_b를 선택하고, 저항값을 변화시켜 장치 스펙에 맞도록 전력을 제어할 수 있다.

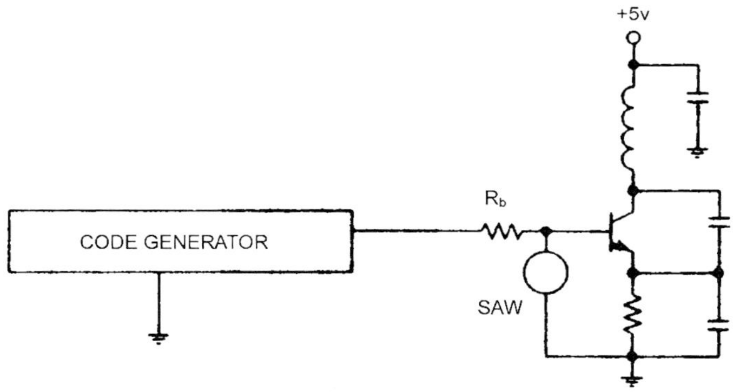

그림 5-7 SAW 발진기의 진폭 변조

발진기를 온/오프(ON/OFF)하는 방식은 약 2kbps까지의 낮은 비트율을 갖는 변조 방식에서는 만족할 만큼 작동한다. 비트율이 높아지면, 발진기를 동작시키기 위해 요구되는 지연 시간 때문에 전송 신호가 왜곡되고 수신기에서 오류율이 증가할 수 있다. 이 경우에는 발진단이 계속적으로 동작하는 동안, 발진기 다음에 위치한 버퍼단이나 증폭단의 신호를 키잉해야 한다. 저전력 송신기를 사용하는 경우에 문제가 되는 것은 발진기가 꺼졌을 때 발진기에서 나오는 연속적인 신호가 버퍼단에 혼입되거나, 직접적으로 방사되어 수신기에서의 온/오프 간격이 줄어든다는 것이다. 이런 부작용을 줄이기 위해서 발진기 레이아웃(layout)을 가급적이면 소형화하고, 특히 발진기 내부의 코일을 작게 만들어야 한다. 많은 경우에 발진기 회로를 차폐시켜 준다.

◈ FSK

동조 회로의 내부와 외부에 있는 캐패시턴스를 변조에 맞추어 스위칭함으로써, SAW 발진기에서 주파수 변조를 실행할 수 있다. 간단하고 가격이 저렴한 방법이 그림 5-8에 표시되어 있다. 여기서 다이오드 대신에 트랜지스터나, 인가 전압에 따라 캐패시턴스가 변하는 버랙터 다이오드를 사용하여 스위칭을 할 수 있다. 동조 회로에서 캐패시턴스를 변화시키면 발진 주파수가 SAW 발진기가 제공하는 정상값(static value)에서 벗어나게 된다. 이런 회로에서는 수 천 Hz의 주파수 편이가 가능하지만, 실제값은 개개의 공진기의 삽입손실에 따라 결정된다. 5.1절에서 살펴본 것처럼, SAW 소자로 제어되는 장치에서는 소자의 노화 현상과 근접 효과 때문에 30kHz까지의 주파수 편이가 생길 수 있다. 따라서 수신기의 주파수 변별기 설계 시에는 중심 주파수는 30kHz까지 변하도록 하면서, 부가적으로 5kHz~10kHz의 주파수 편이를 허용해야 한다. SAW 소자를 사용하는 FSK의 경우에는 ASK보다 좋은 성능을 보장받을 수 없기 때문에 실제로 FSK에서는 SAW 소자를 사용하지 않는다.

RF Monolithics(RFM)에서 개발한 성능이 향상된 SAW 발진기가 그림 5-9에 표시되어 있다. 이 회로에서는 그림 5-8과 같은 설계에서 보여주는 불확실한 주파수 당김(frequency pulling)에 기반을 두는 것이 아니라, 회로에서 알 수 있는 것처럼 작은 값의 캐패시턴스를 SAW 소자에 직렬로 연결하여 SAW 소자의 공진 주파수를 변화시켜준다. RFM 회로의 경우에 이런 역할을 하는 캐패시턴스는 바이어스가 꺼진 상태에서 역방향으로 연결된 (이미터 단자와 콜렉터 단자가 반대로 되어 있는) 트랜지스터의 캐패시턴스이다. 트랜지스터 연결을 반대로 해주면 전하 축적 시간이 감소되고 스위칭율은 커진다. RFM에서는 이 회로가 특허로 등록되어 있어서 사용하려면 사용 허가를 받아야 한다고 말한다 (참고문헌 1을 참고하기 바란다). SAW 공진기를 이용한 FSK를 사용하려면 안테나와 공진기 사이에 버퍼를 두고 공진기를 차폐시키거나, 근접 효과를 최소화시켜야 한다.

수정 발진기의 주파수는 동조회로를 비동조되게 하거나, 수정 단자에 캐패시터나 인덕터를 직렬 연결, 또는 병렬 연결시켜 끌어내릴 수 있다. 이렇게 하면 수 백 Hz의 주파수 편이가 가능하다. 주파수를 UHF 대역으로 올리기 위해 필요한 주파수 체배기를 사용하여 주파수 편이값을 배가시킬 수 있다. 효율적인 복조를 위해서 요구되는 주파수 편이값은 적어도 비트율의 반이므로, 높은 데이터율을 위해서는 다단 구현을 통해 더 높은 주파수 편이값을 얻어야 한다.

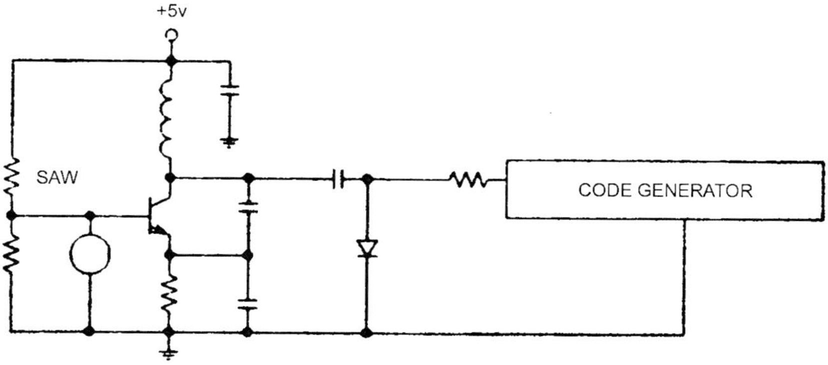

그림 5-8 SAW 발진기의 주파수 변조

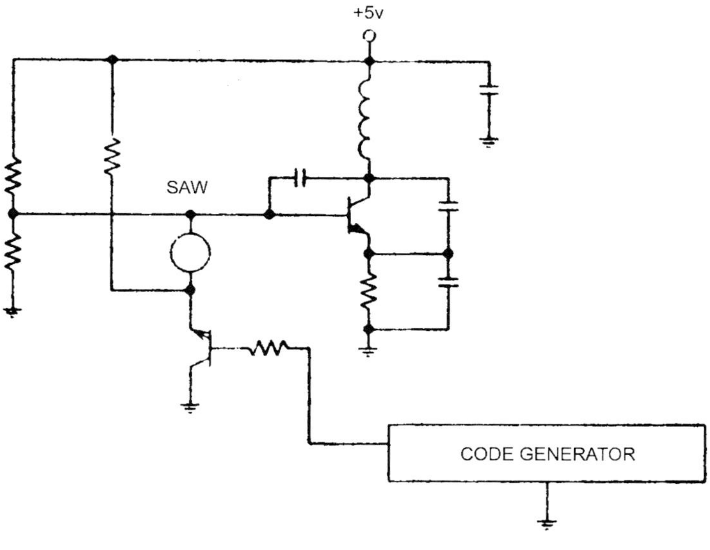

그림 5-9 성능이 향상된 FSK 변조기

높은 데이터율을 위해서 요구되는 높은 주파수 편이값은 주파수 합성기에 PLL을 채택하여 쉽게 얻을 수 있다. 그림 5-10에 표시된 것처럼, 위상 검출기 뒷 단에 위치한 저역 필터출력과 함께 변조 정도를 나타내는 전압 펄스가 VCO 제어 입력단에 인가된다. PLL이 출력 주파수를 변경시키고 변조를 취소시키는 것을 막기 위해서, 변조된 신호의 스펙트럼은 저역 필터의 컷오프 주파수보다 높은 주파수대에 위치해야 한다. "1"의 열을 오프셋 주파수에 붙잡아 둘 수 없기 때문에 NRZ 변조는 적합하지 않다. 맨체

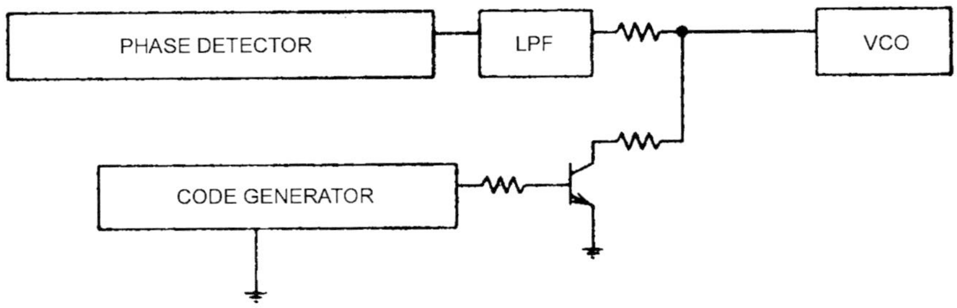

그림 5-10 합성기의 주파수 변조

스터(Manchester) 변조, 양 위상(Biphase) 변조, 또는 Space 변조는 주파수 스펙트럼이 잘 정의되어 있고, 비트율의 반이 넘는 위치에 스펙트럼이 위치하고 있어서 FSK에 적합하다.

◈ PSK

4장에서 언급한 것처럼 PSK는 단순한 근거리 통신 시스템에는 사용되지 않고, 특히 동기 검파가 요구되는 경우에는 사용되지 않는다. IC 평형 변조기(IC balanced modulator)를 사용하여 위상 변조된 송신 신호를 간단하게 발생시킬 수 있다.

5.3 증폭기

앞에서 살펴본 것처럼 가장 간단한 저전력의 근거리 송신기는 단일 발진기 트랜지스터 회로단으로 구성된다. 다음과 같은 이유 때문에 RF 증폭단을 추가한다.

- 안테나로부터 발진기를 격리시켜 근접 효과를 감소시킴.
- 불요 응답 차단 필터에 의한 손실을 보상함.
- 발진기를 직접적으로 변조하지 못하는 경우에 ASK 변조를 시행함.
- 더 넓은 동작 범위가 실현되도록 전력출력을 증가시키기 위함.

증폭기로부터 최대 전력 이득을 얻기 위해서는 적절한 입력 정합과 출력 정합이 매우 중요하다. 정합 회로를 설계하기 위해 트랜지스터의 입력 임피던스와 출력 임피던스를 알아야 한다. 제조업체의 데이터시트에는 임피던스를 구할 수 있는 선형 회로 파라미터(parameter)가 주어져 있다. 그러나 많은 경우에 증폭단이 선형 모드로 동작하지 않기 때문에 이들 파라미터는 정확하지 않다. 시행착오를 거쳐 좋은 정합을 구하거나, 비선형 Spice 시뮬레이터를 사용하여 정합 소자들을 결정할 수 있다. 비선형 증폭이 가장 효율적이지만, 아날로그 AM 시스템과, 신호 진폭 왜곡에 의한 대역폭 확산을 방지하기 위한 디지털 위상 변조 신호에는 선형 증폭이 필요하다.

정합기를 설계하기 위해서는 이전 단 (발진기)의 출력 임피던스와 다음 단 (필터나 안테나)의 입력 임피던스를 알아야 한다. 저전력 트랜지스터 증폭기는 대체로 입력 임피던스가 작고, 출력 임피던스가 크다. RF 증폭기의 출력 임피던스와 임피던스 정합 회로는 3장에서 설명하였다.

5.4 필터링(Filtering)

많은 경우에 저전력 송신기에서의 최대 전력출력은 불요 방사(spurious radiation)에 의해 결정되며, 최대 정격출력에 의해 결정되어지는 것이 아니다. 예를 들어, 유럽 규격 EN 300 220에서 허용하는 출력전력은 10mW이고, 고조파전력은 250nW이어서 46dB의 차이가 있다. 발진기에서 직접적으로 방사된 고조파전력의 경우에는 20dB 이상의 차이가 나는 경우가 거의 없으므로, 규정된 전력을 얻기 위해서 안테나 앞에 출력 필터를 사용해야 한다.

송신기에 효율적인 필터는 SAW 결합 필터이다. 이 필터는 통과대역이 충분히 넓고, 급격히 변하는 천이 영역을 갖는다. 그러나, 필터를 효과적으로 사용하기 위해서는 발진기를 차폐시켜, 필터를 우회하여 방사되는 신호를 차단해야 한다. 이 필터의 삽입 손실(insertion loss)는 수 dB이다. 상대적으로 높은 입력 임피던스와 출력 임피던스를 가지나, 그림 5-11에 주어진 회로를 사용하여 낮은 임피던스 (대개는 50Ω)에 정합된다. 정합 회로 소자들의 값은 소자 제조업체에 의해 제공된다.

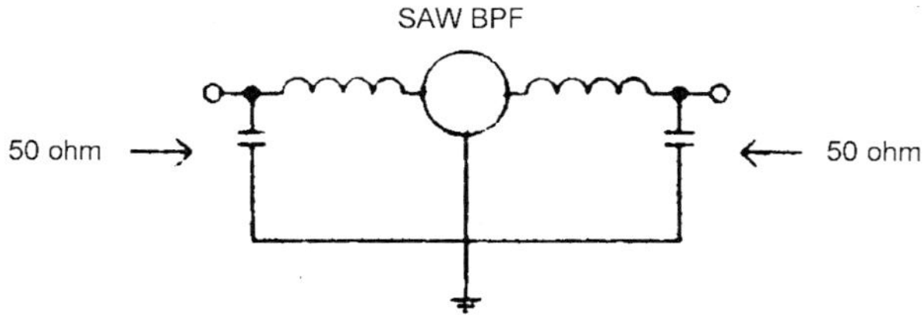

그림 5-11 SAW 대역 통과 필터 정합

5.5 안테나

3장에서 근거리 무선 통신에 사용되는 여러 가지 안테나의 이론을 고찰하였다. 여기에서는 실질적인 안테나 구현에 대해서 알아보자.

보안 시스템과 의료 시스템에 장착된 소형 송신기에 가장 많이 사용되는 안테나는 3장에서 설명한 루프 안테나이다. 루프 안테나는 작고, 가격이 싸고, 상대적으로 비지향적이다. 루프 안테나를 위한 대표적인 정합 회로가 그림 5-12에 표시되어 있다. 크기가 주어진 루프 안테나의 공진 캐패시턴스는 루프 안테나 워크시트를 사용하여 계산할 수 있다. 즉 C1, C2, C3를 사용하여 계산할 수 있다. 어떤 경우에는 시행착오를 거쳐서 그 값을 결정할 수 있다. 출력 트랜지스터가 발진기인 경우에는 비동조되는 것을 줄이기 위해서 C1을 UHF 주파수에서 1pF이나 2pF으로 설정해야 한다. 그리고 C3를 조정하여 송신기의 정격 주파수를 맞춘다.

루프 안테나는 손 효과(hand effect)에 민감하지만, 기판에 장착할 때 보드에 평행하게 하고 금속 표면의 수 mm 내에 위치하도록 하면 주파수를 끌어당길 수 있고, 버퍼단을 사용하는 경우에도 방사전력을 크게 감소시킬 수 있다. 보다 효율적인 루프 안테나는 기판 위에 지지된 단단한 무선 루프로 만들어진다.

나선 안테나와 패치 안테나는 3장에 기술되어 있다. 나선 안테나는 루프 안테나보다 효율이 높고 기판에 공간을 많이 차지하지 않지만, 손 효과의 영향을 더 많이 받기 때문에 휴대용으로 적합하지 않다. 패치 안테나는 900MHz의 ISM 대역이나 그 이상의 대역에서 실제적으로 사용될 수 있으나, 그의 변종인 한 쪽 끝이 접지되어 있는 1/4 파장 패치(quarter-wave patch)와 사다리꼴 패치(trapezoid patch)는 더 작은 공간에 적

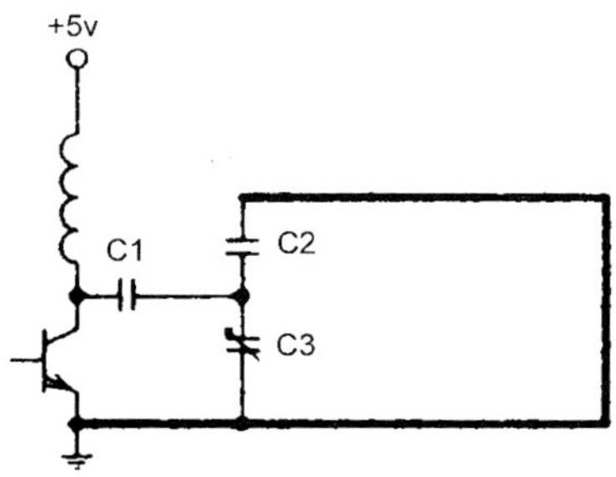

그림 5-12 루프 안테나 정합 회로

합하고 433MHz에서 동작한다.

다른 종류의 안테나로는 모노폴 안테나와 다이폴 안테나의 변종이 있는데, 기판 주위에 안테나 소자들을 불규칙한 형태로 배열시켜 만든다. 안테나 공진을 위해서는 인덕티브(inductive) 정합 소자가 필요하다. 안테나 성능은 배터리, 인쇄 기판 위의 도체와 소자들 간의 근접성에 의해 영향을 받는다.

대부분의 축약된 형태의 안테나들은 효율성이 매우 떨어지지만, 그 사실만으로는 안테나의 동작 범위에 영향을 주지 않는다. 그 이유는 규격에 의해서 발생전력이 아니라, 방사전력이 제한을 받기 때문이다. 송신기는 안테나에서의 전력손실을 보상할 수 있는 초과전력을 갖도록 설계된다. 그러나, 3차원 공간에서의 안테나 지향성은 수신기에 대응하여 위치를 조절할 수 없는 안테나의 경우에 제약 요소로 작용한다. 다른 문제점으로 불요 방사가 있는데, 비효율적인 안테나를 사용하는 경우에는 불요 방사를 제어하기가 매우 어렵다. 저전력 송신기용 소형 안테나에 대한 자세한 설명은 참고문헌을 다루는 장에 기술된 RF Monolithics과 Micrel의 참고 자료(application note)에 제시되어 있다.

5.6 요약

이 장에서는 기본적인 송신기 구성 블록인 발진기, 변조기, RF 증폭기, 안테나에 대해 기술하였다. 크기, 휴대성, 전력 소모량, 비용 등이 소자들을 선택하는데 있어 기준이 되는 요인들이다. 다른 전자 장치들과 마찬가지로 집적회로의 규모와 기능이 증가하고 있고, RF 회로와 논리 소자들을 동일 칩 상에 구현하는 혼합 기술이 발전함에 따라, 크기와 비용에 제약이 따르더라도 성능을 향상시킬 수 있게 되었다. 8장에서는 모듈별로 근거리 송신기 구현 방법을 살펴볼 것이다.

제 6 장

수신기

6.1 동조 RF 수신기
6.2 초재생 수신기
6.3 수퍼헤테로다인 수신기
6.4 직접변환 수신기
6.5 디지털 수신기
6.6 중계기(리피터)
6.7 요약

무선 링크의 성능을 궁극적으로 결정하는 것은 수신기이다. 규정에 의해 제약을 받는 전송전력이 주어지면, 링크의 범위는 법적 제약을 받지 않는 수신기의 민감도에 의해 결정된다. 물론, 어떤 장치는 수 m나 수 cm의 근거리에서 동작하기 때문에, 모든 장치에 최적 동작 범위가 요구되는 것은 아니다. 이런 경우에는 구조의 단순성, 크기, 비용 등이 주요한 고려 사항이 된다. 지금까지의 근거리 수신기 설계에서는 1920년대에 발명된 수퍼헤테로다인 구조가 사용되어 왔다. 그러나, 근거리 무선 시스템을 설계하려는 사람들은 특정한 장치를 설계하는 경우에 최적 선택을 해야 할 때가 있다는 것을 인식하고 있어야 한다.

6.1 동조 RF(TRF) 수신기

동조 RF 수신기는 개념적으로 가장 간단한 형태의 수신기이다. 동조 RF 수신기의 블록도가 그림 6-1에 표시되어 있다. 안테나 뒷단에 입력 RF 주파수에서 동작하는 대역 통과 필터와 동조 회로가 위치한다. 고이득 증폭기에 의해 신호가 증폭되고, 대개는 다이오드 검파기에 의해 검파된다. 그 다음에 비교기 회로에 의해 디지털 기저대역 신호가 복원된다.

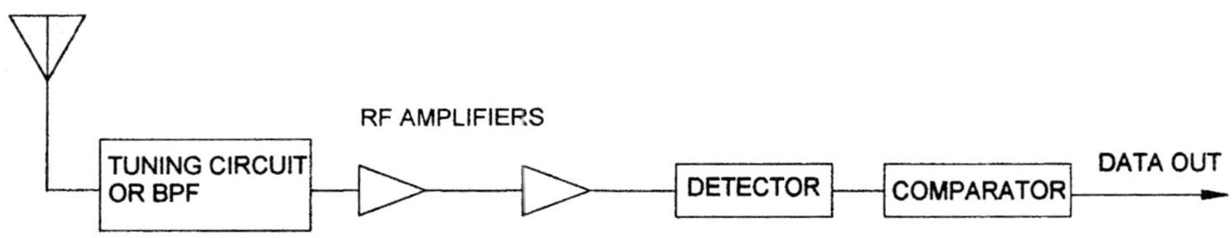

그림 6-1 동조 RF 증폭기

UHF 증폭기의 이득이 매우 높은 경우에는, RF 주파수에서 상대적으로 낮은 기생 캐패시턴스(parasitic capacitance)의 임피던스에 의해 정궤환(positive feedback)과 발진이 유발되기 때문에, RF 증폭기의 이득은 제한적이다. 이런 형태의 수신기의 이점은 발진기나 방사 신호원이 없어서 간섭을 초래하지 않기 때문에, FCC나 유럽 규격 기구의 승인을 받을 필요가 없다는 것이다. RFM에서 개발한 ASH 수신기는 TRF 수신기의 진화된 형태이다. ASH 수신기의 기본적인 블록도가 그림 6-2에 표시되어 있다.

ASH(Amplifier-Sequenced Hybrid) 수신기에는 두 개의 분리된 RF 이득단이 사용

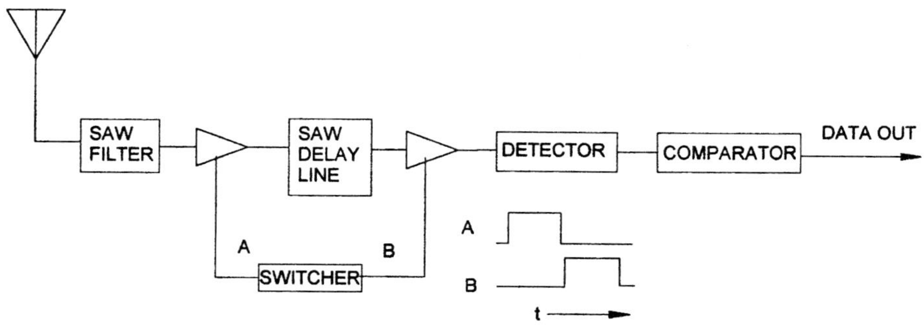

그림 6-2 ASH 수신기

되는데, 그 각각은 다른 시간에 스위칭된다. 위에서 언급한 정궤환을 방지하기 위해서 각 단의 이득을 제한하지만, 입력되는 신호가 두 개의 이득단을 통과하기 때문에 전체 실효 이득은 각 단의 이득의 합으로 주어진다. 한 단이 온(ON)이 되면 다른 단이 오프(OFF)가 되는데, 첫 번째 단에서 증폭된 신호는 첫 번째 단이 꺼지고 두 번째 단이 켜질 때까지 지연 소자나 임시 저장 장치에 머물도록 한다. 지연 소자로는 약 0.5μs의 지연 시간을 갖는 SAW 필터를 사용한다. ASH 수신기의 민감도는 전적으로 첫 번째 RF 증폭기 앞 단에 위치한 SAW 대역통과 필터에 의해서 결정되고, 적게는 SAW 지연선의 영향을 받기도 한다.

무선 컴퓨터 마우스나 다른 단거리 제어 장치와 같이 수 m의 거리에서 ASK를 채택하는 무선 통신에서는 TRF 수신기를 선택하는게 좋다. 보다 거리가 먼 경우에는 민감도가 초재생 수신기와 같거나, SAW 소자 제어 국부 발진기를 사용하는 수퍼헤테로다인 수신기의 민감도와 비슷한 ASH 수신기를 사용하는 게 좋다. TRF 수신기와 ASH 수신기는 전류 소모량이 3mA~5mA 정도로 낮아서, 배터리로 동작하는 트랜시버(transceiver)에 사용된다. 이런 트랜시버에서는 매우 낮은 전류가 요구되는 슬립 모드(sleep mode)와 신호 수신 여부를 확인하기 위해 주기적으로 기동하는(wake up) 방식으로 평균 공급 전류를 더 줄일 수 있다.

6.2 초재생 수신기

차고 문 개폐기와 보안 시스템에는 오랫동안 초재생 수신기가 사용되어 왔다. 초재생 수신기는 상대적으로 민감도가 높고, 매우 저렴하고 최소 개수의 소자를 사용한다. 그

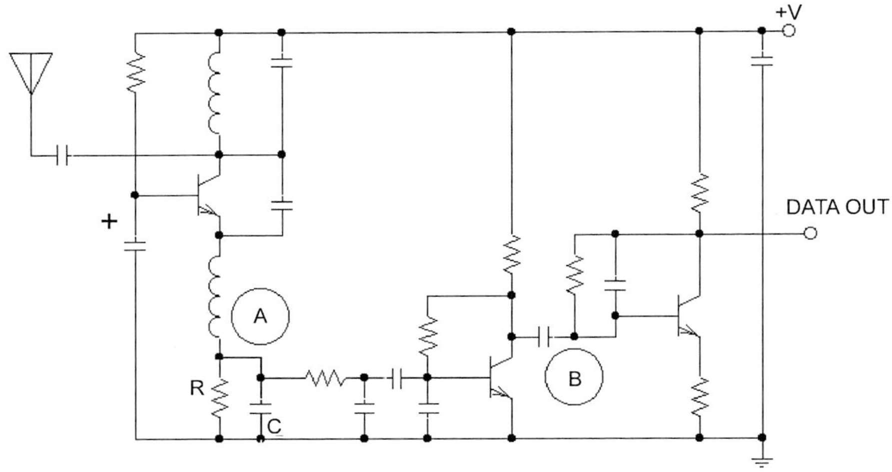

그림 6-3 초재생 수신기

림 6-3은 초재생 수신기의 개략적인 블록도이다.

초재생 수신기에서는 입력 동조 회로에서의 손실을 보상하기 위해서, 부저항값을 만들고 Q 인자를 증가시켜 높은 민감도를 얻을 수 있다. 이것은 입력단 주위에 정궤환(positive feedback)을 야기시켜 발진이 막 시작되게 함으로써 가능하다. 발진이 멈추고 나면, 발진 시작과 중단의 사이클이 시작된다. 트랜지스터 입력단의 바이어스 전압을 주기적으로 변화시키거나, 분리된 저주파 발진기를 사용하거나, 입력단 자체에서의 동적 효과를 이용하면 정궤환을 시작하고 중단하게 할 수 있다.

그림 6-4는 초재생 수신기의 동작 원리를 나타낸다. 두 개의 곡선은 그림 6-3에 표시된 초재생 수신기 개략도의 A 지점과 B 지점에서의 파형이다. 발진기가 켜지면 신호가 없더라도 랜덤 잡음에 의해 발진을 위한 빌드 업(build-up)이 시작되는데, 이것을 그림에서는 "0"으로 표시하였다. 발진이 시작된 후에는 컷오프 바이어스에 도달하고,

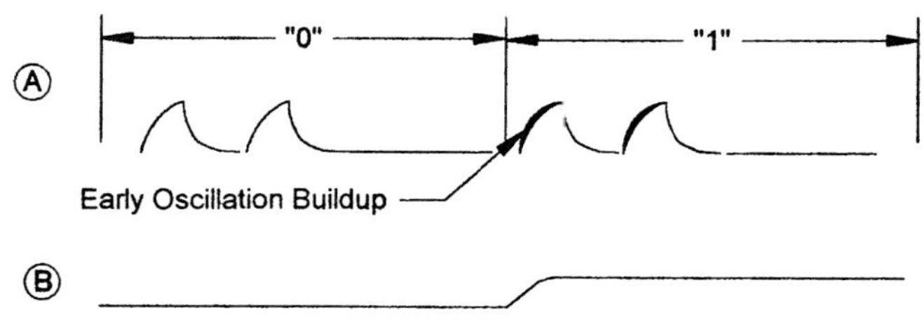

그림 6-4 초재생 수신기의 동작

정궤환을 위한 조건이 회복될 때까지 발진이 멈춘다. 이러한 빌드 업과 컷오프 사이클은 100kHz~500kHz의 비율로 진행된다. 신호가 있을 때는 그림에서 "1"로 표시한 부분처럼 빌드 업이 조금 일찍 시작된다. 입력단 자체에서의 동적 효과(dynamic effect)를 이용하는 회로에서는 신호의 존재 여부와 관계없이 펄스 밑의 면적이 동일하지만, 발진이 일찍 시작되면 펄스율이 증가된다. 적분기나 저역통과 필터에 통과시켜 발진 펄스열을 평균화시킨 경우에는, "1"을 받았을 때 단위 시간 당 포락선 밑의 면적이 신호가 존재하지 않을 때에 비해서 크기 때문에, DC 레벨이 높아진다. 신호는 고이득 기저대역 증폭기에 의해 증폭되고, 그 출력이 전송 데이터가 된다.

초재생 수신기는 구조가 간단하고 민감도가 좋지만, 비용이 저렴한 수퍼헤테로다인 수신기 칩이 널리 보급되어 있어서 많이 사용되지는 않는다. 초재생 수신기의 단점은 다음과 같다.

- 정격 수신 주파수에 중심을 둔 광대역 잡음을 재방사한다.
- UHF 주파수 대역에서 (상대적으로 큰) 수 MHz의 대역폭을 갖는다.
- 동적 범위가 제한된다.
- ASK 변조만 사용할 수 있다.

6.3 수퍼헤테로다인 수신기

수퍼헤테로다인 수신기는 무선 통신에서 가장 많이 사용되는 수신기이다. 수퍼헤테로다인 수신기의 기본적인 동작 원리는, 수신된 모든 채널을 중간 주파수 대역으로 이동시키고 약한 입력 신호를 증폭한 후에 검출기에 인가하는 것이다. 수신기의 성능이 좋은 이유는 수신기의 입력 동조시 변하지 않는 하나 이상의 주파수에서 입력 신호의 증폭과 필터링이 행해지고, 더 낮은 중간 주파수에서 더 높은 이득의 증폭이 안정적으로 행해질 수 있기 때문이다.

그림 6-5는 수퍼헤테로다인 수신기의 기본 구성도이다. 안테나 다음에 수신기의 동조 범위에 들어오는 모든 신호를 통과시키는 대역통과 필터를 둔다. 믹서(mixer)에서는 RF 신호에 국부 발진기에서 생성된 신호를 곱해 주고, f_{rf}와 f_{osc}의 합과 차를 출력한다. IF 증폭기에서는 합 신호나 차 신호를 증폭하고 필터링하며, 나머지 신호는 제거한다. VHF 주파수와 VHF 이상의 주파수에서 동작하는 수신기에서는 주파수가 낮은 차 신호만을 처리하는데, 여기서는 이 경우만을 언급하기로 하자. 결과적으로 주파수가

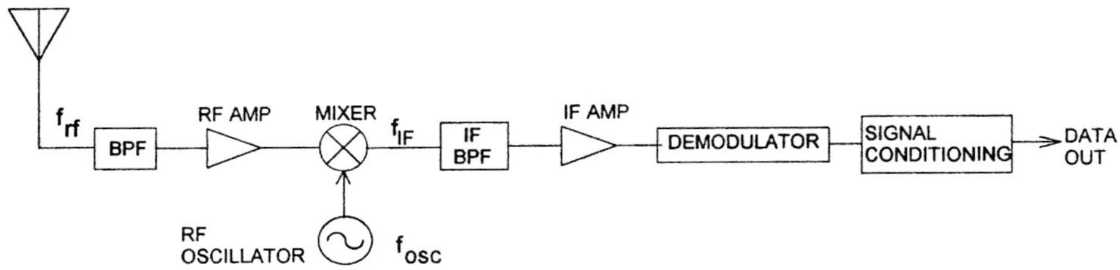

그림 6-5 수퍼헤테로다인 수신기

천이된 것을 제외하고는 입력 RF 신호의 모든 특성을 간직한 중간 주파수 신호가 얻어진다. 이 신호가 검파기에서 복조된다. 모든 형태의 변조 방법을 사용할 수 있다. 저역 통과 필터를 검파기 뒤에 두어 추가적으로 잡음을 제거할 수 있다. 디지털 데이터 수신기에서는 신호 조건기(signal conditioner)가 있어서 수신된 기저 대역 신호를 디지털 신호에 대응되는 이진 레벨로 변환시킨다. 아날로그 수신기에서의 신호 조건기는 송신기에서 동적 범위를 늘리기 위해서 압축시킨 아날로그 오디오 신호를 원래 상태로 되돌려 주는 신호 신장기(signal expander) 역할을 한다.

그림 6-5를 보면 수퍼헤테로다인 수신기의 기본 동작뿐만 아니라, 성능을 향상시키기 위한 방법을 알 수 있다. 변조된 신호에 필요한 대역폭에 영향을 주지 않으면서 잡음을 줄이기 위해서, IF 대역통과 필터(BPF)는 가급적이면 통과대역이 좁게 설계해야 한다. IF 주파수를 더 낮추면 대역통과 필터의 통과대역을 더 좁게 할 수 있다. IF 주파수는 수신 신호 주파수와 국부 발진기 주파수의 차의 절대값이므로, 두 개의 서로 다른 수신 신호 주파수로부터 같은 IF 주파수를 얻을 수 있다. 하나는 $f_{osc} + f_{IF}$이고, 다른 하나는 $f_{osc} - f_{IF}$이다. 입력 BPF의 기능은 이미지 주파수라고 부르는 원하지 않는 주파수를 제거하는 것이다. 좁은 통과대역을 얻기 위해 낮은 IF 주파수를 사용하는 경우에는, 입력 BPF에서 이미지 주파수를 제거하지 못해서 간섭 가능성을 증가시킬 수 있다. 이미지 주파수에 간섭 신호가 없더라도, 이미지 주파수에 있는 잡음이 혼입되어 신호 대 잡음비를 감소시킬 수 있다. RF 증폭기의 회로 잡음을 포함한 이미지 주파수에 있는 잡음을 감소시키기 위해서는, 그림에는 없지만 RF 증폭기와 믹서 사이에 이미지 주파수 대역통과 필터를 포함시켜야 한다.

이미지 주파수에 대한 응답을 감소시키고 효과적인 필터링을 할 수 있도록, 낮은 IF 주파수를 사용하기 위해서는 UHF 수퍼헤테로다인 수신기는 이중 변환이나 삼중 변환을 채택한다. 이중 변환 수퍼헤테로다인 수신기에서는 첫 번째 믹서와 이미지 주파수를 충분히 제거할 수 있도록 IF 주파수를 높게 설정한 단순한 대역통과 필터를 두고, 이어서 또 하나의 믹서와 효율적인 필터링이 가능한 낮은 주파수에서 동작하는 IF 필터를 둔다.

위에서 언급한 것처럼 이미지 주파수 제거와 필터링을 고려하여 IF 주파수를 선택해야 하지만, 최종적으로는 구입 가능한 표준 대역통과 필터에 맞는 주파수를 선택해야 한다. 가장 보편적인 IF 주파수는 AM 방송 대역의 표준 주파수인 455kHz와 FM 방송 대역의 표준 주파수인 10.7MHz이다. SAW 소자 제어 국부 발진기를 사용하는 경우에는, IF 주파수와 (구입 가능한) 세라믹 IF 필터의 동작 주파수의 차에 해당되는 주파수에서 동작하는 표준 SAW 필터를 구할 수 있도록, IF 주파수를 결정해야 한다. 이런 방식으로 근거리 보안 시스템을 위한 IF 주파수를 결정하게 되는 경우에는, 높은 이미지 주파수 응답과 불충분한 IF 필터링에 의한 성능 저하가 야기될 수도 있다.

6.4 직접 변환 수신기

직접 변환 수신기는 국부 발진기와 믹서를 사용한다는 점에서 수퍼헤테로다인 수신기와 비슷하지만, IF 주파수가 0인 점이 다르다. 수퍼헤테로다인 수신기에서 잠재적인 문제점을 야기하는 이미지 주파수가 원하는 신호 주파수와 일치하기 때문에 문제가 되지 않는다. 매우 높은 이득의 기저대역 증폭이 가능하고, 기저대역 저역통과 필터를 사용하여 잡음이 심한 경우에도 민감도를 높게 할 수 있고, 인접 채널 간섭을 제거할 수 있다.

부정적인 측면은 국부 발진기 주파수가 수신 신호 주파수와 같기 때문에 자기 간섭의 가능성이 있고, 같은 주파수에 동조하는 인접 수신기와의 간섭이 야기될 수 있다. 국부 발진기로부터의 방사를 제한시키고, 믹서와 RF 증폭기를 통해서 안테나로 신호가 혼입되는 것을 방지하기 위해서 설계와 배치에 신경을 써야 한다. 또한 대역폭이 매우 좁기 때문에 수정 소자 제어 국부 발진기의 주파수가 정확하고 안정적이어야 한다.

FSK 직접 변환 데이터 수신기의 블록도가 그림 6-6에 표시되어 있다. RF 증폭기의 출력이 두 개의 믹서에 인가된다. RF 신호와 같은 주파수를 갖는 국부 발진기출력이 하나의 믹서에 직접적으로 가해진다. 다른 믹서에서는 위상이 90° 천이된 국부 발진기 출력을 받는다. 저역통과 필터와 리미터(limiter)를 통과한 믹서출력은 복조를 위해 위상 검출기에 인가된다. 주파수 변조된 신호는 상대 위상이 반대인 형태로 위상 검출기

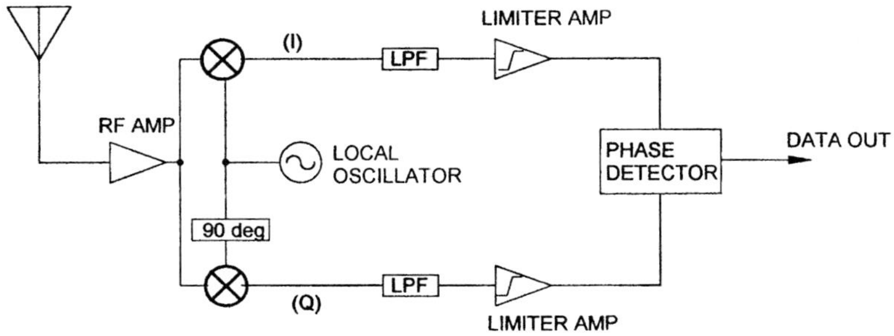

그림 6-6 직접 변환 수신기

에 공급되는데, 입력 신호 주파수가 국부 발진기 주파수보다 높으냐 낮으냐에 따라, 이진 MARK 신호와 SPACE 신호로 출력된다.

입력 MARK 신호와 SPACE 신호를 다음과 같이 정의하자.

$$S_M = \cos(2\pi(f + d)t)$$

$$S_S = \cos(2\pi(f - d)t)$$

여기서 f는 정격 수신 주파수이고, d는 FSK 신호의 주파수 편이이다.

믹서에 인가되는 발진기 신호들은 다음과 같다.

$$\mathrm{LO_I} = \cos(2\pi ft)$$

$$\mathrm{LO_Q} = \sin(2\pi ft)$$

MARK 신호가 전송된 경우에 믹서출력은 다음과 같다.

$$\begin{aligned} I_M &= S_M \times \mathrm{LO_I} \\ &= \cos(2\pi(f + d)t) \times \cos(2\pi ft) \\ &= 1/2\{\cos(2\pi dt) + \cos(2\pi(2f + d)t)\} \end{aligned} \tag{6-1}$$

$$\begin{aligned} Q_M &= S_M \times \mathrm{LO_Q} \\ &= \cos(2\pi(f + d)t) \times \sin(2\pi ft) \\ &= 1/2\{-\sin(2\pi dt) + \sin(2\pi(2f + d)t)\} \end{aligned} \tag{6-2}$$

같은 식으로, SPACE 신호가 전송된 경우에 믹서출력은 다음과 같다.

$$I_S = 1/2\{\cos(2\pi dt) + \cos(2\pi(2f - d)t)\} \tag{6-3}$$

$$Q_S = 1/2\{+\sin(2\pi dt) + \sin(2\pi(2f - d)t)\} \tag{6-4}$$

삼각함수 변환식인

$$\cos A \times \cos B = 1/2\{\cos(A - B) + \cos(A + B)\}$$

$$\sin A \times \cos B = 1/2\{\sin(A - B) + \sin(A + B)\}$$

를 이용하여(6-1) 식 ~(6-4) 식을 유도하였다.

I_M, Q_M, I_S, Q_S의 이중 주파수 성분들은 각 채널에서 저역통과 필터에 의해 제거되므로 다음 성분들만 남게 된다.

$$I_M{}' = \cos(2\pi dt) \tag{6-5}$$

$$QI_M{}' = -\sin(2\pi dt) \tag{6-6}$$

$$I_S{}' = \cos(2\pi dt) \tag{6-7}$$

$$Q_S{}' = \sin(2\pi dt) \tag{6-8}$$

편의상, 여기서는 곱셈 상수인 1/2을 제거하였다.

필터출력은 리미터 증폭기에 의해서 사각 펄스로 변환된 후에 위상 검출기에 인가되는데, 위상 검출기에서는 동위상 신호 (I 신호)와 직교위상 신호 (Q 신호) 간의 위상차에 따라 MARK 신호와 SPACE 신호를 출력한다. 위에서 설명한 것처럼 국부 발진기 주파수를 정확하게 정격 송신 주파수로 설정하더라도, 변조 편이값과 데이터 비트율의 차가 작은 경우에는 국부 발진기 주파수와 송신 주파수 간의 미세한 차이를 용납해야 한다.

6.5 디지털 수신기

디지털 수신기는 종종 소프트웨어 기반 무선 통신(SDR)으로 부른다. 디지털 수신기에는 디지털 신호 처리(DSP) 소자가 광범위하게 사용되며, 많은 성능 특성이 소프트웨어에 의해 결정된다. 수신기의 기본 구성은 수퍼헤테로다인 방식이지만, 믹싱과 IF 필터링이 아날로그/디지털 변환기와 디지털 필터를 사용하여 수행된다. 이 형태의 수신기가 현재 근거리 장치에 사용되지는 않지만, 비용이 저렴해지고 단일 무선 링크에 다중 표준 방식을 사용하여 충분한 성능을 보장하기 위해서 기존의 구조를 탈피해야 하는 경우에 채택되리라고 기대된다.

그림 6-7은 디지털 수신기와 송신기의 블록도를 나타낸다. 기존의 수퍼헤테로다인 수신기에서와 같이 안테나로 수신된 신호는 저잡음 증폭기에 의해 증폭되고, 믹서와 국부 발진기에 의해서 중간 주파수 신호로 변환된다. 아날로그/디지털 변환기가 이중 수퍼헤테로다인 수신기의 두 번째 믹서를 대체하고 있고, 디지털 신호 처리 소프트웨어를 이용하여 IF 필터링과 복조를 수행한다.

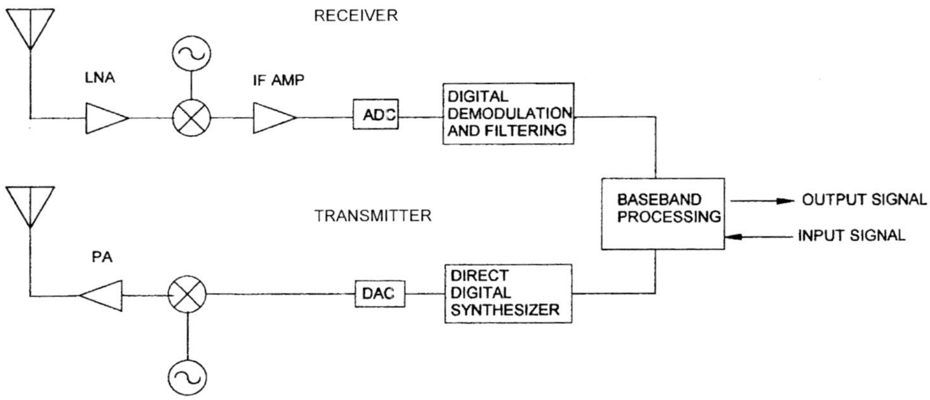

그림 6-7 소프트웨어 기반 무선 통신

디지털 송신기는 직접 디지털 합성기(DDS)를 사용하여 변조된 송신 주파수를 발생시킨다. 이 소자는 전송할 신호의 파형을 나타내는 디지털 워드를 출력한다. 기저대역 데이터에 따라 소프트웨어를 사용하여 반송파의 위상 변화, 주파수 변화, 진폭 변화 등을 구현하며, 하드웨어를 변경하지 않고도 많은 변조 방법을 사용할 수 있다. DDS의 디지털출력은 디지털/아날로그 변환기에 의해 아날로그 신호로 변환되며, 국부 발진기와 믹서를 사용하여 높은 주파수대로 신호를 천이시키고 (믹서에서는 입력 신호 주파수와 국부 발진기 주파수의 합 신호도 출력된다는 것을 기억하자), 이 신호를 증폭시킨 후에 안테나에 인가한다.

소프트웨어를 사용하여 변조와 복조를 수행하고, 필터링도 하기 때문에 유연성(flexibility)과 성능을 제고시킬 수 있다. 많은 하드웨어 소자들을 제거하였기 때문에 크기와 가격을 줄일 수 있고, 대역 활용과 오류 정정 관점에서 통신 효율을 높일 수 있다.

6.6 중계기(Repeater)

통신 표준 기구에 의해서 낮은 전력만 허용되는 비인가 장치에서는 통신 범위와 무선 링크의 신뢰도가 제한되는데, 중계기를 사용하면 이 문제를 해결할 수 있다. 중계기에서는 약한 신호를 수신하여 복조한다. 이렇게 해서 재생된 기저대역 신호를 다시 변조해서 보내면 원래 신호가 도달할 수 없는 먼 거리에서도 신호를 수신할 수 있다. 디지털 시스템에서는 오류를 발생시키지 않고, 하나 이상의 수신기를 거쳐서 신호를 중계할 수 있다. 중계기 수신기와 송신기는 원래 링크에서와 같은 주파수로 동작하며, 수신기에서 받은 신호가 직접적으로 수신된 건지 중간 단계를 거쳐서 수신된 건지 구분할 수 없다는 의미에서 중계기가 없는 것처럼 간주되기도 한다. 간섭을 피하기 위해서 원래의 송신기에 의한 전송이 끝날 때까지 대기하고 있어야 하기 때문에 중계기 송신기에서는 시간 지연이 생기게 된다. 여러 단의 중계기를 쓰는 경우에는 각각의 단에서 시간 지연이 추가적으로 발생한다.

하나 이상의 중계기를 설치하는 경우에 발생할 수 있는 잠재적인 문제점은 송신기에 근접한 중계기가 링크 상에서 먼 곳에 위치한 중계기에서 나오는 신호를 중복해서 중계함으로써 핑퐁 효과(ping-pong effect)를 유발할 수 있다는 것이다. 핑퐁 효과를 방지하기 위해서는, 중계기가 링크 상에서 먼 곳에 위치한 소자로부터 수신되는 신호를 무시하도록 메시지 프로토콜에 중계기 인식자를 포함시킨다. 다른 방법으로는 하나의 프레임을 전송한 후에는 강제적으로 시간 지연을 삽입시켜 다른 중계기로부터 수신되는 동일한 프레임이 재전송되지 않도록 하는 것이다.

6.7 요약

흔히 근거리 무선 링크의 성능은 주로 수신기에 의해서 결정된다. 이 장에서는 다양한 성능과 응용 장치를 위해 개발된 여러 가지 구조의 수신기들을 살펴 보았다. 수퍼헤테로다인 수신기가 주로 많이 사용되지만, 간단한 회로와 저렴한 비용, 낮은 전력 소모의 관점에서 보면 수 m까지의 단거리용 통신 시스템에 동조 RF 수신기와 초재생 수신기를 채택하는 것이 이점이 있다. 여기서는 미래에 근거리 무선 장치로 채택될 가능성이 있는 디지털 무선 장치나 소프트웨어 기반 무선 장치에 대해서도 기술을 하였다. 마지막으로 저전력의 비허가 통신 링크에서 통신 범위를 확장하기 위해서 중계기를 사용하는 방법이 있다는 것을 설명하였다.

제 7 장

무선 시스템 설계

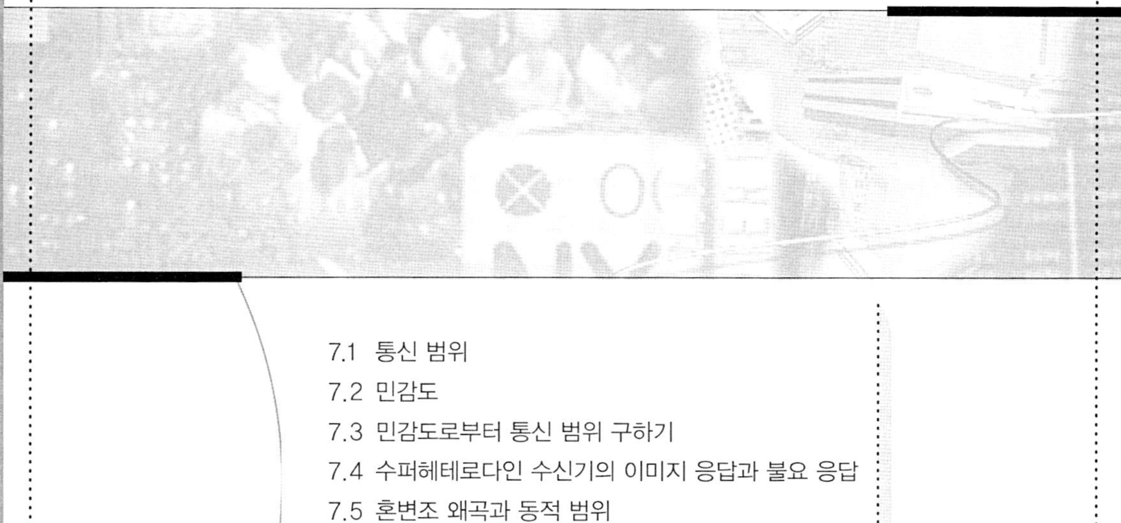

근거리 무선 시스템은 설계가 엉망이어서 성능이 열악하고 신뢰도가 낮았기 때문에 평판이 좋지 않았다. 어떤 장치들의 경우에는 매우 낮은 가격을 요구하는 압력 때문에 단순하게 보이도록 눈속임하는 경우가 있었던 것도 근거리 무선 시스템의 평판에 좋지 않은 영향을 주었다. 심지어는 유선 장치에 비해 무선 장치가 명백히 적합한 상황에서도 적절한 수요가 창출되지 못했다. SAW 공진기와 고급 집적 RF 회로와 같은 성능이 향상된 부품들을 사용할 수 있게 되어 근거리 통신 시스템의 품질과 신뢰도를 높여 주었지만, 최고의 성능을 발현하기 위한 좋은 설계의 필요성을 제고시키지 못했다.

근거리 무선 통신 시스템을 적절히 설계하기 위한 열쇠가 되는 것은 특정한 장치에 맞는 적절한 설계를 하는 것이다. SAW 발진기가 무선 키와 원격 조정 장치의 신뢰도를 향상시켰지만, 많은 보안 시스팀의 경우에는, 비허가 장치에 허용되는 낮은 전력으로는 최대 통신 범위에 필요한 좁은 대역폭을 얻기 위한 충분한 주파수 정확도를 제공하지 못하고 있다. 배터리로 동작시키는 많은 휴대용 장치에서는 전류 소모량이 중요하고, 소형 배터리로 최대 수명을 유지하기 위해서는 동작 범위와 불요 응답(spurious response)이 동시에 고려되어야 한다.

이 장의 목적은 무선 수신기와 송신기의 성능을 규정하기 위해 사용되는 주요한 파라미터들을 설명하는 것이다. 필요한 계산 과정을 제시하기도 하고, 어떤 장치의 경우에는 상호 간에 절충해야 하는 점들에 대해서 설명하게 된다. 대부분의 설명이 디지털 시스템에 한정되어 있지만, 아날로그 장치에 대해서도 언급할 것이다.

7.1 통신 범위

통신 범위는 무선 링크의 가장 명백한 특성이며, 시스템 사용자 대부분이 관심을 가지는 요소이다. 2장에서 무선 전파의 비예측성과 다중 경로 간섭, 심볼간 간섭(intersymbol interference)에 대해 설명하였다. 특히 비허가 주파수 대역에서 미리 예측할 수 없는 기지국간 간섭과 인위적 잡음에 의한 영향도 생각할 수 있다. 실내용으로 설계된 무선 단말기 간의 통신 경로는 끊임없이 변하는 장애물, 건물, 방사 장치, 언덕, 안테나 방향 등의 영향을 받는다. 따라서 데이터시트에 최소 범위 혹은 표준 범위를 규정하는 것은 의미가 없을 수 있다.

무선 통신 시스템의 동작 범위를 규정해야 하는 애로점을 피해갈 수 있는 보편적인 방법으로는 개방 필드(open field) 범위를 규정하는 것이다. 그러나 이런 스펙이 의미가 있으려면, 즉 비슷한 환경에서 다른 장치들의 성능을 비교하기 위해서는 개방 필드에서의 통신 범위 스펙이 다음과 같은 시험 조건을 고려하여 작성되어져야 한다.

- 지상으로부터의 송신기와 수신기 높이
- 마주 보는 송신기와 수신기의 방향
- 안테나 형태 (선택할 수 있는 경우)
- 하나 또는 두 장치 모두가 휴대용인지 여부
- 최적 조건 또는 최악 조건인지 여부—즉, 언급된 범위까지 수신되지 못하는 널(null)이 허용되는지, 또는 언급된 범위까지 어떤 거리에서도 신뢰할 수 있는 수신이 가능한지 여부 (2장의 그림 2-2 참조)
- 성공적인 통신을 위한 조건—예를 들어, 송신 메시지 개수에 대한 오류가 없는 수신 메시지 개수

데이터시트에 통신 범위를 기술할 때, 이런 최소 조건들이 거의 주어지지 않기 때문에, 종종 성능이 나쁜 장치가 보다 엄격하게 통제되고 반복적인 조건 하에서 시험된 성능이 좋은 장치에 비해 데이터시트 상에서는 (심지어는 개방 필드에서도) 더 좋은 통신 범위를 갖는 것으로 나타난다.

통신 범위를 규정하는데 있어서 위에서 언급한 조건들을 지키는 것이 비교를 위한 기준을 제시할 수 있더라도, 전자파 방사를 시험하는 연구실 밖에서는 거의 통제가 불가능한 요소들인 지면 전도도, 인접한 반사체, 우발성 전송(incidental transmission), 통신 채널의 잡음 등이 통신 범위에 영향을 줄 수 있다. 그러므로, 무선 장치를 위한 바람직한 조건들을 규정하기 매우 어렵다고 하더라도, 최적의 결과를 얻기 위해서는 잘 정의되고, 측정 가능한 성능 평가 조건들을 신중하게 채택해야 한다.

7.2 민감도

민감도는 수신기의 출력단에서 규정된 신호 대 잡음비나 비트 오류율을 얻을 수 있게 해주는 수신기 입력단에서의 신호전력을 말한다. 민감도는 수신기 입력저항의 열잡음 전력, 잡음 지수로 표시되는 수신기에서 발생되는 내부 잡음, 수신기의 잡음 대역, 요구되는 출력 신호 대 잡음비 등에 의해 결정된다. 민감도는 다음 식과 같이 표시할 수 있다.

$$(P_{min})_{dBm} = (N_{in})_{dBm} + (NF)_{dB} + (10\log B)_{dB} + (\text{전검파 S/N})_{dB} \qquad (7\text{-}1)$$

이 식에서 각 항들을 살펴 보자.

◈ 민감도 P_{min}

이것은 요구되는 출력 신호 대 잡음비를 계산하는데 사용되는, 수신기 입력단에 인가되는 최소 신호전력이다.

◈ 입력 잡음전력 밀도 N_{in}

입력 잡음전력은 수신기에 공급되는 신호원저항 (안테나 등가저항이나 연구실 시험 시 사용되는 신호 발생기의 입력저항)에서 생기는 잡음전력이다. 입력 잡음전력 밀도는 1Hz 대역폭에서 부하(load)저항이 신호원저항과 같을 때, 잡음 신호원이 부하에 전달하는 최대 전력이다 (신호원의 내부 임피던스가 복소수일 경우에는 부하 임피던스가 신호원 임피던스의 복소 켤레(complex conjugate)일 때, 출력단에 최대 전력이 전달된다).

$$N_{in} = kT \text{ W/Hz}$$

여기서 k는 볼쯔만(Boltzman) 상수로서, 1.38×10^{-23} J/°K이며, T는 켈빈(Kelvin) 온도로 290°K이다.

저항에서의 잡음전력은 온도와 대역폭에 의해서만 결정되고, 저항값과는 관계가 없다. 여기서 N_{in}의 단위는 W/Hz인데, (7-1) 식을 사용하여 dBm 단위로 계산해보면

$$N_{in} = -174\text{dBm}$$

이다. 이 값은 내부 잡음이 없고, 입력 잡음과 같은 전력을 가지는 신호로 동작하는 대역폭이 1Hz인 이상적인 수신기의 실내 온도에서의 민감도이다.

◈ 잡음 지수 $(NF)_{dB}$

잡음 지수는 실내 온도에서의 입력 S/N과 출력 S/N의 차이를 dB 단위로 표시한 것이다.

$$(NF)_{dB} = (S/N_{in})_{dB} - (S/N_{out})_{dB}$$

이것은 신호가 2단 포트 네트워크을 통과할 때 내부 잡음 때문에 생기는 S/N 저하

를 측정한 것이다. 잡음 지수를 dB 대신에 비율로 나타낸 경우에는 잡음 인자(F)라고 부른다. 둘 사이의 관계는 다음 식으로 표시할 수 있다.

$$(\mathrm{NF})_{\mathrm{dB}} = 10\log F$$

기준을 잡음 인자인 F로 할 것인지, 잡음 지수인 NF로 할 것인지 특별히 신경을 써야 한다. (7-1) 식의 $(\mathrm{NF})_{\mathrm{dB}}$는 수신기의 전체적인 잡음 지수로서, 증폭기, 필터, 감쇠기 등으로 구성된 수신기 증폭단의 개개의 기능 블록의 잡음 지수들로부터 얻어진다. 이에 대한 계산 과정이 (7-2) 식에 주어져 있다.

증폭기와 같이 사용될 때는 이득과 내부 잡음전력은 다음과 같이 표현할 수 있다.

$$F = (N_a + G_a N_i)/G_a N_i$$

여기서 N_a는 증폭기의 내부 잡음에 의한 초과 잡음전력이고, G_a는 주어진 단의 이득이고, N_i는 입력 잡음전력이다.

트랜지스터, 믹서, 증폭기와 같은 RF 능동 소자의 잡음 지수는 대개 데이터시트에 주어져 있다. 잡음 지수는 바이어스 조건에 의해 결정되는데, 바이폴라 트랜지스터의 경우에는 대략적으로 다음 식으로 주어진다.

$$(\mathrm{NF})_{\mathrm{dB}} = \log(5 \times I_c \times V_c)$$

여기에서 각각 I_c와 V_c는 mA 단위로 표시한 콜렉터 전류와 콜렉터-이미터 전압이다.

잡음 지수는 입력 임피던스 정합에 따라 결정되고, 가장 낮은 잡음 지수는 대개 최대 전력 이득을 주는 최적 정합에 대응되지는 않는다. 설계 과정에서는 잡음 성능, 이득, 안정성, 필터와 같은 다른 소자와의 정합 조건 등이 상호적으로 고려되어야 한다. 필터와 감쇠기와 같은 2단 포트 능동 소자의 잡음 지수는 삽입손실(insertion loss)과 같다. 필터의 삽입손실은 데이터시트에 기술되어 있다. 능동 믹서의 잡음 지수는 변환손실(conversion loss)보다 약 0.5dB 크다.

2단 포트 소자를 여러 개 직렬로 연결한 경우의 잡음 지수를 구하기 위해서 다음 식을 사용한다.

$$F_{total} = F1 + (F2 - 1)/G1 + (F3 - 1)/(G1 \times G2) \ldots \qquad (7\text{-}2)$$

여기서 *F1*은 첫 번째 단의 잡음 인자, *F2*는 두 번째 단의 잡음 인자, F3는 세 번째 단의 잡음 인자 등등이고, *G1*은 첫 번째 단의 이득, *G2*는 두 번째 단의 이득, *G3*는 세 번째 단의 이득 등등이다. 다음 식을 기억하자.

$$F = 10^{\frac{(NF)_{dB}}{10}}$$

(7-2) 식과 같은 전체적인 잡음 지수 식에 믹서의 잡음 지수를 사용하는 경우에는 잡음 지수가 단측파대(single sideband)에서 정의된 것인지, 양측파대(double sideband)에서 정의된 것인지 기술해야 한다. 대부분의 VHF대나 그 이상의 주파수대에서 사용되는 수신기에서는 중간 주파수가 입력 주파수와 국부 발진기 주파수의 차의 절대값이다. 그러므로 잡음 지수를 측정하기 위하여 광대역 잡음 신호원을 사용하는 경우에 믹서는 국부 발진기 주파수의 아래 쪽 주파수 대역과 위 쪽 주파수 대역에 있는 잡음 신호원전력을 IF 주파수대로 천이시킨다. 대부분의 수퍼헤테로다인 수신기에서는 양 쪽 주파수 대역 중에서 믹서가 민감하게 반응하는 한 쪽 대역으로만 신호를 통과시키기 때문에, 직렬 잡음 지수 $(NF)_{dB}$를 계산할 때 단측파대 잡음 지수를 사용한다. 믹서의 단측파대 잡음 지수는 다음 식에서 알 수 있는 것처럼 양측대파 잡음 지수보다 3dB 정도 높은 값에 근접한다.

$$F_{SSB} = 2F_{DSB} - 1$$

여기서 F_{SSB}는 단측파대 잡음 지수이고, F_{DSB}는 양측파대 잡음 지수이다.

수신기의 프론트엔드(front end)에서 이미지 신호를 제거하지 않는 경우에는, 이미지 채널의 잡음을 고려하여 믹서와 믹서 앞 단의 증폭기의 양측파대 잡음 지수의 등가값을 사용해야 한다. 이것은 증폭기 잡음 지수는 두 배로 하고, 믹서의 단측파대 잡음 지수를 그대로 사용하는 것과 같다. 믹서의 입력단에 이미지 신호를 제거하는 대역통과 필터가 없고 저전력 증폭기(LNA)가 있는 경우에는, 믹서와 LNA의 복합 단측파대 잡음 지수를 계산한 후에 전체 수신기 잡음 지수를 구하는데 사용한다. 한 단 이상의 증폭단 혹은 감쇠단이 믹서 앞에 있지만, 이미지 신호를 제거하는 필터가 믹서 앞 단에 직접 놓여 있지 않은 경우와, 이미지 신호 제거 필터가 전혀 없는 경우에 전체 수신기 잡음 지수를 좀 더 간편하게 구하는 방법이 다음에 제시되어 있다. 예제는 이 장의 후반부에 주어져 있다.

a. 믹서 앞에 2단 이상의 이미지 신호 제거 필터가 있는 경우
- 필터 감쇠량을 포함하고, 필터와 믹서 사이의 잡음 인자를 $F'_i = 2F_i - 1$만큼 변형시킨다.
- 믹서 잡음 인자로 F_{SSB}를 사용한다.

b. 믹서 앞에 이미지 신호 제거 필터가 없는 경우

- 믹서 앞 단의 잡음 인자를 $F'_i = 2F_i$ 만큼 변형시킨다.
- 믹서 잡음 인자로 F_{SSB}를 사용한다.

(7-2) 식을 보면 전치 증폭기(preamplifier)를 사용하는 경우에는 전체적인 잡음 지수는 주로 첫 번째 단과 두 번째 단에 의해서 결정된다는 것을 알 수 있는데, 그것은 이어지는 다음 단의 잡음의 영향이 이전 단의 이득에 의해서 감소되기 때문이다. 전치 증폭기의 이득은 이어지는 단들에서의 잡음 지수의 영향을 줄일 수 있을 정도여야 하고, 이득이 그보다 커지면 부정적인 영향을 줄 수 있다. 이에 대해서는 나중에 설명할 것이다.

◈ 대역폭 B

(7-1) 식을 보면 높은 민감도를 얻기 위해서 대역폭을 감소시켜야 한다는 것을 알 수 있다. 수신기 대역폭이 감소할수록 복조 신호가 왜곡되고, 심볼간 간섭을 야기시켜 디지털 통신에서 비트율을 증가시키고, 아날로그 신호의 충실도와 인식도를 감소시키기 때문에 가능한 최대 민감도는 변조된 신호의 대역폭에 의해 결정된다.

디지털 시스템에서는 앞에서 언급한 것처럼, 이론적인 최소 대역폭은 심볼율의 반인 나이퀴스트(Nyquist) 대역폭이다. 수퍼헤테로다인 수신기에서는 채널 대역폭이 주로 IF 통과대역 필터에 의해서 결정되는데, 양측파대 수신기에 사용되는 IF 필터의 최소 대역폭은 나이퀴스트 대역폭의 두 배이다. 신호 왜곡을 방지하기 위하여 통과대역에 일정한 지연 인자를 갖는, 컷오프 주파수가 높은 특별한 필터를 사용하면 대역폭의 하한에 접근할 수 있다. 이런 필터를 사용하는 수신기는 이전 심볼의 영향 때문에 데이터의 일부가 망가지는 심볼간 간섭을 감소시키기 위해, 데이터를 표본화하기 위한 타이밍이 정확해야 한다. 이러한 필터들은 대개는 간단한 근거리 장치에는 사용되지 않는다. 대신에 이산 소자 필터를 사용하여, IF 대역폭을 신호 왜곡을 방지하기 위해 필요로 하는 심볼율보다 훨씬 크게 할 수 있다.

근거리 장치에서 제어용과 보안용으로 사용되는 신호율은 수 백 Hz에서 2kHz 정도까지이다. 적합한 IF 필터의 대역폭은 10kHz이다. 그러나 많은 수의 제품들은 송신기와 수신기 발진기를 위한 SAW 공진기와, 대역폭이 300kHz인 표준형의 10.7MHz 세라믹 IF 필터를 사용한다. 안정성이 20kHz이고, 제품 튜닝 후의 정확도가 50kHz인 SAW 공진기를 가정하자. 최악의 경우에 송신기와 수신기의 주파수 편이는(2 ×

140kHz) + 10kHz = 290kHz이다. 따라서 대역폭이 300kHz인 IF 필터는 적합하다. (7-1) 식을 보면, SAW 공진기의 최악의 주파수 변화량 때문에 생기는 수신기 민감도의 감소량은 10log(290kHz/10kHz) = 14.6dB이다.

대부분의 수신기에서 하는 것처럼 검출기 뒤에 위치한 기저대역 저역통과 필터에 의해 결정되는 수신기의 전체 대역폭은 IF 대역폭에 의해서 결정되는 값보다 작을 수 있다. 그러나, 동기 검파를 사용하지 않거나, 수신기가 6장에서 설명한 것처럼 직접 전환 형태가 아닌 경우에는, 기저대역 필터링은 IF 필터링에 비해 전혀 효율적이지 않다(동기 검파에서는 수신 신호와 같은 주파수를 갖고, 수신 신호와 위상차가 없는 국부발진기 신호를 저역통과 필터에 의해 필터링을 한 후에, 전송된 기저대역 데이터를 재생한 수신 신호에 곱한다). 기저대역 필터는 잡음을 감소시키지만, 원하는 신호가 상대적으로 약한 경우에는 IF 통과대역에 있는 간섭 신호를 제거하지 못한다. 비동기 검출기는 비선형 소자인데, 출력단에서의 신호 대 잡음비가 신호세기에 따라 선형적으로 변하지 않는다. 후검출(post-detection) 필터의 대역폭은 (7-1) 식의 (10logB) 항에 넣어서는 안되며, 그 효과는 다음에 설명할 전검출 신호 대 잡음비 항목에서 고려하는 것이 더 좋다.

(7-1) 식의 대역폭과 관련된 항도들을 설명하려면, 대역폭에 대해서 정확히 정의해야 한다. 일반적으로 대역통과 필터의 대역폭은 중심 주파수에 비해 삽입손실이 3dB 증가하는 상위 주파수와 하위 주파수의 차로 정의된다. 저역통과 필터의 대역폭은 DC 값에 비해 주파수 응답이 3dB 감소하는 주파수를 말한다. (7-2) 식에 사용된 대역폭은 3dB 대역폭을 지칭하는 것은 아니고, 잡음 등가 대역폭이다.

잡음 등가 대역폭은 대역폭을 결정해야 하는 필터에서와 같은 백색 잡음전력을 통과시키는 이상적인 완벽한 사각 필터의 대역폭을 말한다. 백색 잡음은 관심있는 주파수 대역 내에서 일정한 전력 밀도를 갖는다. 이것을 그림 7-1에 도시하였는데, 여기에는 두 개의 필터의 전력 밀도 스펙트럼이 표시되어 있다. 우리가 관심을 가지는 필터의 전력 스펙트럼은 $|H(f)|^2$이고, 이에 대응하는 잡음 등가전력은 다음 식과 같다.

$$B_N = \frac{1}{H_0^{\,2}} \cdot \int_0^{\infty} |H(f)|^2 \, df \tag{7-3}$$

여기서 H_0^2은 대역통과 필터의 최대 전력 이득, 또는 저역통과 필터의 DC 전력 이득이다.

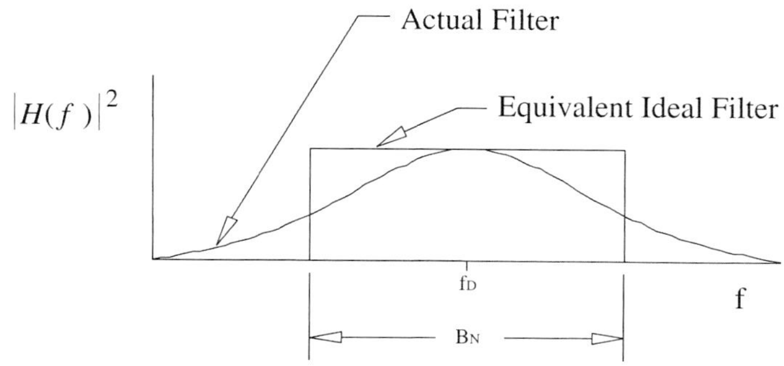

그림 7-1 잡음 등가 대역폭

예를 들어, 폴(pole)이 3개인 버터워스(Butterworth) 필터의 잡음 등가 대역폭은 3dB 대역폭의 1.047배로서, 약 5% 정도 크다. 직렬저항과 바이패스 캐패시터로 구성된 단일 폴 저역통과 필터의 대역폭은 3dB 대역폭보다 57% 더 크다. 단일 폴 필터를 제외한 대부분의 경우, (7-1) 식에 사용되는 대역폭으로 3dB 대역폭을 사용하더라도 허용할만한 정확도를 얻을 수 있다.

◈ 전검출 신호 대 잡음비

(7-1) 식의 마지막 항은 규정된 성능 조건을 만족시키기 위해 검파기 입력단에서 요구되는 신호 대 잡음비이다. 이것은 규정된 BER이나 메시지 프레임을 성공적으로 디코딩할 확률을 위한 신호 대 잡음비이다. FM 아날로그 검파의 경우에는 dB로 표시된 요구되는 (신호 + 잡음 + 왜곡) /(잡음 + 왜곡)을 보편적인 성능 기준으로 규정한다. 후검출 필터에서의 확실치 않은 민감도의 개선 효과를 전검출 S/N에 흡수시킬 수도 있다. 데이터 슬라이서(data slicer)나 데이터 비교기 앞 단에서 아날로그 검출기출력을 효율적으로 필터링하면 전검출 신호 대 잡음비를 12dB에서 8dB까지 감소시킬 수 있다.

◈ 민감도 계산

(7-1) 식에 주어진 민감도 계산식을 활용하는 예제를 살펴보자. 그림 7-2는 수퍼헤테로다인 수신기의 블록도인데, 민감도를 구하는데 필요한 파라미터들이 기술되어 있다. 이미지 제거 대역통과 필터의 위치가 다른 두 가지 구성도가 그림 7-2에 표시되어 있다.

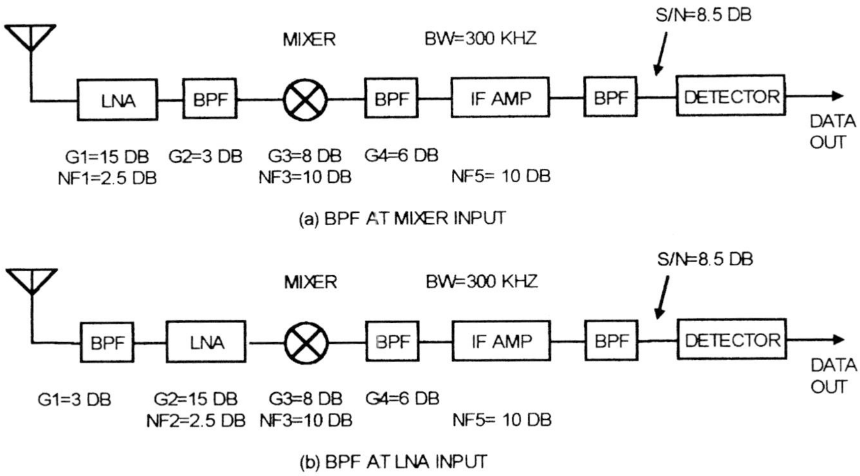

그림 7-2 민감도 계산을 위한 수신기의 예

$(N_{in})_{dBm}$ 은 상수이고 그 값은 −174dBm/Hz이다. IF 증폭단까지 계산된 잡음 지수는 다음 식과 같다.

$$F = F_1 + \frac{F_2 - 1}{Ga_1} + \frac{F_3 - 1}{Ga_1 \cdot Ga_2} + \frac{F_4 - 1}{Ga_1 \cdot Ga_2 \cdot Ga_3} + \frac{F_5 - 1}{Ga_1 \cdot Ga_2 \cdot Ga_3 \cdot Ga_4} \tag{7-4}$$

여기서 F는 잡음 인자이고, Ga는 이득이다. 다음 관계 식들을 이용하여 잡음 지수 NF는 잡음 인자 F로, dB로 표시된 이득 G는 Ga로 변환시켜야 한다.

$$F = 10^{\frac{(NF)}{10}} \qquad Ga = 10^{\frac{G}{10}}$$

우선 그림 7-2a에 표시한 것처럼 이미지 제거 대역통과 필터가 믹서 바로 앞 단에 위치하는 구성도에서의 민감도를 구한다. 위에서 잡음 지수를 설명할 때 언급한 것처럼, 손실이 없는 필터 뒷 단에서 감쇠가 이루어지도록 필터의 잡음 지수를 바꿔야 한다.

(7-4) 식에 F와 Ga 행의 값들을 대입시키면

$$F = 2.42 \rightarrow \text{NF} = 10\log F = 3.8\text{dB}$$

이다. (7-1) 식의 대역폭 항은

$$10\log(300{,}000) = 54.8(\text{dB Hz})$$

이다. 메시지 5개 중에서 4개를 정확히 받기 위한 최소 민감도 기준을 만족시키기 위해

Index	Noise Fig. dB (NF)	Noise Factor (*F*)	Gain dB (*G*)	Gain Ratio (*Ga*)
1	2.5	1.78	15	31.62
2	2	1.26 modified≫1.52	−1	0.79
3	10	10	8	6.31
4	6	4	−6	0.25
5	10	10	—	—

서 검출기의 전검파 S/N은 8.5dB라고 가정하기로 하자. 이 경우에 수신기의 민감도는

$$(P_{\min})_{\mathrm{dBm}} = -174 + 3.8 + 54.8 + 8.5 = -106.9(\mathrm{dBm})$$

이다.

다음에는 필터가 LNA 앞 단에 위치하는 그림 7-2(b)와 같은 구성도를 위한 민감도를 계산하자. 여기에서 LNA와 이미지 제거 필터의 잡음 인자는 위에서 설명한 이유 때문에 그 값들을 바꿔줘야 한다. (7-4) 식에 *F*와 Ga 행의 값들을 대입시키면

$$F = 4.1 \rightarrow \mathrm{NF} = 10\log\mathrm{F} = 6.1\mathrm{dB}$$

이다. 이 경우에 수신기의 민감도는

$$(P_{\min})_{\mathrm{dBm}} = -174 + 6.1 + 54.8 + 8.5 = -104.6(\mathrm{dBm})$$

이다.

이미지 제거 대역통과 필터를 믹서 바로 앞 단에 두는 대신에 수신기 입력단에 두면, 민감도가 106.9 − 104.6 = 2.3(dB) 감소한다. 그러나, 그림 7-2b와 같은 구성도가

Index	Noise Fig. dB (NF)	Noise Factor (*F*)	Gain dB (*G*)	Gain Ratio (*Ga*)
1	1	1.26 modified≫1.52	−1	0.79
2	2.5	1.78 modified≫2.56	15	31.62
3	10	10	8	6.31
4	6	4	−6	0.25
5	10	10	—	—

선호되는데, 그 이유는 LNA 동작을 방해하거나, 혼변조 왜곡을 야기시키는 대역외 신호(out-of-band signal)의 강도를 감소시키기 때문이다.

직렬 연결단을 위한 잡음 지수는 Mathcad 워크시트인 "Noise Figure"를 이용하여 쉽게 계산할 수 있다. "Miscellaneous" 워크시트에는 민감도를 계산하는 절이 기술되어 있다. (7-1) 식으로부터 유도되는 민감도는 안테나 대신에 신호 발생기 신호원을 이용하여 연구실에서 측정할 수 있는 값이다. 민감도는 다른 종류의 수신기들을 비교하기 위한 유용한 파라미터지만, 실제 성능에 대한 모든 것을 알려 주지는 못한다.

7.3 민감도로부터 통신 범위 구하기

개방 필드(open field)에서의 경로이득과 거리의 관계 그래프를 이용하여 통신 범위와 민감도를 연관시킬 수 있다. 그림 7-3은 주파수가 315MHz이고, 지상으로부터의 송신 안테나와 수신 안테나의 높이가 2m이고, 수평 편파를 사용하는 경우에 통신 범위와 경로이득의 관계를 그린 것이다. 표시된 그래프는 수신기전력과 송신기 방사전력의 비를 dB 단위로 보여준다.

송신기가 최대 허용전력을 방사한다고 가정하자. 북미에서 일반적으로 사용되는 주파수인 315MHz에서, FCC 규정에 의하면 3m 거리에서 허용되는 최대 평균 필드 강도는 6000μV/m이다. 이 때의 방사되는 송신전력은 다음 식을 이용하여 구할 수 있다.

$$P_t = \frac{E^2 \cdot d^2}{30} \tag{7-5}$$

위 식에 $E = 6000\mu V/m$, $d = 3m$를 대입하면 $P_t = 0.0108mW$이고, 10log(0.0108) = −19.7(dBm)이다.

안테나 이득이 다이폴에 비해 −2dB이거나, 등방향성 이득(isotropic gain)이 대략적으로 0dB라고 가정한다. 또한 안테나는 수신기 입력 임피던스에 적합하게 정합되어 있다고 가정한다. 이 경우에 수신 안테나의 이득이 0dB일 때, −106.9dBm의 수신기 민감도에 대응하는 경로이득을 다음과 같이 구할 수 있다.

$$\text{경로이득(dB)} = -106.9 - (-19.7) = -87.2\text{(dB)}$$

그림 7-3에 표시된 그래프를 보면 수신기의 최대 통신 범위는 302m임을 알 수 있

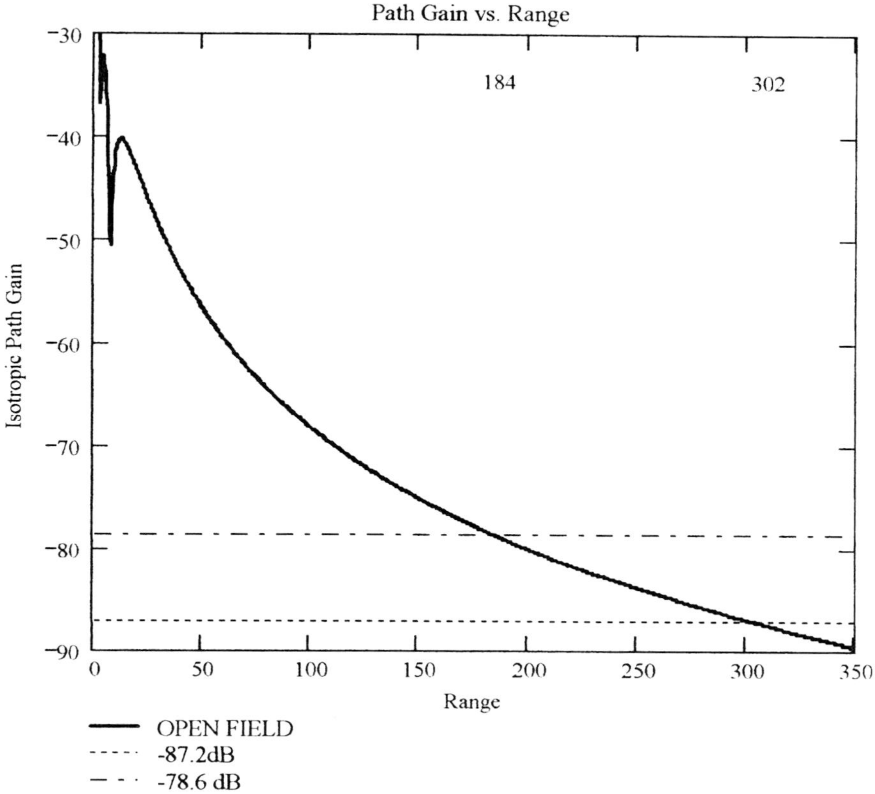

그림 7-3 수신기 민감도로부터 통신 범위 구하기

다. 이 결과값은 규정된 필드 강도를 갖는 예제에 주어진 수신기로부터 얻을 수 있는 값보다 더 큰데, 이것은 (7-1) 식의 우변 첫 번째 항에 열잡음를 제외한 주파수 대역 내의 외부 잡음을 무시하였기 때문이다. 외부 잡음에 대해서는 2장에서 설명하였다. 잡음전력 밀도가 −174dBm인 내부 잡음은 실내 온도에 따라 다르기 때문에 (7-1) 식을 약간 변형시킬 필요가 있다.

내부 잡음이나 신호원 잡음은 잡음 온도 T_s에 의해 결정되는 잡음전력인 kT_s(여기서 k는 볼쯔만 상수)와 관계가 있다. 외부 잡음과 실내 온도 잡음의 비는 T_s/T_o인데, 여기서 T_o = 290°K이다. 실내 온도저항 잡음과는 구분되는 외부 잡음을 고려하여 변형시킨 민감도 식은 다음과 같다.

$$(P_{min})_{\text{dBm}} = -174\text{dBm} + 10\log(T_s/T_o) + 10\log[1+(F\text{-}1)(T_s/T_o)] + (10\log\text{B})\text{dB} + (\text{전검파 S/N})\text{dB} \quad (7\text{-}1a)$$

여기서 $10\log(T_s/T_o)$는 dB로 표시한 초과 외부 잡음이고, 세 번째 항은 잡음 지수를 변형시킨 것으로 입력 잡음 온도가 실내 온도가 아닌 경우에 필요한 항이다.

예를 들어, 수신기 민감도에 대한 인위적 잡음과 같은 외부 잡음의 영향을 보여주기 위해서 315MHz의 주파수에서 초과 잡음전력이 12dB (비율로는 16)라고 가정하자. 이전과 같은 데이터를 사용하면

$$P_{\min} = -174 + 12 + 10\log[1 + (2.42 - 1)(1/16)] + 54.8 + 8.5 = -98.3(\text{dBm})$$

이 값에 대한 경로이득은 −98.3 − (−19.7) = −78.6(dB)이다. 그림 7-3의 그래프에서 구한 통신 범위는 184m이다.

이런 문제들을 Mathcad 워크시트 "Open Filed Range"를 사용하여 풀 수 있다. 수신기 민감도를 구하기 위해서 (7-1) 식이나 (7-1a) 식을 이용한다. 워크시트 하단 근처에 시스템손실이나 마진(margin) L과 같은 부가적인 경로손실의 추정값과 (dB로 표시된) 수신기 안테나 이득의 추정값을 포함시킬 수도 있다. 경험이 없거나, 표본값 측정을 하지 않은 경우에는 초과 잡음과 이득을 정확하게 추정하기 어렵지만, 워크시트와 민감도 식은 무선 통신 범위를 추정하고 그것을 결정하는 인자들을 이해하는데 큰 도움이 된다.

7.4 수퍼헤테로다인 수신기의 이미지 응답과 불요 응답

수퍼헤테로다인 수신기에서는 하나 이상의 믹서와 국부 발진기를 사용하여 수신된 신호 채널을 필터링과 증폭하기에 보다 편리한 주파수 대역으로 변환시킨다. 이런 주파수 천이에 의한 부정적인 부산물로는 다른 주파수대의 원하지 않는 신호에 대한 수신기의 취약성이 있다. 두 개의 믹서와 두 개의 국부 발진기를 갖는 이중 변환 수퍼헤테로다인 수신기를 나타내는 그림 7-4를 활용하여 이 문제를 살펴 보자. 원하는 신호의 주파수가 433MHz인 경우에 첫 번째 믹서에서 주파수가 422.3MHz인 국부 발진기 신호와 결합하면 주파수가 433MHz − 422.3MHz = 10.7MHz인 첫 번째 IF 신호가 발생한다. 필터링과 증폭을 한 후에 주파수가 10.245MHz인 국부 발진기 신호와 함께 두 번째 믹서에 인가되어, 주파수가 10.7MHz − 10.245MHz = 455kHz인 두 번째 IF 신호가 발생된다. ±5kHz의 좁은 대역폭을 가지는 두 번째 IF 신호가 최종적으로 증폭되고 검출된다.

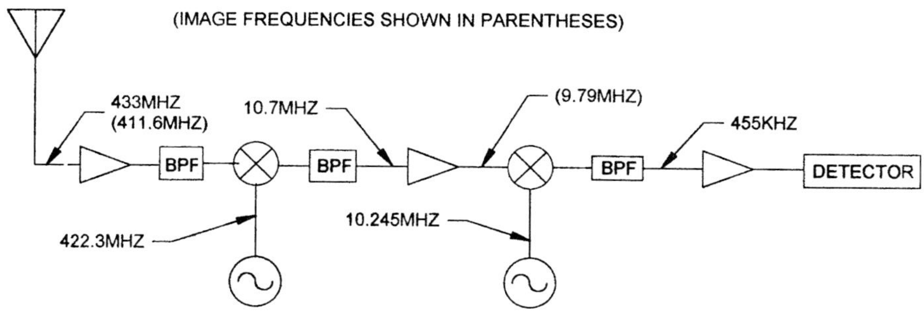

그림 7-4 수신기의 불요 응답

하나의 믹서와 국부 발진기만을 사용하여 직접 455kHz의 주파수로 변환시키지 않는 이유는 무엇일까? 주파수가 432.545MHz이거나 433.455MHz인 국부 발진기를 사용하면 주파수가 433MHz인 신호를 주파수가 455kHz인 신호로 변환시킬 수 있다. 그러나, 주파수가 432.545MHz인 신호와 혼합시키면 주파수가 455kHz인 신호에 주파수가 432.09MHz인 원하지 않은 신호가 부가적으로 발생되고, 주파수가 433.455MHz인 신호와 혼합시키면 주파수가 433.455MHz + 455kHz = 433.91MHz인 신호가 발생된다. 원하지 않은 주파수의 신호가 IF 필터에 인가되는 것을 방지하기 위해서는, 믹서에 그 신호가 인가되기 전에 필터링을 하여 제거해야 한다. 원하지 않은 신호의 주파수가 원하는 신호의 주파수와 매우 근접한 경우에는 필터링이 불가능하지는 않지만, 매우 어렵다. 그림 7-4를 다시 보면, 10.7MHz의 IF 신호가 455kHz의 IF 신호에 선행하는 경우에는 입력 이미지 신호의 주파수는 422.3MHz − 10.7MHz = 411.6MHz이고, 이 신호는 주파수가 433MHz인 원하는 신호로부터 현실적으로 분리할 수 있다는 것을 알 수 있다.

두 번째 IF 신호는 10.7MHz인 주파수에서 10kHz 대역통과 필터를 사용하여 제거할 수 있다. 그러나, 이 필터는 상대적으로 값이 비싸고, 10.7MHz의 주파수에서 대역폭이 좁은 고이득 증폭기는 표류하는(stray) 정궤환 때문에 쉽게 발진기로 동작할 수 있다. 그래서 이중 변환 방법이 보다 현실적이고 널리 사용된다.

수퍼헤테로다인 수신기를 설계할 때에는 통과대역 필터의 특성을 결정하기 위하여 이미지 반응을 계산하는 것이 중요하다. 그림 7-4의 경우에 표시된 간단한 LC 필터나 정합기로는 충분히 이미지 주파수를 제거할 수 없고, 입력단에 나선 필터나 SAW 필터가 요구된다. 이런 필터들은 이미지 주파수를 갖는 신호를 제거하는 이외에 믹서 앞

단의 불필요한 측파대 잡음을 감소시킨다.

불요 응답(spurious response)은 강한 간섭 신호와 국부 발진기의 고조파 때문에 생긴다. 다음 표에는 그림 7-4에 표시된 수신기의 이미지 주파수와 불요 응답이 나타나 있다. 대역통과 필터가 이미지 주파수와 불요 주파수에서 높은 감쇠량을 가져야할 뿐만 아니라, 수신기 프론트엔드 회로를 잘 배치하고, 매우 강한 간섭 신호가 안테나로부터 직접 인입되지 않고 필터를 통해 바이패스되도록 차폐시켜야 한다. 433MHz의 주파수에서 동작하는 SAW 대역통과 필터의 그래프가 그림 7-5에 표시되어 있다.

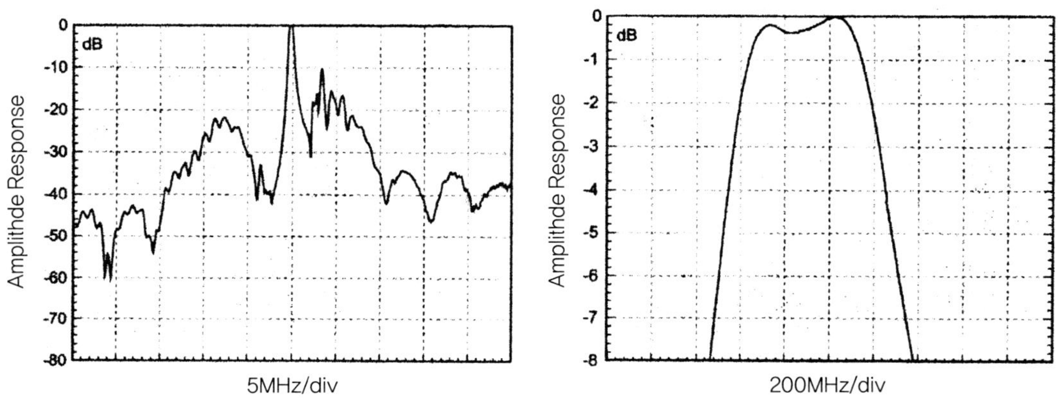

그림 7-5 SAW 필터 주파수 응답

표 7-1에 표시된 응답들은 수퍼헤테로다인 수신기에서의 믹싱 과정에 관한 것들이

표 7-1

f_{in} MHz	1st IF MHz	2nd IF kHz	Comments
433	10.7	455	Wanted signal
411.6	10.7	455	1st IF image
432.09	9.79	455	2nd IF image
427.65	10.7	455	Half IF spurious response (2nd Order)
855.3	10.7	455	1st loc. osc. harmonic mixes with input
833.9	10.7	455	1st loc. osc. hamonic image mixes with input
216.5	10.7	455	Sub harmonic of input

다. 국부 발진기와 입력 신호의 고조파들은 증폭기와 믹서에서의 비선형 효과 때문에 발생되는데, 이에 대해서는 다음 절에 설명하기로 하자. 입력 RF 대역통과 필터는 수퍼헤테로다인 수신기의 불요 응답을 감소시키는데 매우 중요하다. RF 필터는 최소한 이미지 주파수 신호를 많이 감소시켜 주어야 한다. 원하는 신호 주파수 근처에서의 불요 응답을 감소시키기 위해서는 다른 조치들이 취해져야 한다.

7.5 혼변조 왜곡과 동적 범위

앞 절에서 살펴본 것처럼, 수퍼헤테로다인 수신기는 수신하려는 신호와는 다른 주파수를 갖는 신호들로부터의 간섭에 취약하다. 이 절에서는 증폭기와 믹서의 고유한 비선형성 때문에 새로운 간섭 신호가 수신기 통과대역에 발생할 수 있다는 것을 살펴보자. 또한, 수신기의 IF 대역 밖에 존재하는 강한 신호가 원하는 신호의 민감도를 감소시킬 수 있다.

◈ 이득 압축

모든 증폭기에서는 고정 이득값을 가지고 증폭시킬 수 있는 신호의 강도에 제한이 있다. 입력 신호가 강해지면 입력 신호와 같은 정도로 출력 신호를 증가시킬 수 없는 경우가 생긴다. 즉, 이득이 감소하게 된다. 이런 특성을 측정하기 위해 널리 사용되는 것이 1dB 압축점(compression point)이다. 이것이 그림 7-6에 표시되어 있다. 1dB 압축

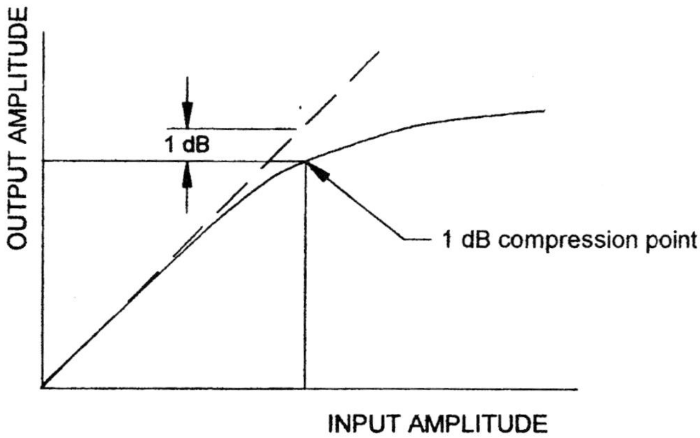

그림 7-6 1dB 압축점

점에서는 출력전력이 증폭기가 선형성을 유지하는 경우에 도달하게 되는 값보다 1dB 작거나, 또는 0.8배가 된다. 1dB 압축점에서는 증폭된 사인파가 완벽한 입력 사인파의 형태를 유지하지 못하기 때문에 왜곡이 일어나기 시작하는 측정점으로 간주된다. 푸리에 급수를 되새겨 보면 왜곡된 사인파는 기본 신호와 고조파 신호로 구성되어 있다는 것을 알 수 있다.

IF 통과대역 밖에 위치한 강한 입력 신호가 입력 LNA의 1dB 압축점 근처에 도달하면, 약한 신호를 증폭할수록 증폭기의 이득이 감소된다. 이런 효과가 강한 간섭 신호가 존재하는 경우에 민감도를 감소시킨다. 증폭기와 수신기를 비교할 때, 1dB 압축점이 더 높다는 것은 강한 신호가 존재하는 환경에서 약한 신호를 더 잘 수신할 수 있다는 것을 의미한다. 기술된 1dB 압축점은 입력 신호에 대한 것일 수도 있고, 출력 신호에 대한 것일 수도 있다. 대개는 출력 신호의 1dB 압축점이 주어지는데, 이것은 입력 신호의 1dB 압축점에다가 dB 단위의 이득을 더한 것이다.

◈ 3차 혼변조 왜곡

신호를 취급하는 능력을 보다 민감하게 반영하는 것이 3차 교차점(3rd order intercept)으로 표현되는 혼변조 왜곡(IMD)이다. 이 성질은 수신기의 동적 범위와 관계가 있다. 증폭기에 2개 이상의 입력 신호가 인가되면 왜곡에 의한 고조파들 때문에 주파수가 기본 신호 주파수와 고조파 주파수의 합과 차에 해당되는 신호들이 생성된다. 주파수가 f_1과 f_2인 2개의 입력 신호가 존재하는 경우에는, 왜곡에 의해 2차 고조파가 생성되며, 증폭기 출력단에 나오는 신호들의 주파수는 다음과 같다.

$$f_1, f_2, 2f_1, 2f_2, |f_1 - f_2|, 2f_1 - f_2, 2f_2 - f_1$$

주파수 f_1과 f_2가 수신 주파수 f_0에 매우 근접하지만 IF 통과대역 안에 있지 않은 경우에는 마지막 두 성분인 $2f_1 - f_2$, $2f_2 - f_1$ 중의 하나가 f_0 근처에 간섭 신호를 야기시킬 수 있다. 이것을 그림 7-7에 도시하였다. IF 통과대역 밖에 존재하는 신호 f_1과 f_2가 모두 강한 경우에는, 원하는 신호 f_0와 간섭하여 신호 f_3를 생성한다.

그림 7-7에 표시된 간섭 신호 f_3의 강도는 f_1과 f_2 진폭의 세제곱에 비례하여 증가한다.

3차 교차점은 증폭기출력전력과 입력전력 간의 관계를 dB 단위로 도시한 그래프 상에 표시된, 증폭기출력단에서 $2f_1 - f_2$와 $2f_2 - f_1$에 의한 3차 왜곡 부산물인 f_3의 전력이, 증폭이 선형적으로 행해지는 동안 동일 진폭의 f_1과 f_2가 갖는 출력전력과 같게 되

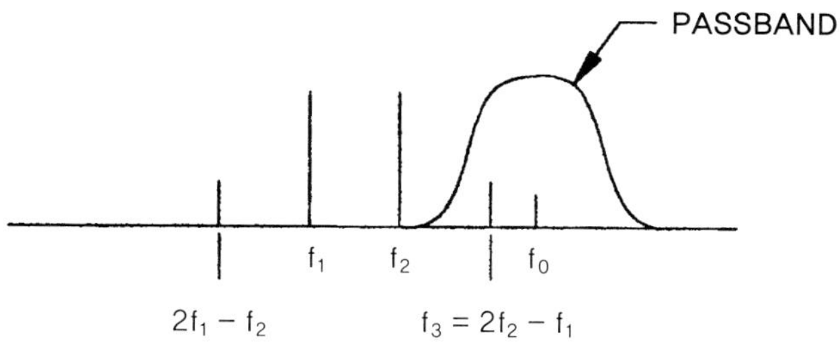

그림 7-7 혼변조 간섭

는 지점을 나타낸다. 그림 7-8은 이득이 15dB인 증폭기에서 f_1, f_2, f_3의 증폭 그래프이다. f_3 그래프의 기울기는 정상적인 증폭 그래프의 기울기의 3배이다. 두 개의 그래프에서 3차 교차점은 편의를 위해 설정한 것이다. 실제의 증폭기에서는 3차 교차점 밑에

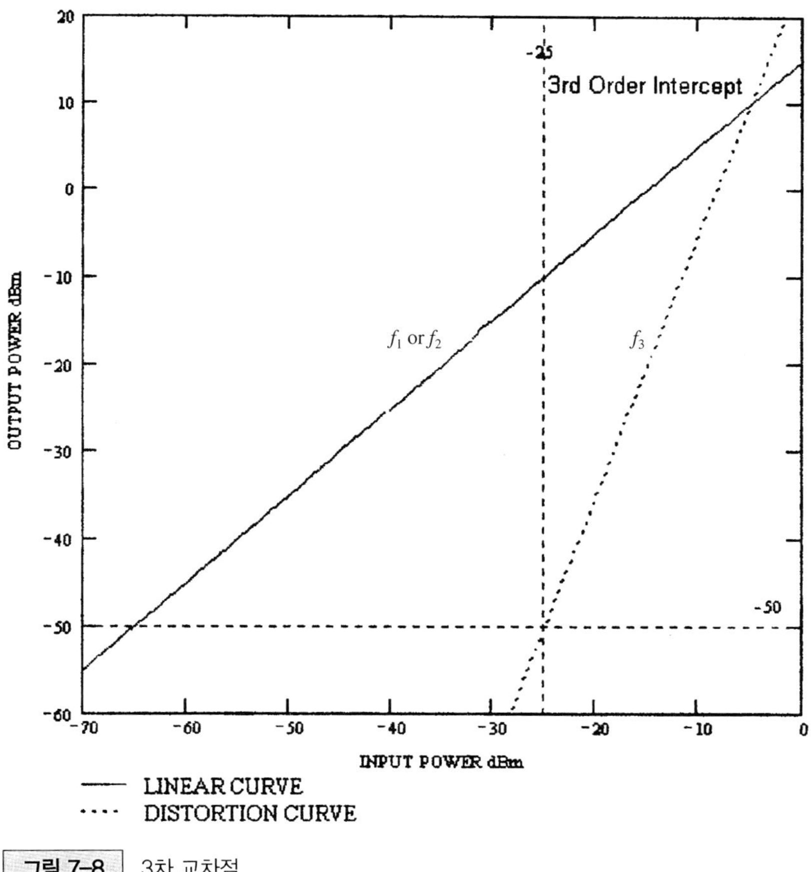

그림 7-8 3차 교차점

있는 1dB 압축점 근처에서 진폭 압축에 의해 출력전력을 평탄하게 해주기 때문에, 출력전력이 3차 교차점에 도달할 수 없다.

실제로는 존재하지 않는 값이라 하더라도, 임의의 강도를 갖는 f_1과 f_2를 위한 불요 신호 f_3의 강도를 구하는데 3차 교차점을 이용하면 편리하다. 두 신호 f_1과 f_2의 강도가 다른 경우에도 3차 차분 신호가 생성되지만, 측정의 편의상 f_1과 f_2의 강도가 같은 경우를 생각하자. 증폭기출력단에서 f_1과 f_2의 전력이 −10dBm (그래프에서 수직 점선이 실선과 만나는 부분)일 때 대역내 간섭 신호 f_3의 강도를 구해보자. 그래프에 나타난 3차 교차점은 10dBm으로, 이것은 f_1과 f_2의 출력보다 20dBm 위에 위치한다. 3차 항은 dB 단위로 표시된 그래프에서 문제를 야기하는 신호보다 3배 빠르게 증가하기 때문에, f_3의 출력전력은 수평 점선으로 표시된 것처럼 $+10 - 3 \times 20 = -50$(dBm)이다. 그림 7-8에서 증폭기 이득은 15dB이고 입력 f_1과 f_2의 전력은 −25dBm이기 때문에, 그림 7-7에 표시된 것처럼 IF 통과대역 밖에 존재한다. 그러나, 혼변조 왜곡에 의한 간섭은 수신기 통과대역에서 $-50 - 15 = -65$(dBm)인 f_3의 등가 입력전력과 동일하다. 그림 7-8의 데이터가 그림 7-2에 표시된 (민감도 분석에 사용된) LNA를 위한 데이터이고, 이 수신기를 사용하여 약한 신호를 수신하려는 경우라면, 간섭 신호 f_1과 f_2에 의한 혼변조 왜곡 때문에 계산된 민감도 근처나, 심지어는 dB 단위로 수십 배 높은 값에서도 원하는 신호를 분별해낼 수 없다.

위의 예제를 보면, 왜곡 그래프로부터 직접 가상의 간섭 신호 f_3의 등가 입력전력을 구할 수 있었다. 지금부터는 왜곡을 야기시키는 신호의 3차 교차점과 입력 신호를 알고 있는 경우에 3차 고조파를 분석적으로 구하는 방법을 살펴보자. 증폭기의 3차 교차점이 (전체 수신기에 대한 것이라면 입력전력을 위한 것이겠지만) 입력전력에 대한 것인지, 출력전력에 대한 것인지 알고 있어야 한다. 출력전력의 3차 교차점이 주어진 경우에는 dB 단위로 표시된 증폭기 이득을 차감하여 입력전력의 3차 교차점을 구할 수 있다.

데이터시트로부터 명확하게 3차 고차점을 알 수 없는 경우에는 다음과 같은 방법으로 바이폴라 트랜지스터 증폭단의 3차 교차점과 1dB 압축점을 대충 구할 수 있다.

$$\text{출력 3차 교차점 OIP3} = 10\log(V_{ce} \times I_c \times 5)\text{dBm} \tag{7-6}$$

$$\text{1dB 압축점 } P1_{dB} = \text{OIP3} - 10\text{dBm} \tag{7-7}$$

여기서 V_{ce}는 콜렉터-이미터 전압이고, I_c는 콜렉터 전류이다.

예제를 이용하여 혼변조 왜곡을 구하는 과정을 보여 주기로 하자. 주어진

출력 3차 교차점 OIP3 = 10dBm

이득 G = 15dB

대역외 간섭 신호의 입력전력 $P_i = -40$dBm

인 경우에 대역내 등가 입력 혼변조 왜곡 신호전력 P_{im}을 구하자.

1단계: 입력 3차 교차점 IIP3 = OIP3 − G = 10 − 15 = −5(dBm)
2단계: IIP3에 대한 대역외 입력 신호전력 = IIP3 − P_i = −5 − (−40) = 35dB 저하
3단계: 대역내 입력 혼변조 왜곡 신호전력

$$P_{\mathrm{im}} = \mathrm{IIP3} - (3 \times 35) = -5 - 105 = -110(\mathrm{dB})$$

이 단계들을 보다 간단히 하면,

$$P_{\mathrm{im}} = 3 \times P_i - 2 \times \mathrm{IIP3} = 3 \times (-40) - 2 \times (-5) = -110(\mathrm{dBm})$$

그림 7-2에 표시된 민감도가 −106.3dBm인 수신기의 경우에는 전력이 −40dBm인 간섭 신호는 약한 신호 수신에 거의 영향을 미치지 않는다.

◈ 2차 혼변조 왜곡

표 7-1를 보면 원하는 주파수가 433MHz인 수신기는 427.65MHz의 주파수에서 첫 번째 IF 주파수의 반인 10.7/2Hz의 불요 응답을 갖는다. 이 응답은 주파수가 2 × 422.3MHz인 간섭 신호의 2차 고조파와 주파수가 2 × 422.3MHz인 (첫 번째 IF 주파수가 10.7MHz가 되도록 해주는) 첫 번째 국부 발진기의 2차 고조파 간의 차이다. 2차 고조파들은 2차 혼변조 왜곡 때문에 생긴다. 이런 불요 응답은 그림 7-4에 표시된 LNA와 첫 번째 믹서 사이에 LNA에서 생성되는 고조파들을 제거하는 이미지 제거 필터를 두어 감소시킬 수 있다.

◈ 최소 식별 신호(MDS)와 동적 범위

수신기가 검파할 수 있는 최소 신호 강도가 있고, 민감도에 영향을 주지 않고 수신기가 처리할 수 있는 신호 강도의 상한이 있다. 수신기가 처리할 수 있는 신호의 범위를 동적 범위라고 한다. 관심있는 가장 낮은 신호 레벨은 민감도가 아니라, 잡음 플로어(noise floor) 또는 MDS라고 부르는 최소 식별 신호이다. MDS는 복조기 입력단의 잡

음전력과 같은 신호전력이다. 이것은 (7-1) 식에서 마지막 항인 S/N을 뺀 값이다.

동적 범위의 하한을 정의하는데 있어 민감도를 사용하지 않고 MDS를 사용하는 이유는 민감도보다는 작고, 잡음 플로어나 MDS보다 큰 간섭 신호를 규정할 필요가 있기 때문이다. 혼변조 왜곡을 통해 생성되는 이런 간섭 신호는 수신기가 최상의 민감도를 갖는 것을 방해한다. 동적 범위의 상한은 보편적으로 MDS와 같은 등가 입력전력을 갖는 3차 간섭 신호를 생성시키는 불요 신호의 레벨로 정해진다. 이것을 2단 톤(two-tone) 동적 범위라고 하며, 다음 관계 식과 같이 입력 3차 교차점 IIP3에 의해 결정된다.

$$\text{동적 범위} = (2/3) \times (\text{IIP3} - \text{MDS}) \tag{7-8}$$

(7-8) 식은 고급 기술 규격에서 선호되는 정의이지만, 동적 범위를 정확히 복조될 수 있는 가장 큰 원하는 신호의 전력과 수신기 민감도의 차로 정의하기도 한다. 이런 정의는 불요 응답의 영향을 고려하지 않은 것이어서 (7-8) 식보다 유용도가 낮다. 동적 범위의 다른 정의로는 1dB 압축점을 상한으로 하고, MDS를 하한으로 하는 정의가 있다. 이런 동적 범위의 정의에서는 민감도가 없어지기 시작하는 것을 강조하며, 단일 톤(single tone) 동적 범위라고 부른다.

IIP3가 −5dBm이고 MDS가 −114.8(= −106.3 −8.5)dBm인, 그림 7-2에 표시된 수신기의 2단 톤 동작 범위를 (7-8) 식을 이용하여 계산하면

$$\text{동적 범위} = (2/3)(-5 - (-114.8)) = 73.2(\text{dB})$$

이다. LNA의 경우에는 동적 범위를 구하기 위해서 3차 교차점을 사용할 필요가 없는데, 이것은 3차 교차점을 LNA에서 결정하지 않고, 다음에 위치한 믹서에서 결정하기 때문이다. 3개의 단이 직렬로 연결된 경우에 3차 교차점을 구하는 식은 다음과 같다.

$$\text{IIP3} = \frac{1}{\dfrac{1}{\text{IIP3}_1} + \dfrac{G_1}{\text{IIP3}_2} + \dfrac{G_1 \cdot G_2}{\text{IIP3}_3}} \tag{7-9}$$

여기에서 G1과 G2는 처음 두 단의 이득이고, IIP3_1, IIP3_2, IIP3_3는 mW 단위로 표시한 3개의 단의 입력 3차 교차점이다. 입력 3차 교차점을 dBm 단위로 나타내면 10log(IIP3)이다. RF 체인의 구성 소자들로부터 수신기의 IMD를 계산하기 위해서는 IF 통과대역 밖에 위치한 간섭 신호의 IMD를 기반으로 해야 하고, 대역통과 필터와 RF 증폭기를 통과한 간섭신호의 전력 강도를 고려해야 한다.

민감도를 증가시키려고 잡음 지수를 감소시키기 위하여 전치 증폭기 이득을 추가

하는 것은 동적 범위에 역효과를 초래하고, 혼변조 왜곡을 제어하기 위해 입력 감쇠기를 사용하면 잡음 지수가 증가하여 민감도를 감소시킨다. 수신기 프론트 엔드를 설계할 때는 여러 가지 상충적인 요인들을 잘 조화시켜 응용 장치에 따라 최적의 해결책을 찾아야 한다.

◈ 자동 이득 제어(AGC)

동적 범위는 근거리 무선 장치에서 매우 중요하므로, 동적 범위를 향상시키기 위해서는 특별한 조치를 취할 필요가 있다. 한 가지 방법은 자동 이득 제어를 포함시키는 것이다. 그림 7-9에는 AGC의 동작 원리가 나타나 있다.

입력 신호 강도는 레벨 검출기에 인가되는 IF 신호의 진폭에 비례한다. 저역통과 필터는 ASK를 사용하는 경우에는 비트 시간보다 상당히 큰 시정수(time constant) 구간 동안, 그리고 FSK나 PSK를 사용하는 경우에는 단기간 무선 채널 변동 시간보다 긴 시간 동안 레벨을 평탄하게 해준다. DC 증폭기는 입력 신호 강도에 비례하여 이득을 적절하게 감소시키기 위해 LNA와 다른 단의 이득을 제어할 수 있는 전류출력이나 전압출력을 공급한다.

그림 7-9에 표시된 시스템의 변형들이 있다. ASK 시스템에서는 비트 시간에 비해 긴 시정수를 갖는 피크 검출기가 복조된 펄스의 진폭을 표본화한다. AGC는 신호 강도가 규정된 임계값을 초과하는 경우에 이득을 감소시키기 때문에, 상대적으로 약한 신호는 AGC의 영향을 덜 받는다. 계속적으로 이득을 규제하여 이득이 계속적으로 조정되도록 하는 대신에, 임계값에 도달하면 이득을 더 낮은 값으로 전환한다. AGC가 단일 톤 동적 범위를 증가시키는데 효율적이지만, 혼변조 왜곡이 주로 LNA에 의해 생기는 경우에는 AGC를 사용해도 2단 톤(two-tone) 동적 범위가 향상되지 않는다.

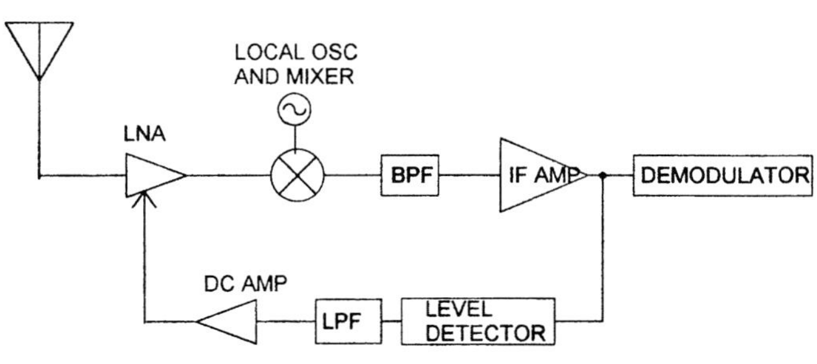

그림 7-9 자동 이득 제어

7.6 복조

수신기의 RF부와 IF부는 시스템 구조에 관계없이 공통적으로 사용되지만, 복조기는 변조 방식에 따라 다르다. 여기서는 세 가지 기본적인 디지털 데이터 변조 방식인 ASK, FSK, PSK에 대해서 살펴 보기로 하자.

◈ ASK

ASK에서는 IF 증폭기의 출력단에서 다이오드 검파기를 사용하여 매우 간단하게 복조할 수 있다. 또 다른 방법은 많은 집적회로 수신기 IC에 포함되어 있는 수신 신호 강도 지시기(RSSI)를 사용하는 것이다. 신호 강도의 로그 함수에 대응되는 DC 전류나 DC 전압이 출력된다. RSSI 출력은 AGC를 추가하기 쉽게 하고, 이동 통신 장치에 사용되는 경우에는 송신기전력 제어 기능의 일부로 작용한다. RSSI 전류 출력단에는 전류/전압 변환과 데이터 비교기에 인가되기 전에 필터링을 하기 위해서 저항과 캐패시터를 병렬로 연결시켜 준다. 저항/캐패시터 결합의 시정수는 불필요한 왜곡을 피하기 위해서 가장 좁은 데이터 펄스폭의 10% 미만으로 설정해야 한다.

◈ FSK

수신기와 IF 회로 IC에 가장 많이 사용되는 FM 복조기 또는 FSK 복조기는 직교검파기(quadrature detector)이다. 직교검파기에서는 승산기가 위상 비교기처럼 동작한다. 진폭 제한된 IF 신호가 검파기의 두 입력에 인가되지만, 그림 7-10에서 알 수 있는 것처럼 동조 회로에 직렬 연결된 캐패시턴스 때문에 한 쪽 입력에 (주파수에 따라 변하는) 위상차가 발생한다. 그림 7-11은 동조 회로의 Q 인자에 따라 출력 신호의 형태가 어떻게 변하는가를 보여준다. 복조된 출력전력은 그림 7-11에 표시된 그래프의 y축인, 승산기 입력의 위상차에 비례한다.

다음 예제를 통해 요구되는 Q 값을 결정해 보자. 주어진

최대 주파수 편이 = 40kHz

최악의 주파수 편차 = ±15kHz

IF = 10.7MHz

인 경우에

(a) 최대 주파수 편이와 최악의 주파수 편차의 합인 D_f를 설정한다.

$\Delta_f = 40 + 15 = 55(\text{kHz})$

(b) 정규화된 최대 IF 주파수:

$1 + \text{Max } D_f/\text{IF} = 1 + 55\text{kHz}/10.7\text{MHz} = 1.005$

(c) 그림 11에 표시된 그래프 중에서 정규화된 최대 IF 주파수에서 상대적으로 직선에 가까운 그래프의 Q를 선택한다.

$Q = 60$

그림 7-10에 표시된 공진 회로를 구성하는 소자는 다음 식들을 이용하여 결정할 수 있다.

$$f_{\text{IF}} = \frac{1}{2\pi\sqrt{L \cdot (C_p + C_s)}} \tag{7-10}$$

$$Q = \frac{R}{L \cdot 2\pi \cdot f_{\text{IF}}} \tag{7-11}$$

IF단에 적합한 Cs (칩에 포함되어 있을 수도 있다)를 찾기 위해서는 특정 IC의 데이터시트를 보면 된다. R이 필요할 수도 있는데, 위에 주어진 Q에 대한 식에 맞는 값을 사용해야 한다. NE605A IC의 경우에는 $R = 40\text{k}\Omega$이고 Cs 값으로 1pF을 추천한다.

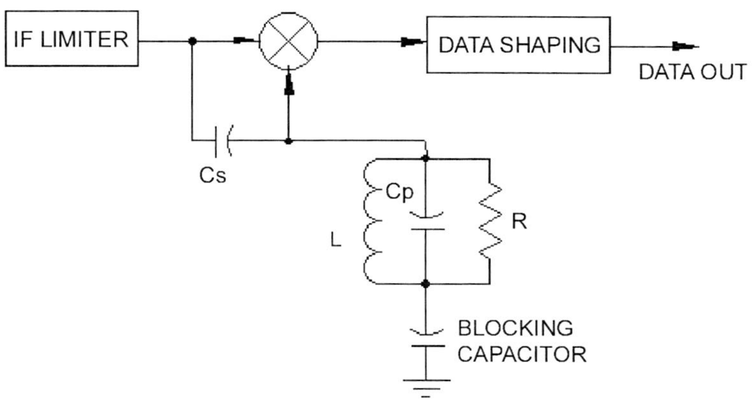

그림 7-10 FSK 직교검파기

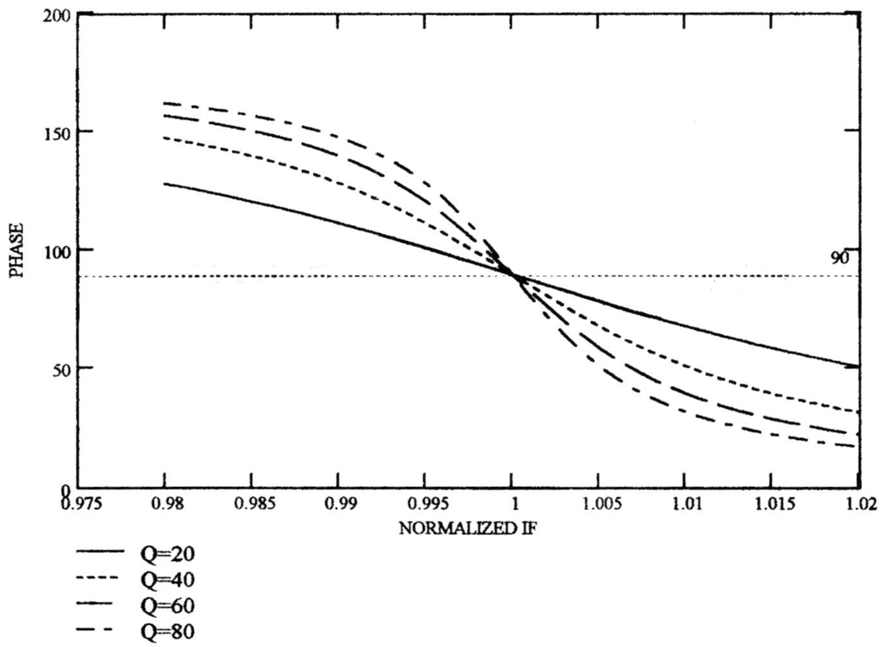

그림 7-11 FSK 직교검파기의 주파수 응답

우선 (7-11) 식을 사용하여 L을 구하고, L의 계산값을 (7-10) 식에 대입하여 적합한 Cs와 R을 구한다. 위의 예제에 적합한 값은 L = 9.9μH이고, Cp = 21.3pF이다.

실제 회로의 Q는 인덕터 L에서의 손실 때문에 계산값보다 작다. 세라믹 소자와 LC 소자 모두 직교검파기에 사용되며, 이 소자들을 사용하면 동조가 필요하지 않기 때문에 기판의 크기를 줄일 수 있다. Q를 너무 작은 값으로 선택하면 기저대역 신호 레벨이 작아져서 데이터 비교기의 입력 S/N이 작게 된다. Q값이 너무 크면, 그림 7-11에 표시된 S자형 그래프가 주파수 편차 때문에 비대칭형이 되어 데이터 비교기의 오류율을 증가시킨다.

다른 형태의 FSK 복조기로는 Motorola의 MC13150 IF 서브 시스템(subsystem) IC에 사용되는 코일이 없는 협대역 FM 검출기가 있다. 내부 전압 제어 발진기의 출력이 위상 검출기의 한 입력에 연결되고, 제한된 IF 신호가 다른 입력에 인가된다. 복조기는 PLL로 동작하므로, 복조된 데이터 신호로는 발진기 제어 전압을 취한다. 3개의 저항과 캐패시터를 조정하여 루프 특성을 결정한다. MC13150은 455kHz IF 회로로 사용하도록 설계된 것이다.

◈ PSK

위상 변조는 S/N이나 E_b/N와 BER 간의 관계에서 보면 가장 효율적인 변조 방법이지만, 여기서 다루고 있는 근거리 보안 시스템이나 제어 시스템에서는 거의 사용되지 않는다. 그러나, 직접 수열 확산 스펙트럼 시스템과 높은 데이터율을 갖는 시스템에서 의사 랜덤 확산 신호를 변조시키는데 흔히 채택되고 있다.

PSK의 복조는 송신된 반송파 신호의 위상 정보를 사용하는 (흔히 위상 정보는 직접적으로 얻을 수 없다) 동기 검파를 채택하기 때문에 ASK와 FSK보다 매우 복잡하다. 위상 비교기의 한 쪽 입력에 RF 신호를 대표하는 동기 CW 신호를 인가하고, 다른 입력에 위상 변조된 신호를 인가하는 경우에 위상 비교기의 출력 신호는 데이터의 위상 변화를 반영하는 기저대역 신호이다.

이진 위상 변조 신호를 복조하는 방법이 그림 7-12에 표시되어 있다. 그림에 표시된 제곱 루프 복조기에서는 IF 신호 입력을 제곱해주므로 (주파수와 위상이 2배가 되고, 위상은 $2 \times 180° \rightarrow 0°$이므로) 변조된 반송파의 180° 위상 변화가 제거된다. 이 과정이 그림 상단에 표시되어 있다. 두 배의 주파수에서 PLL은 주파수가 2분주된 동기 반송파를 IF단의 위상 비교기에 제공해준다. 저역통과를 거쳐서 복원된 데이터가 얻어진다.

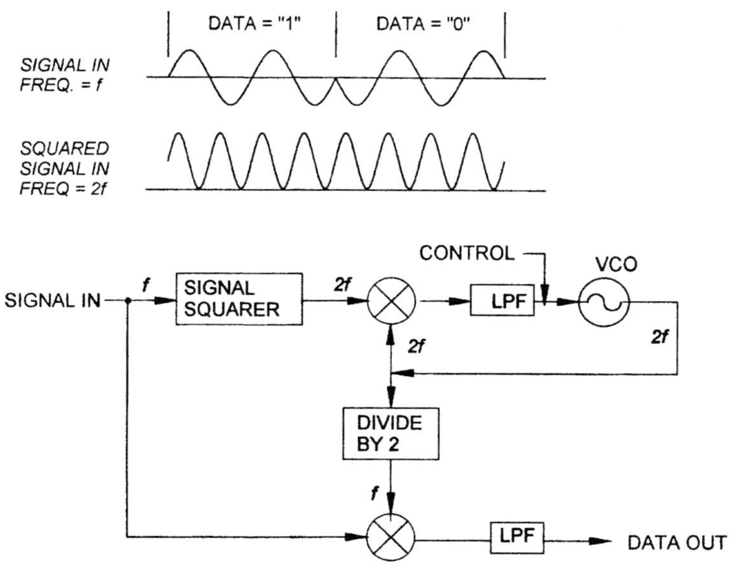

그림 7-12 BPSK 제곱 루프 복조기

많이 사용되는 다른 형태의 BPSK 수신 회로는 코스타스(Costas) 복조기이다. 이 복조기의 성능은 제곱 루프 보조기의 성능과 비슷하지만, 주파수를 2배로 만드는 과정이 필요없다. 대신에 입력을 쪼개서 국부 발진기의 위상차가 90°인 2개의 승산기에 인가한다. 승산기출력을 필터링한 후에 3번째 승산기에 인가하는데, 위상 변화가 없는 필터링된 승산기출력을 사용하여 VFO를 제어하고 입력 반송파와의 위상차가 없게 한다. 그림 7-13은 코스타스 복조기이다.

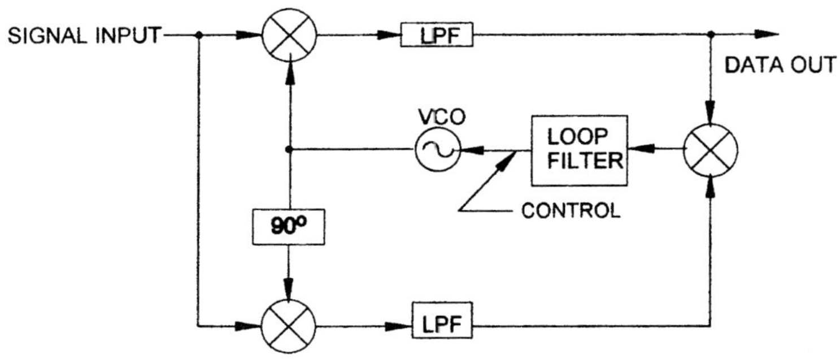

그림 7-13 BPSK 코스타스(Costas) 루프 복조기

두 개의 형태의 복조기에서는 MARK 신호나 SPACE 신호와 같은 데이터 비트의 절대 인식자가 없으며, 단지 한 상태에서 다른 상태로의 변화만 관찰된다. 펄스폭 프로토콜을 사용하는 경우 또는, 양 위상(bi-phase) MARK 신호나 양 위상 SPACE 신호와 같은 코드 역 변조를 사용하는 경우에는, 전송된 코드는 쉽게 재생된다. 비트 인식자를 채택하는 다른 방법으로는 하나의 데이터에서 다음 데이터로의 변화 유무에 따라 전송된 신호가 MARK 신호인지 SPACE 신호인지 결정하는 차등변조(differential modulation)를 사용하는 것이다.

◈ 데이터 비교기

위에서 설명한 ASK, FSK, PSK 검파기의 출력은 본질적으로 잡음이 섞인 아날로그 신호이기 때문에 디지털 논리 회로에 연결하기에 적합하지 않다. 디지털 논리 레벨 형태의 데이터를 출력하기 위해서는 데이터 슬라이싱(data slicing)이라고 하는 부가적인 과정이 필요하다. 이 과정은 신호와 임계 레벨을 비교하여 신호가 임계값의 어느 쪽에 위치하느냐에 따라 논리 "0"이나 "1"을 출력하는 비교기에서 이루어진다.

문제는 임계값을 결정하는데 있다. 검출기출력이 단일 극성인 경우에(ASK에서는 접지를 기준으로 측정되는) 최적 임계값은 신호의 강도와 잡음 레벨에 따라 변한다. 그림 7-14a의 DC 결합형 회로에서는 비교기 임계값은 "0"와 "1" 간의 평균 전압차에 의해 결정된다. 시정수 $R1 \times C$는 가장 긴 비트 길이보다 몇 배 커야 한다. *R2*와 *R3*는 히스테리시스(hysteresis)을 보이는데, 비트가 변하는 동안 데이터 값이 비정상적으로 변하는 것을 감소시킨다.

그림 7-14(b)는 캐패시터를 통한 AC 결합 방법을 보여 준다. 임계값은 전압 분주기의 경우에 고정된 전압 값으로부터 유도된다. 그림 7-14(b)는 7-14(a)와는 반대로 출력 펄스의 극성이 반대로 되어 있다. AC 결합 방법은 맨체스터 코딩 신호, 양 위상 MARK 신호, 양 위상 SPACE 신호와 같은 DC 성분이 없는 기저대역 데이터 형식에서 유용하다.

그림 7-14에 표시된 데이터 비교기의 캐패시터는 신호가 얼마 동안 없거나 수신기가 막 동작하기 시작한 후, 새로운 균형값에 도달하기 위해 전하를 축적하기 위한 시간이 필요하다. 그러므로 처음 몇 비트를 수신하는 동안은 임계 레벨이 최적값이 아니

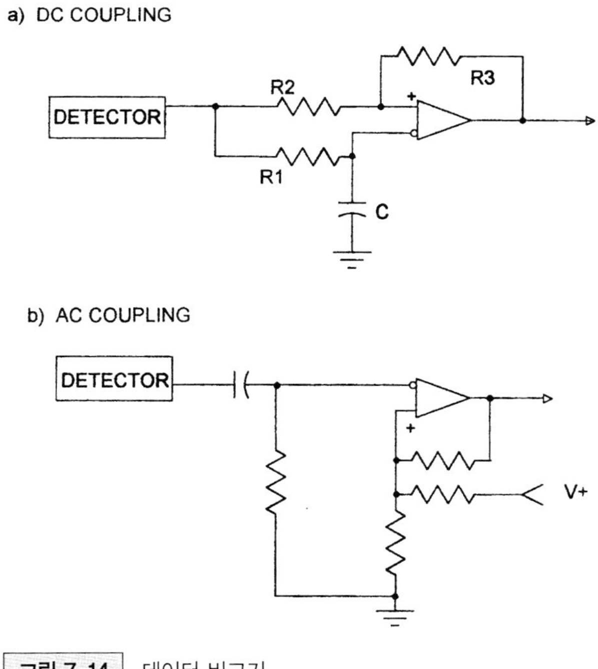

그림 7-14 데이터 비교기

어서 오류율이 높을 수 있다. 데이터 프로토콜은 임계값이 적절한 값에 도달할 수 있는 시간을 주기 위해서 실제의 데이터를 보내기 전에 "0"과 "1"이 번갈아 나타나는 프리앰블(preamble)을 전송하여 이 시간을 계산해야 한다.

7.7 내부 수신기 잡음

수신기를 적절하게 설계하기 위해 모든 방법을 강구하여, 프로토타입(prototype)을 만들고 시험한 후에도 성능이 의도한 바에 못 미칠 수 있다. 그 이유는 설계 과정에서 완전히 제거하지 못한 간섭원 때문일 수 있는데, 노력이 헛되지 않게 하기 위해서는 시행착오를 거칠 필요가 있다.

(a) 발진기 잡음

잡음이 있는 국부 발진기는 믹서출력에 IF 필터로는 제거할 수 없는 잡음 (대부분의 잡음이 IF 통과대역에서 발생하기에)을 야기한다. 이 잡음은 발진기나 주파수 합성기의 불요 주파수 성분에 의한 위상 잡음일 수 있다. 믹서에 대한 발진기 레벨을 바꿔 주면 이 문제를 해결하는데 도움이 된다. 위상 잡음에 대한 자세한 설명은 참고문헌 16에 기술되어 있다.

(b) 고이득 IF 증폭기의 발진

고이득 IF 증폭기 근처에서 정궤환이 발생할 수 있다. 몇 몇 RF 칩 제조업체는 IF 증폭기의 분리된 두 개의 단 사이에 선형 단과 리미터를 두어 신호를 감쇠시켜 준다. 데이터시트와 제작자의 사용 노트를 확인해 보자. 바이패스 캐패시터는 IC 단자와 매우 가까이 위치시켜야 하며 IF 주파수에서 매우 낮은 임피던스를 가져야 한다. 전해질 소자는 바이패스에 적합하지 않고, 탄탈(tantalum) 캐패시터나 세라믹 캐패시터를 사용하고, SMT가 선호된다.

(c) 논리 회로로부터의 방사

마이크로컴퓨터와 그에 부수되는 논리 회로는 IF 근처의 스위칭 주파수에서 동작하는데, 고조파가 수신된 주파수 대역에 인입될 수 있다. 논리 회로와 접지는 RF 회로에서 분리되어야 하며, 디지털 방사에 의한 민감도의 감소를 방지하기 위하여 차폐를 시켜야 할 필요가 있다.

(d) 전원 공급기 잡음

전원 버스의 험(hum)이나 리플(ripple)은 시스템 내에서 잡음을 야기시킬 수 있다. 또한, 스위칭 전압 조정기의 출력은 필터링을 잘해야 하며, 전원 공급기로부터의 방사를 방지해야 한다.

7.8 송신기 설계

근거리 송신기의 경우는 수신기에 비해서 설계 방법이 제한적이고, 규정된 허용출력 전력 하에서 전체 시스템 성능에 미치는 영향도 적다. 그러나, 비허가 장치에 장착된 송신기에 대한 규정에 훨씬 많은 관심을 기울여야 하며, 설계 초기 단계에서 발생할 수 있는 문제점을 인식하고 해결하려고 하지 않으면 시장에 제품을 출시하는 것이 늦어질 수 있다. 더욱이 저전력 근거리 장치가 제공할 수 있는 성능을 발현하지 못하는 시스템이 될 수도 있다.

◈ 불요 방사(Spurious Radiation)

비허가 근거리 무선 장치에 대한 규정은 북미와 유럽 모두에서 주파수 안정성과 채널 내 간섭보다는 통신 채널 밖의 방사를 줄이는 것을 강조하고 있다. 최적의 통신 범위와 링크 신뢰도를 위해서는 최대 허용전력을 사용하는 것이 매우 바람직하지만, 방사되는 고조파 (고조파를 감소하면 원하는 신호전력이 감소된다)의 초과 레벨 때문에 가능하지 않다.

이 절의 목적은 불요 방사를 감소시키기 위한 자세한 사용 설명서를 제공하려는 것은 아니고, 설계 초기 단계시 이에 대한 계획이 중요하다는 것을 환기시켜주기 위함이다. 고려해야 할 조치는 다음과 같다.

- RF단 기판 위의 도선의 길이를 줄인다.
- 원하지 않는 방사를 낮추기 위해 소형 SMT를 사용한다.
- 저주파 회로, 전원, 배터리를 효율적인 캐패시터 바이패싱과 접지를 이용하여 RF단에서 분리시킨다.
- 안테나에 Q 값이 높은 출력 결합 회로를 장착한다.
- 안테나와의 임피던스 결합을 좋게 한다.
- 왜곡이 적게 되도록 출력 트랜지스터를 선택하고 바이어스를 걸어준다.

- RF 출력 트랜지스터와 안테나 사이에 대역통과 필터를 둔다.
- RF단이나 전체 송신기를 차폐시킨다.

대역통과 필터의 입력과 출력이 충분히 분리가 되도록 할 수 있는 유일한 방법이기 때문에 마지막 2개의 방법은 같이 사용되어져야 한다. 유럽 EN300 220 규격 (대부분의 국가에서 10mW의 출력전력이 허용되고, 고조파전력은 250nW이어서 46dB의 차이가 나도록 규정함)에서 규정하는 최대 성능을 달성하기 위해서는 차폐 작업과 필터링이 필요하다. 미국과 캐나다에서는 비허가 장치에 대해서 확산 스펙트럼 시스템을 제외하고는 허용전력이 상당히 낮으며, 불요 방사 제한값을 초과하지 않으면서 최대 기본 방사가 가능하도록 회로 배치를 신중히 해야 한다.

7.9 대역폭

위에서 언급한 것처럼, 대부분의 비허가 장치에서는 대역폭에 대한 규제가 엄격하지 않아서, 편리하고 가격이 저렴한 SAW 소자 제어 발진기를 사용할 수 있다. 그러나, 예외적인 상황이지만, 최고의 성능과 신뢰도가 필수적인 경우에 협대역 비허가 채널을 사용할 수 있는 이점이 있다. 협대역 채널의 예로는 미국의 경우에 40.66MHz~40.70MHz의 채널, 유럽의 일부 지역의 경우에는 영국의 173MHz~173.35MHz의 채널, 유럽의 868MHz~870MHz 대역을 사용하는 채널들이 있다.

협대역 조건을 만족시키는 첫 번째 조건은 안정적인 주파수 신호원을 사용하는 것이다. 이것은 수정 발진기를 사용하면 된다. 대역폭은 요구되는 전송된 신호의 변조된 대역폭과 주파수 안정성에 따라 결정된다. 협대역 시스템의 대역폭은 대개 25kHz이다. 데이터율이 4kbps와 주파수 편이가 4.5kHz인 FSK 신호의 최소 대역폭은 대략 13kHz이다. 이 경우에 정확도와 주파수 편차를 고려하여 여분으로 12kHz를 더 책정하고 있다. 따라서 868MHz용 수정 발진기의 주파수는 설계된 중심 주파수의 12kHz/868MHz = 14ppm의 범위 내에서 변할 수 있다.

7.10 안테나 지향성

대부분의 근거리 장치는 지향성이 없는 안테나를 채택한다. 휴대용 송신기와 수신기에서는 송신 안테나와 수신 안테나의 방향을 일정하게 정렬시킬 방법이 없다. 대부분의 경우에 안테나는 장치의 일부로 집적되고 전송선로나 접속 단자가 없다. 장치를 시험할 때, 최대 방사는 최대 전력 조건을 맞추도록 하지만, 최소 방사 방향은 방향을 임의로 설정하고 최대 성능이 구현되도록 한다. 따라서, 비허가 장치의 경우에 지나친 지향성이 있는 안테나를 사용하는 것은 전력만 낭비할 따름이다.

비허가 장치에 사용되는 안테나의 특성에 대해서는 3장에 제시되어 있다. 대개 소자에 접지가 없고, 안테나는 지향성에 영향을 주는 다른 소자들과 매우 근접해서 배치되어 있다. 연결 도선도 영향을 주는데, 가급적이면 RF 전류로부터 분리되도록 배치해야 한다. 휴대용 저전력 장치의 방사 패턴을 예측하기가 매우 어렵지만, 최소한 장치를 시험하고 시행착오를 거쳐서 상대적으로 등방향성 방사가 되도록 안테나 방향을 변화시켜 주어야 한다.

7.11 전력 신호원

대부분의 근거리 장치, 특히 송신기는 배터리를 사용하여 동작한다. 배터리를 교환해야 하는 불편이 종종 무선 장치의 사용을 방해한다. 전류 소모량이 매우 적은 보안 시스템 센서와 휴대용 제어 장치는 거의 충전식 배터리를 사용하지 않는다. 그러나, 전류 소모량이 많은 무선 전화와 같은 장치들은 주기적인 교체가 번거롭고 가격이 비싼 셀 배터리보다는 충전식 배터리를 사용한다. 보안 시스템과 수신기들은 간헐적으로 동작하는 송신기보다 많은 에너지를 요구하므로 주 전력 신호원에 정상적으로 접속하지만, 보편적으로 부가적인 충전식 배터리를 사용하여 백업(back up)을 해준다.

여러 가지 형태의 배터리의 사용 가능 여부는 무선 시스템 설계에 영향을 준다. 휴대용 장치를 위한 전원 공급 장치는 특정한 종류의 배터리에 맞게 설계되어야 한다. 특히, 배터리 전압은 매우 다양하다. 주 전원 공급기와는 달리 배터리 단자 전압과 내부저항은 배터리 수명이나 방전 시간에 따라 변한다. 최소 드레인 전류(current drain)에 대한 요구 조건에 따라 전압이 결정될 수 있고, 아무런 규제 조건이 없이 설계자가 전압을 결정할 수도 있다. 휴대용 원격 제어 송신기는 배터리를 교환하면 동작 범위가 커질 수 있지만, 배터리가 소모됨에 따라 송신기출력전력이 감소되기 때문에 성능은 급격하게 떨어진다. 많은 휴대용 무선 장치는 저배터리 검출 시스템을 갖고 있어서, 시각적으로 또는 제어판(control panel)에 배터리 교체가 필요하다는 표시를 해준다. 무선 시스템 설계자는 설계 초기 단계에 적절한 배터리 종류를 결정할 필요가 있다. 여기서는 근거리 무선 장치에 사용되는 몇 개의 배터리에 대해서 설명하기로 하자. 보다 자세한 내용은 제조업체의 스펙을 보라.

9V 알카라인 배터리(alkaline battery)는 휴대용 제어판이나 보안 센서용으로 흔히 사용되고, 12V 알카라인 배터리는 무선 열쇠에 많이 사용된다. 많은 새로운 장치들은 리튬 배터리에 맞게 설계된다. 대부분의 표준형의 능동 전자 소자와 집적 회로는 3V 이하에서 동작하므로 3V 리튬 셀을 직접적으로 사용할 수 있다. 리튬 배터리를 무선 장치에 장착하면 배터리 교체 시간을 5년 이상으로 증가시킬 수 있다. 리튬 배터리는 등질이(homogeneous) 아니어서 성능과 안전성에 따라 여러 가지 화학 물질이 사용된다. 이에 대해서는 밑에서 간단히 살펴 보자 (참고문헌 35를 참조하기 바란다).

폴리 (탄소 모노풀로라이드) 셀은 2.8V의 개회로 전압(OCV)를 갖고 에너지 밀도가 상당히 높다. 폴리 셀은 표준형의 실린더 크기나 코인 형태로 제공된다. 리튬 이산화 망간 셀도 표준 크기로 제공되며, 폴리 셀과 비슷한 특성을 갖는다. 이 셀들은 다른 형태의 리튬 배터리 보다 내부 임피던스가 낮아서 계속적으로 전류나 펄스를 요구하는 장치에 적합하다. Duracell DL123A 2/3A 셀의 다양한 부하 조건에서의 출력 전압과 방전 시간과의 관계가 그림 7-15에 표시되어 있다.

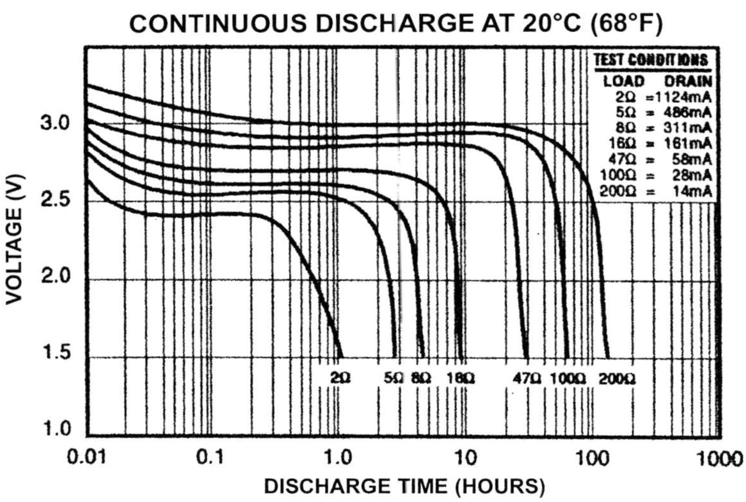

그림 7-15 리튬 배터리 방전 시간

리튬 요오드 기술은 고체 형태에서만 사용되므로 매우 안전하다. 배터리 분리막은 균열이 생기더라도 스스로 복구할 수 있다. 리튬 요드 배터리(lithium-iodine battery)는 내부 임피던스가 높아서, 매우 낮은 전류가 요구되는 경우에만 사용된다. 이식된 심장 박동기에는 OCV가 2.7V인 리튬 요드 셀에 의해서 전원이 공급된다.

염화 티오닐(thionyl) 리튬 셀은 모든 종류의 리튬 셀 중에서 가장 높은 에너지 밀도를 갖는다. 수명은 15년~20년이고, 실린더형, 코인형, 웨이퍼형 등의 모든 형태로 제공된다. 매우 낮은 연속 전류와 적당한 펄스가 요구되는 장치에 가장 적합하고, 수명이 길고 방전율이 작아서 원격 감지 시스템과 같이 물리적인 접촉이 제한된 제품에 적합하다. 연화 티오닐 리튬 셀은 3.6V의 개회로 전압을 갖는다.

휴대용 장치에 오랫동안 사용된, 잘 팔리는 충전식 배터리는 니켈 카드뮴 셀이다. 이것은 에너지 밀도가 높고, 함부로 취급해도 되고, 경제적이다. NiCd 배터리를 완전히 충전시키면 셀 당 부하 전압이 1.2V~1.3V이다. 단자 전압은 방전 기간 동안 거의 일정한데, 셀 당 1V에 도달한다. NiCd 배터리는 내부 임피던스가 매우 낮아서 요구되는 큰 전류를 공급할 수 있다. NiCd 배터리의 알려진 결함은 메모리 효과라 부르는 것이다. 배터리가 짧은 방전 후에 완전히 충전되는 상황이 반복되면, 짧은 방전 시간을 기억하게 되어 용량이 줄어 들게 된다. 이 효과는 완전한 방전/충전의 사이클을 여러 번 수행하면 없어진다.

니켈 금속 혼합 배터리는 많은 경우에 니켈 카드뮴 배터리를 대체한다. 셀 전압과 전하 요구량을 포함하여 비슷한 특성을 갖고 있지만, 용량을 감소시키는 메모리 효과는 나타나지 않는다. 니켈 금속 혼합 배터리는 비슷한 용량의 NiCd 배터리에 비해 가격이 비싸다. 니켈 금속 혼합 배터리는 NiCd보다 내부 누설 전류가 높은 것으로 알려져 있어서, 충전/방전 사이클 횟수를 줄일 수 있다.

상대적으로 새로운 배터리 화합물로서 리튬 이온이 (고성능 장치용으로) 니켈 카드뮴과 니켈 금속 혼합물을 대체하고 있다. 리튬을 기반으로 하는 배터리는 경쟁 제품보다 가볍고, 3V 이상의 높은 셀 전압을 갖는다. 두 가지의 리튬 이온 기술이 있다. 하나는 액체 전해질을 사용하는 것이고, 다른 하나는 고체 폴리머 전해질을 사용하는 것이다. 고체 폴리머 전해질의 경우에는 얇고 유연하게 만들 수 있고, 어떤 크기로도 구현할 수 있다. 반면에, 비교되는 NiCd 배터리에 비해 가격은 비싸지만, 많은 장치에서 고체 폴리머 형태의 리튬 이온 배터리를 채택할 수 있다는 이점이 있다.

7.12 요약

이 장에서는 무선 통신 시스템의 성능 특성을 자세하게 살펴 보았다. 여기서는 통신 범위에 영향을 주는 조건들을 언급하였고, 수신기 민감도를 결정하는 여러 가지 인자들을 설명하였다. 수신기에서는 내부 잡음의 영향을 감소시키기 위해서 어느 정도의 전치 증폭이 필요하다는 것을 알게 되었다. 지나친 전치 증폭은 압축과 혼변조 왜곡에 의해, 측정되는 과부하 임계값을 낮추게 하고, 동적 범위를 감소시킨다. 수퍼헤테로다인 수신기 구조는 지금까지 가장 보편적으로 사용되고 있지만, 수신기가 동조되는 원하는 신호로부터 멀리 떨어진 주파수대에 위치한 신호들의 간섭을 받기 쉽다. 여기서는 이런 주파수들을 계산하는 방법을 살펴 보았고, 필터링, 차폐, 회로 배치를 통해 이런 주파수 성분들을 피할 수 있는 방법을 고찰하였다. 실제적으로 모든 현대의 수신 장치는 디지털 논리 회로와 마이크로컴퓨터를 갖고 있기 때문에 설계자는 이 회로들로부터 수신기 프론트엔드로의 방사가 민감도를 감소시킬 수 있다는 것을 인식하고 있어야 한다.

변조 방법에 따라 다른 검파기가 요구되는데, 여기서는 근거리 통신에 사용되는 가장 보편적인 검파기들을 살펴 보았다. 데이터 비교기, 또는 신호 슬라이서는 상대적으로 간단해 보이지만, 이것의 설계는 기저대역 변조 형태에 따라 결정된다. 수신 링크에서 이런 소자들을 잘못 설계하면 민감도가 몇 dB 정도 감소될 수 있다. 송신기 불요 응답 제거뿐만 아니라, 안테나 방사 패턴에 대한 관심을 갖는 것이 최대 허용 방사전력을 얻는데 핵심이 된다. 송신기 발진기의 안정성은 협대역 채널을 채택하느냐 광대역 채널을 채택하느냐에 밀접하게 관련되어 있다.

마지막으로, 여러 가지 휴대용전력 공급원으로서 일회용 셀 배터리와 충전식 배터리의 특성을 살펴 보았다. 배터리 수명을 증가시키는 중요한 요소는 능동 소자에 공급되는 전압을 줄이는 것이다. 많은 경우에, 하나의 리튬 셀을 사용하여 전압 전환 회로나 공급 전압 조정 회로가 없어도 휴대용 장치에 요구되는 전력을 공급할 수 있다.

제 8 장

시스템 구현

근거리 무선 시스템 설계자는 시스템을 구현하는데 있어 여러 가지 접근 방법을 취할 수 있다. 이 장에서는 제조업체로부터 구할 수 있는 소자들을 사용한 세 가지 레벨의 소자 집적 방법에 대해 설명한다. 예를 들면 세 가지 레벨은 다음과 같다.

- 완전한 무선 모듈

송신기와 수신기 또는 트랜시버(transceiver)로 구성되는 완전한 시스템이다. 소형 인쇄 기판 형태로 조립되어 사용자의 메인보드에 플러그인(plug-in) 소자나 납땜 연결(solder-in) 소자로 삽입할 수 있거나, 사용자의 기저대역 시스템에 도선으로 연결되는 보드 서브 어셈블리(board sub-assembly) 형태로 삽입할 수 있다. 시스템 설계자는 안테나와 기저대역 신호 처리부를 추가해야 한다. 어떤 모듈에서는 아날로그 오디오 신호를 받아들인다고 하더라도, 기저대역 입력과 출력은 표준 디지털 레벨이어야 한다. 표준 형태나 전용 데이터 인터페이스를 갖는 모듈은 보드 내에서는 더 낮은 단계의 프로토콜 처리를 수행한다.

- 시스템 온 칩

집적 회로 형태로 구현되는 모노리식(monolithic) 무선 시스템이나 하이브리드 무선 시스템이다. 거의 모듈 형태로 완성되어 있으나, 대개는 발진기의 주파수를 결정하는 SAW 소자와 수정 소자, 대역통과 필터, 파라미터 설정과 DC 필터링을 위한 캐패시터와 저항과 같은 외부 소자들을 필요로 한다. 수신기는 원하는 RF 신호를 증폭하고 복조하며, 데이터를 디지털 형태로 출력한다. 송신기는 디지털이나 아날로그 기저대역 입력을 받아 들여서 정해진 레벨의 RF 신호를 출력한다. 물론 RF 출력과 안테나 사이에서 불요 방사 필터링이 부가적으로 요구된다. 어떤 장치의 경우에는 칩에 디지털 필터링을 포함한 기저대역 필터링을 수행하고, 수신 데이터 클럭을 재생시키는 디지털 논리 블록과 마이크로컨트롤러를 갖고 있다.

- 대규모 무선 집적 회로

기본적으로 수신기에 사용되는 RF 체인을 포함하나, 주파수 합성기, RF 프론트엔드와 같은 블록도 여기에 포함될 수 있다. 여기에서 다루지 않는 근거리 시스템 설계 방법이 두 가지 있다. 하나는 이산 소자와 소규모 IC를 사용하는 것이다. 이 방법은 초재생 수신기를 기반으로 하는 최저 비용, 저성능 설계의 경우를 제외하고는 수신기에서 거의 사용되지 않는다. 보안 시스템과 키레스 엔트리(keyless entry) 시스템을 위한 저비용 송신기는 이산 소자들을 사용하여 쉽게 설계할 수 있다.

확산 스펙트럼 변조 방식을 사용하는, 데이터율이 높은 정교한 시스템을 설계하는 경우가 다른 하나인데, 설계자는 전용 ASIC 기반 소자를 사용하여 시스템을 설계한다. 이 방법은 대량 생산을 위한 설계에 적용할 수 있다.

어떤 설계 방법을 채택할지 결정하기 전에 다음 사항들을 고려해야 한다.

- 개발 경비와 단가를 포함한 전체 비용,
- 시장 출시 시간,
- 특정한 시스템 요구 조건을 만족시키는 정도,
- 자체적인 RF 설계 능력과 개발 및 생산 시험 장비 보유 여부,
- 주 모듈이나 IC를 위해 단일 신호원을 선택함으로 해서 생길 수 있는 전원 문제.

어떤 방법을 선택하더라도, 설계에 기반을 두고 있는 소자들을 평가하고 선택하고, 적합한 코딩 프로토콜을 개발하거나 채택하고, 안테나를 설계하고, 표준과 규격에 따라 시스템을 시험할 수 있도록 준비하고, 시장에 제품을 출시하고, 소비자들을 위해 추후에 지원할 수 있는 기본 RF 노하우(know-how)를 갖춰야 한다. 세 가지 레벨 설계 기법에 의해 제작된 소자들의 예가 스펙과 특이한 특성에 대한 코멘트와 함께 다음 절들에 설명되어 있다. 선택의 중요한 파라미터인 가격은 주어져 있지 않지만, 잠재적인 소비자는 제조업체나 판매업체로부터 가격 정보를 얻을 수 있다.

민감도나 통신 범위와 같은 중요한 성능 관련 스펙은 액면 그대로 받아들이지 말고, 결정을 내리기 전에 개별적으로 검증해야 한다. 반드시 그런 건 아니지만, 일부 제조업체들은 스펙맨쉽(specmanship)에 집착하는 경향이 있는데, 그들이 주장하는 고 민감도가 명백하게 실현이 불가능하거나, 근거를 두고 있는 오류율이나 신호 대 잡음비가 같이 제시되지 않는 경우가 있다. 통신 범위에 대한 스펙은 종종 남용되는데, 다른 회사 제품들의 성능을 비교하는데 결코 사용되어져서는 안 된다. 송신기출력전력을 고려할 때는 규정에 의해 방사출력전력이 제한된다는 것과 안테나 설계에 강력하게 의존한다는 것을 기억해야 한다. 고조파의 강도와 송신기로부터의 불요 방사에 대한 발표 내용은 안테나 단자에서의 직접적인 측정에 근거를 두고 있는 것이지만, 완성된 제품에서 방사량을 측정하면 레벨이 완전히 다를 수 있다.

모듈과 시스템 IC를 만드는 대부분의 회사에서는 평가 보드와 평가 시스템을 같이 제공한다. 이들을 이용하여 비싼 비용이 드는 실수의 가능성을 줄여 보자. 다음에 제시하는 제품들을 추천하거나 특성을 보증하려는 의도는 없다. 여기에 제시되어 있는 많은 제품들은 사용하기 적합하지 않을 수 있다. 모든 정보들은 제조업체의 상품 설명서를 근거로 한다. 정확하게 기술하려고 노력하겠지만, 스펙이 바뀐 경우가 있을 수 있으

므로 신뢰할 수 있는 정보를 얻기 위해서는 제조업체와 상의해야 한다.

8.1 무선 모듈

◈ Circuit Design, 일본 (www.circuitdesign.co.jp)

이 회사는 비허가 UK 주파수대와 유럽 주파수대인 433MHz, 458MHz, 868MHz에 적합한 제품을 제공한다. 이것들은 데이터율이 낮은 경우에 최대 성능을 나타내도록 설계되어 있고, 안정된 합성 수정 발진기와 협대역 수신기를 사용한다. 모듈은 금속 케이스에 싸여 있으며, 회로 보드에 납땜을 할 수 있는 핀들이 나와 있다.

예로 든 제품과 특성은 다음과 같다.

CDP-TX-02A 송신기

- 주파수: 433MHz 대역, 25kHz 채널을 선택할 수 있는 32개의 스위치
- 변조: FSK, 2kHz의 주파수 편이
- 출력전력: 정격전력 10mW
- 최대 보율: 4800bps
- 주파수 제어: 수정 소자 제어 합성기
- 안정성: 5ppm

CDP-RX-02A 수신기

- 주파수, 안정성, 복조: 송신기와 양립함.
- 이중 변환 수퍼헤테로다인 방식
- 민감도: 12dB SINAD에서 −120dBm

◈ Radiometrix, UK (www.radiometrix.co.uk)

이 회사는 비허가 UHF 대역에서 흔히 사용되는 송신기, 수신기, 트랜시버 모듈을 제공한다. 케이스 형태, 성능, 기저대역 기능에 따라 다른 제품들을 제공한다. 한 예는 BiM2-433 트랜시버 모듈이다. 5V (표준)나 3.3V의 정격 전원 전압에서 동작한다. 모듈은 차폐되어 있고, 메인보드에 납땜을 해서 사용하거나, 플러그인 할 수 있다. 그림 8-1을 보기 바란다. 다음은 주요한 특성들이다.

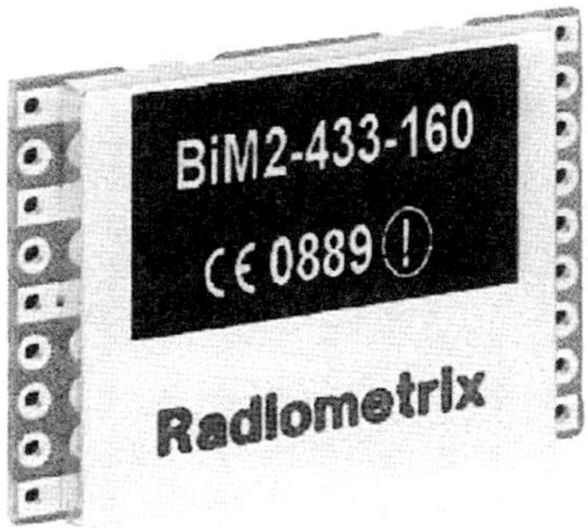

그림 8-1 Radiometrix BiM2 433-MHz 모듈

- 정격 주파수: 433.92MHz, SAW 소자 제어 방식
- FSK 변조, 최대 데이터율: 160kbps
- 송신기출력전력 (5V 전원): +10dBm 표준
- 수신기 민감도: 160kbps와 BER = 1×10^{-6}에서 −90dBm
- 반송파 검파출력
- 논리 레벨과 아날로그 수신기출력
- Tx/Rx 안테나 스위치 내장
- 모듈 크기: 33mm × 23mm × 4mm
- R&TTE 권고안에 부응하는 시험 통과

BiM2는 RS-232 형태의 데이터를 받아 들이고 출력하는 내장형 기저대역 신호처리기를 갖는 SpacePort 모뎀의 RF부로 사용된다. 이 소자는 사용자에 의해 호스트 데이터율을 600bps~115200bps의 범위 내에서 설정할 수 있고, 점 대 다점(point-to-multipoint) 네트워킹을 위한 어드레싱과 듀티 사이클(duty cycle) 제어를 위한 유효출력(throughput) 규제를 포함한 특성들을 설정할 수 있다. 모듈 제어기는 전송 프레임 형성, 오류 검출, 잘못 수신된 패킷의 자동 재전송 등의 기능을 갖는다. 케이스 크기는 BiM2-433보다 약간 큰데, 39mm × 23mm × 6.5mm이다.

◈ Linx, U.S.A. (www.linktechnologies.com)

Linx에서는 다양한 RF 데이터 모듈을 여러 가지 가격과 성능 대에 걸쳐 제공한다. 이 회사는 휩 안테나(whip antenna)와 보드 탑재 나선 안테나도 제공한다. LC 계열 소자들은 제품 회로 보드에 자동으로 삽입하도록 설계된 SMD 형태의 작은 모듈들이다. 기본적인 특성은 다음과 같다.

- ASK 변조
- 표준 UHF 주파수대에서 SAW 소자에 의해 안정화된 송신기와 수신기
- 수퍼헤테로다인 수신기
- 5000bps까지의 데이터율

또한 400MHz의 표준 UHF 주파수대에서 동작하는데, RM 계열 소자는 PC 보드 모듈 형태로 제공되며, LC 계열 소자보다 동작 범위가 넓다. RM 계열 소자는 SAW 소자 제어를 사용하지만, FSK 변조를 채택하고 데이터율이 10000bps까지 지원된다.

Linx의 가장 성능이 좋은 소자인, HP 계열 소자들은 902MHz~928MHz의 대역에서 동작한다. 이 소자들은 수정 소자 제어 합성기와 8개의 스위칭이 가능한 주파수를 갖는 PC 보드 모듈이다. 특별한 특성은 다음과 같다.

- 900MHz 대역에서 8개의 스위칭이 가능한 주파수
- 아날로그 신호원이나 디지털 신호원으로부터의 주파수 변조
- 듀티 사이클의 제한없이 300bps~50,000bps의 데이터를 받아 들이는 수신기의 디지털 데이터출력 회로
- 신호가 없거나 신호가 너무 약해서 정확한 복조를 할 수 없을 때 출력을 차단하는 수신기 데이터 제한 회로

◈ Adcon Telemetry (Austria) (www.adcon.com)

868MHz~870MHz의 유럽 비허가 주파수 대역에서 사용되는 Adcon의 addLINK™ 트랜시버 모듈은 그림 8-2에 표시한 것처럼 패키지의 일부로 내장 안테나를 갖고 있는 점에서 다른 소자들과 구분된다. 이 소자에는 TTL 레벨에서 직렬 RS-232 데이터와의 인터페이스를 프로그램해주는 마이크로컨트롤러가 있고, 지원 가능한 데이터율이 1200baud~38,400baud이다. 다른 특성은 다음과 같다.

- DC 전원: 3V~5V
- RF 출력전력: 0dBm~7dBm
- 중심 주파수: 869.85MHz
- 민감도: −101dBm

그림 8-2 내장 안테나를 갖는 Adcon addLINK 트랜시버

- 크기: 21mm × 38mm × 7mm

이 회사는 완전한 패키지 형태의 데이터 모뎀과 PC 보드 형태의 다양한 트랜시버를 제공하고 있는데, 북미 902MHz~928MHz 대역의 확산 스펙트럼 소자와 무선 통신 제품들이 여기에 포함된다.

◈ Honeywell International (www.ssec.honeywell.com)

이 회사는 915MHz, 2400MHz ISM 대역용의 "Radio on a Chip" 트랜시버와 915MHz 용의 모듈을 제공한다. HRF-ROC09325XMS 모듈은 크기가 23mm × 23mm × 4.5mm인 SMT 형태로 제공된다. 전원 전압은 2.8V에서 3.3V까지 다양하며, 대기 전류는 5μA 이내이다. 호스트 마이크로컨트롤러와 주변 소자 간의 데이터 통신과 제어는 3선 SPI (직렬 주변장치 인터페이스) 버스를 통해서 행해진다. 다른 특성으로는 주파수 이동(frequency agility), 6dBm까지의 송신기전력, 19.2kbps에서 −70dBm보다 좋은 수신기 민감도 등이 있다.

◈ MK Consultants (UK) (www.mkconsultants.co.uk)

그림 8-3에 표시된 X2010 트랜시버 모듈은 433MHz, 868MHz, 915MHz 대역에서 사용된다. 수정 소자 제어 방식을 채택하고, 고민감도 수신기를 위해 협대역 필터를 사용한다. 주요한 특성은 다음과 같다.

- 전원 전압: 5V
- 데이터율: 10kbps까지 지원
- 수신기 민감도: 아날로그출력 기준으로 12dB SINAD에서 −112dBm
- 이미지 제거: 50dB
- 송신기출력전력: 1mW
- 주파수 변조
- 디지털/아날로그 수신기 데이터출력이나 음성출력
- 반송파 검파와 RSSI 출력

이 회사에서는 모듈 PC 보드에 루프 안테나가 장착된 X2011을 제공한다. MK Consultants에서는 비허가 UHF 주파수 대역에서 사용되는 다양한 송신기 모듈과 수신기 모듈을 제공한다.

그림 8-3 MK Consultants X2010 UHF 트랜시버

◈ Bluechip, Norway (www.bluechip.no)

핀의 구조가 동일하고, 크기가 25mm × 25mm × 3.4mm인 3개의 차폐된 모듈인

RFB433, RFB868, RFB915이 각각 잘 알려진 433MHz, 868MHz, 915MHz의 대역을 지원한다. 패키지는 표면 장착(SMT) 형태이다. 5개의 I/O 선을 통해 마이크로컴퓨터와 연결되고, 주파수 합성기는 FHSS 방식으로 제어된다. 출력전력은 10dBm이고, 수신기 민감도는 433MHz에서 −105dBm, 그 이상의 대역에서는 −104dBm이다. 모듈 데이터율은 19.2kbps이고, 맨체스터 방식으로 인코딩되며, 사용자 데이터율은 9.6kbps이다.

8.2 시스템 온 칩(Systems on a Chip)

◈ Micrel, U.S.A. (www.micrel.com)

Micrel은 외부에 안테나, 세라믹 공진기, 2개의 캐패시터, 5V DC 전원만을 연결하여 사용할 수 있는, 집적회로 형태의 무선 수신기의 변형들을 제공한다. 소자들은 ASK 신호를 수신하고, 비허가 무선 통신용 대역인 300MHz~440MHz, 868MHz, 900MHz 대역에서 동작한다. 이 저가의 모듈이 초재생 수신기를 대체할 수 있는데, 주파수 편차는 ±0.5%이지만 SAW 소자와 수정 소자 제어 송신기를 사용하여 더 좋은 성능을 발현할 수 있다. 수신기는 동적 범위가 좋은 AGC가 장착된 단일 변환 수퍼헤테로다인 수신기이다. 칩 상에서 후검출 데이터 필터링이 행해지며, 시스템 설계자는 데이터율에 따라 필터 대역폭을 선택할 수 있다.

그림 8-4는 387MHz에서 동작하는 Micrel MICRF001 송신기 칩의 개략도이다.

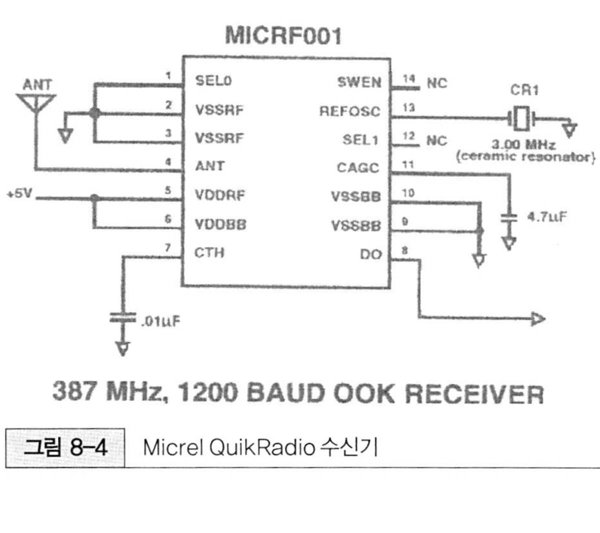

그림 8-4 Micrel QuikRadio 수신기

Micrel에서는 700MHz~1100MHz 대역과 300MHz~600MHz 대역용의 MICRF500 트랜시버와 MICRF501 트랜시버도 제공하고 있다. 이들은 FSK 방식을 채택하고, 데이터율은 128kbps까지 지원되며, 수정 소자에 의해 제어되는 주파수 합성기를 갖는다. 안테나 스위칭은 칩 밖에서 행해진다. 수신기는 IF단이 필요없는 구조이며, 채널 대역폭이 칩 상에 집적된 프로그램이 가능한 저역통과 필터에 의해 결정된다.

◈ RF Monolithics, U.S.A. (www.rfm.com)

이 장에서 언급된 수신기들과는 다르게 RFM은 수퍼헤테로다인 방식을 채택하지 않는 제품을 제공한다. 이 회사의 특허로 등록된 ASH 수신기는 SAW 필터를 사용하여 동조된 무선 통신 설계에 적합한 정도의 민감도를 제공한다. 보다 자세한 내용은 6장을 참조하기 바란다. 외부 연결 방법은 그림 8-5에 표시되어 있다.

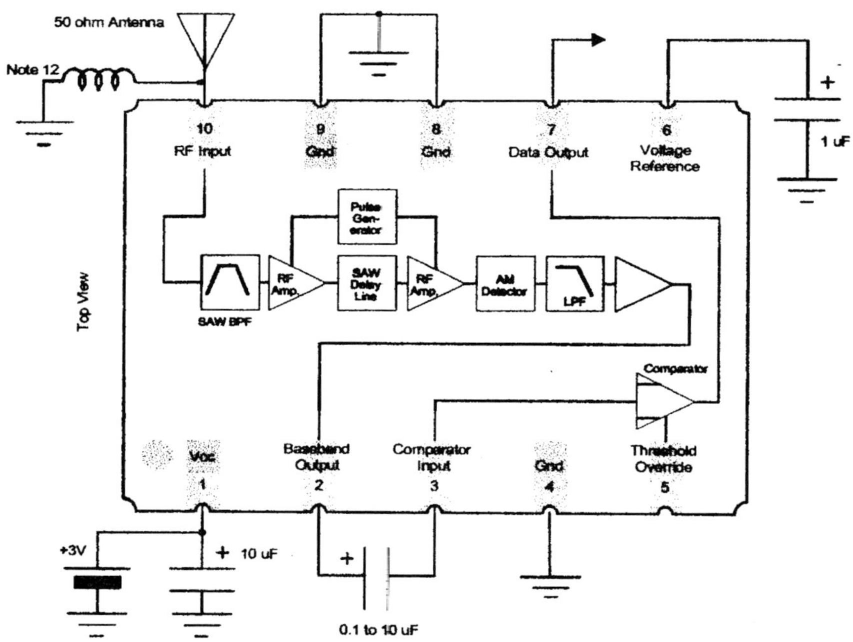

그림 8-5 RFM ASH 수신기 연결 방법

RFM ASH 수신기 제품의 또 하나의 차이점은 주파수를 결정하는 소자인 SAW 필터가 (RF 발진기가 없다) SMD 패키지에 포함되어 있다는 것이다. 시스템 설계자는 외부 공진기 (다른 제품에서는 SAW 소자, 수정 소자, 세라믹 소자)의 주파수를 결정할 필요가 없기 때문에, RFM은 303MHz~916MHz의 비허가 UHF 주파수 대역에서 널리 사용되는 다양한 제품을 제공한다. 부품 번호는 주파수뿐만 아니라 115,000bps까지의 데이터율과 관계가 있다.

ASH 설계를 채택한 수신기는 다음과 같은 특성을 제공한다.

- RF 발진기가 없어서 RF 방사가 없다.
- 통과대역 밖에서의 높은 간섭 제거 기능이 있어서 이미지 주파수가 없다.
- 3V 전원에서 보통 1.1mA의 낮은 동작 전류가 흐른다.
- 외부 소자가 거의 없다.
- 동조 회로가 필요없다.

RFM은 내장된 SAW 필터 소자들을 공유하는 ASH 수신기와 송신기를 기반으로 하는 다양한 트랜시버를 제공한다. 트랜시버는 단일 소형 SMD 패키지 형태로 제공된다.

◈ Atmel Corporation (www.atmel.com)

Atmel의 AT86RF211 트랜시버 칩은 외부 마이크로컴퓨터로 제어할 수 있는 가변성이 좋은 구조를 갖는다. 주파수 범위가 400MHz~950MHz이어서 매우 일반적인 비허가 대역에서 사용할 수 있다. 주요 특성은 다음과 같다.

- 변조: FSK
- 주파수 제어: 수정 소자 기준 합성기 - 주파수 도약(frequency agility) 지원
- 데이터율: 64kbps까지 지원
- RF 전력: 433MHz에서 14dBm까지 가변
- 내부 안테나 스위치
- 수신기 구조: 이중 변환 수퍼헤테로다인 방식
- 수신기 민감도: 4800bps, BER = 1%에서 −105dBm
- 낮은 평균 전력을 소모하는 수신기 기동(wake-up) 특성
- 전원 전압: 2.4V~3.75V

Atmel은 264MHz~456MHz 대역에서의 송신기 칩도 제공한다. 이 소자는 사용자가 프로그램할 수 있는 마이크로프로세서가 내장되어 있어서 전체적인 송신기를 단 하나의 칩으로 구현할 수 있고, 최소한의 외부 소자를 사용한다. ASK 변조가 사용되고 출력전력은 6dBm까지 조정할 수 있다.

◈ Nordic VLSI ASA, Norway (www.nvlsi.no)

Nordic의 단일 칩 무선 송신기와 수신기는 실제적으로 모든 비허가 VHF 대역인 315MHz, 433MHz, 868MHz, 2400MH에서 사용할 수 있다. 모델 nRF903 트랜시버의 특성은 다음과 같다.

- 주파수 대역: 433MHz, 868MHz, 915MHz
- 변조: GFSK (가우시안 주파수 변조)
- 최대 데이터율: 76.8kbps
- 발진기 제어: 수정 소자 기준 주파수 합성기
- RF 전력: 최대 10dBm
- 안테나 스위치: 차 신호 단자와 함께 내장
- 데이터 I/O: 양방향성 데이터, 캐리어 센스(carrier sense) 방식
- SPI를 통한 마이크로컴퓨터 제어
- Rx 구조: 슈퍼헤테로다인 방식, 이미지 제거 첫 번째 믹서, 두 번째 IF 주파수 10.7MHz
- 전원 전압: 2.7V~3.3V

그림 8-6은 nRF903의 기능 블록도이다.

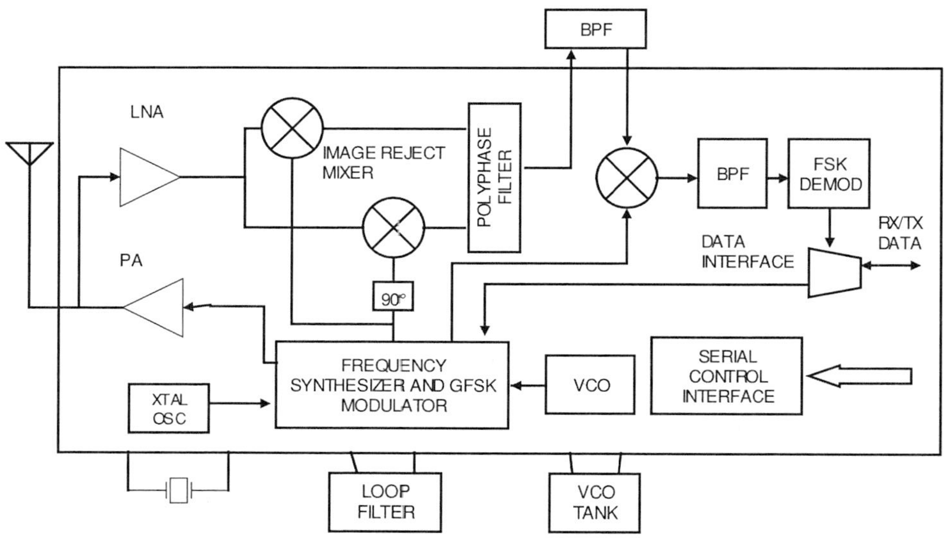

그림 8-6 Nordic nRF903 트랜시버

Nordic에서는 2.4GHz에서 동작하는 nRF2401 트랜시버와 nRF2402 송신기를 제공한다. 이것들은 저가의 저전류 주변 장치와의 상호 연결을 위해 설계된 것이며, FHSS 시스템에 적합하다. 데이터율은 1Mbps까지 지원되고 변조 방식은 GFSK이다. 전송 동안의 전류 소모량을 줄이기 위해서 회사에서 "ShockBurst"라 부르는 기술을 도입하여, 클럭을 조정하여 전송될 데이터가 낮은 데이터율을 갖도록 한 다음에, 그것을 높은 데이터율을 갖는 버스트(burst) 형태로 송신한다. 또 다른 특성은 트랜시버의 이중 수신기 구조인데, 8MHz 떨어진 두 개의 채널로부터 신호를 동시에 받아서 두 개의 분리된 기저대역 포트에서 데이터를 출력시킨다.

◈ Melexis, Germany (www.melexis.com)

Melexis 송신기, 수신기, 트랜시버는 315MHz, 433MHz, 868MHz, 915MHz 대역에서 동작한다. Melexis 수신기의 예로는 868MHz나 915MHz에서 동작하는 TH71112가 있다. 이것은 이중 변환 방식을 채택하고, FSK 신호나 ASK 신호를 복조할 수 있다. 국부 발진기는 수정 소자 기준 신호기와 내부 VFO로부터 고정식 분주기를 갖는 PLL에 기반을 둔다. 단일 동작 주파수는 수정 소자의 기준값에 의해 결정되며, 여태까지 살펴보았던 수신기들과 다르게, 결합되어 있는 마이크로컴퓨터와는 무관하게 동작한다. 제조업체가 주장하는 민감도는 대역폭이 40kHz인 두 번째 IF 필터를 사용하고, FSK 주파수 편이가 8kHz이며, BER $= 3 \times 10^{-3}$인 경우에 -109dBm이다. 다른 모델인 TH71111은 단일 변환 방식을 채택하는 TH71112의 변종으로 필요한 외부 소자의 개수가 더 적지만, 협대역 장치에 사용되는 경우에 이미지 제거 성능이 떨어진다.

TH72031은 868MHz나 915MHz 대역에서 사용할 수 있는 FSK 송신기이다. 원하는 신호의 1/32인 PLL 기준 발진기 주파수에 의해 채널을 선택할 수 있다. 전원 선택 핀에 연결되는 저항값이나, 전원 선택 핀에 인가되는 전압을 바꿔 주면 출력전력을 8.5dBm까지 조정할 수 있다. 핀이 8개인 SMT 형태로 제공된다. UHF 대역에서 사용할 수 있는, FSK나 ASK 변조 방식을 채택하는 송신기도 있다.

◈ Chipcon, Norway (www.chipcon.com)

Chipcon은 300MHz~1000MHz의 비허가 주파수 대역에서 사용할 수 있는 트랜시버와 송신기를 제공한다. 소자들은 정교한 주파수 제어, 디지털 주파수 변조와 복조, 비트 동기화, 송신기와 수신기 파라미터 변경을 위한 상대적으로 높은 수준의 디지털 논

	CC1000 Transceiver	CC1010 Transceiver	CC1020 Transceiver	CC1050 Transceiver
Distinguishing characterstic	Low-supply voltage and current	Built-in microcontroller core	Narrow-Band and high sensitivity	Transmitter only
Supply voltage	2.1 to 3.3V	2.7 to 3.6V	2.3 to 3.6V	2.1 to 3.6V
Supply current	7.4 mA in Rx mode	13.1 mA in Rx mode	17.3 mA in Rx mode	9.1 mA at Rx mode
Programmable output power	-20 to 10 dBm	-20 to 10 dBm	-20 to 10 dBm	-20 to 12 dBm
Best sensitivity	-110dBm	-107dBm	-121dBm	—

리 회로를 포함한다. 그림 8-7은 CC1020 트랜시버의 블록도이다. 다음 표는 선택된 모델들의 대표적인 특성을 나타낸다.

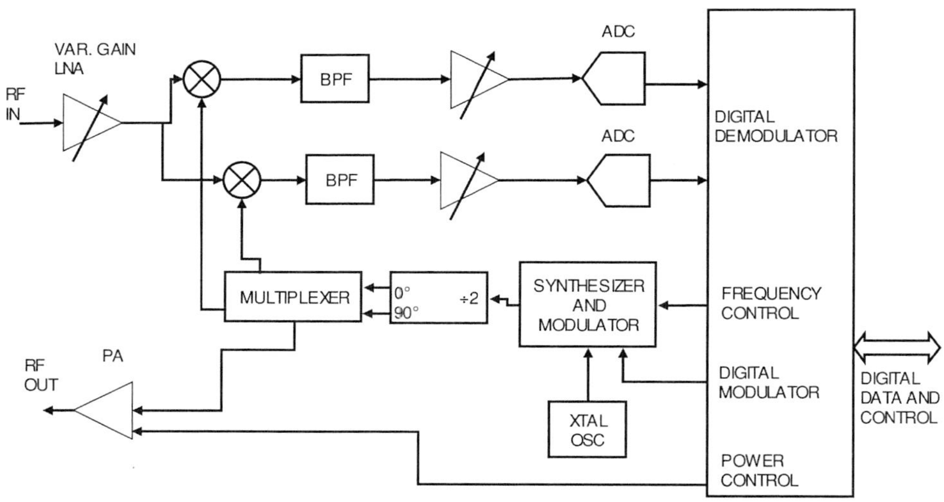

그림 8.7 Chipcon CC1020 협대역 트랜시버

◈ Xemics, Switzerland (www.xemics.com)

Xemics는 비허가 UHF 대역에서 제공하는 두 개의 무선 데이터 통신용 트랜시버를 제공한다. XE1201A는 북미와 유럽의 낮은 쪽 UHF 대역인 300MHz~500MHz에서

동작한다. XE1202는 868MHz 대역과 915MHz 대역에서 동작되도록 최적화되어 있지만, 433MHz 대역에서도 사용할 수 있다. 두 소자 모두 IF단이 없고, 디지털 FSK 변조와 검파를 사용한다. XE1202의 특성은 다음과 같다.

- 민감도: −116dBm
- 주파수 편이값을 프로그램할 수 있는 연속 위상 FSK 변조
- 데이터율: 76.8kbps까지 지원
- 25kHz 채널을 위한 협대역 동작 가능
- 주파수 합성기 단계(step): 500Hz
- 수신된 데이터 패턴 인식
- 수신된 데이터 비트 동기
- 출력전력: 15dBm까지 프로그램할 수 있음.
- 최소 전원 전압: 2.4V

◈ RF Waves (www.rfwaves.com)

이 회사는 2.4GHz 대역에서 사용할 수 있는 반이중(half-duplex) 통신용 칩셋(chip set)과 모듈을 제공한다. RFW102 트랜시버와 RFW302 트랜시버가 지원하는 순수 데이터율(raw data rate)는 각각 1Mbps와 3Mbps이다. 둘 다 DSSS를 사용하고 중심 주파수가 2440MHz이며, 20dBm 감소되는 곳까지 고려한 대역폭이 30MHz이다. 칩셋은 모든 무선 기능과 제어 기능을 갖는 RF 집적 회로, SAW 상관기, SAW 공진기 등의 3개의 소자를 포함한다. 시스템 구조는 특이하다. 동작 원리는 그림 8-8에 표시되어 있다. 488MHz에서 SAW 공진기로 제어되는 발진기에서 트랜시버에서 사용하는 주파수들을 공급한다. 송신기와 수신기의 믹서 국부 발진기 입력은 4배 승산기(× 4 multiplier)의 출력인 주파수가 1952MHz인 신호이다. SAW 상관기는 정합 필터이다. 488MHz의 짧은 펄스에 의해 여기되면 13칩 바커(Barker) 코드 이진 시퀀스(sequence)와 일치하는 750ns의 위상 변조된 칩 시퀀스가 출력된다. 이 488MHz의 버스트가 증폭되고 믹서에서 상향 변환되어 1952 + 488 = 2440(MHz)의 신호가 안테나에 인가된다. 여기 펄스(exciting pulse) 자체는 소자에 따라 데이터율이 1Mbps 또는 3Mbps인 (칩 시퀀스를 효율적으로 진폭 변조하는), 데이터 비트에 의해서 제어된다. 수신부에서는 이 시퀀스를 증폭하고 이미지 제거 믹서에서 488MHz IF 신호로 하향 변환시키 후에, 다시 증폭해서 SAW 상관기에 인가한다. 출력단에서는 RF 펄스의 피크를 검출되고 판

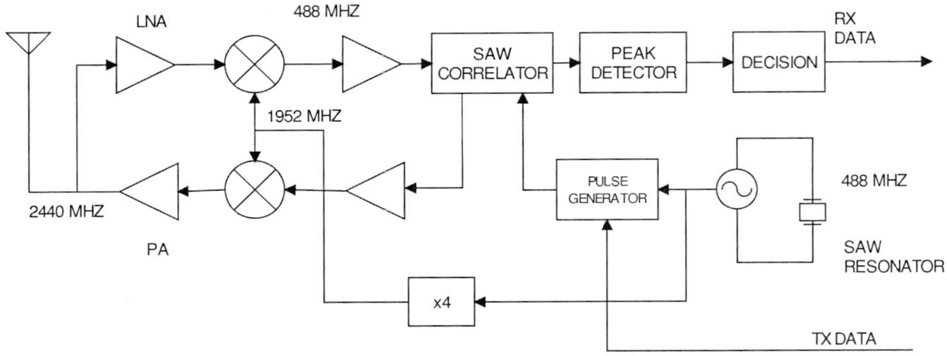

그림 8-8 RF Waves 2.4GHz 확산 스펙트럼 트랜시버

정 회로에서 디지털 데이터로 변환된다.

RF Waves에서는 고민감도 (BER = 10^{-4}에서 -87dBm), 높은 동적 범위, 저전력 소모를 주장한다. 출력 피크전력은 10dBm이다. 칩셋 이외에 제조업체는 인쇄 기판에 루프 안테나가 내장된 모듈을 제공한다.

◈ Micro Linear (www.microlinear.com)

이 회사는 915MHz, 2400MHz, 5800MHz의 비허가 ISM 대역에서 사용할 수 있는 트랜시버 칩을 제공한다. ML2722, ML2724, ML5800의 구조는 비슷하며, 이미지 제거

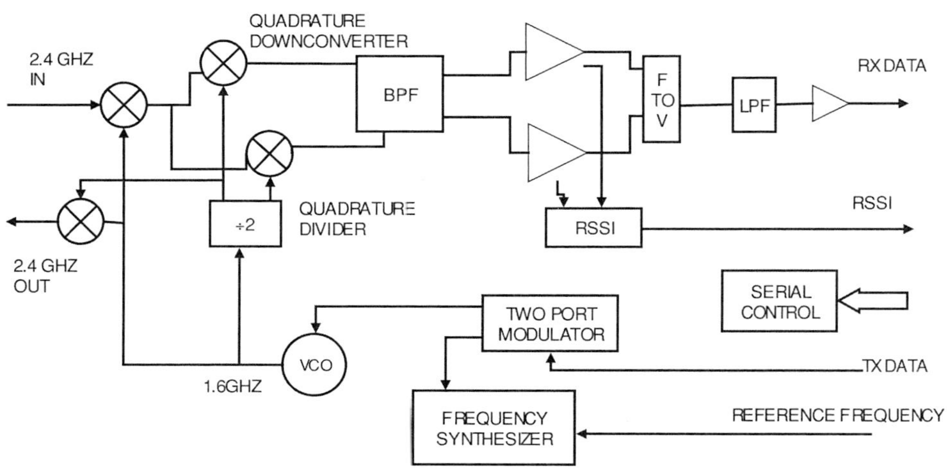

그림 8-9 Microlinear ML2724 2.4GHz 트랜시버

믹서가 있는 낮은 IF 수신기에 기반을 두고 있다. *N*-분수형(fractional-*N*) 합성기가 국부 발진기를 제어하여 송신기에서의 정확한 FSK 변조를 가능하게 해준다. 데이터율은 1.5Mbps이고, FHSS 방식과 DSSS 방식 모두를 채택한다. 소자들은 내부 필터를 자동적으로 조정해주고, 외부 필터를 필요로 하지 않는다. 그림 8-9는 2.4GHz ML2724의 블록도이다.

◈ Maxim (www.maxim.com)

Maxim의 MAX1470은 이미지 제거 믹서가 있는 민감한 ASK 수신기이다. 315MHz 대역에서 동작하도록 최적화되어 있지만, 433MHz 대역을 포함하는 250MHz~500MHz 대역에서 사용할 수 있다. 전원 전압은 3V~3.6V이고, 동작 전류는 5.5mA이다. 데이터 슬라이서와 능동 필터 op 앰프 , 판단 임계값을 빠르게 찾아가기 위한 피크 검출기가 집적되어 있다. 내부 PLL과 VCO에서는 국부 발진기 주파수가 기준 수정 주파수의 64배가 되도록 해준다. 이 소자는 주파수가 315MHz이고, BER $= 2 \times 10^{-3}$ 이며, 데이터율이 4kbps인 경우에 평균전력 기준으로 민감도가 -115dBm이라고 한다. 수신기 블록도가 그림 8-10에 표시되어 있다. 이에 대응하는 ASK 송신기 칩인 MAX1472도 제공된다. 300MHz~450MHz 대역에서 사용할 수 있고, 수정 소자에 의해 제어되며 (외부저항에 의해 조정되는), 최대 출력전력이 10dBm이다.

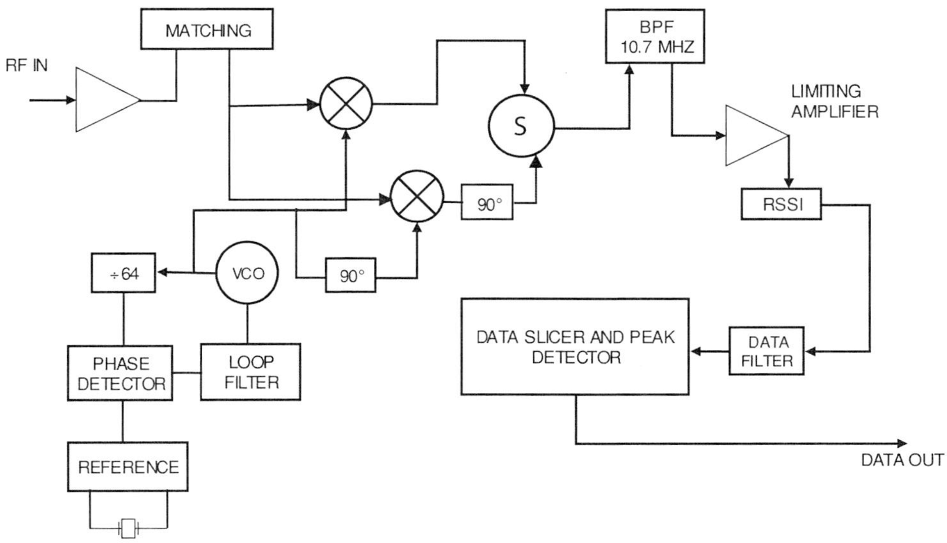

그림 8-10 Maxim MAX 1470 ASK 수신기

8.3 대규모 부시스템

다음 3개의 예는 IF 증폭기 부시스템(subsystem)에 관한 것이다. 이들은 잡음 지수가 작은 이산적인 프론트엔드가 추가되는 경우 고성능, 근거리 통신 시스템을 구현하기 위해 사용된다. 소자에 따라 이미지 제거 능력을 제고하기 위해 고주파수 첫 번째 IF 단이 필요할 수 있다. 검파 후에 IF 부시스템 칩을 온/오프(ON/OFF)하느냐에 따라, 시스템 설계자는 수신자가 원하는 신호 특성에 맞춰진 기저대역 필터와 데이터 변환기를 추가시킨다.

근거리 무선 통신에 사용되는 또 다른 부시스템으로 LNA와 믹서로 구성되는 수신기 프론트엔드와 주파수 합성기가 있다. 송신기의 경우에는 상향 변환기와 전력 증폭기 IC 모듈을 생각할 수 있다.

◈ Philips (www.semiconductor.philips.com)

NE615 IF증폭기는 Philips가 개발해서 아날로그 셀룰라 무선 통신에 널리 사용되고 있는 소자 중의 하나이다. 이것은 500MHz까지의 입력을 받아들일 수 있는 믹서, 국부 발진기 트랜지스터, IF 증폭기, 대역폭을 25MHz까지 제한시키는 리미터, 직교 FM 검파기, 무음 스위치로 구성된다. 수신 신호 강도 지시기(RSSI) 회로는 신호 강도에 비례하는 전류를 출력한다. 이 출력이 ASK 검파기로 사용될 수 있다. 그림 8-11은 NE615

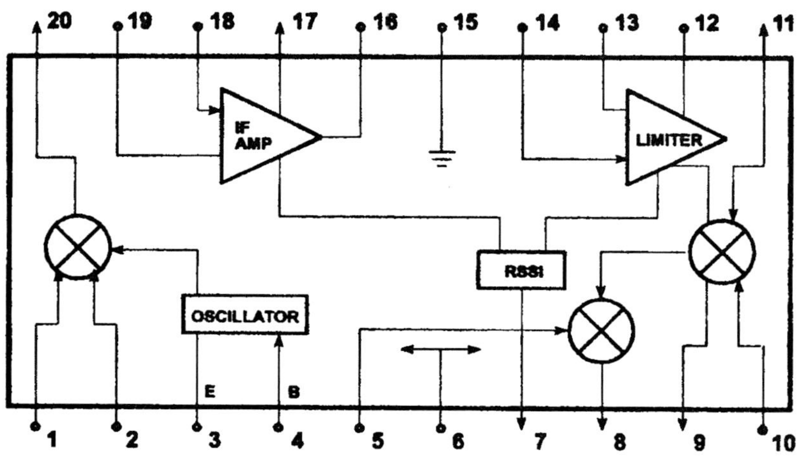

그림 8-11 Philips NE615 IF 증폭기의 블록도

의 블록도이다. 보다 자세한 정보를 원하면 참고문헌 4를 보기 바란다.

◈ Analog Devices (www.analog.com)

Analog Device의 AD608IF 부시스템은 NE615와 특성이 비슷하다. 믹서 입력은 500MHz까지의 신호를 받아 들이고, IF 대역폭은 455kHz와 10.7MHz의 표준 IF에 적합하다. NE615와는 다르게 AD608은 FM 변조나 FSK 변조를 위한 직교 승산기를 내장하고 있지 않다. ASK 복조를 위해서 사용할 수 있는 RSSI 출력은 전압 신호원이다. AD608은 시스템에서 신호를 수신하지 않을 때 전류 소모량을 매우 적게 해주는 전력강하(power-down) 단자를 갖고 있다.

NE615와 AD608의 스펙을 비교해보면, NE615의 경우에는 입력 주파수가 45MHz이고 IF 주파수가 455kHz이며, AD608의 경우에는 입력 주파수가 100MHz와 240MHz이고 IF 주파수는 10.7MHz이다. 상이한 조건에서의 동작에 대한 정보는 참고 자료(application note)를 참조하기 바란다.

◈ Maxim (www.maxim.com)

특별한 기저대역 신호처리를 해야 하거나, 비표준 통신 주파수에 적합한 하향 변환기와 IF단을 필요로 하는 시스템 설계자에게는 위에서 언급한 것처럼 트랜시버 전체를 하나의 칩에 구현하는 것은 적절하지 않다. Maxim은 상향 변환기와 하향 변환기, 고이득 IF 증폭기, 리미터를 포함하고 있지만, 복조기는 없는 두 종류의 트랜시버 칩을

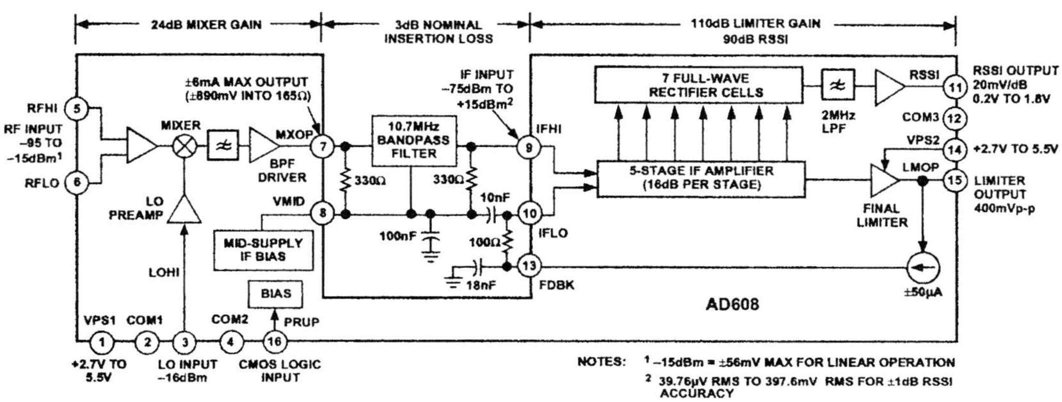

그림 8-12 Analog Devices AD608 IF 증폭기의 기능 블록도

제공한다. MAX2510은 100MHz~600MHz의 주파수에서, RF 신호와 첫 번째 IF 신호를 받아 들이고, 30MHz까지의 주파수에서 제한된 IF 신호를 출력한다. 리미터와 RSSI 출력은 90dB의 동적 범위를 제공한다. 송신기는 어떤 형태의 변조 방식에도 적합하도록 위상이 다른 2개의 입력을 받아 들일 수 있고, 40dB의 이득 제어가 가능하고 1dBm의 출력전력을 갖는다. MAX2511은 비슷한 수신기출력을 갖지만, 송신기와 수신기 모두 이미지 제거 믹서를 사용하며, RF 입력과 출력이 200MHz~440MHz의 보다 제한된 주파수 대역에 위치하고, IF 주파수가 8MHz~13MHz이다. 두 개의 소자 모두 수신기출력을 아날로그/디지털 변환기와 디지털 필터링과 복조를 해주는 디지털 신호처리기(DSP)에 쉽게 연결할 수 있다.

8.4 요약

이 장에서는 근거리 무선 시스템을 개발하는 시스템 설계자가 사용할 수 있는 소자들에 대해서 설명하였다. 여기에 언급된 소자 이외에도 설계자의 요구에 보다 부합되는 소자들이 있다. 대부분의 회사들에서 제공하는 참고 자료(application note)와 데모 보드는 설계자가 사용할 소자를 선택하는데 도움을 주고, 설계 자체에도 도움이 된다. 다양한 표준 소자들을 구할 수 있어서 설계가 매우 간단해지고 시장 출시 시간을 짧게 해주지만, 시스템 설계자는 적절한 인터페이스 소프트웨어와 통신 프로토콜을 제공해야 하며, 제품이 판매되는 시장에서 형식 승인을 받을 책임이 있다.

제 9 장

규정과 표준

대부분의 근거리 무선 장치는 비인가 장치로 분류된다. 이것은 장치를 사용하기 위해 허가를 받을 필요가 없다는 의미이다. 그러나, 대부분의 경우에 장치들을 시장에 출시하기 전에 관계 당국으로부터 허가를 받을 필요가 있다. 이런 허가는 나라마다 다른데, 한 나라에서의 승인 조건에 맞는 장치가 다른 나라에서의 승인 조건에 맞지 않을 수 있다. 승인 조건의 차이는 주파수 대역, 송신기전력, 불요 방사에 대한 제한 사항, 측정 기술 등에 대한 것이다.

무선 통신 규제의 관점에서 보면, 세계는 그림 9-1에 표시된 것처럼 3개의 지역으로 구분된다. 국제 협약에 의해서 이 지역들에서의 주파수가 배정되지만, 같은 지역 내에서도 모든 국가는 자치권이 있기 때문에 무선 방출을 규제하는 자체 규정과 승인 절차를 구비하고 있다. 일반적으로 말해서 비슷한 장치들이 미국, 캐나다, 다른 미주 국가들에서 팔리지만, 유럽 시장에 팔기 위해서는 이 장치들을 변형시켜야 한다. 이 장에서는 미국과 유럽의 무선 통신 규정에 초점을 두고 살펴 보기로 하자.

무선 장치의 통신 품질에 대한 필수 규정 외에, 전자파를 방출하는 장치들 간의 간

Federal Communications Commission **§ 2.105**

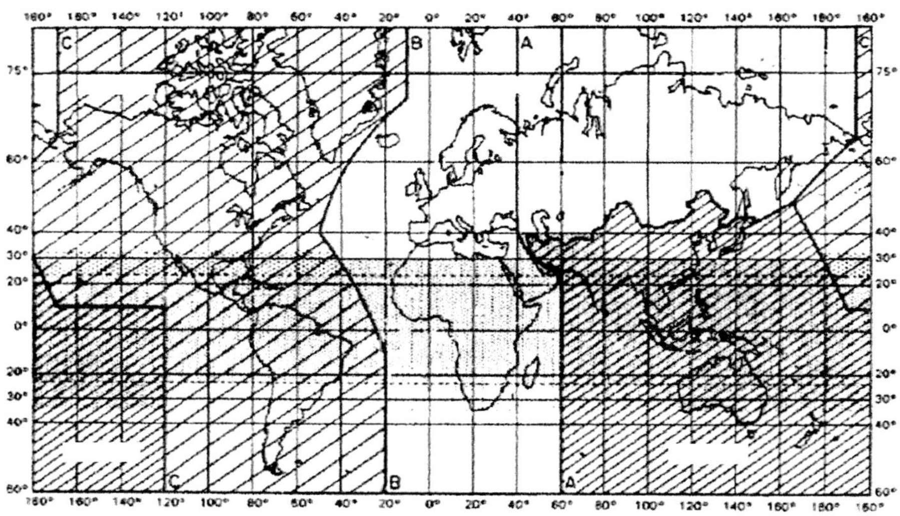

The shaded part represents the Tropical Zone as defined in Nos. 406 to 410 and 411

Figure 1. Chart of the International Regions and Zones as defined in the International Table of Frequency Allocations. [Note: The shaded part represents the Tropical Zone as defined by § 2.104b)(4).]
[49 FR 2373, Jan. 19, 1984, as amended at 54 FR 49981, Dec. 4, 1989; 61 FR 15384, Apr. 8, 1996]

그림 9-1 무선 스펙트럼 할당을 위해 세계를 3개의 지역으로 구분한 지도

섭을 국내외적으로 제한하는 규정도 있다. 그런 중요한 규정 중에는 EC의 EMC 규정집이 있다. EC에서 무선 장치를 팔려면 방사전력에 의한 간섭이 없음과 다른 장치에서의 방사에 의한 오작동이 없음을 검증받아야 한다.

개개의 국가에는 필수적이지 않은 표준도 있는데, 이것은 제품을 팔기 위한 선결 조건은 아니지만, 어느 정도 소비자들의 관심을 끌 수 있을 정도로 영향을 주는 것이다. 이런 표준들은 소비자들의 관심을 염두에 두고 있는 단체들에 의해 승인되어진다. 예를 들면, 미국의 UL(Underwriters Laboratories)과 영국의 NACOSS(National Approval Council for Security Systems)가 있다. 무선 송신 장치를 개발하려고 하는 사람들은 설계의 초기 단계에서 그것을 팔고자 하는 나라의 특정한 규정에 맞는지 고려해야 한다. 규정은 시대에 따라 변하므로, 관련된 공식 문서를 통해 권위있는 최신 정보를 얻어야 한다.

9.1 FCC 규정

FCC(Federal Communications Commission) 규칙과 규정의 47장에는 무선 통신 장치를 위한 요구 조건들을 제시하고 있다. 이 요구 조건들은 기술적인 것과 행정적인 것 모두를 포함한다. 47장은 파트(Part)별로 나누어져 있는데, 각각의 파트는 특정한 종류의 장치에 대해 기술하고 있다. 관심있는 대부분의 근거리 장치들은 파트 15에 기술되어 있는데, 저전력, 비인가 장치에 대한 요구 조건들을 자세히 설명하고 있다. 근거리 무선 장치와 관련된 다른 장들도 살펴 보겠는데, 그 중에는 승인을 받아야 하는 장치들에 대한 것도 있다. 우선적으로 다른 파트들과 관련된 정보를 기술하고 있는 파트 2에 대해서 살펴 보자.

◈ 파트 2 – 주파수 할당과 무선 협정에 대한 사항; 일반적인 규칙과 규정

2.1절에서 FCC 규칙을 설명하는데 사용된 용어와 정의들을 언급하였다. 근거리 무선 장치의 요구 조건들을 해석하는데 있어 중요한 것들을 Appendix 9-A에 정리하였다.

서브 파트(Subpart) B - 무선 주파수의 배정, 할당, 사용에 대한 내용이 파트 2의 대부분을 차지한다. 9kHz~400GHz 범위의 주파수를 다양한 사용자 등급에 따라 할당한 것이 표의 형태로 제시되어 있다. 이 표는 3개로 나누어진 세계 지역에서의 주파수 사용을 포함하고 있고, 각각의 사용자 등급에 관련된 파트 번호도 같이 기술하고 있다.

서브 파트 C는 방출, 변조, 전송 특성들의 정의와 관련된 명명법을 기술하고 있다. 여기에서는 대역폭도 정의하고 있다. 이것들이 Appendix 9-B에 주어져 있다.

서브 파트 J는 장치 인증 과정을 정의한다. 이것은 적합성과 인증에 대한 검증과 선언이다. 적합성 검증과 선언은 제조업체 또는 책임있는 당사자가 측정을 하거나, 장치가 적절한 기술 표준에 부합된다는 것을 보증하는 조치를 취하는 과정이다. FCC에서 요구하지 않는다면, FCC에 샘플이나 시험 데이터를 제출할 필요는 없다. 송신기의 경우에는 인증 과정이 뒤따라야 하는데, 신청자는 설명서와 시험 데이터를 제출하여 FCC로부터 장치에 대한 인증을 받아야 한다. 실제적으로 이것은 FCC가 인정하는 승인된 시험 시설에서 장치가 기술 표준에 부합되는지 시험을 받아야 된다는 것을 의미한다. 시험하는 연구실 (서비스 차원에서)이나 신청자 스스로에 의해 시험 보고서와 함께 인증 신청서가 제출된다.

◈ 파트 15 – 무선 주파수 장치

FCC 규정의 파트 15는 개별 면허 없이 동작되는 의도성 방사기(intentional radiator), 비의도성 방사기(unintentional radiator), 또는 우발성 방사기(incidental radiator)에 대한 규정을 기술하고 있다. 여기에는 기술 스펙, 행적적인 요구 사항, 파트 15에 기술된 장치의 시장 출시와 관계된 조건들이 포함된다. 여기서는 이 책에서 논의되는 근거리 무선 장치와 관련된 파트 15의 단락들을 살펴 보자.

무선 통신 수신기는 의도적으로 전파를 방사하는게 아니라, 동작의 일부로서 무선 신호를 발생하는 한 비의도성 방사기로 간주된다. 헤테로다인 수신기의 (하나 이상의) 국부 발진기는 수신 신호 주파수 인근에 주파수 성분을 발생시키는데 (IF 값에 의해 제거되는 성분이지만), 이것이 다른 수신기의 신호와 간섭을 일으킬 수 있다. 초재생 수신기는 대략적으로 수신 신호 주파수 근처에 중심을 둔, 잡음이 섞인 광대역 반송파를 발생시킨다. ASH 수신기를 포함한, 동조 RF 수신기는 동작시 주파수 성분을 발생

Frequency of Emission(MHz)	Field Strength(microvolts/meter)
30–88	100
88–216	150
216–960	200
Above 960	500

시키지 않지만, 마이크로 프로세서를 갖고 있는 경우에는 방사량을 규제받는 디지털 장치로 분류된다.

수신기 방사는 15.109절에 의거하여, 다음의 필드 강도 제한값을 충족시켜야 한다.

여기서 필드 강도는 수신기 안테나가 연결된 상태에서 3m 거리에서 측정된다. 만일 수신기 안테나가 단자들을 통해 연결된 경우에는 안테나로부터의 방사를 측정하는 대신에, 안테나가 없는 상태에서 단자에서의 전력을 측정해야 한다. 안테나 단자에서 허용된 최대 전력은 2nW이다. 안테나에서 RF 신호를 확인하는 방법을 선택하는 경우에는, 안테나 단자에 안테나의 정격 임피던스를 갖는 부하를 연결하고, 15.109절에 제시된 제한값을 확인해야 한다.

여기서는 파트 15에 따라 의도성 방사기(intentional radiator)를 인증하기 위한 기술적 요구 조건들을 살펴보자. 파트 15에 규정된 장치들을 위한 공통적인 요구 조건은 다음과 같다.

"의도성 방사기는 책임있는 당사자에 의해 설치된 안테나 이외에는 장치에 사용되지 않도록 설계되어져야 한다. 영구적으로 부착된 안테나나 의도성 방사기에 고유하게 결합되는 안테나의 사용은 이 절에 제시된 규정에 부합되어야 한다. 제조업체는 망가진 안테나를 사용자가 대체할 수 있도록 설계해야 하며, 표준 안테나 잭이나 전기 커넥터의 사용은 금지된다 (15.203절)."

AC 전원에 연결된 장치들은 30MHz까지의 전도 방사(conducted radiation)에 대한 제한값에 부합해야 한다. 비인가 장치의 사용, 신호의 성질, 주파수에 대한 최소한의 제한 조건은 15.209절에 규정되어 있는데, 일부분을 아래에 소개한다.

Frequency (MHz)	Field Strength (microvolts/meter)	Measurement Distance (meters)
0.009-0.490	2400/F(kHz)	300
0.490-1.705	24000/F(kHz)	30
1.705-30.0	30	30
30-88	100**	3
88-216	150**	3
216-960	200**	3
Above 960	500	3

15.209절 방사 방출(radiated emission) 제한 사항, 일반적인 요구 조건

(a) 이 서브 파트에 제시된 것을 제외하고 의도성 방사기로부터의 방출량은 다음 표에 규정된 필드 강도 레벨을 초과해서는 안 된다.

** 단락 (g)에 제시된 것을 제외하고, 이 절에 규정된 의도성 방사기로부터의 기본 방출은 54MHz~72MHz, 76MHz~88MHz, 174MHz~216MHz, 470MHz~806MHz 대역에 위치해서는 안된다. 그러나, 15.231절과 15.241절에서 허용하는 경우에는 이 대역에서의 방출이 허용된다.

(b) 위의 표에서 제시된 방출량은 대역 양 끝에서는 보다 엄격하게 제한된다.

(c) 여기서의 일반 규정에 따라 동작하는 의도성 방사기로부터의 불요 방출량은 기본 방출량의 레벨을 초과해서는 안된다. 파트 15의 다른 절의 규정을 따라 동작하고, 불요 방출량을 위의 표에 규정된 제한값에 부합되게 감소시켜야 하는 의도성 방사기의 경우에는, 표에 제시된 제한값은 기본 주파수를 기준으로 하는 것이 아니라 불요 방출 주파수를 기준으로 하는 것이다.

(d) 위의 표에 제시된 방출 제한값은 9KHz~90kHz, 110kHz~490kHz, 1000MHz 이상의 대역을 제외하고는, CISPR 의사 피크(quasi-peak) 검파기를 채택하여 측정한 결과를 바탕으로 작성된 것이다.

....

(g) 외곽 보호 시스템은 이 절의 규정을 따라 54MHz~72MHz, 76MHz~88MHz 대역에서 동작한다. 이러한 외곽 보호 시스템의 사용은 산업용, 사무용, 상업용으로 한정된다.

주요한 관심 주파수인 216MHz~960MHz의 주파수에서 필드 강도는 매우 낮아서 겨우 몇 m정도의 범위에서만 신뢰할 수 있는 통신이 가능하므로, 예를 들어, 무선 마우스나 무선 키보드 같은 근거리 장치에서만 사용할 수 있다. 3m 거리에서의 제한값인 200μV/m를 변환해서 표시해보면, 방사전력이 겨우 12nW이다.

단락 (d)에서는 CISPR 의사 피크 검파기를 언급하고 있다. 이 장치는 다음 표 (참고문헌 19, 초안 P802.145.4/D18 F절)에 제시된 것처럼, 규정된 공격 시간(attack time),

	9-150kHz	0.15-30MHz	30-1000MHz
6 Db BW (kHz)	0.2	9	120
Attack time(ms)	45	1	1
Decay time(ms)	500	160	550
Pre-Detector overload factor(dB)	24	30	43.5

감소 시간(decay time), 6dB 대역폭, 과부하 인자(overload factor)를 갖는데, 이것들은 모두 주파수 함수이다. 규정된 주파수 대역에서는 사용에 제한이 따르지만, 더 높은 전력이 허용된다. 다음으로 파트 15의 절들에 기술된 근거리 통신 장치들을 위한 중요한 규정들을 주석과 함께 제시하고자 한다.

15.229 40.66MHz~40.70MHz 대역 내 동작

이 대역에서의 동작은 3m 거리에서의 필드 강도 제한값 1000μV/m (15.209절에서 규정한 3m 거리에서의 필드 강도 제한값이 100μV/m인데 비해)의 영향을 받는다. 발진기 안정성은 100ppm 이내여야 한다. 등가의 방사전력은 300nW이다. 사용자들은 낮은 VHF 주파수에서의 배경 잡음이 더욱 많이 사용되는 UHF 대역에서보다 비교적으로 높다는 것을 알아야 한다. 이 절에서는 동작 유형에 대한 규정은 없어서, 예를 들어, 15.231절에서는 규제하고 있는 연속적인 음성 전송을 사용할 수 있다.

15.231 40.66MHz~40.70MHz 대역과 70MHz 이상의 대역에서의 주기적 동작

보안 시스템, 의료 시스템, 키레스 엔트리(keyless entry)를 위한 대부분의 근거리 무선 링크에 대한 요구 조건들이 이 절에 제시되어 있다. 15.209절에서 보다, 상당히 높은 필드 강도가 허용되고, 주파수 선택 범위가 넓다. 그러나, 통신 듀티 사이클(duty cycle)은 제한되고, 음성 전송과 영상 전송은 허용되지 않는다. 이것은 시간당 2초로 제한되어 있는 주기적인 감시 신호와 상태 신호를 전송하는 경우를 제외하고는, 보안 시스템에서는 제약 사항이 아니다. 2003년 7월 22일에 개정되어 공개된 규정들을 아래에 제시하였다. 여기에는 두 가지 중요한 개정 사항이 있는데, 제어 신호를 수반하는 데이터 전송이 허용되고, 폴링(polling) 주파수 전송이 송신기마다 시간당 2초를 초과하지 않으면 제한되지 않는다.

15.231절 40.66MHz~40.70MHz 대역과 70MHz 이상의 대역에서의 주기적 동작

(a) 이 절의 규정은 40.66MHz~40.70MHz 대역과 70MHz 이상의 대역에서의 주기적 동작을 규제하는 것이다. 단락 (e)의 경우를 제외하고는 의도성 방사기는 경보 시스템, 문 개폐기, 원격 스위치에 사용되는 제어 신호의 전송을 제한한다. 연속 전송, 음성 전송, 영상 전송, 장난감의 무선 조정은 허용되지 않는다. 제어 신호와 함께 데이터를 전송하는 것은 허용된다. 주기적인 동작을 위한 규정에 부합되기 위해서는 다음 조건들을 만족시켜야 한다.

(1) 상호 동작하는 송신기는 해제된 후 5초 이내에 자동적으로 송신기 동작을 멈추게 하는 스위치를 채택한다.

(2) 자동으로 작동되는 송신기는 작동 후 5초 이내에 전송을 중단한다.

(3) 통상의 기지정된 구간(predetermined interval)에서의 주기적인 전송은 허용되지 않는다. 그러나, 보안용이나 인명 구조용으로 사용되는 송신기의 시스템 충실성(system integrity)을 결정하기 위해, 데이터를 포함한 폴링(polling) 전송이나 감시 신호 전송은 전체 전송 구간이 송신기마다 시간당 2초를 초과하지 않는 경우에는 허용된다. 전체 전송 시간이 시간당 2초를 초과하지 않으면 전송 회수에 대한 제한은 없다.

(4) 무선 제어용으로 채택된 의도성 방사기는 화재, 보안, 인명 구조를 포함하는 비상 상황에서 경보 신호를 작동시켜야 할 때는 경보 상황이 지속되는 동안에만 동작해야 한다.

(b) 15.205절의 규정 외에 이 절에서의 규정에 따라 동작하는 의도성 방사기로부터의 방출량의 필드 강도는 다음 표에 제시된 값을 초과할 수 없다.

Fundamental Frequency (MHz)	Field Strength of Fundamental (microvolts/meter)	Field Strength of Spurious Emissions (microvolts/meter)
40.66–40.70	2,250	255
70–130	1,250	125
130–174	1,250 to 3,750	125 to 375**
174–260	3,750	75
260–470	3,750 to 12,500**	375 to 1,250**
Above 470	12,500	1,250

** 선형 보간법 적용

[여기에서 *F*는 MHz 단위의 주파수이고, 기본 필드 강도의 최대 허용값을 계산하는 식은 다음과 같다. 130MHz~174MHz 대역에서는 3m 거리에서의 필드강도(μV/m) = 56.81818(*F*) − 6136.3636;

260MHz~470MHz 대역에서는 3m 거리에서의 필드강도(μV/m) = 41.6667(*F*) − 7083.3333.

최대로 허용되는 원하지 않은 방출(unwanted emission) 레벨은 기본 레벨의 최대 허용값보다 20dB 작다.]

(1) 위에서 언급한 필드 강도 제한값은 3m 거리에서 규정한 것이며, 대역 양 끝에서는 제한값이 보다 엄격하게 적용된다.

(2) 이 절의 규정에 따라 동작하는 의도성 방사기는 측정된 방출량의 평균을 기준으로 할 때, 위의 표에 제시된 방출량의 필드 강도에 대한 제한값에 부합된다는 것을 보여주어야 한다. CISPR 의사 피크 검출기가 장착된 측정

장치를 사용하는 경우에도, 제한값에 부합된다는 것을 보여주어야 한다. 채택된 특정한 측정 방법은 장치 승인을 요하는 경우에 따라서 규정되어져야 한다. 평균 방출량 측정 방법을 채택하는 경우에는, 15.35절의 평균 펄스 방출 규정과 피크 방출 제한 규정이 적용된다. 이 절에 규정된 측정 장치를 사용하여, 15.205절의 규정이 부합된다는 것을 보여주어야 한다.

(3) 위의 표에 제시된 불요 방출(spurious emission)의 필드 강도에 대한 제한값은 의도성 방사기의 기본 주파수를 기준으로 한 것이다. 불요 방출은 표에 제시된 평균 (또는, CISPR의 경우에는 의사 피크) 제한값이나, 더 높은 필드 강도 제한값을 허용하는 15.209절의 일반적인 제한값까지 감쇠해야 한다.

(c) 방출 대역폭은 70MHz 이상과 900MHz 이하에서 동작하는 장치에서는 중심 주파수의 0.25% 이하이어야 한다. 900MHz 이상에서 동작하는 장치의 경우에는, 방출 대역폭이 중심 주파수의 0.5% 이하이어야 한다. 대역폭은 반송파 주파수전력보다 20dB 낮은 곳에서 결정된다.

(d) 40.66MHz~40.70MHz 주파수 대역 내에서 동작하는 장치의 경우에는 방출 대역폭이 주어진 대역 내로 한정되어야 하고, 반송파의 주파수 허용 편차는 ±0.01%이어야 한다. 정상적인 전원 상태에서 온도가 −20°C~50°C까지 변하더라도 주파수 허용 편차가 유지되어야 하며, 20°C의 온도에서 주 전원 전압이 정격 전압의 85%~115%까지 변하더라도 주파수 허용 편차가 유지되어야 한다. 배터리로 동작하는 장치의 경우에는 새 배터리를 사용하여 장치 시험이 행해져야 한다.

(e) 의도성 방사기는 단락 (a)에 규정한 값을 초과하는 주기적인 비율로 동작할 수 있고, 의도성 방사기가 (단락 (b)에서의 필드 강도를 표시하는 표를 다음 표로 대체하는 것을 제외하고) 단락 (b)에서 단락 (d)까지의 규정을 준수한다면 단락 (a)에서 금지하는 동작을 포함한 어떤 유형의 동작도 채택할 수 있다.

Fundamental Frequency (MHz)	Field Strength of Fundamental (microvolts/meter)	Field Strength of Spurious Emissions (microvolts/meter)
40.66–40.70	1,000	100
70–130	500	50
130–174	500 to 1,500	50 to 150**
174–260	1,500	150
260–470	1,500 to 5,000**	150 to 500**
Above 470	5,000	500

** 선형 보간법 적용

[여기에서 F는 MHz 단위의 주파수이고, 기본 필드 강도의 최대 허용값을 계산하는 식은 다음과 같다. 130MHz~174MHz 대역에서는 3m 거리에서의

필드강도(μV/m) = 22.72727(F) − 2454.545;

260MHz~470MHz 대역에서는 3m 거리에서의 필드강도(μV/m) = 16.6667(F) − 2833.3333.

최대로 허용되는 원하지 않는 방출(unwanted emission) 레벨은 기본 레벨의 최대 허용값보다 20dB 작다.]

추가적으로, 이 단락의 규정에 따라 동작하는 장치들은 개개의 전송 지속 시간이 1초보다 크지 않게 하고, 전송 간의 휴지 시간이 전송 시간의 최소 30배가 되도록 (그러나 10초보다 길지 않도록) 자동적으로 제한된 동작을 할 수 있는 수단을 갖고 있어야 한다.

15.231절에 대한 주석

(a) 이 절에서 참조한 15.205절은 기본 전송이 허용되지 않고, 불요 신호 제한값이 위에서 제시된 것보다 낮은 제한된 주파수 대역에 대한 표를 포함하고 있다. 이 표는 Appendix 9-C에 표시하였다.

(b) 이 절에서의 필드 강도 제한값은 평균 측정값을 기반으로 하고 있다. 그러므로, ASK가 사용되는 경우에는, 피크 필드 강도가 평균 필드 강도보다 변조 신호의 듀티 사이클의 역수 배만큼 증가한다. 그러나, 15.35절에서는 피크 대 평균비를 20dB로 제한한다. 평균 필드 강도를 결정하는 방법은 15.35절에 언급되어 있는데, 다음에 그 부분을 인용하였다.

"... 방사 방출 제한값을 방출량의 평균값을 사용하여 표현할 때, 펄스 동작이 채택되는 경우에 측정 필드 강도는 펄스열이 0.1초를 넘지 않는 한 공백 기간(blanking interval)을 포함한 완전한 펄스열을 평균함으로써 결정된다. 송신기가 0.1초보다 긴 시간 동안 동작하거나 펄스열이 0.1초를 초과하는 경우에는 측정된 필드 강도는 필드 강도가 최대가 되는 0.1초 구간 동안의 전압 절대값의 평균에 의해 결정된다. 평균 필드 강도를 계산하는 정확한 방법은 인증을 위한 신청서와 함께 제출하거나, 공지하거나 검증하고자 하는 장치의 측정 데이터 파일에 포함되어야 한다."

15.235 49.82MHz~49.90MHz 대역 내 동작

(a) 이 대역 내에서의 방출량의 필드 강도는 3m 거리에서 10,000μV/m를 초과해서는 안된다. 여기서의 방사량의 제한값은 일반적인 검출기를 채택하는 측정 장치를 기준으로 한 것이다. 피크 방출량에 대한 제한 사항은 15.35절의 규정

에 따른다.

(b) 대역 양 끝점 간과 대역 양 끝점보다 10kHz까지 높거나 낮은 곳에서 관찰되는 방출량의 필드 강도는 적어도 변조되지 않은 반송파 레벨보다 26dB 낮거나, 더 높은 방출량 레벨을 허용하고 있는 15.209절의 일반적인 제한값까지 감쇠시켜야 한다. 3m 거리에서 20μV/m를 초과하는 모든 신호는 인증을 위한 신청서에 기재되어야 한다.

낮은 VHF 대역은 15.231절에서 허용하는 동작 이상의 이점을 갖는데, 여기서는 아날로그 통신이나 디지털 통신을 위한 연속 전송이 가능하기 때문이다. 3m 거리에서 허용된 평균 필드 강도는 10,000μV/m인데, 이 강도에서는 효율적인 수신 안테나가 사용되는 경우에, 통신 범위가 수 백 m에 도달할 수 있어야 한다. 허용된 대역폭은 80kHz이어서, 송신기와 수신기에는 수정 소자로 제어되는 발진기가 있어야 한다.

15.237 72.0MHz~73MHz, 74.6MHz~74.8MHz, 75.2MHz~76MHz 대역 내 동작

이 절의 내용은 다음과 같이 정의되는 음향 보조 장치에 한정된다.

"장애인들에게 음향 보조 기능을 제공하기 위해 사용되는 의도성 방사기. 그런 장치는 교육 기관에서 청각 훈련용으로 사용되고, 교회, 극장, 경기장과 같은 공공 장소에서 음향 보조용으로 사용되며, 다른 장소에서 장애인들을 위한 청력 보조용으로 사용될 수 있다.(15.3절 (a))"

최대 허용 대역폭은 200kHz이고, 평균 필드 강도에 대한 제한값은 3m 거리에서 80μV/m이다.

15.241 174MHz~216MHz 대역 내 동작

이 절의 내용은 다음과 같이 정의되는 원격 진료 장치의 동작에 한정된다.

"사람이나 동물의 의료 현상에 대한 측정값을 수신기에 전송하기 위해 사용되는 의도성 방사기."(15.3절 (b))

최대 대역폭은 200kHz이고, 평균 필드 강도에 대한 제한값은 3m 거리에서 1500μV/m이다.

15.242 174MHz~216MHz, 470MHz~668MHz 대역 내 동작

이 절의 내용은 원격 진료 장치에 대한 것이지만, 병원과 클리닉을 포함하는 건강 관리 시설에만 적용되는 것이다. 신호 대역폭은 200kHz이고, 3m 거리에서 200mV/m까지의 필드 강도가 허용된다. 이 절에서는 TV 방송국과 무선 전체 관측소와의 간섭을 피하기 위한 요구 조건을 자세하게 기술하고 있다.

15.247 902MHz~928MHz, 2400MHz~2483.5MHz, 5725~5859MHz 대역 내 동작

이 절의 내용은 확산 스펙트럼과 ISM 대역에서 광대역 변조를 사용하는 장치들을 위한 요구 조건들을 기술한 것이다. 이 절의 요구 조건들에 부합되는 장치들은 통신 범위와 간섭에 대한 저항성의 관점에서 모든 비허가 장치 중에서 가장 좋은 성능을 보장해 줄 수 있다. 여기서는 중요한 점만 요약하며, 자세한 내용은 원문을 참조하기 바란다.

주파수 도약과 소위 디지털 변조라 부르는 것 모두 허용된다. 두 방식을 결합한 것도 허용된다. 디지털 변조는 15.403(b)에 정의된 것처럼 "반송파 특성이 디지털 변조 함수에 따라 이미 결정된 이산적인 값들 중에서 변하는 과정 ..."이다.

2002년 8월 개정판에서는 이 절의 내용이 직접 수열 대역 확산 변조에 대한 것이었으나, 새로운 형태의 광대역 변조 방식의 도입에 제한을 두지 않기 위하여 이 용어를 포기하였다. 더욱이, IEEE 스펙 802.11 b/g/a에 따라 WLAN에서의 데이터율을 증가시키기 위해 도입된 변조 시스템은 직접 수열 대역 확산의 고전적 정의에는 맞지 않으나, FCC 규정에 포함시키는 것이 적절해 보인다 (11장을 참조하기 바란다). 이 절에 제시된 기술적 요구 조건들은 주파수 도약이냐, 디지털이냐 하는 확산 스펙트럼의 형태와 특정한 주파수 대역에 따라 다르다.

(1) 주파수 도약 확산 스펙트럼

최소 도약 채널 간격	25kHz, 그러나 20dB 감소되는 곳에서는 채널 대역폭보다 작지 않아야 함.
최소(의사 랜덤) 도약 주파수 개수	a) 900MHz 대역 – 채널 대역폭이 250kHz보다 작은 경우에는 50개 채널 대역폭이 250kHz보다 큰 경우에는 25개 20dB 감소되는 곳에서 최대 대역폭은 500kHz b) 2.4GHz 대역 – 15개의 겹치지 않는 채널 채널수가 75개보다 적은 경우에는 간섭을 피하기 위해서 지능적 도약 방법을 채택할 수 있다. c) 5.7GHz 대역 – 75개의 도약 주파수 20dB 감소되는 곳에서 최대 대역폭은 1MHz
채널 주파수 점유 시간	a) 900MHz 대역 – 채널 대역폭이 250kHz보다 작은 경우에는 20초 주기 동안 최대 0.4초 채널 대역폭이 250kHz보다 큰 경우에는 10초 주기 동안 최대 0.4초 b) 2.4GHz 대역 –(0.4초 × 도약채널수) 주기 동안 최대 0.4초 c) 5.7GHz 대역 – 30초 주기 동안 최대 0.4초
최대 피크출력전력	a) 900MHz 대역 – 도약채널수가 50개 이상이면 1W 도약채널수가 50개 미만이면 0.25W b) 2.4GHz 대역 – 도약채널수가 75개 이상이면 1W, 그렇지 않으면 0.125W c) 5GHz 대역 – 1W 2.4GHz 대역과 5GHz 대역에서의 고정된 점 대 점(point-to-point) 통신을 제외하고, 지향성 안테나를 사용할 때 모든 대역에서의 최대 피크전력 제한값은 안테나 이득이 6dBi를 넘는 만큼 감소된다.

(2) 디지털 변조

최소 대역폭	6dB 감소되는 곳에서 500kHz
최대 피크출력전력	1W
안테나에서의 피크전력 스펙트럼	임의의 3kHz 대역에서 8dBm

15.249 902MHz~928MHz, 2400MHz~2483.5MHz, 5725MHz~5875MHz, 24.0GHz~24.25GHz 대역 내 동작

이 절에서는 사용 방법이나 변조 방식에 대한 규정은 하지 않고, 상위 UHF 대역과 마이크로파 대역에서의 동작을 규제한다. 3개의 낮은 대역과 관련된 규정을 아래에 기술하였다.

15.249절 902MHz~928MHz, 2400MHz~2483.5MHz, 5725MHz~5875MHz, 24.0GHz~24.25GHz 대역 내 동작

(a) 단락 (b)에 제시된 경우을 제외하고, 이 주파수 대역에서 동작하는 의도성 방사기로부터의 방출량의 필드 강도는 다음 표를 따른다.

Fundamental Frequency (MHz)	Field Strength of Fundamental (microvolts/meter)	Field Strength of Harmonics (microvolts/meter)
902–928 MHz	50	500
2400–2483.5 MHz	50	500
5725–5875 MHz	50	500
24.0–24.25 GHz	250	2500

(b) [24.0GHz~24.25GHz 대역에서의 고정된 점 대 점(point–to–point) 통신에 관한 것이다.]

(c) 필드 강도 제한값은 3m 거리에서 규정한다.

(d) 규정된 주파수 대역 밖에서의 방사된 방출량은 고조파를 제외하고는 기본 주파수 레벨의 50dB 이하, 또는 15.209절에 제시된 (감쇠량이 더 적은) 일반적인 방출량 제한값까지 감쇠되어야 한다.

(e) 15.35(b)에 설명된 것처럼, 1000MHz 이상의 주파수에서는 위의 (a),(b)에 제시된 필드 강도 제한값은 평균 제한값을 기준으로 한다. 그러나, 방출량의 피크 필드 강도는 변조 방법에 관계없이 위에서 규정한 허용된 최대 평균 제한값의 20dB 이상을 초과하지 않는다.

이 절에 대한 주석은 아래와 같다.

(1) 고조파 방사는 허용된 최대 기본파의 경우보다 (낮은 UHF 대역에서처럼 20dB가 아니라) 40dB 감소시켜야 한다.

(2) 900MHz 대역에서의 필드 강도는 의사 피크 검출기나 피크 검출기에 의해서 결정

되는데, 위에서 참조한 15.231절에 제시된 것처럼 평균값은 아니다. 이것은 듀티 사이클(duty cycle)이 작은 ASK를 채택해서 얻을 수 있는 이점을 감소시킨다.

(3) 902MHz~928MHz 대역에서의 측정을 위해 사용되는 검파기의 대역폭은 120kHz 이다. 필드 강도는 이 대역폭을 기준으로 측정된 것이기 때문에, 더 넓은 대역폭을 갖는 신호는 대역폭이 120kHZ보다 큰 정도와 스펙트럼의 형태에 따라 더 높은 필드 전체 강도, 또는 등가전력을 가질 수 있다.

서브 파트 E – 비허가 국가 정보 인프라 장치 (U-NII)

5.15GHz~5.35GHz 대역과 5.725GHz~5.825GHz 주파수 대역에서 동작하고, 광대역 디지털 변조 기법을 사용하며, 개인용, 사무용, 기관용의 데이터율이 높은 고정 통신 장치에 널리 사용되는 의도성 방사기를 위한 특별 항목이 FCC 파트 15에 추가되었다. U-NII에서의 관심은 주로 WLAN에서의 사용, 특히 IEEE 스펙 802.11a와 연계된 WLAN에서의 사용에 집중된다. 2.4GHz~2.4835GHz의 ISM 대역에서 동작하는 장치를 사용하는 WLAN의 성장이 광범위하게 진행되고 있지만, 다른 형태의 무선 서비스와의 간섭 문제와 제한된 대역폭 때문에, 이를 매력적으로 대체할 수 있는 5GHz U-NII이 지속적으로 개발되고 있다. 허용된 응용 장치에 대한 정의가 보다 제한적이고, 2.4GHz 장치의 대역폭인 83.5MHz보다 큰 300MHz의 전체 대역폭을 갖지만, U-NII는 앞으로 오랜 기간 동안 용량이 포화되지 않을 것으로 사료되는 고성능 무선 네트워크 접속성을 위한 출구를 제공할 것이다.

FCC 파트 15의 15.407절에 제안된 것처럼 U-NII 장치의 주요한 특성들은 다음 표에 요약되어 있다.

	5.15GHz~5.25GHz	5.25GHz~5.35GHz	5.725GHz~5.825GHz
안테나 최대 전력*	50mW	250mW	1W
안테나 이득 제한	허용된 최대 전력은 6dBi를 초과하는 안테나 이득만큼 감소된다.	허용된 최대 전력은 6dBi를 초과하는 안테나 이득만큼 감소된다.	고정 점 대 점 통신에서는 23dBi까지의 안테나 이득에는 전력 제한이 적용되지 않지만, 그렇지 않은 경우에는 허용된 전력은 안테나 이득이 6dBi를 초과하는 경우에는 감소된다.
특별한 제한 사항	실내용으로만 사용됨; 일체용 송신기 안테나만 사용해야 함.		

* 언급된 최대 전력은 20MHz 이상의 26dB 대역폭에서 규정된다. 전력 제한값은 낮은 대역폭에서는 계속해서 감소된다.

서브 파트 F – 초광대역(UWB) 동작

2002년 8월 FCC 파트 15의 개정판에는 근거리 통신의 새 항목인 초광대역 통신이 표준으로 포함되었다. 이 항목은 다른 모든 의도성 방사 항목들과는 다른데, 대역의 중간 주파수에 대해서 훨씬 넓은 스펙트럼을 배정하고 있다. 11장에서 초광대역 전송을 설명하기로 하자.

FCC의 규정에 따르면, UWB의 대역폭은 방사 방출이 10dB 떨어지는 최대 방사 주파수들 간의 차이로 정의된다. 대역폭은 안테나를 포함한 전체 전송 시스템을 기준으로 한다. 전력이 10dB 떨어지는 높은 주파수와 낮은 주파수를 각각 f_H와 f_L이라고 한다면, 부분 대역폭(fractional bandwidth)은 $2(f_H - f_L)/(f_H + f_L)$이다. 중심 주파수는 $f_c = (f_H + f_L))/2$로 정의된다. UWB 범주에 속하는 송신기는 부분 대역폭이 0.2 이상이거나, 부분 대역폭에 관계없이 대역폭이 500MHz 이상이다.*

FCC 파트 15의 서브 파트 F는 UWB 시스템들을 규정하고 있는데, 그 중 어떤 시스템은 사용 허가를 받아야 하고, 특별한 사용자를 위한 것이다. 예를 들어, 벽 투과 영상

* 2003년 3월 13일자, 파트 15, 서브 파트 F에 기술된 UWB 동작을 위한 표준에 부합된다면, 대역폭과 관계없이 통신 시스템의 동작을 허가하고, 이에 대한 정의를 삭제하기 위해 FCC에 제안된 "초광대역 통신에 대해 제안된 의견서(MO&O)와 추가 공지 사항"을 참조하기 바란다.

(wall imaging), 지표 투과 레이더, 생명체 내에서 물체의 위치와 움직임을 감지하는 의학 영상, 감시용으로 사용되는 UWB 영상 시스템은 장치를 동작시킬 자격이 있는 법 집행 집단, 구조 집단, 의학 집단, 산업 집단이나 상업 집단을 위해서 시장에 출시되었다. 여기서는 두 개의 보다 일반적인 범주에 속하는, 실내용 UWB 시스템과 휴대용 UWB 시스템을 관심있게 논의하고자 한다.

실내용 장치와 휴대용 장치 모두는 3,100MHz~10,600MHz의 주파수 대역에 포함되는 UWB 시스템의 대역폭을 가져야 한다. 960MHz 이하에서의 방사는 15.209절에 제시된 레벨을 초과해서는 안된다. 960MHz보다 큰 주파수에서 두 부류의 장치의 방출량 제한값은 다음 표를 따른다.

	Indoor	Handhald
Frequency MHz	Average EIRP dBm	Average EIRP dBm
960-1610	-75.3	-75.3
1610-1990	-53.3	-63.3
1990-3100	-51.3	-61.3
3100-10600	-41.3	-41.3
Above 10600	-51.3	-61.3

측정 장치의 분해 대역폭(resolution bandwidth)은 1MHz이다. 특히 두 개의 GPS 채널 부근의 UWB 간섭과 방사로부터 GPS 수신기를 보호하기 위해서 다음 표와 같이 좁은 분해 대역폭을 가지고 확인해야 한다.

Frequency MHz	Average EIRP dBm
1164-1240	-85.3
1559-1610	-85.3

이 표는 실내용 장치와 휴대용 장치 모두에 적용된다. 분해 대역폭은 1kHz보다 작다. 가장 높은 방사 주파수에서 50MHz의 대역폭 내에서의 피크 방출량은 0dBm EIRP로 제한된다.

◈ 파트 74 실험 무선, 보조, 특별 방송, 프로그램 분배 서비스

서브 파트 H는 다음과 같이 정의되는 저전력 보조 무선국을 규제하는 내용이다.

저전력 보조 무선국: 이 서브 파트에 제시된 규정에 따라 동작하는 승인된 보조 무선국. 저전력 보조 무선국으로 승인된 장치들은 무선 마이크, 큐(cue) 제어 통신, TV 카메라 신호 동기화 등에 사용할 수 있도록 대략 100m 거리까지 전송할 수 있어야 한다.

74.802절에 제시된 주파수 할당은 26.1MHz~952MHz의 주파수 대역에서 행해진다. 무선 마이크용으로 많이 사용되는 대역은 174MHz~216MHz의 VHF 대역과 774MHz~806MHz의 UHF 대역이다. 규정에서는 TV 채널에 대한 간섭을 피하기 위한 요구 조건을 규정한다.

여기에서 다루는 장비들의 사용자는 FCC로부터 사용 허가를 받아야 한다. 라디오 방송국 인가자, TV 방송국 인가자, 생방송 프로그램을 제작하는 케이블 TV 방송국 운영자, TV 방송 제작자, 동영상 제작자 등이 사용 허가서를 받을 수 있다. VHF 송신기에 허용되는 최대 출력전력은 50mW이고, UHF 송신기의 경우에는 250mW이다. 200kHz의 대역폭과 ±75kHz의 주파수 편이가 허용된다.

◈ 파트 95 개인 무선 서비스

비인가 근거리 통신에 적용되는 파트 95의 규정의 일부를 다음 단락에 나타내었다. 서브 파트 B는 생활 무전기(family radio service)의 일반 규정을 나타내고 있다. 이것은 양방향 통신만을 위한 비허가 서비스이다. 기본적인 기술 요구 조건은 다음과 같다.

- 주파수: 462.5625MHz~462.7125MHz 대역과 467.5625MHz~467.7125MHz 대역에서 14개의 채널
- 변조: FM만 사용 가능
- 대역폭: 12.5kHz
- 전력: 0.5W ERP

서브 파트 G는 시민 밴드 라디오 서비스(citizens band radio service)의 일부인 저전력 무선 서비스(LPRS)에 대한 규정에 대한 것이다. 이 서브 파트의 규정에 맞는 송신기의 운영자는 개별적으로 FCC의 사용 허가를 받을 필요가 없다.

LPRS 방송국에서는 95.1009절에서 허용한 것처럼 음성과 데이터를 전송하거나, 신호를 추적할 수 있다. 양방향 음성 통신은 허용되지 않는다. 다음은 허용된 사용처이다.

(1) 보조 청취 장치, 장님을 위한 음성 설명, 동시 통역을 포함한 음향 보조 통신. 수혜자들은 아래와 같다.

(a) 장애인

(b) 통역을 요구하는 사람

(c) 교육 시설에서 음향 보조 통신의 혜택을 받는 사람

(2) 병자를 위한 건강 관리와 관련된 통신

(3) 송신기가 설치된 지역을 관할하는 법 집행 당국 (연방 정부, 주 정부, 지방 정부)의 허가와 동의하에 사람이나 도난품의 추적을 포함한 법 집행 추적 신호 (자동 추적이나 심문) LPRS 장치는 216MHz~217MHz 대역의 할당된 주파수 채널에서 동작한다. 할당된 채널의 대역폭은 5kHz, 25kHz, 50kHz이다. 승인된 최대 송신기출력전력은 100mW ERP이다.

파트 95는 두 부분에서 의료 서비스를 위한 저전력 전송을 규제한다. 서브 파트 H에서는 무선 원격 진료 서비스(WMTS)를 규정한다. 서브 파트 I에서는 체내 이식 서비스(MICS)를 규정한다.

608MHz~614MHz, 1395MHz~1400MHz, 1427MHz~1429.5MHz의 주파수 대역이 의료 서비스와 관련된 원격 전송을 위해 할당되지만, 독점적으로 사용되지는 않는다. 장치의 동작을 위해서는 무선 원격 진료 서비스를 담당하는 FCC 주파수 담당자와 미리 협의를 해야 한다. 영상과 음성을 제외한 어떤 형태의 적절한 방출도 허용된다. 심전도와 같은 파형은 영상으로 간주되지 않는다. 608MHz~614MHz 대역에서 최대 필드 강도 제한값은 3m 거리에서 CISPR 의사 피크 검출기를 사용하여 측정하면 200mV/m이다. 1395MHz~1400MHz와 1427MHz~1429.5MHz의 대역에서 평균 검출기를 사용하고 측정 대역폭이 1MHz인 경우에, 필드 강도가 3m 거리에서 740mV/m로 제한된다. 모든 제조업체의 규정된 조건하에서 방출이 동작 대역 내에 한정되도록 주파수 안정성이 정해져야 한다.

체내 이식 서비스(MICS)는 체내 이식 장치뿐만 아니라, 그것과 결합된 프로그램과 제어 송신기의 동작에 대해 규정하고 있다. 개별적인 FCC의 사용 허가서는 필요하지 않다. 다음은 기본적인 기술적 요구 조건들이다.

- 주파수 대역: 402MHz~405MHz
- 최대 방사 대역폭: 전체적으로 300kHz. 대역폭은 최대 반송파 레벨보다 20dB 낮은 지점들 사이에서 측정된다.
- 출력전력: 25μW EIRP. 신체에 이식된 송신기로부터의 방사는 인체 조직과 유사

한 매체에서 시험되어져야 한다.

- 주파수 안정성: ±100ppm
- 방출 형태: 음성을 제외한 어떤 형태도 가능함.

9.2 파트 15를 위한 시험 방법

무선 제어, 보안 경보 장치와 수신기의 필드 강도를 측정하는 방법이 FCC 문서 MP-1에 설명되어 있다. 장비 배치도가 그림 9-2에 제시되어 있다. 측정은 FCC가 승인한 개

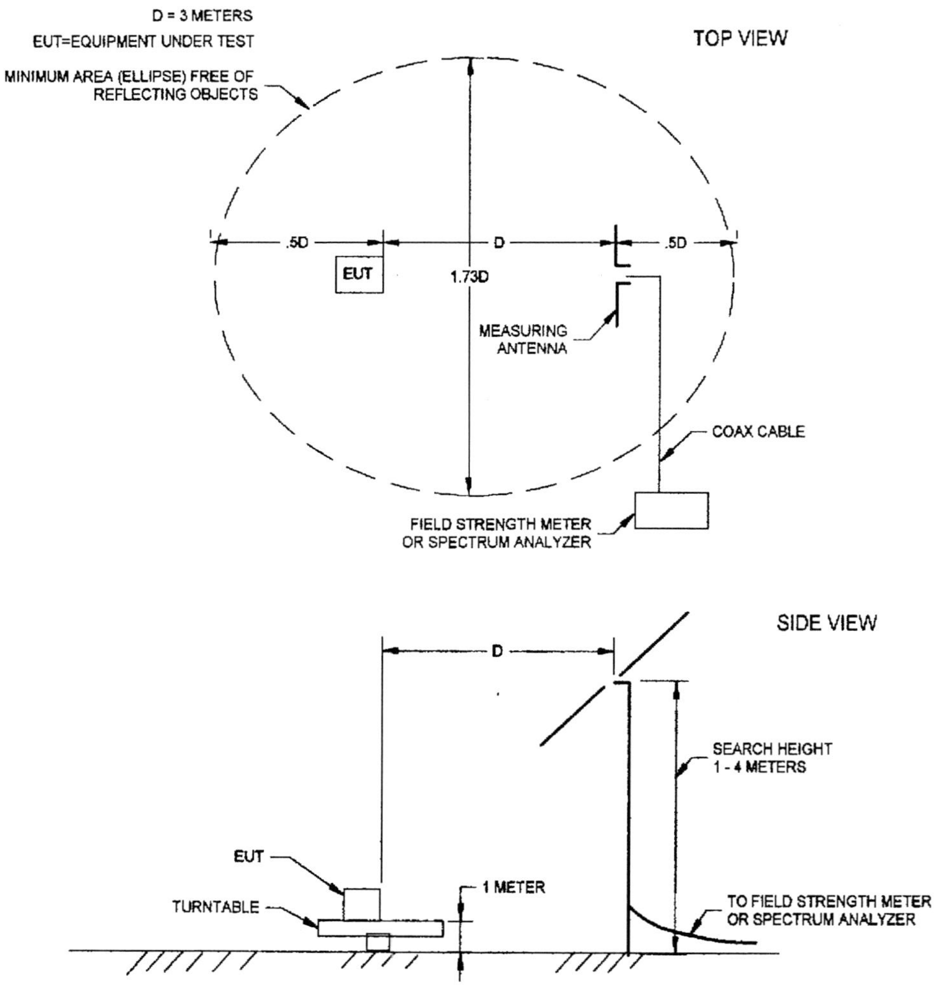

그림 9-2 FCC 파트 15 시험을 위한 장비 배치도

방 필드(open field) 시험장에서 행해진다. 시험 장치(EUT)는 지상에서 1m 높이에, 시험 안테나로부터 3m 떨어진 곳에 위치하는, 나무로 된 회전대 위에 놓여진다. 측정은 필드 강도 측정 수신기나 스펙트럼 분석기를 사용하여 행해진다. 시험 장비 대역폭은 1GHz 이하의 신호인 경우에는 최소한 100kHz이어야 하고, 1GHz 이상의 신호에서는 1MHz이어야 한다. 피크값을 읽는 경우에, 디지털 신호를 위한 평균값은 기저대역 펄스 다이어그램으로부터 계산될 수 있다. 기본 주파수와 모든 불요 방사 주파수에서 측정이 행해진다. 회전대를 회전시켜가면서 가능한 모든 방향에서의 필드 강도값을 측정한다. 시험 안테나의 높이는 1m~4m 사이에서 변할 수 있고, 안테나의 수직 방향과 수평 방향 모두에서 읽혀진다. 각각의 방출 주파수에서 모든 가능한 장치의 방향, 시험 안테나 높이, 편광 형태에 따라 읽혀진 최대값이 기록된다.

근거리 무선 송신기를 개발하는데 있어서, 가능하면 내장 안테나의 전방향성 방사 특성을 얻는 것이 중요하다. 장치전력이 최대 방사 위치에 한정되어 있기 때문에, 지향적 특성을 갖는, 비의도성 송신기는 대부분의 장치에서처럼, 수신기에 대한 송신기의 방향을 제어하지 못할 때 최대 동작 범위보다 작은 값을 준다.

9.3 유럽 무선 통신 규정

유럽전기통신주관청(CEPT)는 유럽 지역의 통신 규제 기구이다. 유럽무선통신위원회(ERC)는 CEPT를 구성하는 3개의 위원회 중 하나이다. 이 위원회의 주요한 목적 중의 하나는 유럽에서의 주파수 사용과 규제 제도의 통일, 세계적인 주파수 통일의 강화이다. CEPT와 연관되어 있는 유럽전기통신표준협회(ETSI)에서는 유럽 전기통신 규제의 근간이 되는 기술적 표준을 제공한다.

표 9-1은 근거리 장치들을 위해 보편적으로 지정되는 주파수 대역, 최대 전력, 채널 간격을 보여 준다. 이 정보들은 CEPT/ERC 권고안 70-03 E로부터 나온 것이다. 적용되는 분야는 원격 측정, 원격 명령, 경보, 근거리 통신망(LAN)을 포함한 일반적인 데이터 전송이다. 더 낮은 주파수나 더 높은 주파수도 사용할 수 있으나, 제안된 주파수 대역은 40MHz~6GHz이다. 사용 허가서는 필요하지 않다. 모든 주파수와 기술적 파라미터가 모든 CEPT 국가에서 사용가능한 것은 아니고, 어떤 나라에서는 기술되지 않은 주파수에서의 작동을 승인받아야 하고, 다른 기술적 파라미터가 있을 수 있다는 것을 인식하는 것이 중요하다. 최신 정보를 얻기 위해서는 제품을 판매하려는 국가의 개

표 9-1

Frequency Band (MHz)	Maximum Power	Channel Spacing	Duty Cycle(%)
40.660-40.700	10mW e.r.p.	None(whole band)	No restriction
138.2-138.45	10mW e.r.p.	None	1
433.050-434.790	10mW e.r.p.	None	10
868.0-868.6	25mW e.r.p.	25kHz or wide band	1
868.6-868.7 (alarms exclusively)	10mW e.r.p.	25kHz or high-speed data	0.1
868.7-869.2	25mW e.r.p.	25kHz or wide band	0.1
869.2-869.25 (*social alarms exclusively)	10mW e.r.p.	25kHz	0.1
869.25-869.30	10mW e.r.p.	25kHz	0.1
869.3-869.4	10mW	25kHz	No restriction
869.4-869.65	500mW e.r.p.	25kHz or whole channel for high-speed data	10
869.65-869.70 (alarms exclusively)	25mW e.r.p.	25kHz	10
869.7-870.0	5mW e.r.p.	None	Up to 100
2400-2483.5	10mW e.r.p.	None	No restriction
2400-2483.5(for LAN and Spread Spectrum modulation)	100mW e.i.r.p.	None	No restriction
5725-5875	25mW e.i.r.p.	None	No restriction
5150-5350 HIPERLAM	200mW	None	No restriction
5470-5725 HIPERLAM	1W	None	No restriction

* 사회적 경보 시스템은 국내에 거주하는 노인들이나 장애인들이 곤경에 처했을 때, 이들을 돕기 위한 목적으로 만들어진 것이다.

별적인 규제 기구의 자문을 구해야 한다.

다음에서 근거리 무선 통신과 관련된 ETSI 규정을 검토해 보자. EC 국가들에서의 규제가 전적으로 이 규정에 근간을 두고 있을 수도 있고 아닐 수도 있으므로, 제품을 판매하려는 국가의 규제 기구에 확인해봐야 한다.

◈ EN 300 220-1 전력 레벨이 500mW까지이고, 25MHz~1000MHz 주파수 대역에서 사용되는 장치를 위한 기술적 특성과 시험 방법

이 문서에는 제목에 제시된 전력과 주파수 대역 조건을 충족하는 근거리 장치와 그 응용 장치의 동작 범위에 대한 시험 방법을 자세히 기술되어 있다. 측정해야 할 파라미터는 다음과 같다.

- 출력전력
- 변조 (AM 또는 FM)에 대한 응답
- 인접 채널전력 (협대역 방출)
- 변조 대역폭 (광대역 방출)
- 불요 방출(spurious emission)
- 전원 전압 제한값에 대한 주파수 안정성
- 듀티 사이클(duty cycle)

송신기 방출량을 측정하기 위해 사용된 방법은 장치에 안테나 커넥터가 있느냐, 접속할 수 있는 내장 안테나가 있느냐에 따라 다르다. 전자의 경우에는 RF 출력 커넥터에 연결된 종단 부하(dummy load) 양 단에서 방사 특성을 직접 측정할 수 있다. 여기에서는 유효 방사전력을 측정함으로써, 기본출력전력과 불요출력전력 모두를 결정하기 위한 방법에 대한 원리를 설명하고자 한다. 자세한 것은 표준 기구의 문서를 참고하기 바란다.

시험 장소는 그림 9-3에 표시된 것처럼 설치된다. 시험하려는 장치와 시험 안테나 간의 거리는 약 3m이다. 그것은 중요한 것은 아니다. 시험 장소 주위의 반사 물체들은 시험에 영향을 주지 않도록 충분히 멀리 떨어져 있어야 한다. 기본 주파수, 고조파 주파수, 불요 주파수에서의 유효 방사전력을 다음과 같이 2단계로 나누어 결정한다. 시험하려는 장치에 전원을 공급하면, 수신 장치인 수신기나 스펙트럼 아날라이저에 시험 안테나로부터 수신되는 신호의 레벨이 표시된다. 송신기로부터의 CW 반송파가 선호되나, 데이터 변조를 사용하는 경우에는 측정하려는 수신기의 대역폭은 1GHz 이하의 주파수 대역에서는 120kHz로 설정하고, 1GHz를 넘는 (불요 방사) 주파수 대역에서는 1MHz로 설정한다. 피크값을 읽든지 (CW), 의사 피크값 (변조)을 읽는다. 최대 레벨을 찾기 위해서, 장치를 회전시키고 시험 안테나의 높이는 1m~4m 사이에서 가

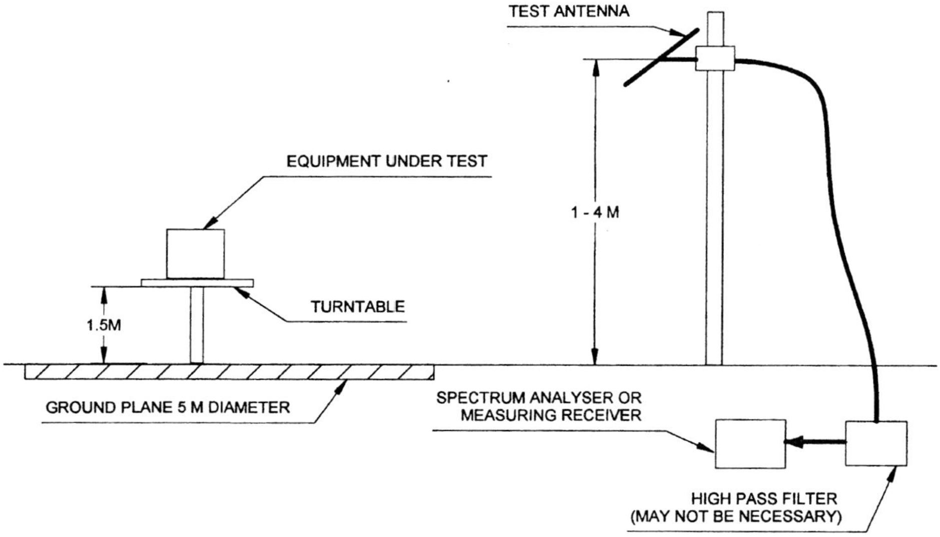

그림 9-3 EN 300 220 시험 장소

변시킨다.

두 번째 단계에서, 시험하려는 장치는 신호 발생기에 연결된 반파장 다이폴 안테나로 대체한다. 시험 안테나의 높이는 최대 출력을 내도록 조정된다. 그리고 나서 수신기가 첫 번째 단계에서 얻어진 것과 같은 최대 레벨을 표시하도록 신호 발생기출력을 조정한다. 신호 발생기의 전력 레벨을 기록한다. 시험은 수직 편파와 수직 편파에 대해서 행해진다. 기록된 신호 발생기출력전력 중의 더 높은 값을 시험하려는 장치의 유효 방사전력으로 채택한다. 기본 주파수전력 측정을 위해 유효 방사전력은 표 9-1에 표시된 최대값을 초과하지 않아야 하지만, 초과하는 경우에는 관계 당국의 허가를 받아야 한다. 불요출력을 위한 제한값이 표 9-2에 나타나 있다.

표 9-2 불요출력 제한값

State	47MHz to 74MHz 87.5MHz to118MHz 174MHz to 230MHz 470MHz to 862MHz	Other frequencies below 1000MHz	Frequencies above 1000MHz
Operating	4nW	250nW	1μW
Standby	2nW	2nW	20nW

◈ 수신기 측정

EN 300 220-1은 불요 방사 제한값과 수신기의 간섭에 대한 민감성(susceptibility)을 규정한다. 불요 방사 측정 방법은 송신기의 경우와 비슷하고, 측정이 전도를 통해서 행해지느냐 (안테나가 커넥터에 의해 연결된 경우), 방사를 통해 행해지느냐 (내장 안테나를 사용하는 경우)에 따라 결정된다. 불요 방사의 제한값은 다음과 같다.

- 1GHz까지의 주파수에서는 2nW
- 1GHz를 넘는 주파수에서는 20nW

EN 300 220-2

EN 300 220에서는 파트 2에 수신기의 추천 성능 스펙을 기술하고 있다. 문서에 열거되어 있는 파라미터들은 규제를 목적으로 작성된 것은 아니고, 근거리 무선 통신 설계자들에게 스펙 제한값과 정의 방법에 대한 안내서를 제공하기 위한 것이다. 여기에 포함된 파라미터들은 다음과 같다.

- 최대 사용 민감도 (전도의 경우)
- 평균 사용 민감도 (필드 강도)
- 상호 채널 반사
- 인접 채널 선택도
- 불요 반응 제거
- 혼변조 응답 제거
- 차단(blocking) 또는 둔감화(desensitization)

◈ EN 300 440 1GHz~40GHz 주파수 대역에서 사용되는 장치를 위한 기술적 특성과 시험 방법

이것은 1GHz를 넘는 주파수 대역에서 송신하는 근거리 무선 장치에 대한 일반적인 표준이다. 음성 유무와 관계없이 모든 형태의 변조 방법을 포함한다. 5W EIRP까지의 피크전력 레벨을 포함한다. EIRP는 송신기출력전력에 안테나 이득을 곱한 것임을 기억하기 바란다.

피크전력을 측정하는 방법은 신호 대역폭이 1MHz보다 작은가, 또는 큰가에 따라 결정된다. 대역폭이 1MHz보다 작은 경우에는, 피크전력은 스펙트럼 아날라이저를 이용해 직접적으로 구할 수 있다. 대역폭이 더 커지면 피크전력은 전력계를 사용한 전력 측정값의 평균을 취하고, 관측된 듀티 사이클을 이용하여 피크전력을 계산함으로써 얻어진다.

전력 측정은 안테나 커넥터에 의한 전도, 또는 EN 300 220에서처럼 시험 안테나와 대체 안테나에 의한 방사를 통해서 행해진다. EN 300 220은 주파수 도약 확산 스펙트럼(FHSS) 변조 방식을 위한 기본적인 요구 조건들을 기술하고 있다. 도약 주파수가 최소한 20개이고, 주파수 채널에의 최대 체류 시간(dwell time)은 0.4초이다.

◈ EN 300 328 2.4GHz ISM 대역에서 동작되고 확산 스펙트럼 변조 기술을 이용하는 데이터 전송 장치를 위한 기술적 특성과 시험 조건

이 규격은 다음과 같은 기술적 특성을 갖는 광대역 데이터 전송 장치에 대한 것이다.

- 250kbps를 초과하는 총괄 비트율(aggregate bit rate)
- 2.4GHz~2.483GHz의 ISM 대역에서 동작함.
- 100mW까지의 유효 방사전력
- 주파수 도약 변조를 위한 100kHz당 100mW까지의 전력 밀도
- 다른 형태의 주파수 도약 변조를 위한 1MHz당 10mW까지의 전력 밀도

이 표준에서는 두 가지 형태의 확산 스펙트럼 변조 기술을 다루고 있다.

a) 다음과 같은 특성을 갖는 주파수 도약 확산 스펙트럼(FHSS) 방식

- 최소한 20개의 도약 채널
- 단일 도약 채널의 20dB 대역폭은 최대 1MHz임.
- 한 채널내의 체류 시간은 최대 0.4초
- 각각의 채널은 적어도 한번은 4×(체류 시간×채널수)를 초과하지 않는 기간 동안 점유됨.

b) 직접 수열 확산 스펙트럼(DSSS) 방식 - 위의 정의를 따르는 FHSS가 아닌, 모든 형태의 확산 스펙트럼 방식

표준에 정의되어 있는 신호 특성들은 다음과 같다.

- 최대 전력: 100mW EIRP
- 피크전력 밀도: FHSS의 경우에는 100kHz당 100mW EIRP이고, DSSS의 경우에는 1MHz당 10mW임.

- 주파수 범위: 2.4GHz~2.483GHz

표준에는 각각의 파라미터에 대한 측정 방법을 기술하고 있다.

9.4 유럽 연합 전자파 양립성 조건

유럽 연합 회원 국가에서 전기 전자 장치를 판매하려면 R&TTE 규정집 1999/5/EEC를 따라야 한다. 2000년 4월 8일에 발효된 R&TTE 규정집은 유럽에서 유무선 장치 출시를 위한 법률적 관점에 대한 새로운 접근 방법을 표시하고 있다. 유럽 공동체 내에서 근거리 장치를 판매하고자 하는 회사들에게 중요한 규정이기 때문에, 특히 장치 범주에 영향을 주는 규정집의 중요한 규정들을 자세하게 살펴보자.

규정집의 목적은 조항(Article) 1에 기술된 것처럼, 무선 장치와 전기 통신 단말기의 EC내 시장 출시와 서비스 개시를 위한 규정 틀을 만드는 것이다. 규정집의 범주에 속하는 모든 기술 스펙과 장치 특성은 다음의 "필수 요구 조건"과 조항 3 바로 밑에 인용된 "부칙"을 중심으로 하고 있다.

1. 다음의 필수 요구 조건은 모든 장치에 적용된다:

   (a) 규정집 73/23/EEC에 포함된 안전 조건을 포함하는 사용자와 다른 사람의 건강과 안전 보호 조건 (그러나 적용되는 전압 제한값은 없음)

   (b) 규정집 89/336/EEC에 포함된 전자파 양립성과 관련된 보호 조건

2. 이외에, 유해한 간섭을 피하기 위하여 지상/우주 공간 무선 통신과 우주 자원에 할당된 스펙트럼을 효율적으로 사용하도록 무선 장치를 제작해야 한다.

1(b) 자체에 언급된 EMC 규정집은 다음과 같은 두 개의 필수 요구 조건을 규정하고 있다.

a) 무선 장치는 유무선 장치와 간섭해서는 안 된다.

b) 무선 장치 자체는 RF 송신기, 다른 장치와 같은 신호원에 의한 전자파 교란을 막을 수 있어야 한다.

장치들이 유럽 연합 공식 저널에 정기적으로 발표되는 R&TTE 통일 규격에 부합된다면 규정집의 요구 조건들을 충족하는 것으로 간주한다. 이전의 강제적이었던 승인 체계와 달리, 제조업체들은 개개의 EU 국가들로부터 통신 승인을 신청할 필요가 없지만, 권고안의 요구 조건들을 충족시켜야 할 책임이 있다. R&TTE 규정집을 준수하는

제조업체들은 자사 제품의 사용자들에게 제품 사용에 관한 정보를 제공해야 하며, 규정집의 필수 요구 조건에 부합됨을 알려 주어야 한다. 제품 포장 상자와 사용 설명서에는 CE 마크가 찍혀 있어야 하고, 시험 조건과 필수 요구 조건 만족 여부에 대한 가이드를 해준 인증 기관의 번호를 표시하며, 비통일 주파수 대역을 사용하여 동작에 제한이 따르는 경우에는 원 안에 느낌표가 있는 경고 부호를 표시해야 한다. 또한, 일련 번호, 제품 번호, 제조업체 이름, 시장 출시 책임자 이름 등이 표시될 수도 있다. 경고 부호가 사용되는 경우에는, 제조업체는 제품 동작을 규제받는 EU 회원 국가들을 지정해 줄 의무가 있다. 제조업체는 규정집의 요구 조건에 부합됨을 알리기 위해 여러 가지 방법을 선택할 수 있다. 무선 장치의 경우에는 부칙 III, 부칙 IV, 부칙 V에 그 절차가 규정되어 있다. 제조업체가 자사 제품에 적합한 통일된 표준을 적용하는 경우에는 위에서 언급한 부칙들에 제시된 어떤 절차를 취해도 된다. 그러나, 통일된 규정을 적용하지 않거나, 그것들을 부분적으로 적용하는 경우라면 부칙 IV와 부칙 V의 절차 중에서 선택할 수 있다.

부칙 III

제조업체는 제품의 설계, 제조, 동작을 포함하는 기술적 설명서를 제출해야 하는데, 거기에는 다음 사항들이 포함되어야 한다.

- 제품, 개념 설계, 제조 도면, 부품 구조, 서브 어셈블리(sub-assembly), 회로 등에 대한 일반적인 설명
- 제품의 도면, 구조, 동작을 이해하는데 필요한 설명
- 완전하게 적용되거나 부분적으로 적용되는 조항 5 (통일된 표준)에 언급된 모든 표준 리스트와, 조항 5에 언급된 표준이 적용되지 않거나 없는 경우에 규정집의 필수 요구 조건을 만족하도록 채택된 해결책에 대한 설명
- 설계시 행해진 계산, 실행된 검사 등의 결과
- 실험 보고서

제조업체는 관련있는 통일된 표준에 의해 규정된 테스트 과정(test suite)을 실행한다. 표준에 테스트 과정이 주어지지 않은 경우에는, 인증 기관을 선택하여 테스트 과정을 규정해야 한다. 인증 기관은 제조업체가 통일된 표준을 완전하게 적용하지 못할 때, 규정집의 절차에 따라 작업을 수행하기 위해 전기 통신 문제에 책임이 있는 당국자에 의해 지정된다. 제품을 시장에 출시하려는 제조업체나 당사자들은 시험이 실행되어졌

고, 그 결과 제품들이 필수 요구 조건에 부합된다는 것을 선언하게 된다. 제품에 대한 표시에는 CE 마크와 자문을 해준 인증 기관의 번호가 포함된다.

부칙 IV

이 절차는 부칙 III의 경우와 유사하지만, 특정한 무선 테스트 과정(test suite)에 대한 적합성 선언(declaration of conformity)과 함께 부칙 III에 자세히 기술된 설명서로 구성된, TCF라고 부르는 기술 문서를 제출해야 한다. TCF는 권고안의 요구 조건이 충족되는지 여부에 대한 견해를 피력하는 승인 기구에 제출해야 한다. 제품을 시장에 출시할 때, 제조업체는 장치와 포장지에 규정된 것처럼, CE 마크와 함께 승인 기구의 번호를 표시해야 한다.

부칙 V

제조업체는 승인 기구의 감독 하에 설계, 제조, 최종 제품 검사, 시험을 거치는 승인된 품질 시스템을 가동시킨다. 승인 기구는 제조업체가 제출한 관련 문서와 시험 결과를 바탕으로, 품질 제어 시스템이 규정집의 요구 조건을 만족시키는 제품에 부합되는지 평가를 해야 한다. 제품을 시장에 출시할 때, 제조업체는 장치와 포장지에 규정된 것처럼 CE 마크와 함께 승인 기구의 번호를 표시해야 한다.

R&TTE 규정집은 CEPT에 소속된 모든 유럽 국가들의 시장에 출시되는 무선 장치를 포함한 전기통신 장치를 규제한다. 그러나, 주파수 대역, 최대 출력전력, 듀티 사이클 등을 포함하는 제품 특성뿐만 아니라, 사용 허가 조건들은 각 국의 승인 기관에서 결정한다. 제조업체는 제품의 특성이 제품이 사용되는 지역의 통일 규격에 완전하게 부합되지 않는 경우에는 제품에 경고 부호를 표시해야 한다. 참고 문헌을 다루는 절에 열거된 ERO 웹 사이트에 기술된 유럽 국가들의 통일된 통신 특성에 대한 최신 정보를 참고해야 한다.

R&TTE 규정집에 대한 응용의 한 예로, 비허가 근거리 장치의 경우에 시험 조건의 근간이 되는 관련된 통일 문서를 설명하기로 하자. 무선 통신 특성을 위한 통일 문서는 EN 300 220-3이다. 이것은 이전에 설명했듯이, "R&TTE 규정집 조항 3.2에 기술된 필수 요구 조건을 포함하는 통합 EN"으로 규정된 스펙 EN 300 220-1의 파트 3이다. 이 문서는 기술적 요구 조건을 포함하고, 상세한 문서 EN 300 220-1를 참조한 권고안에 따라 사용되는 필수 테스트 과정을 열거하고 있다.

문서 EN 301 489-1과 EN 301 489-3은 권고안의 전자파 양립성 조건을 따르는지 확인하기 위해 사용된다. 이 요구 조건들은 방사를 통한 다른 장치와의 간섭 가능성, 다른 장치나 현상에 의한 간섭에 대한 민감성(susceptibility), 간섭에 대한 저항성(immunity)을 다루고 있다. 요구 조건의 방사에 관한 부분에서는 예를 들어, 디지털 제어 회로로부터의 비의도성 방사(non-intentional radiation)를 포함하지만, 의도성 방사와 그 부산물로서의 불요 방사는 위에서 언급된 전송 특성 스펙에서 설명하고 있다. 시험해야 하는, 장치의 간섭 저항성에 영향을 주는 현상은 다음과 같다.

- 80MHz~1000MHz 범위의 전자기장
- 정전기 방전
- 신호 포트, 제어 포트, 전원 포트에서의 빠른 과도 응답
- RF 공통 모드(common mode) 간섭 : 0.15MHz~80MHz
- DC 전력 입력 포트에서의 과도 응답과 서지(surge)

EN 301 489-3에서는 장치의 의도된 기능을 근간으로 해서, 의도된 수신 주파수나 이미지 주파수에서의 간섭에 대한 민감성 때문에 제품의 품질에 문제가 생기는 것을 방지하기 위한 수신기의 배타 대역(exclusion band)을 제시한다. 송신기의 경우에, 동작 주파수와 측파대에서의 방사는 장치의 간섭 가능성에서 배제된다.

건강과 안전에 관한 필수 요구 조건은 규정집 조항 3의 단락 1(a)에 제시된 것처럼, CENELEC 문서인 EN 60950 "정보 기술 장치의 안전성"의 요구 조건을 만족해야 한다. 문서에 포함된 시험 항목은 제품에 내부 전원기가 있는지, 외부 전원기가 있는지에 따라 달라진다. 유럽 연합 시장에 출시할 근거리 무선 장치의 설계자는 R&TTE 규정집의 EMC와 안전성 요구 조건을 개발 초기 단계부터 고려해야 한다.

9.5 영국(UK) 표준

경보 시스템과 원격 제어를 위한 근거리 장치는 ERC 70-3 (표 1)에 제시된 것과 다른 주파수 대역에서 사용된다. MPT 13xx로 표시되는 근거리 장치를 위한 UK 규정은 EN 300 220에 의해 대체되었다. UK 주파수 배정과 특성은 다음과 같다.

- 49.82MHz~49.98MHz 대역: 일반적인 용도, 10mW까지의 ERP, 대역폭 10kHz 이상.

- 173.225MHz: 고정된 경보 장치나 근거리 경보 장치용, 10mW까지의 ERP, 대역폭 12.5kHz 또는 25kHz.
- 418MHz: 경보 장치용, 최대 허용 전력 250μW.

  유럽 공통 주파수인 433MHz가 자동차 키레스 엔트리에만 허용되었었기 때문에, UK에서는 과거에 이 주파수를 매우 많이 사용하였다. 그러나, 1998년에 UK는 433MHz 주파수에 대한 ERC 70-3E 권고안을 채택하게 되어서 418MHz 주파수는 더 이상 새로운 장치를 위해서 사용되고 있지 않다. 하나의 이유는 UK에서 TETRA라고 부르는 고전력 이동 전화 트렁크 서비스가 410MHz~430MHz 대역에서 시행되어, 418MHz 주파수를 사용하는 시스템과 간섭할 가능성이 있기 때문이다.
- 458.825MHz: 경보 장치용, 100mW까지의 ERP, 대역폭 12.5kHz.

저전력 근거리 장치에 대한 자세한 내용과 변경 사항은 무선통신협회 웹 시이트에 제시되어 있다.

9.6 일본 저전력 장치 표준

일반적으로 근거리 무선 장치에 대한 일본에서의 무선 규정은 북미와 유럽의 경우와 많이 다르다. 서구 시장에 출시되고 동작되도록 인증된 장치들은 일본에서의 같은 형태의 요구 조건들을 만족시키지 못한다. 널리 알려진 산업 표준인 블루투스(Bluetooth)와 와이파이(Wi-Fi)는 일본에서는 2.4MHz 대역에서의 규제 조건을 만족시키는 규정을 포함하고 있지만, 도약 패턴과 주파수 채널은 제품을 일본에서만 사용할 수 있도록 정해져 있다.

여기서는 비허가 근거리 무선 통신에 적용되는 다음과 같은 일본 규정의 3가지 측면을 살펴보자.

- 매우 낮은 전력을 갖는 송신기
- 400MHz 대역과 1200MHz 대역에서의 원격 측정과 보안 시스템
- 2.4GHz 대역에서의 WLAN과 WPAN 통신

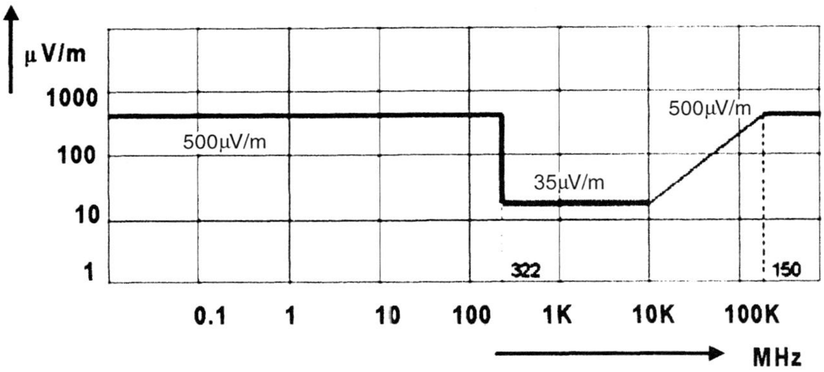

그림 9-4 일본의 매우 낮은 전력 필드 강도에 대한 제한값

◈ 매우 낮은 전력을 갖는 송신기

이 클래스는 소위 "지극히 약한 전력 장치"라 부르는 것에 해당된다. 예를 들면, 전력이 매우 낮은 무선 전화기(cordless telephone), 무선 마이크, 비상 경보 송신기, 장난감 등이다. 요구 조건은 최소한의 제한된 비허가 장치에 대한 규제이며, 이런 의미에서 FCC 규제 조항 15.209절과 비교될 수 있다. 허용된 필드 강도는 더 높지만 (322MHz까지), 더 높은 전력에 대해서도 FCC 규제 조항 15.231에 필적할만한 조항이 없다. 그림 9-4에 (1000GHz까지) 허용 필드 강도를 주파수의 함수로 나타내었다. 측정 거리는 3m이다. 제한값은 322MHz까지는 500μV/m이고, 10GHz까지는 35μV/m이다.

◈ 원격 측정과 보안

무선 원격 측정과 데이터 전송 기능은 (주로 기계들에 의한 처리를 위한) 전력 제한값이 1mW~10mW인, 400MHz와 1200MHz의 협대역 채널에서 제공된다. 영어로 된 자세한 규격인 ARIB STD-67T을 일본전파산업협회(ARIB)로부터 입수할 수 있다. ARIB 표준은 일본 총무성의 필수 요구 조건을 보완하는 것으로, 무선 장치 제조업체와 사용자에게 보다 더 편리하도록 무선 시설과 전송 품질에 대한 양립성을 제공하기 위한 "사적인 기술 표준"을 포함한다.

원격 측정과 데이터 전송의 기술적 요구 조건에 대한 주요한 특성들과 제한값들이 다음 표에 주어져 있다. 보다 자세한 내용은 ARIB STD-67T에 주어져 있다.

어떤 대역은 겹쳐짐을 알 수 있다. 다른 특성들은 다음과 같다.

Band No.	Frequency MHz	Channel Separation kHz	Occupied BW kHz	Average Power to Antenna mW
1	426.0250–426.1375	12.5	8.5	1
2	429.1750–429.2375	12.5	8.5	10
3	429.2500–429.7375	12.5	8.5	10
4	426.0375–426.1125	25	16	1
5	429.8125–429.9250	12.5	8.5	10
6	449.7125–449.8875	12.5	8.5	10
7	469.4375–469.4875	12.5	8.5	10
8	1216.0125–1216.9875	25	16	10
9	1252.0125–1252.9875	25	16	10
10	1216.0000–1217.0000	50	32	10
11	1252.0000–1253.0000	50	32	10

- 변조: 주파수 변조, 위상 변조, 또는 진폭 변조와 주파수/위상 변조가 결합됨.
- 주파수 허용 편차(frequency tolerance): ±4ppm (대역 8과 대역 9에서는 ±3ppm)
- 인접 채널전력: 반송파로부터 −40dB 강하.
- 고조파를 포함하는 불요 방출: 2.5μW
- 수신기 안테나에서의 수신기 방사: 4nW
- 특정한 채널을 위해 규정된 캐리어 센싱(carrier sensing) 능력과 전송 시간 제한.

426.25MHz~426.8375MHz 대역은 저전력 무선 보안 시스템을 위해 할당되어 있다. 채널 간격은 4kHz~16kHz인 점유 대역폭에 따라 12.5kHz, 또는 25kHz이다. 점유 대역폭이 4kHz이고 채널 간격이 12.5kHz이거나, 점유 대역폭이 8.5kHz~12kHz이고 채널 간격이 25kHz인 경우에 주파수 허용 편차가 ±10ppm인 것을 제외하고는, 대부분의 특성은 위에 언급한 것과 동일하다. 무선국들은 자동적으로 자기 인식 코드(identification code)를 송신하고 수신한다. 3초 후에는 전송이 중단되어져야 하고, 재전송 전에 최소한 2초를 기다려야 한다.

◈ 2.4GHz 대역에서의 WLAN과 WPAN

IEEE 산업 표준인 802.15.1과 802.11를 각각 참조한 제한 규정이 있지만, 일본에서는 블루투스 제품과 와이파이 제품 모두를 사용할 수 있다. 비허가 무선 네트워크을 위한 가능한 스펙트럼 대역은 북미와 유럽의 경우가 (몇 몇 유럽 국가의 경우에는 예외가 있지만) 2.4GHz~2.483MHz인데 비해, 일본에서는 2.473GHz~2.495GHz이다. 일본에서의 블루투스의 동작은 도약 채널수가 23개로 (대부분의 국가에서는 79개이지만) 제한되어 있다. 와이파이의 경우에는, 중심 주파수가 2.484GHz인 단 하나의 채널이 있다.

9.7 비정부 표준

위에서는 미국, 캐나다, 유럽, 일본에서의 근거리 무선 장치에 대한 필수 요구 조건에 대해서 설명하였다. 이와는 별개로, 그러한 장치에 대한 스펙을 발표하는 여러 개의 소비자 권익 단체가 있다. 물론 이것들은 법률적인 구속력이 있는 것은 아니지만, 제품을 판매하려는 제조업체들에게 영향을 미칠 수 있다.

◈ 미국 – Underwriters Laboratories

Underwriters Laboratories의 표준 UL 1023인 "가정 도난 경보 시스템 장치"는 "... 동작 개시와 통보 기능을 사용하는 제어 장치와 시스템, 단단한 매체에 의해 상호 연결되지 않은 원격 제어 장치에 적용할 수 있는 ..."라고 기술된 근거리 무선 장치를 위한 요구 조건들을 포함하고 있다. 여기서는 시험 과정이나 제한값에 대한 자세한 내용은 차치하고 시험할 파라미터들에 대해 대충 살펴 보자.

(a) 간섭 저항성: 백색 잡음, 20Hz~40000Hz의 오디오 주파수, 20Hz~40000Hz의 사각파에 의해 차례로 변조되는 반송파 간섭 신호에 의한 오동작이 야기되어서는 안된다. 간섭 신호 주파수는 원하는 반송파 주파수, 이미지 주파수, 적용되는 IF 주파수의 ±5% 내에서 변할 수 있다.

(b) 주파수 선택성: 제품 수신기는 원하는 중심 주파수의 위쪽이나 아래쪽으로부터 채널 대역폭의 두 배 이상 떨어진 주파수에서 동작하는 강한 시스템 송신기에 응답해서는 안된다.

(c) 충돌률(clash rate): 동시에 작동하는 두 개 이상의 수신기에 의한 경보 정보의 손실 확률을 규정한다.

(d) 오류율: 오류가 있는 신호들이 다양한 송신기로부터의 유효한 상태 지시 신호들로

인식되지 않도록, 정확한 전송과 정확하지 않은 전송을 구분하는 수신기의 능력 측정에 대해 규정한다.

(e) 유효출력률: 경보 신호나 비상 신호를 놓치지 않았다는 것을 보장하기 위해서, 정확하게 경보 신호나 상태 신호를 해독하는 수신기의 능력 측정에 대해 규정한다.

UL 1023은 극한 온도 상황에서의 송신기 안정성 시험과 급속한 노화 현상 시험에 대해서도 규정하고 있다.

◈ 영국 소비자 표준

영국 표준 6799에서는 다섯 클래스(class)의 무선 보안 시스템을 정의한다. 클래스들 간의 차이점으로는 저전력 보고, 감시, 재밍(jamming) 검출, 식별 코드수가 있다. 다음은 각 클래스의 특성을 기술한 것으로, 첫 번째 클래스를 제외하고 각각의 클래스들은 이전 클래스의 특성들을 갖는다.

- 클래스 I: 최소한 배터리가 다 소모되기 일주일 전에 저배터리 상태를 국부적으로, 또는 원격적으로 알려 준다.
- 클래스 II: 동작되는 송신기를 수신기에게 알려 준다.
- 클래스 III: 수신기가 간섭 신호나 재밍 신호로부터 30초 이상 차단되는 경우에 수신기에 결함 지시 신호를 발생시킨다.
- 클래스 IV: 경보의 원인이 해제된 경우에는 검출기가 정상 신호로 되돌아가도록 해준다. 또한, 8.4시간을 초과하지 않는 주기적인 기간 동안 감시 신호를 송신하고, 감시 신호를 연속해서 3번 받지 못한 경우에는 경보를 발생한다. 저배터리 신호를 수신기에 전송하고, 저배터리 신호가 8.4시간 이상 지속되는 경우에는 결함 지시 신호를 발생시킨다.
- 클래스 V: 1.2시간까지의 기간 동안 감시 신호를 전송하고, 수신기가 3.6시간 내에 특정한 송신기로부터 감시 신호를 받지 못한 경우에는 경보를 발생한다.

보안 시스템 국가 승인 협회(NACOSS)에서는 승인하는 무선 시스템을 위한 실천 요강을 갖고 있다. 그것은 BS 6977를 일부 수정한 내용에 근간을 두고 있으며, 6개의 클래스에 대해 보다 엄격한 요구 조건들을 부과하고 있다. NACOSS는 전자 보안 시스템을 설치하고, 보수하며, 모니터링하는 회사들을 인지하고, 조사하며, 규제한다.

부록 9-A 용어와 정의 (FCC 파트 2)

간섭(Interference): 무선 통신 시스템에서 신호 수신시 방출, 방사, 또는 유도 중 하나 이상의 결합에 의해 나타나는 원하지 않는 에너지의 영향을 말하며, 성능 열화, 잘못된 인식, 원하지 않는 에너지 때문에 생기는 정보손실 등으로 나타난다.

단방향 동작(Simplex Operation): 전기 통신 채널에서 한 방향으로만 (예를 들어, 수동 제어에 의해) 번갈아 가면서 전송할 수 있는 동작 방법.

대역외 방출(Out-of-Band Emission): 불요 방출을 제외한, 변조 과정에서 나오는 필요 대역폭 밖의 주파수 대역에서의 방출.

등가의 등방향성 방사전력 (e.i.r.p.) (Equivalent Isotropically Radiated Power): 안테나에 공급되는 전력과 주어진 방향으로의 등방향성 안테나에 대한 전력 이득의 곱.

등가의 모노폴 방사전력 (e.m.p.) (Equivalent Monopole Radiated Power): 안테나에 공급되는 전력과 주어진 방향으로의 짧은 수직 안테나에 대한 전력 이득의 곱.

(무선 송신기의) 반송파전력(Carrier Power): 변조가 없는 상태에서 한 주파수 사이클 동안 송신기에 의해 안테나 전송선에 공급되는 평균전력.

무선(Radio): 무선 전파 사용에 적용되는 일반적인 용어.

무선 통신(Radiocommunication): 무선 전파 형태의 전기 통신(telecommunication).

반 양방향 동작(Semi-Duplex Operation): 회로의 한쪽에서는 단방향 동작을 하고, 다른 쪽에서는 양방향 동작을 하는 방식.

방사(Radiation): 무선 전파 형태로 신호원으로부터 바깥쪽으로의 에너지 흐름.

방출 클래스(Class of Emission): 변조 형태, 변조 신호 형태, 전송할 정보 형태 등과 같이 표준 심볼에 의해 지정된 일련의 특성들.

배정된 주파수 대역(Assigned Frequency Band): 무선국에서의 방출이 승인된 주파수 대역; 대역폭은 필요한 대역폭에 주파수 허용 편차의 절대값의 2배를 더한 값이다. 우주 정류장의 경우에는 할당된 주파수 대역에 지구 표면 상의 어떤 지점에 관련되어 발생할 수 있는 최대 도플러 편차의 2배를 포함한다. 무선 주파수 또는 무선 채널을 할당한다. 규정된 조건 하에서 무선국 주파수나 무선 채널을 사용하기 위해서는 관계 당국의 승인을 받아야 한다.

불요 방출(Spurious Emission): 신호 레벨이 대응되는 정보 전송에 영향을 주지 않는, 필요 대역폭 밖의 주파수 대역에서의 방출. 불요 방출은 고조파 방출(harmonics emission), 기생 방출(parasitic emission), 혼변조 곱 성분(intermodulation products), 주파수 변환 성분을 포함하나, 대역외 방출은 제외한다.

산업, 과학, 의료 (ISM) 응용 분야(Industrial, Scientific and Medical Applications): 전기통신 분야를 제외한 산업용, 과학용, 의료용, 가정용 또는 비슷한 용도로 RF 에너지를 발생하고 국부적으로 사용하도록 지정된 장치의 동작.

안테나 이득(Gain of an Antenna): 대개 dB로 표시되는, 손실이 없는 기준 안테나의 입력단에서 요구되는 전력과 주어진 방향에서 같은 필드 강도, 또는 같은 거리에서 같은 전력 밀도를 만들기 위해, 주어진 안테나의 입력단에 공급되는 전력과의 비율.

양방향 동작(Duplex Operation): 통신 채널에서 송신이 양방향으로 동시에 행해질 수 있는 동작 방식.

원격 명령(Telecommand): 떨어진 거리에서 장치의 동작을 시작하고, 변형하고, 종료시키는 신호를 전송하기 위한 전기 통신의 사용.

원격 측정(Telemetry): 측정 장치로부터 떨어진 거리에서 자동 지시나 기록 측정을 하기 위한 전기 통신의 사용.

유해 간섭(Harmful Interference): 무선 항법(navigation) 서비스나 다른 안전 서비스의 기능을 무력화시키거나, 국제 무선 규정에 따라 동작하는 무선 통신 서비스를 방해하고, 품질을 떨어뜨리고, 반복해서 가로 막는 간섭.

(주어진 방향에서의) 유효 방사전력 (e.r.p.) (Effective Radiated Power): 안테나에 공급되는 전력과 주어진 방향으로의 반파장 다이폴 안테나에 대한 전력 이득의 곱.

전기 통신(Telecommunication): 유선 시스템, 무선 시스템, 광 시스템, 전자기 시스템 등을 통한 부호, 신호, 문자, 영상, 음성, 정보 등의 전송, 방출, 수신.

점유 대역폭(Occupied Bandwidth): 낮은 주파수 제한값 이하와 높은 주파수 제한값 이상에서 방출되는 평균 전력이 주어진 방출량의 전체 평균의 규정된 $\beta/2$의 백분율과 같은 주파수 대역폭. 적절한 클래스의 방출이 CCIR에 의해 규정되지 않은 경우에는 $\beta/2$는 0.5%로 취한다.

주파수 도약 시스템(Frequency-Hopping Systems): 반송파 주파수에 대해 RF 에너지가 확산되는 기존의 방식으로 코드화된 정보와 함께 반송파가 변조되는 확산 스펙트럼 시스템. 반송파 주파수는 고정되어 있지 않고, 코드화된 시퀀스의 방향에 따라 고정된 간격으로 변한다. 이러한 시스템에 필요한 넓은 RF 대역폭은 반송파에 대한 RF 에너지의 확산 때문에 요구되지 않지만, 반송파 주파수가 도약할 수 있도록 넓은 주파수 대역이 요구된다. 주파수 도약 시스템의 시험에서는 도약하는 근접 항 분포는 불규칙하게 나타나고, 긴 항 분포는 도약 세트에서 균일하게 분포되는지, 연속적인 도약은 도약 세트에서 방향과 변화 크기 모두가 불규칙하게 분포하는지 확인한다.

주파수 허용 편차(Frequency Tolerance): 할당된 주파수로부터의 방출량에 의해 점유되거나, 기준 주파수로부터의 방출량의 특성 주파수에 의해 점유되는 주파수 대역의 중심 주파수에 대한 최대 허용 이격도.

직접 수열 시스템(Direct Sequence Systems): 반송파가 고속 코드 시퀀스와 정보 데이터열에 의해서 변조되는 확산 스펙트럼 시스템. 고속 코드 시퀀스가 변조 함수를 좌우하고, 전송된 신호가 넓게 확산되도록 한다.

특성 주파수(Characteristic Frequency): 주어진 방출에서 쉽게 인식되고 측정될 수 있는 주파수. 예를 들어, 반송파 주파수를 특성 주파수로 지정할 수 있다.

펄스 FM 시스템(Pulsed FM Systems): 펄스 FM 시스템은 RF 반송파가 고정된 주기와 고정된 듀티 사이클을 갖는 시퀀스에 의해 변조되는 확산 스펙트럼 시스템이다. 각각의 전송 펄스의 시작 부분에서 반송파 주파수가 주파수 변조되어 부가적인 반송파 확산을 야기시킨다. 주파수 변조 패턴은 선택된 확산 함수에 따라 결정된다. 어떤 시스템의 경우에는 확산 함수가 주파수의 위 아래를 쓸고 가는 선형 FM 첩 스위프(chirp sweep)이다.

(무선 송신기의) 피크 포락선전력(Peak Envelope Power): 정상적인 동작 조건에서 얻어진 변조 포락선의 크레스트(crest)에서 하나의 무선 주파수 사이클 동안 안테나 전송선에 공급되는 평균전력.

필요 대역폭(Necessary Bandwidth): 주어진 클래스의 방출 조건에서, 규정된 데이터율과 품질을 만족시킬 수 있도록 정보 전송을 하기에 충분한 주파수 대역폭.

확산 스펙트럼 시스템(Spread-Spectrum Systems): 확산 스펙트럼 시스템은 다음과 같은 정보를 갖는 통신 시스템이다:

(1) 정보는 기존의 방식에 의한 반송파의 변조에 의해 전달된다.

(2) 대역폭은 정보만 전송할 필요가 있는 확산 함수에 의해 신중하게 확장된다. 어떤 확산 스펙트럼 시스템에서는 시스템에 의해 전송되는 정보의 일부가 확산 함수에 포함된다.

혼합 확산 스펙트럼 시스템(Hybrid Spread-Spectrum Systems): 혼합 확산 스펙트럼 시스템에서는 넓은 점유 대역폭을 얻기 위해서 직접 수열 방식, 주파수 도약 방식, 시간 도약 방식, 펄스 FM 변조 방식 중에서 2개 이상을 결합하여 사용한다.

부록 9-B 방출, 변조, 전송을 위한 명명법 (FCC 파트 2)

무선 신호를 정의하는 체계는 국제전기통신연맹(ITU)에서 발행한 무선 규약을 근간으로 한다. 기본적인 설명은 아래와 같다. 보다 자세한 정보를 얻기 위해서는 FCC 규정 (2.201절과 2.202절)이나 UK 무선통신국의 문서 RA97을 참조하기 바란다.

방출은 필요 대역폭 (Appendix 9-A의 정의를 참조하기 바란다.)과 3개의 문자로 표시된 방출 클래스에 의한 정의된다. 예를 들어, "12K5F3E"는 필요 대역폭이 12.5kHz인 아날로그 FM 전화 신호를 나타낸다.

필요 대역폭

필요 대역폭은 3개의 숫자와 1개의 문자로 표시한다. 문자는 소수점의 위치를 차지하며, 다음과 같이 대역폭의 단위를 나타낸다.

0.001Hz~999Hz = H

1.00kHz~999kHz = K

1.00MHz~999MHz = M

1.00GHz~999GHz = G

참고로 첫 번째 문자는 0도 아니고, K, M, G가 될 수 없다.

예:

1Hz = 1H00

400Hz = 400H

6kHz = 6K00

10MHz = 10M0

방출 클래스

기본 특성은 다음과 같다.

첫 번째 문자: 주 반송파의 변조 형태
두 번째 문자: 주 반송파를 변조하는 신호 특징

세 번째 문자: 전송할 정보 형태

첫 번째 문자

(1) N → 변조되지 않은 반송파

(2) 진폭 변조

A → 양측파대

H → 단측파대, 전반송파(full carrier)

R → 단측파대, 감소된 레벨을 갖거나, 또는 레벨이 변하는 반송파

J → 단측파대, 억제된 반송파

B → 독립적인 측파대

C → 잔류 측파대

(3) 각 변조

F → 주파수 변조

G → 위상 변조

D → 진폭 변조와 위상 변조를 동시에 사용하거나 미리 규정된 시퀀스에 따라 사용

참고로 주 반송파가 펄스 코드 변조와 같이 양자화된 형태로 코딩된 신호에 의해 직접 변조되는 방출이 위에 있는 절들에 명시되어 있다. 다른 형태의 펄스 변조는 여기에 주어지지 않은 문자들로 표시되어 있지만, 위에 언급된 곳에 열거되어 있다.

두 번째 문자

0 → 변조되지 않은 신호

1 → 변조하는 부반송파를 사용하지 않고, 양자화된 정보나 디지털 정보를 포함하는 단일 채널. 이것은 시분할 다중 방식은 배제한다.

2 → 변조하는 부반송파를 사용하고, 양자화된 정보나 디지털 정보를 포함하는 단일 채널. 이것은 시분할 다중 방식은 배제한다.

3 → 아날로그 정보를 포함하는 단일 채널

7 → 양자화된 정보나 디지털 정보를 포함하는 두 개 이상의 채널

8 → 아날로그 정보를 포함하는 두 개 이상의 채널

9 → 양자화된 정보나 디지털 정보를 포함하는 하나 이상의 채널과 아날로그 정보를 포함하는 하나 이상의 채널을 같이 갖는 복합적인 시스템

X → 위에서 언급되지 않은 경우

세 번째 문자

N → 전송된 정보가 없는 경우

A → 청각적으로 수신하는 전보

B → 자동 수신 전보

C → 팩시밀리

D → 데이터 전송, 원격 측정, 원격 명령

E → 전화 (음성 방송 포함)

F → TV (비디오)

W → 위에 언급한 것들을 결합한 경우

X → 위에서 언급되지 않은 경우

부록 9-C FCC 규정과 규제 15.205절에서 얻어진 제한된 주파수와 필드 강도 제한값

15.205절 제한된 동작 대역

(a) 이 절의 단락 (d)에 제시된 것을 제외하고, 밑에 나열된 주파수 대역에서는 오직 불요 방사만 허용된다.

MHz	MHz	MHz	GHz
0.090-0.110	16.42-16.423	399.9-410	4.5-5.15
(1) 0.495-0.505	16.69475-	608-614	5.35-5.46
2.1735-2.1905	16.69525	960-1240	7.25-7.75
4.125-4.128	16.80425-	1300-1427	8.025-8.5
4.17725-4.17775	16.80475	1435-1626.5	9.0-9.2
4.20725-4.20775	25.5-25.67	1645.5-1646.5	9.3-9.5
6.215-6.218	37.5-38.25	1660-1710	10.6-12.7
6.26775-6.26825	73-74.6	1718.8-1722.2	13.25-13.4
6.31175-6.31225	74.8-75.2	2200-2300	14.47-14.5
8.291-8.294	108-121.94	2310-2390	15.35-16.2
8.362-8.366	123-138	2483.5-2500	17.7-21.4
8.37625-8.38675	149.9-150.05	2655-2900	22.01-23.12
8.41425-8.41475	156.52475-	3260-3267	23.6-24.0
12.29-12.293	156.52525	3332-3339	31.2-31.8
12.51975-	156.7-156.9	3345.8-3358	36.43-36.5
12.52025	162.0125-167.17	3600-4400	(2)
12.57675-	167.72-173.2		
12.57725	240-285		
13.36-13.41	322-335.4		

(1) 1999년 2월 1일까지는 제한된 이 대역은 0.490MHz~0.510MHz 였다.
(2) 위에서는 38.6

(b) 단락 (d)와 (e)에 제시된 것을 제외하고, 이 주파수 대역에서 나타나는 방출량의 필드 강도는 15.209절에 설명된 제한값을 초과하지 말아야 한다. 1000MHz 이하의 주파수에서는 CISPR 의사 피크 검출기를 채택하는 측정 장치를 사용하여 15.209절에 제시된 제한

값에 부응한다는 것을 보여주어야 한다. 1000MHz 보다 큰 주파수에서는 측정된 방출량의 평균값을 근간으로 하여 15.209절에 제시된 방출 제한값에 부응한다는 것을 보여주어야 한다. 이 측정에는 15.35절의 규정을 적용한다.

(c) 단락 (d)와 (e)에 제시된 것을 제외하고, 서브 파트 어디에서 규정되어 있는 필드 강도 제한값에 관계없이, 이절의 규정을 의도성 방사기로부터의 방출량에 적용한다.

제 10 장

정보 이론 소개

지금까지 이 책의 거의 모든 장이 무선 통신과 직접적으로 관련이 있었다. 이 장은 내용이 다르다. 정보 이론은 일반적으로 통신 (유선 통신, 광통신, 공중 전파 통신)을 포함하여, 광디스크에의 정보 저장, 레이더 목표 인식, 외계 생명체 탐색 등과 같이 다양한 분야에 적용된다. 일반적으로 통신 시스템의 목적은 특정한 전송 속도로 규정된 최소 레벨의 신호원 충실도에서, 잡음에 오염된 매체를 통해서 정보를 한 장소에서 다른 장소로 옮기는 것이다. 정보 이론은 우리의 목적을 정량적으로 정의하고, 가장 효율적인 방식으로 그 목적을 달성할 수 있는 수단을 우리에게 제공한다. 통신의 한 형태로 무선 통신을 사용하는 경우에는 유선 매체보다 더욱 가변적이고 복잡한 장애물과 도전에 직면하게 된다. 정보 이론의 지식은 무선 인터페이스의 특성을 충분히 활용하도록 해준다.

정보 이론에 대한 내용을 이해하기 위해서는 최소한 기본적인 확률 지식을 필요로 한다. 이 장에서는 정보 이론에 대해 간단히 설명하고자 한다. 이 책에서는 이미 확률 이론을 사용하여 다른 종류의 전송 프로토콜을 비교하고, 랜덤 반사가 있는 경우의 경로손실을 결정하였다.

오늘날에는 낮은 신호 대 잡음비를 갖는 경우에도, 신뢰도가 높은 데이터 전송을 하기 위해서 코딩 알고리즘을 사용하는 것이 매우 일반적이다. 오류 정정은 정보 이론의 가장 유용한 분야의 하나이다. 마지막으로 정보 이론은 우리에게 통신에 있어서의 궁극적인 한계를 알려 주는데, 이것은 주어진 대역폭과 주어진 신호 대 잡음비에서 전송할 수 있는 데이터의 최대 전송률을 말한다.

10.1 확률

◈ 기본 내용

통신에서는 잡음이 있는 채널을 통해 전송된 수신 메시지의 신뢰도를 평가하는데 확률 이론을 보편적으로 사용한다. 32개의 데이터 비트를 포함하는 디지털 메시지 프레임을 보낸다고 가정하자. 수신된 메시지에 오류가 있을 확률, 즉 하나 이상의 비트가 오염될 확률은 얼마인가? 한 개의 비트를 정정할 수 있는 오류 정정 코드를 사용하거나, 사용하려는 경우라면 2개 이상의 비트에 오류가 있을 확률을 알고자 할 것이다. 또 하나의 흥미있는 질문은 다음과 같다. 단일 비트에 대한 오류 확률이 같은 경우에, 32개의 비트를 포함하는 프레임과 비교해서 64개의 비트를 포함하는 프레임에서의 확률은 얼마인가?

모든 경우에 우리는 확률 이론에서 실험(experiment)이라 부르는 것을 정의해야 한다. 이것은 결과값(outcome)와 사건(event)을 정의하고, 이들에게 어떤 규칙을 따르는 확률값을 할당하는 것을 포함한다. 여기에서는 유한한 개수의 결과값을 주는 실험에서 확률을 정의하는데 있어 근거가 되는 3개의 확률 공리에 설명하기로 하자. 또한 확률 이론에서 필드(field)의 개념을 설명해야 한다. 3개의 공리와 필드 조건들을 사용하면 실험의 사건들에 확률을 할당할 수 있다. 먼저, 몇 가지 정의를 살펴 보자.

결과값은 실험의 기본 결과이다. 예를 들어, 주사위 하나를 던지면 6개의 결과값을 얻을 수 있는데, 이것들은 주사위가 멈췄을 때 주사위 윗면에 보이는 점들의 개수를 말한다. 사건은 특정한 실험을 위한 유용한 관찰로서, 규칙에 따라 정의된 하나 이상의 결과값들의 집합이다. 예를 들어, 주사위 하나를 던진 경우에 홀수의 결과값을 얻는 것이 하나의 사건이 될 수 있고, 짝수의 결과값을 얻는 것이 또 다른 사건이 될 수 있다. 할당된 확률들을 결과값으로 취할 수 있는데, 결과값들로 구성된 사건의 확률은 3개의 공리에 따라 결정된다. 표본공간(space)은 실험의 모든 결과값들의 집합을 말한다. 다른 용어들과 개념들은 3개의 공리를 설명한 후에 정의하기로 하자.

확률 공리

I. $P(A) \geq 0$ 사건 A의 확률은 0이거나, 양수이다.

II. $P(S) = 1$ 표본 공간의 확률은 1이다.

III. $A \cdot B = 0$ 이면 $P(A + B) = P(A) + P(B)$

두 사건 A와 B가 상호 배타적이면, 두 사건의 합의 확률은 개개의 사건의 확률의 합이다.

공리 III에 표시된 두 사건의 곱인 A · B는 흔히 교집합(intersection)이라 부르는데, 두 사건에 공통인 결과값을 포함하는 사건을 말한다. 두 사건의 합인 $A + B$는 합집합(union)이라 부르는데, 두 사건의 모든 결과값을 포함하는 사건을 말한다. 공리 III에서 언급한 상호 배타적(mutually exclusive)이란 용어는 두 사건이 공통적인 결과값을 갖지 않는다는 것을 의미한다. 이것은 실험에서 한 사건이 일어나면 다른 사건은 일어나지 않는다는 의미이다. 주사위 하나를 던지는 실험의 경우를 돌이켜보면, 홀수 사건과 짝수 사건은 상호 배타적이다.

다음으로 사건이 반드시 실험에 포함돼야 한다는 것을 알려 주는 필드에 대해 정의하기로 하자. 여기서 여집합(complement)이란 용어를 사용하는데, 어떤 사건의 여집합은 그 사건에 포함되지 않는 표본공간의 모든 결과값을 말한다. 사건 A의 여집합은 A'이고, $A \cdot A' = 0$이다.

필드 *F*의 정의

1. $A \in F$ 이면 $A' \in F$ 이다.
   사건 A가 필드 F에 포함되면, 그 사건의 여집합도 F에 포함된다.

2. $A \in F$ 이고 $B \in F$ 이면, $A + B \in F$ 이다.
   사건 A와 B가 각각 F에 포함되면, 사건 A와 B의 합도 F에 포함된다.

이 절의 첫 부분에서 제기한 질문들을 다루기 전에 몇 개의 정의에 대해서 더 살펴보기로 하자.

독립적인 사건의 정의

두 사건의 곱의 확률이 개개의 확률의 곱과 같으면 두 사건은 독립적이라고 한다. 즉,

$$P(\mathrm{A} \cdot \mathrm{B}) = P(\mathrm{A}) \times \mathrm{P(B)}$$

이면 두 사건은 독립적이다. 이 정의는 3개 이상의 사건에 확장시켜 적용할 수 있다. 3개의 독립적인 사건 A, B, C에 대해서

$$P(A \cdot B \cdot \mathrm{C}) = P(A) \times P(B) \times P(C)$$

이고,

$$P(A \cdot B) = P(A) \times P(B); P(A \cdot C) = P(A) \times P(C); P(B \cdot C) = P(B) \times P(C)$$

이다. 비슷하게 3개 이상의 사건들의 경우에는 모든 사건들의 곱의 확률은 개개의 사건의 확률들의 곱과 같고, 그보다 작은 수의 사건들의 곱의 확률은 그 사건들의 개개의 확률들의 곱과 같아야 한다. 만일 n개의 독립적인 사건이 있는 경우에, 위에서 보여준 것과 같은 방정식들의 개수는 $2^n - (n + 1)$이다.

예제

지금부터는 확률 이론을 이용하는 방법에 대한 예제들을 살펴 보자.

문제: 오류 확률이 $p_e = 0.01$인 경우에 12 비트의 시퀀스를 정확하게 수신할 확률은 얼마인가? 모든 비트는 독립적이라고 가정한다.

해답: 이 문제를 필드 조건과 사건들의 확률에 따라 표본공간과 사건을 정의해야 하는 실험으로 생각해 보자. 정확한 시퀀스의 확률을 P_c라고 하고, 시퀀스에 오류가 있을 확률을 P_e라고 하자. 이 실험의 표본공간은 상상할 수 있는 모든 결과값들을 포함한다. 시퀀스가 12 비트로 구성되어 있기 때문에, $2^{12} = 4096$개의 다른 시퀀스 또는 워드를 받을 수 있다. 필드 조건을 충족시키는 실험의 사건들은 다음과 같다.

(1) 비트에 전혀 오류가 없는 정확한 워드의 수신.
(2) 시퀀스를 구성하는 하나 이상의 비트에 오류가 있는 워드의 수신.
(3) 임의의 워드 수신.
(4) 워드를 전혀 수신하지 못하는 경우.

사건 (3)은 사건들의 합은 필드에 포함된다는 필드 정의의 두 번째 조건 때문에 포함시킬 필요가 있다. 사건 (1)과 사건 (2)의 합은 포본공간의 모든 결과값을 가지는데, 이것이 사건 (3)이다. 사건 (4)는 어떤 사건의 여집합은 필드에 포함되어야 한다는 필드 정의의 첫 번째 조건 때문에 필요하다. 사건 (4)는 사건 (3)의 여집합이다. 사건 (1)과 사건 (2)는 서로 여집합의 관계이기 때문에 필드 조건에 부합된다.

다음으로 사건들에 확률을 할당하자. 문제로 제시된 문장에서 오류 확률을 p_e로 표시하였다. 하나의 비트로 구성된 필드에서는 두 개의 사건이 정의되는데, 비트에 오류가 있는 경우와 비트에 오류가 없는 경우이다. 이 두 사건의 합이 비트에 대한 표본공간이 되며, 그 확률은 1이다. 비트에 오류가 없을 확률 + 비트 오류 확률 (p_e) = 표본공간의 확률 (=1)이다. 그러므로 비트에 오류가 없을 확률은 $1 - p_e$이다.

수신된 시퀀스의 비트들은 독립적이므로, 특정 시퀀스의 확률은 각각의 비트의 확률의 곱과 같다. 오류가 없는 시퀀스를 수신하는 경우에는, 각각의 비트에 대해 오류가 없을 확률이 $1 - p_e$이기 때문에, 이 시퀀스의 확률은 $(1 - p_e)^{12}$이다. 주어진 비트 오류 확률인 0.01을 대입하면, 오류가 없는 시퀀스를 수신할 확률은 0.99^{12}, 또는 대략 88.6%이다.

이 해답을 어떻게 해석할 수 있을까? 시퀀스가 단 한번만 보내지는 경우라면, 시퀀스를 정확하게 수신하든지, 아니면 오류가 있는 상태로 수신하게 될 것이다. 이런 경우에는 내기를 거는 경우가 아니라면, 확률을 구하는 것이 큰 의미가 없을 것이다. 그러

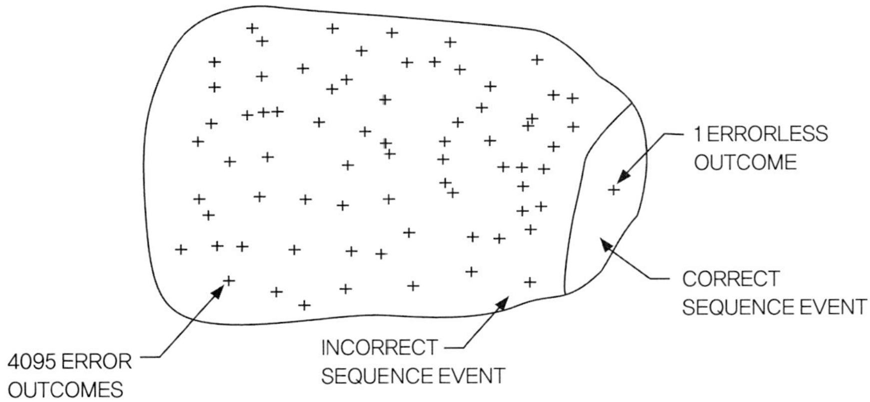

그림 10-1 확률 표본공간

나, 시퀀스를 반복해서 전송한다면 시퀀스의 개수가 증가함에 따라, 시퀀스를 정확하게 수신할 확률은 88.6%에 근접한다. 오류가 없을 확률이 $1 - p_e$인 것처럼, 시퀀스에 오류가 있을 확률은 $1 - 0.886 = 0.114$임을 알 수 있다. 이것은 공리 II와 공리 III, 두 개의 상호 배타적인 사건의 합은 (오류가 있든 없든 간에) 표본공간이므로 확률이 1이라는 사실로부터 구해진다.

그림 10-1은 이 문제를 시각적으로 표현한 것으로, 여기에는 포본공간, 사건, 결과값이 표시되어 있다. 4096개의 시퀀스 중의 하나를 나타내는 개개의 결과값에 할당된 확률 P_i는 다음과 같다.

$$P_i = p_1 p_2 p_3 p_4 p_5 p_6 p_7 p_8 p_9 p_{10} p_{11} p_{12}$$

여기에서 $p_1, p_2, \ldots, p_{12}$는 대응되는 비트에 오류가 있느냐 없느냐에 따라, 각각 p_e이거나 $1 - p_e$이다. 오류 비트 개수가 같은 시퀀스들은 동일한 확률을 갖는다. 예를 들어, 시퀀스에서 하나의 비트에 오류가 있는 확률은 $p_e(1 - p_e)^{11}$이다. 상호 배타적인 시퀀스의 개수는 12개이기 때문에 수신된 시퀀스에 단 하나의 비트에 오류가 있을 확률은

$$p_1 = 12p_e(1 - p_e)^{11} = 0.107 \text{이다.}$$

◈ 조건부 확률

확률 이론에서 중요한 개념 중의 하나는 조건부 확률이다. 이것은 다음과 같이 정의된다. 확률이 $P(B) > 0$인 사건 B가 주어진 경우에 알려진 사건 B에 대한 사건 A의 조건

부 확률은

$$P(A|B) = P(A \cdot B)/P(B) \tag{10-1}$$

이다. 이 정의의 결과는 어떤 사건의 확률은 다른 사건의 발생 여부에 의해 영향을 받는다는 것이다. 위의 표현식에서 A와 B가 상호 배타적이면, $P(A \cdot B) = 0$이기 때문에 조건부 확률은 0이다. 사건 A와 B가 독립적인 경우에는 B의 발생이 A의 확률에 영향을 주지 않으므로 $P(A|B) = P(A)$이다. 조건부 확률도 3개의 공리와 필드 정의를 따른다.

지금까지는 유한한 결과값을 갖는 집합만을 고려했지만, 확률 이론은 연속적인 양을 갖는 사건에 대해서도 성립한다. 가령, 표본 공간이 모든 실수의 집합인 경우에는, 표본 공간의 구간에 해당되는 부분 집합 또는 사건에 확률을 할당할 수 있다. 예를 들어, 오후 1시에서 오후 2시 사이에 열차가 도착할 확률이나, 수신 신호의 검파기출력이 1V보다 클 확률을 생각할 수 있다. 이 경우에도 확률 공리와 필드 정의가 여전히 성립하지만, 사건의 합과 곱이 무한 개 존재할 수 있다는 사실을 인정해야 한다.

◈ 밀도 함수와 누적 분포 함수

위에 주어진 문제에서 12개의 비트로 구성된 시퀀스에 오류가 없을 확률, 하나 이상의 비트에 오류가 있을 확률, 하나의 비트에만 오류가 있을 확률을 계산해 보았다. 수신된 시퀀스에 정확히 2개의 비트에 오류가 있을 확률이나, 임의의 개수의 비트에 오류가 있을 확률을 계산해 보는 것도 흥미로운 일이다. 이항분포라고 부르는 다음 수식을 이용하여 이것을 계산할 수 있다.

$$P_m(n) = \binom{m}{n} p^n q^{m-n} \tag{10-2}$$

여기서 $P_m(n)$은 정확히 n개의 비트에 오류가 있을 확률이고, m은 시퀀스의 전체 비트 수이다. 또한 p는 개개의 비트에 오류가 있을 확률이고, $q = 1 - p$는 개개의 비트에 오류가 없을 확률이다. 또한, $\binom{m}{n}$는 m개의 개체 중에서 n개를 선택하게 되는 경우의 수로서, 다음 식으로 표현된다.

$$\binom{m}{n} = \frac{m!}{n!(m-n)!}$$

기호 !는 계승(factorial)을 나타내는데, 예를 들어 $m! = m(m-1)(m-2)\cdots(1)$이다.

개개의 시퀀스를 전송할 때마다 수신된 시퀀스에는 특정한 개수의 비트에 오류가 발생한다 (위의 예에서는 비트 0에서 비트 12까지). 많은 수의 시퀀스를 전송하면 정확히 n개의 비트에 오류가 있을 확률은(10-2) 식에 주어진 값에 근접한다. 확률 이론에서 보면, 랜덤 프로세스(random process)로부터 관찰된 결과를 나타내는 양이 랜덤 변수이다. 위의 예에서 랜덤 변수를 N이라고 하면 (10-2) 식을 다음과 같이 고쳐 쓸 수 있다.

$$P_m(N=n)=\binom{m}{n}p^n q^{m-n} \tag{10-2a}$$

랜덤 변수를 표시하기 위해 대문자를 사용하고, 랜덤 변수가 갖는 실수값을 표현하기 위해서 소문자를 사용하기로 하자. $P(x)$는 랜덤 변수 X가 실수값 x를 갖는 확률을 나타낸다. 랜덤 변수가 갖는 값은 실험의 결과값을 표현할 수 있는 어떤 실수값도 취할 수 있는데, 이 경우에는 0에서 12까지의 값이다. 그 값들은 상호 배타적인 사건을 나타낸다. (10-2a)에 주어진 확률 함수는 랜덤 변수가 빈도 함수(frequency function)라고 부르는 이산적인 양과 같은 확률을 나타낸다.

또 하나의 중요한 함수는 다음과 같이 정의된 누적 확률 분포 함수, 또는 분포 함수이다.

$$F(x) = \text{Prob}(X \le x) \tag{10-3}$$

여기서 x는 $-\infty$에서 $+\infty$까지의 모든 값을 취할 수 있고, X는 랜덤 변수이다. 비트들의 시퀀스에 대한 위의 예에서 분포 함수는 시퀀스에 n개 이하의 비트가 오류가 있을 확률을 나타내며, 다음 식으로 주어진다.

$$F(n)=\sum_{n=0}^{m}\binom{m}{n}p^n q^{m-n} \tag{10-4}$$

여기서 Σ는 합을 나타내는 기호이다.

지금까지 사용한 예제에는 이산 랜덤 변수가 포함되어 있지만, 확률 함수는 시간이나 전압과 같은 연속 랜덤 변수와 관련되어 있다. 가장 잘 알려진 것은 가우시안 확률 함수로서, 예를 들어, 무선 통신 수신기에서의 열잡음을 표현하는데 사용된다. 이산 랜덤 변수를 위해 정의된 빈도 확률 함수에 대응되는 아날로그 함수를 밀도 함수라고 한

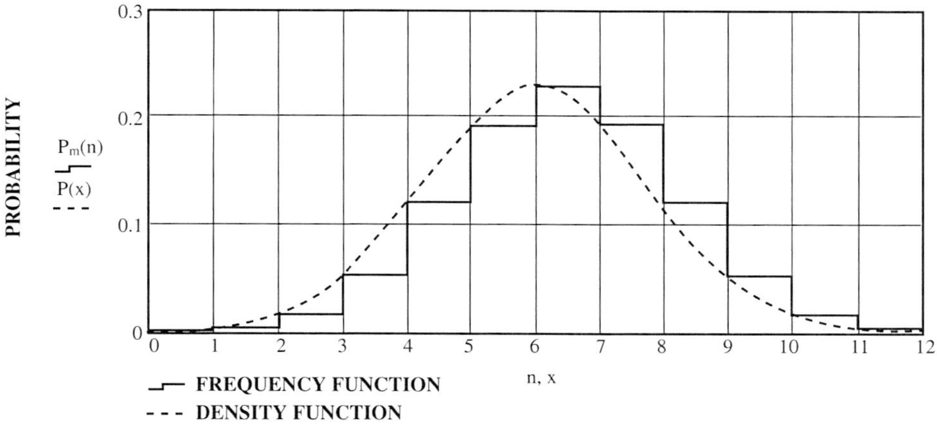

그림 10-2 빈도 함수와 밀도 함수

다. 가우시안 확률 밀도 함수는 다음 식으로 주어진다.

$$P(x)=\frac{1}{\sqrt{2\cdot\pi\cdot\sigma^2}}\cdot e^{\frac{-(x-m)^2}{2\sigma^2}} \tag{10-5}$$

여기서 σ^2는 분산이고, m은 평균이다.

$p = q = 1/2$로 설정한 경우, 평균과 분산이 같은 빈도 함수 $P_m(n)$과 밀도 함수 $P(x)$를 그림 10-2에 표시하였다. 위에서 기술한 것처럼, 이 함수들은 유사한 점이 있지만, 근본적인 차이점이 있다. 첫째는 $P(x)$는 $-\infty$에서 $+\infty$까지의 전체 실수축 상에서 정의되어 있지만, $P_m(n)$는 0과 12 사이의 이산적인 값만을 갖는다는 것이다. 둘째로, $P(x)$ 그래프의 점들은 확률이 아니다. 연속 랜덤 변수는 유한한 구간에서만 0보다 큰 확률을 가질 수 있다. 따라서 순간 잡음 전압이 2V인 경우의 확률에 대해서 말할 수 없으며, 가령 1.8V ~ 2.2V 구간에서의 확률을 구할 수 있을 따름이다. $P(x)$ 그래프 상에서 확률은 관심있는 구간의 그래프 밑의 면적이다. 이 면적은 구간의 끝 점들 ($-\infty$나 $+\infty$일 수도 있음) 사이에서 밀도 함수를 적분하여 얻을 수 있다.

연속 랜덤 변수의 경우에, 직접적으로 확률을 구할 수 있는 보다 유용한 함수는 분포 함수이다. 그림 10-3은 밀도 함수를 $-\infty$에서 x까지 적분한 가우시안 분포 함수를 나타낸다. 모든 분포 함수는 기울기가 양수이고 양 끝 점의 값이 각각 0과 1이다. 어떤 구간에서의 랜덤 변수의 확률을 구하기 위해서는 위쪽 분포 함수의 값에서 아래 쪽 분포 함수 함

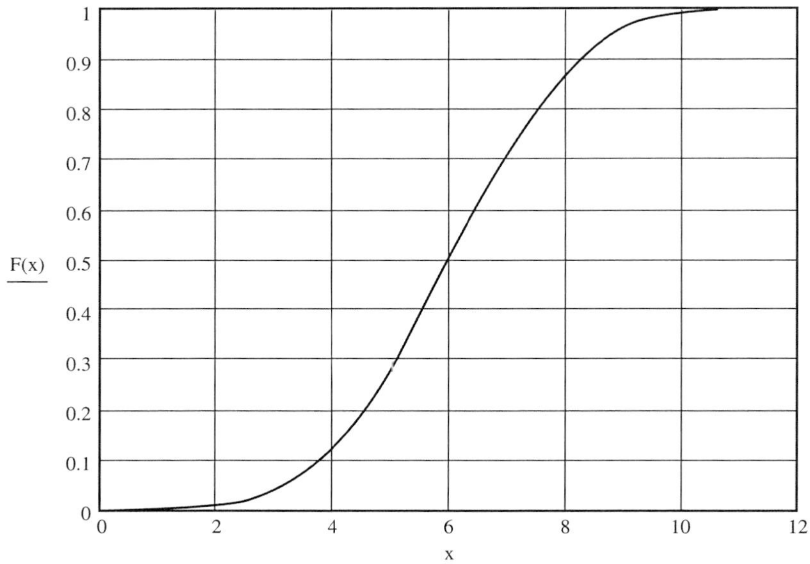

그림 10-3 가우시안 분포 함수

수의 값을 빼주면 된다. 예를 들어, 그림 10-3에서 4와 6 사이의 구간에서의 확률은

$$F(6) - F(4) = 0.5 - 0.124 = 0.376 \text{이다.}$$

◈ 평균, 분산, 표준편차

분포 함수는 확률을 직접적으로 구하고자 할 때 편리하지만, 랜덤 변수의 통계적 특성들을 계산할 때는 밀도 함수나 빈도 함수를 사용하는 것이 더욱 편리하다. 두 개의 가장 중요한 특성을 나타내는 것이 평균과 분산이다. 이산 변수의 통계적 평균은 다음과 같이 정의된다.

$$\overline{X} = \sum_i x_i \cdot P(x_i) \tag{10-6}$$

m개의 비트로 된 시퀀스를 위한 빈도 함수를 사용하여 이 식을 다시 쓰면 다음과 같다.

$$\overline{X} = \sum_n n \cdot P_m(n)$$

여기서 n은 0과 m 사이의 값이다. 예를 들어 $p = 0.1$을 대입하여 평균을 계산하면 $\overline{X} = 0.2$이다. 다시 말해서 비트 오류 확률이 0.1일 때, 시퀀스에서 오류가 있는 비트의 평균 개수는 1 비트보다 약간 크다.

연속 랜덤 변수의 평균에 대한 정의는 다음과 같다.

$$\overline{X} = \int_{-\infty}^{+\infty} x \cdot P(x)dx \tag{10-7}$$

이것을 (10-5) 식에 표시된 가우시안 밀도 함수에 적용하면 기대하는 것처럼 $\overline{X} = m$을 얻을 수 있다. 비슷한 방식으로 이산 랜덤 변수와 연속 랜덤 변수의 평균을 구할 수 있다. 함수가 $f(x) = x^n$일 때, 이것의 평균을 X의 n^{th} 모멘트(moment)라고 한다. X의 1차 모멘트는 위에서 설명한 평균이다. 연속 랜덤 변수 X의 2차 모멘트는 다음과 같이 정의된다.

$$\overline{X^2} = \int_{-\infty}^{\infty} x^2 \cdot P(x)dx \tag{10-8}$$

랜덤 변수의 평균 a가 0이 아닌 경우에, 2차 모멘트의 유용한 형태로 중심 모멘트(central moment)라고 부르는 것이 있다.

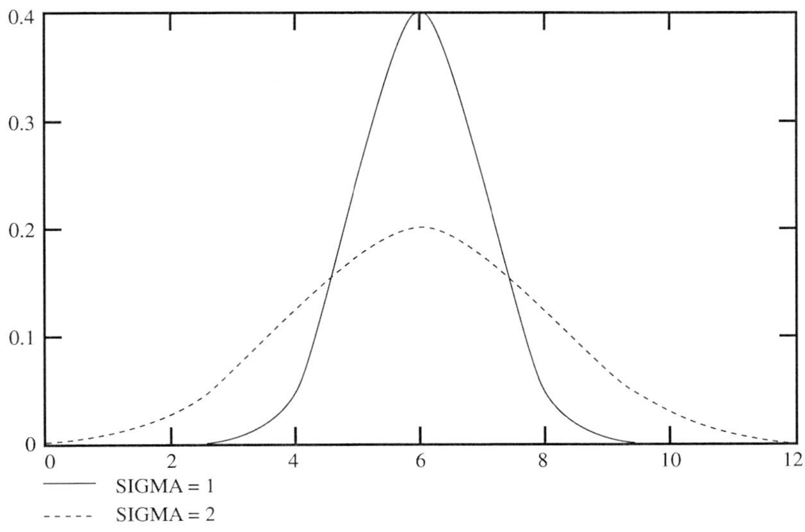

그림 10-4 다른 표준편차를 갖는 가우시안 밀도 함수

$$Var(X) = \int_{-\infty}^{\infty} (x-a)^2 \cdot P(x) dx \tag{10-9}$$

X의 2차 중심 모멘트를 X의 분산이라고 하고, 이것의 제곱근을 표준편차라고 한다. 표준편차는 보통 그리스 문자 σ로 표시하는데, 확률 밀도 함수의 형태를 결정하는 인자이다. 그림 10-4는 표준편차가 $\sigma = 1$인 경우와 $\sigma = 2$인 경우의 가우시안 밀도 함수를 표시한다. 평균은 같다고 가정한다.

전기 기술자들이 (정상적이거나 불규칙한) 전압과 전류에 대해 이야기할 때면, 언제나 1차 모멘트와 2차 모멘트를 언급해왔다. 1차 모멘트는 DC 레벨이며, 2차 모멘트는 전력에 비례한다. 단위저항에 걸리는 전압의 분산이 AC 전력이고, 표준편차는 DC 레벨에 대한 전류나 전압의 RMS 값이다.

10.2 정보 이론

1948년에 C. E. Shannon은 "통신의 수학적 이론(Mathematical Theory of Communication)"을 발표했는데, 이것은 간섭이 존재하는 상황에서 신뢰할 수 있는 통신을 할 수 있는 가능성을 이해하는데 획기적인 돌파구를 열었다. 완전히 새로운 연구 분야인 정보 이론에서는 3개의 기본 개념인 정보의 측정, 정보를 전송하기 위한 통신 채널의 용량, 채널 용량에 근접하는 데이터율로 오류가 없는 통신을 가능하게 해주는 수단으로서의 코딩 사용을 다룬다. Shannon의 업적 중에 가장 중요한 것은 정보 이론의 기본 정리라고 부르는 다음 문장으로 요약하여 표현할 수 있다.

"잡음이 있는 통신 채널을 통해 채널 용량까지의 데이터율로, 상당히 작은 오류율을 유지하면서 정보를 전송하는 것이 가능하다."

이 문장의 역은 다음과 같이 기술할 수 있는데, 이에 대한 증명도 행해졌다.

"채널 용량보다 높은 데이터율로는 채널을 통해 신뢰할 수 있는 통신을 할 수 없다."

잡음이 있는 경우에 신뢰할 수 있는 통신의 핵심은 코딩을 사용하는 것이다. 여기에서는 정보 이론의 기본 내용들을 검토한 후에 오류 정정 코딩의 예를 살펴 보자.

◈ 불확실성, 엔트로피, 정보

기술자들은 단위 시간당 전송되는 이진 심볼의 개수로서 비트율을 언급하고 있다. 정보 이론에서 비트는 심오한 서로 다른 의미를 갖는다. 각각의 비트의 길이가 1ms인 디지털 데이터 "1"을 끊임없이 반복해서 전송하는 경우를 생각하자. 통신률이 1000bps 일까? 정보 이론에 따르면 통신률이 0이다. 데이터 "1"의 열이나, 어떤 심볼이든 반복해서 전송하는 경우에는 수신기에서는 아무 것도 새로운 것이 없게 되며, 심지어 잡음과 간섭이 존재하는 경우에도 항상 100% 확실성을 갖고 메시지가 검출된다. 전송되는 것이 불확실하면 할수록 그것을 정확히 수신함으로써 얻어지는 정보가 더 많아진다. 정보 이론에서는 비트란 용어는 정보량 또는 불확실성을 측정하기 위해 사용되는 단위이다.

정보 이론에서는 메시지나 심볼의 불확실성을 수학적으로 정의한다. 3개의 비트로 구성된 시퀀스를 사용하여 메시지를 전송하는 경우를 생각하자. 이 시퀀스를 사용하면 8개의 다른 메시지를 전송할 수 있다. 개개의 메시지는 특정한 전송 확률을 갖는다. 이런 상황의 예로서, 간호사 호출 시스템이 있는 병원에서 8명의 환자가 있는 방을 생각할 수 있다. 환자 한 명이 침대 옆의 벨을 누르면 3개의 비트로 구성된 메시지가 간호원의 책상으로 보내져서, 벨이 울리고 그 환자를 대표하는 숫자가 표시된다. 조건에 따라 어떤 환자들은 다른 환자들과 다른 호출 시스템을 사용할 수 있다. 환자들이 간호사를 호출하기 위해 벨을 누르는 확률을 다음 표에 나타내었다.

간호사의 책상에서 벨이 울릴 때, 환자들 중의 한 명이 벨을 눌렀을 확률은 물론 1이다. 간호사가 벨 소리를 들었을 때, 화면에 숫자 2가 표시된 것을 보고 놀라지 않을 것

Patient's Name	Patient's Number	Probability
John	1	0.1
Mary	2	0.5
Jane	3	0.2
Mike	4	0.05
Pete	5	0.05
Sue	6	0.03
Tom	7	0.01
Elaine	8	0.06

이다. 왜냐하면 Mary는 다른 어떤 환자들보다 많은 도움을 청하기 때문이다. 그렇지만, Tom은 거의 간호사를 부르지 않기 때문에, 숫자 7이 표시되는 것은 거의 예상하지 못할 것이다. Tom이 도움을 청하기 위해 버튼을 눌렀다는 것을 알려주는 메시지는 Mary가 도움을 청하기 위해 보낸 메시지보다 많은 정보를 준다.

환자가 도움을 청하기 위해서 버튼을 누르는 사건의 확률을 p_i로 표시한다면, 사건 i의 자기 정보량(self-information)을 다음과 같이 정량화할 수 있다.

$$I(i) = \log_2(1/p_i) \tag{10-10}$$

환자를 대표하는 숫자를 i라고 한다면, Mary의 신호의 자기 정보량은 $I(2) = \log_2(2) = 1$(비트)이고, Tom의 신호의 자기 정보량은 $I(7) = \log_2(100) = 6.64$(비트)임을 알 수 있다. 자기 정보량의 단위는 2를 밑수로 하는 로그를 취하는 경우에 비트이다. 다른 환자들의 신호의 자기 정보량도 비슷한 방식으로 구할 수 있다.

각각의 신호에 대한 개별적인 자기 정보량보다 더 중요한 것은 모든 신호에 대한 자기 정보량의 평균이다. 이것은 보통 H라고 표기하고, 메시지의 불확실성 또는 엔트로피라고 부른다. 엔트로피라는 용어는 비슷한 성질을 가진 열역학에서 사용되는 값에서 차용한 것이다. 자기 정보량에 통계적인 평균을 취하면 다음 식을 얻는다.

$$H = \sum_i p_i I(i) \tag{10-11}$$

여기서 i는 1에서 8까지의 값이고, 위에 제시된 표에 있는 확률값들을 사용하면

$$H = 0.1(3.322) + 0.5(1) + 0.2(2.322) + 0.05(2)(4.322) + 0.03(5.059) + 0.01(6.644) + 0.06(4.059)$$

$$H = 2.191 \text{ 비트/메시지}$$

이다.

다음으로 모든 환자들이 똑같은 빈도로 간호사를 호출한다고 가정하자. 이 경우에 각각의 신호의 자기 정보량 $I(i)$는 $\log_2(8) = 3$(비트)이다. 엔트로피는

$$H_m = 8 \times 1/8 \times 3 = 3(\text{비트/메시지})$$

이다. 이것이 메시지의 최대 엔트로피이며, 각각의 신호의 확률이 같을 때 얻어진다.

간호사 호출 시스템의 예를 이진 데이터를 연속적인 전송하는 경우와 연관시켜 생

각해보자. 환자들이 일정한 비율로 연달아 호출 버튼을 누른다고 가정한다. 신호 확률이 표에 주어진 것처럼 분포할 때는 비트당 엔트로피는 $H/3 = 0.73$이다. 각각의 환자가 동일한 확률을 갖고 버튼을 누른다면, 비트당 엔트로피는 최대값이 $H_m/3 = 1$이다. 표에 표시된 것처럼 확률이 다른 경우에는, 단위 시간당 통신 채널을 통해 전송할 수 있는 정보량의 73%만을 전송하게 된다. 나중에 기술하는 것처럼 코딩을 사용하면 우리가 원하는 채널 용량 만큼 전송할 수 있도록 신호원을 채널에 정합시킬 수 있다.

지금까지는 신호원의 엔트로피, 또는 불확실성에 대해서 언급하면서 전송한 만큼 받을 수 있다고 가정하였다. 전송된 메시지와 잡음이 있는 채널을 거쳐 수신된 메시지에 포함된 엔트로피와 정보를 측정하는 것은 똑같이 중요하다. 잡음 때문에 수신된 메시지의 확률값들은 신호원 메시지의 확률값들과 다를 수 있다. 이것은 수신기가 신호원에서 보낸 메시지를 다르게 잘못 판정할 수 있기 때문이다. 위에서 엔트로피는 확률의 함수임을 살펴 보았고, 잡음이 있는 채널에서 통신하는 경우에 일련의 확률 함수들을 정의할 수 있었다.

이산 무기억 채널(discrete memoryless channel)에서 (하나의 비트에 영향을 주는 잡음과 다른 비트에 영향을 주는 잡음은 서로 독립적이라는 의미에서 "무기억"이라고 표현한다), 조건부 확률 행렬의 형태로 잡음의 영향을 표시할 수 있다. 신호원이 문자 x_1, x_2, x_3, x_4 중의 하나를 갖는 심볼을 전송한다고 가정하자. X를 전송된 심볼을 나타내는 랜덤 변수라고 하고, Y를 수신된 심볼을 대표하는 랜덤 변수라고 한다. 심볼 x_1이 전송된 경우에 수신기는 심볼이 전송된 순간에 작용하는 랜덤 잡음의 영향에 따라 그것을 y_1, y_2, y_3, y_4 중의 하나로 인식한다. x_1이 전송된 경우에 y_1을 수신할 확률, x_1이 전송된 경우에 y_2를 수신할 확률, 등등을 아래와 같이 표현할 수 있다.

$$P(Y|X) = \begin{bmatrix} P(y_1|x_1) & P(y_2|x_1) & P(y_3|x_1) & P(y_4|x_1) \\ P(y_1|x_2) & P(y_2|x_2) & P(y_3|x_2) & P(y_4|x_2) \\ P(y_1|x_3) & P(y_2|x_3) & P(y_3|x_3) & P(y_4|x_3) \\ P(y_1|x_4) & P(y_2|x_4) & P(y_3|x_4) & P(y_4|x_4) \end{bmatrix} \tag{10-12}$$

이 예제의 경우에는 조건부 확률 행렬이 정방 행렬로 주어지는데, 이것은 수신기가 받은 신호를 전송된 심볼 중의 하나로 인식하는 가장 보편적인 상황을 나타내는 것이다. 그러나, 일반적인 경우에는 수신기가 받은 신호에 할당하는 심볼의 개수가 송신기에서 보낸 심볼수보다 더 많거나 적을 수 있으며, 이 경우에 조건부 확률 행렬은 정방

형이 아니다.

입력 X가 알려져 있는 경우에 출력 Y의 조건부 엔트로피는 다음과 같이 정의된다.

$$H(Y|X) = -\sum_i p(x_i)\sum_j p(y_j|x_i)\log_2 p(y_j|x_i) \tag{10-13}$$

여기서 합산은 모든 신호원 심볼 x_i와 수신된 심볼 y_j에 대해 행해지고, 밑수가 2인 로그를 취하기 때문에 단위로는 비트를 사용한다. 위 식에서 음수 부호가 사용된 것은 엔트로피를 양수로 하기 위함으로, 로그 항에서 나오는 음수 부호와 서로 상쇄된다. 수신된 Y 값들만을 사용하면 $p(y_1)$부터 $p(y_4)$까지의 확률을 얻을 수 있고, 이에 대응하는 엔트로피 $H(Y)$를 얻을 수 있다.

통신 시스템을 규정하는 여러 가지 확률들을 알면 신호원과 수신된 문자들의 엔트로피와 채널의 조건부 엔트로피를 표현할 수 있고, 채널의 상호 정보량(mutual information) 또는 전달 정보량(transinformation)이라는 중요한 값을 구할 수 있다. 앤트로피를 이용하여 상호 정보량을 정의하면 다음과 같다.

$$I(X;Y) = H(Y) - H(Y|X) \tag{10-14a}$$

신호원과 채널의 통계적인 특성이 주어진다면, 채널과 결합된 정보량은 수신된 문자들의 불확실성을 감소시킨다. 상호 정보량은 다음 식과 같이 표현할 수도 있다.

$$I(X;Y) = H(X) - H(X|Y) \tag{10-14b}$$

이것은 수신기의 관점에서 살펴본 채널의 엔트로피에 의한 신호원 불확실성의 감소량을 말한다. 두 개의 식으로 표시한 상호 정보량은 동일하다.

◈ 채널 용량

위에 요약된 정보 이론의 기본 정리에서는 채널 용량의 개념이 핵심적인 속성이다. 이것은 채널의 상호 정보량과 밀접하게 연관되어 있다. 사실 채널 용량은 주어진 채널 확률 행렬에서 채널이 가질 수 있는 최대 상호 정보량으로, 다음 식과 같이 표시된다.

$$C = \max I(X;Y) \tag{10-15}$$

여기서 최대값은 모든 신호원 확률값에 대해서 구해진다. 채널이 대칭적인 잡음 특성을 갖는 경우에는 채널 확률 행렬이 대칭적이고, 채널 용량은 다음과 같이 주어진다.

$$C = \log_2(m) - h \qquad (10\text{-}16)$$

여기서 m은 각각의 신호원 심볼에 대응되는 문자의 개수이고, $h = H(Y|X)$이다. 채널 잡음이 대칭인 경우에는, 입력 분포와 관계없이 채널 용량은 일정하다. 이것은 (10-12) 식에서 각각의 줄에 있는 확률들은 순서만 다르고 같은 값을 갖기 때문이다.

간호사 호출 시스템의 예와 같이, 잡음이 없는 채널에서는 전송할 수 있는 최대 정보량은 $H_m = 3$ 비트/메시지인데, 이것은 신호원 메시지 모두가 같은 확률을 가질 때 얻을 수 있는 값이다. 이 예제를 (10-16) 식과 같은 채널 용량 정의의 틀에서 고려하면, 메시지의 개수는 심볼당 문자수로서, 여기서는 $m = 8$이므로

$$C = \log_2(m) = \log_2(8) = 3 \qquad (10\text{-}16a)$$

이다. 이것은 이전에 제시된 보다 일반적인 경우를 논리적으로 확장시킨 것이다. 여기서는 잡음이 없기 때문에, 상수 $h = 0$이다. 이산 무기억 채널에서 채널 용량을 구하는 또 하나의 흥미로운 상황은 출력 Y가 입력 X에 독립적이도록 잡음이 작용하는 경우로서, 이 경우에는 조건부 엔트로피 $H(Y|X) = H(Y)$이다. 이런 채널에서는 상호 정보량이 $I(X;Y) = H(Y) - H(Y|X) = 0$이므로 채널 용량은 0이다.

채널 용량의 개념과 기본 정리에서는 신호 대 잡음비(S/N)와 대역폭(B)이 특징적인 파라미터인, 연속적인 아날로그 채널에서도 성립한다. 이 경우에 채널 용량은 Hartley-Shannon 법칙에 따라 다음과 같이 주어진다.

$$C = B \cdot \log_2(1 + S/N) \text{ bps} \qquad (10\text{-}17)$$

이산 시스템을 연속 시스템으로 확장시키는 것은 연속 신호를 표본화를 통해 (표본화율은 신호 대역의 함수이며, 최소한 신호의 최고 주파수 성분의 2배이어야 한다) 이산 신호로 변환시키는 경우를 생각하면 쉽게 이해가 될 것이다.

(10-17) 식을 대충 살펴보면, 채널 용량을 일정하게 유지해야하는 경우에 대역폭과 신호 대 잡음비 간에는 절충해야 한다는 것을 알 수 있다. 실제적으로는 신호 대 잡음비가 대역폭에 의존하기 때문에 그렇게 간단하지 않다. 잡음 밀도 n을 사용하여 (10-17) 식을 다시 표현하면 이런 상황을 이해할 수 있다. (10-17) 식에 $N = n \cdot B$을 대입하면

$$C = B \cdot \log_2(1 + S/nB) \text{ bps} \qquad (10\text{-}18)$$

이다. 이 식에서는 대역폭과 신호 대 잡음비 (또는 송신기전력)간의 절충해야 하는 부

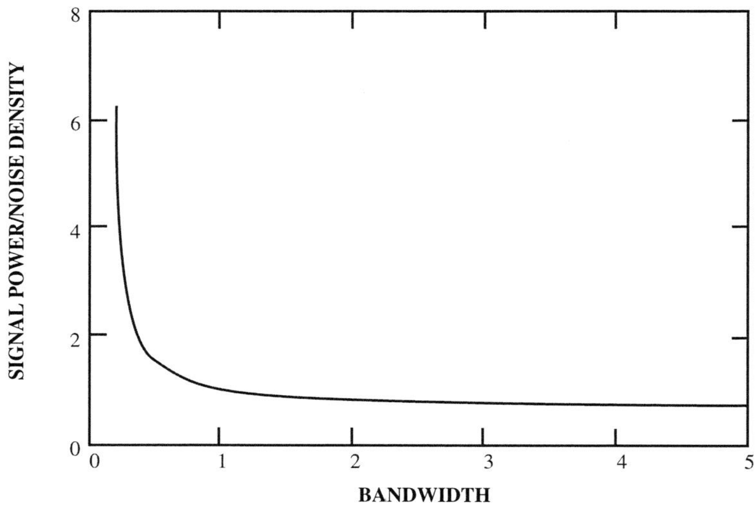

그림 10-5 일정한 채널 용량에서 신호전력과 대역폭의 관계

분이 있기는 하지만 다소 경감된다. 이것은 대역폭을 증가시키면, 자동적으로 더 높은 데이터율로 전송할 수 있어서 오류 확률을 낮출 수 있다는 것을 의미하지는 않는다. 오류율을 감소시키기 위해서는 코딩을 사용해야 하는데, 대역폭이 더 커지면 코딩 알고리즘에 부합되는 오류 정정 비트를 쉽게 추가할 수 있다.

무선 통신에서의 공통적인 목표는 신호 대역폭을 감소시키는 것이다. Hartley-Shannon 법칙은 채널 용량을 일정하게 유지하기 위해서 신호전력을 증가시키면 대역폭을 줄일 수 있다는 것을 말해 준다. 이것은 좋은 일이지만, 그림 10-5는 대역폭이 채널 용량보다 작아지면 질수록, 채널 용량을 유지하기 위해서 신호전력을 크게 증가시켜야 한다는 것을 보여 준다.

◈ 코딩

통신 시스템을 그림 10-6의 블록도처럼 간단하게 나타낼 수 있다. 신호원에서는 이진 데이터를 출력한다고 가정한다. 아날로그 신호가 출력되는 경우에는, 아날로그/디지털 변환기에 통과시켜 이진 데이터를 발생시킬 수 있다. 변조기와 복조기는 시스템의 이산 신호부와 물리 채널을 통해 정보를 전달하는 파형부 (예를 들어, 무선 시스템에서 변조된 반송파 주파수) 간의 인터페이스처럼 작동한다.

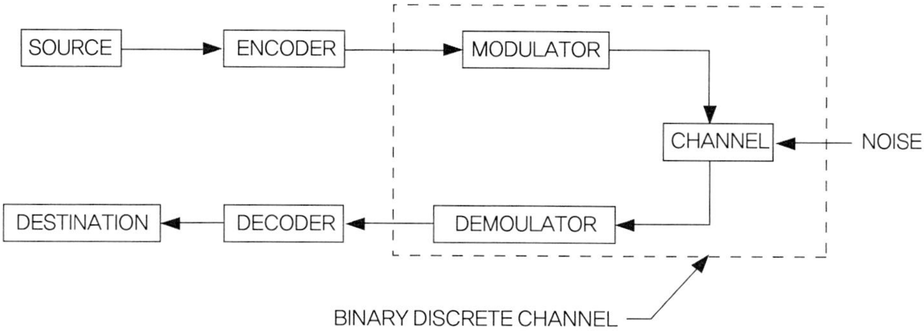

그림 10-6 통신 시스템

변조기와 복조기 블록은 채널과 같이, 잡음 입력이 있는 이진 이산 채널로 생각할 수 있다. 인코더(encoder)와 디코더(decoder) 블록을 시스템으로부터 최대 출력을 얻기 위해,이진 데이터를 처리하는 (전력 전송을 최대로 하기 위해서 RF 증폭기출력 임피던스를 안테나의 공액 임피던스로 변환해주는 정합기와 유사한) 정합기로 생각하자. 통신 링크에서는 이 "전력"을 데이터율과 등가의 오류율로 간주할 수 있다. 인코더와 디코더를 채널에 완벽하게 정합시키면, 오류율이 0에 근접하는 등가의 이진 채널의 채널 용량과 같은 정보 전달률을 얻을 수 있다.

◈ 잡음이 없는 코딩

채널에 잡음이 없거나 상대적으로 거의 없을 때는 오류율은 문제가 되지 않지만, 정보 전달률을 최대로 하기 위해서 코딩이 여전히 필요하다. 위에서 살펴 보았듯이, 신호원의 최대 엔트로피는 각각의 메시지가 같은 확률을 가질 때 얻어진다. 신호원 메시지들의 확률이 같지 않은 경우에는, 인코더는 (빈도가 높은 메시지는 짧게 하고, 빈도가 낮은 메시지는 길게) 이진 채널에 입력되는 메시지의 길이를 결정할 수 있다. 이 경우에는 평균 채널률을 구하게 된다.

예를 들어, 4개의 메시지를 이진 채널을 통해 전송하는데, 메시지의 확률은 각각 1/2, 1/4, 1/8, 1/8이라고 하자. 다음 표에는 메시지 m_1, m_2, m_3, m_4에 적용할 수 있는 두 가지 코딩 방법이 설명되어 있다.

가능한 메시지 열의 하나로서 $m_1 \cdot m_1 \cdot m_1 \cdot m_1 \cdot m_2 \cdot m_2 \cdot m_3 \cdot m_4$를 생각할 수 있다. 이 경우에 두 가지 코딩 방법에 의해 생성되는 비트열은 다음과 같다.

Message	Probability	Code A	Code B
$m1$	0.5	00	0
$m2$	0.25	01	10
$m3$	0.125	10	110
$m4$	0.125	11	111

코드 A: 0000000001011011

코드 B: 00001010110111

코드 A는 메시지 열을 전송하기 위해서 16개의 이진 심볼, 또는 디지트(digit)를 필요로 하지만, 코드 B는 14개의 디지트만 필요로 한다. 따라서 코드 B를 사용하는 것이 코드 A를 사용하는 것보다 이진 채널을 보다 잘 이용할 수 있는데, 그것은 같은 디지트율(digit rate)에서 평균적으로 메시지를 14% 더 전송할 수 있기 때문이다.

여기에서는 위의 (10-11) 식으로 주어지는 메시지 엔트로피를 계산함으로써, 채널의 최대 활용도를 결정할 수 있다.

$$H = 0.5 \times \log_2(1/0.5) + 0.25 \times \log_2(1/0.25) + 0.25 \times \log_2(1/0.125) + 0.25 \times \log_2(1/0.125)$$

$$H = 1.75 \text{ 디지트/메시지}$$

8개의 메시지를 전송하는 예제에서는 최소 $8 \times H = 14$ 디지트를 사용하여 메시지를 전송할 수 있는데, 이 경우에 각각의 디지트는 한 비트의 정보량을 전달한다. 이것은 코드 B를 이용하는 경우에 대한 것이다.

같은 확률로 "0"과 "1"을 전송하는 이원 대칭 채널(binary symmetric channel)의 채널 용량은 (10-16) 식으로부터 다음과 같이 계산된다.

$$C = \log_2(2) - 0 = 1 \text{ 비트/디지트}$$

채널에서 각각의 디지트는 한 비트를 의미하는데, 코드 B에서는 채널 용량을 최대로 이용한다. 각각의 메시지가 같은 확률을 갖는다면, H는 $\log_2(4) = 2$(비트/메시지)가 된다. 이 경우에는 코드 A가 최적의 코드이다. 각각의 메시지의 발생 빈도가 같은 메시지 열을 사용하여 각각의 코딩 방법에 필요한 디지트수를 계산해보면 이것을 확인할 수 있다. 요점은 선택된 코드가 최대의 통신율을 얻기 위해서는 신호원의 엔트로피에 정합되어야 한다는 것이다.

메시지 확률이 알려져 있는 경우에 최적의 코드를 결정하는 몇 가지 방법이 있다. 그 중의 하나는 Huffman의 최소 중복 코드(redundancy code)이다. 코드의 각 워드가 구분자(deliminator)가 없어도 구분되고 디코딩이 즉흥적으로 수행되기 때문에, 이 코드는 위의 예제에서 사용된 코드처럼 디코딩이 쉽다. 입력 확률이 알려져 있지 않은 경우에는 그런 코드를 사용할 수 없다. 신호원 확률이나 워드 길이에 대한 지식에 의존하지 않는 코드의 예로 파일 압축에 사용되는 Lempel-Ziv 알고리즘이 있다. 이 알고리즘의 기본 아이디어는 반복된 문자 열을 찾아서 스트링의 이전 형태가 어디에서 시작하고 문자 개수가 몇 개인지 규정하는 것이다.

주어진 비트율에서, 가장 짧은 시간 내에 주어진 정보량을 전송하는데 사용되는 다양한 코드들을 흔히 압축 방식이라고 부르는데, 이는 주어진 정보를 표현하기 위해 필요로 하는 심볼이나 비트수를 감소시키기 때문이다. 입력 메시지 열에 심볼이 불규칙적으로 분포하는 경우에는 압축이나 메시지 전송률을 증가시킨다는 관점에서 보면 코딩은 별로 쓸모가 없다는 것을 기억해야 한다.

◈ 오류 검출과 오류 정정

코딩이 가장 중요하게 사용되는 것은 메시지 전송률은 유지하면서 오류율을 감소시키고자 하는 잡음이 있는 채널에서의 경우이다. 이미 Shannon의 정리로부터 이론적으로 신호 전송율을 채널 용량 이하로 해주면 오류율을 0에 가깝게 해줄 수 있다는 것을 알고 있다. 오류 감소를 위한 코딩에 의해 얻어지는 이점은 다른 여러 가지 방법으로도 실현할 수 있다. 예를 들어, 통신 시스템에서 주어진 최대 오류율을 맞추기 위해서는 송신기전력을 증가시켜서 신호 대 잡음비를 올려 오류를 감소시킬 수 있다. 또한 송신율을 낮추면 대역폭이 감소되어 (잡음전력은 대역폭에 비례하기 때문에) 신호 대 잡음비가 개선되므로 오류를 감소시킬 수 있다. 그러나, 오류 정정을 위해서 코딩을 사용하면 주어진 오류율을 만족시키면서 전력을 낮출 수 있고, 전송 속도를 증가시킬 수 있다. 동일한 오류율에서 코딩 없이 요구되는 신호 대 잡음비와 비교해서, 주어진 오류율을 만족시키기 위해 코딩을 사용하여 얻을 수 있는 신호 대 잡음비의 감소량은 코딩 이득으로 정의된다.

간단하고 잘 알려진 통신의 신뢰도를 증가시키기 위한 방법은 메시지 비트의 블록, 또는 시퀀스의 끝에 패리티(parity) 비트를 추가하는 것이다. 패리티 비트는 메시지 블록을 구성하는 비트의 개수가 홀수 또는 짝수가 되도록 설정한다. 가령 0110110과 같이 7개의 메시지 비트로 구성된 블록을 전송하는 경우에는 홀수 패리티 비트를 추가하는데, 수신기에서 메시지 01001101를 받으면 어떤 비트에 오류가 있는지는 모르지만, 메시지가 잡음에 의해 오염되었다는 것을 알 수 있다. 이런 오류 검출 방법은 홀수개의 비트에 오류가 발생하는 경우에 한정적으로 사용할 수 있는데, 그 이유는 가령 2개의 비트에 오류가 발생했는데도 전체 비트수가 홀수이면 오류를 인식할 수 없다. 비트 오류 확률이 상대적으로 낮을 때는, 하나의 비트에만 오류가 발생하는 경우가 대부분이기 때문에 하나의 패리티 비트를 사용하더라도 도움이 된다.

오류 검출을 위한 또 다른 간단한 방법으로는 메시지 블록을 구성하는 비트들을 논리적으로 합산해서, 그것을 메시지 시퀀스에 부가적인 블록으로 추가하는 것이다. 부가 블록이 일치하지 않으면 수신기에서는 메시지 블록의 하나 이상의 비트가 정확하지 않다는 것을 알 수 있다. 이 방법이 단일 패리티 비트를 사용하는 경우보다 오류 검출 확률이 높지만, 오류가 검출되는 경우에 더 많은 메시지 블록이 오류가 있는 것으로 의심되어 버려져야 한다.

신뢰도가 높은 통신이 요구되는 경우에는 전체 메시지를 신뢰할 수 있도록 수신하는 것이 목표이기 때문에, 비트들로 구성된 하나 이상의 메시지 블록에 오류가 있다는 것을 아는 것만으로는 충분하지 않다. 이를 위한 매우 보편적인 방법은 ARQ 프로토콜을 사용하는 것이다. 사용하는 오류 검출 방법에 부합되는 메시지 블록이나 메시지 블록 그룹을 전송한 후에, 송신기는 전송을 멈추고 수신기로부터의 정보를 얻기 위해 채널을 감시한다. 수신기에서는 패리티 비트나 오류 검출 블록을 통해 오류가 발생하지 않았다는 것을 확인하면 송신기에 짧은 확인 메시지를 보낸다. 확인 메시지가 인식되면, 송신기는 다음 메시지를 전송한다. 그렇지 않으면 이전 메시지를 다시 전송한다.

ARQ는 잡음이 있는 통신 링크에서 통신 신뢰도를 많이 향상시킬 수 있다. 그러나 지불해야 할 비용이 있다. 우선 수신기에는 송신부가 있어야 하고, 송신기에는 수신부가 있어야 한다. 이것은 양방향 링크에서는 문제가 되지 않지만, 대부분의 보안 시스템과 같은 단방향 링크에서는 용납되지 않는다. 둘째로 짧은 전송 기간 뒤에는 응답을 기다려야 하기 때문에 전송률이 감소된다. 특히 링크에 잡음이 많거나 많은 재전송이 요구되는 경우라면 반복되는 전송 때문에 통신율이 심각하게 감소하게 된다. 이러한 제약 조건에도 불구하고 ARQ는 신뢰도가 요구되는 통신에 널리 사용되고 있고, 다음 절에 설명할 전방향 오류 정정(forward error correction) 기법과 같이 사용될 때 특히 효율적이다.

◈ 전방향 오류 정정(FEC)

하나의 홀수 혹은 짝수 패리티 비트를 부가하는 것만으로 수신시 오류 여부를 결정할 수 있는 것처럼, 부가적인 패리티 비트에 의해서 오류 발생 위치를 알 수 있다. 예를 들어, 전송된 메시지가 패리티 비트들을 포함하여 15개의 비트를 갖는다면, 수신기에서는 오류가 없다는 것을 지시하거나 (오류 워드가 0000인 경우), 어떤 비트에 오류가 있는지 알려 주는 4개의 비트로 구성된 워드 (0001부터 1111까지의 오류 워드 중의 하나)를 발생시키기 위한 충분한 정보가 필요하다. 수신기는 4개의 (어떤 경우에는 4개 이상의) 패리티 비트로부터 오류가 검출되고 정정된 4개의 비트로 구성된 워드를 발생시킬 수 있을 것이고, 어떤 하나의 비트에 발생한 오류을 검출하고 정정할 수 있도록 11개의 메시지 정보 비트들과 4개의 패리티 비트들을 전송하게 된다.

R. W. Hamming은 단일 비트 오류를 정정하기 위한 패리티 비트를 결정해주는 상대적으로 간단한 방법을 고안하였다. 만일 n이 전송할 시퀀스의 메시지 비트수이고, k가 패리티 비트수라면 하나의 디지트를 정정할 수 있기 위해서는 다음의 관계식을 만족해야 한다.

$$2^k \geq n + 1 \qquad (10\text{-}19)$$

만일 m이 정보 비트의 개수 ($n = m + k$)라면, 다음 표로부터 다양한 m값에 대응하는 n과 k를 구할 수 있다.

m	4	8	11	26	57
k	3	4	4	5	6
n	7	12	15	31	63

한 예로서, 정보 비트 8개를 포함해서 메시지 길이가 12 비트인 경우에 4개의 패리티 비트를 Hamming의 방법을 사용하여 구해 보자. 12개의 비트로 구성된 워드의 각 비트를 x_1, x_2, x_3, 등등으로 표시하자. 워드를 구성하는 비트들을 이진 연산을 이용하여 합산을 해서 짝수 패리티가 되도록 비트 x_1, x_2, x_4, x_8을 송신기에서 선택한다. 이 과정을 다음에 설명하였다. 참고로 이진 연산에서는 $0 + 0 = 0$, $0 + 1 = 1$, $1 + 0 = 1$, $1 + 1 = 0$이다. s_1에서 s_4가 다음 방정식들의 결과를 표시한다고 하자.

$$x_1 + x_3 + x_5 + x_7 + x_9 = 0 \qquad s_1$$

$$x_2 + x_3 + x_6 + x_7 + x_{10} + x_{11} = 0 \qquad s_2$$

$$x4 + x_5 + x_6 + x_7 + x_{12} = 0 \qquad s_3$$

$$x_8 + x_9 + x_{10} + x_{11} + x_{12} = 0 \qquad s_4$$

여기에서 x_1, x_2, x_4, x_8는 패리티 비트의 위치를 표시한다. 만약 정보 비트들이 바이트 단위의 마이크로컴퓨터 레지스터에 나타나는 것처럼 $m1$부터 $m8$까지 표시되고, 패리티 비트를 $p1$에서 $p4$로 표시한다면, 전송되는 12개의 비트로 구성된 코드 워드는 다음과 같이 나타낼 수 있다.

$$p_1 \cdot p_2 \cdot m_1 \cdot p_3 \cdot m_2 \cdot m_3 \cdot m_4 \cdot p_4 \cdot m_5 \cdot m_6 \cdot m_7 \cdot m_8$$

패리티 비트들은 위에 표시한 송신기에서 짝수 패리티를 얻기 위해 만든 4개의 방정식들을 이용하여 계산된다.

수신기가 코드 워드를 수신하면 4개의 방정식들을 계산하여 신드롬(syndrome)이라 부르는 $s_4 \cdot s_3 \cdot s_2 \cdot s_1$으로 구성된 4 비트 워드를 발생시킨다. 첫 번째 방정식이 0이면 s_1은 0이고 그렇지 않으면 1이다. s_2, s_3, s_4도 이런 방법으로 결정한다. 만일 신드롬 워드가 0000이면, 단일 비트 오류가 없다. 단일 비트 오류가 있는 경우에는 신드롬 값이 수신된 코드 워드에서의 오류 위치를 가리키며, 신드롬이 지시하는 비트를 보수화하여 오류를 정정할 수 있다. 예를 들어, 비트 5에 오류가 있다면, 계산된 신드롬은 0101, 또는 십진수로는 5이다. 위에 주어진 방정식들을 풀어 보면 이 값을 얻을 수 있다.

코드 비트들을 지정하는데 다른 방식을 사용할 수 있다. 예를 들어, 4개의 패리티 비트를 정보 비트 뒤에 추가할 수 있다. 이 경우에는 신드롬 워드와 코드 워드에서의 오류 위치간의 관계를 표시하기 위하여 룩업 테이블(look up table)이 필요할 수도 있다.

위에서 설명한 단일 비트 정정 코드를 사용하면 채널에서의 비트 오류 확률이 10^{-2}일 때, 패리티 디지트 없이 정보 바이트를 전송하는 경우와 비교해서 메시지 오류율을 거의 향상시킬 수 없다. 그러나 오류 정정 코드를 사용함으로 해서 얻어지는 결과 중의 하나는, 메시지 유효출력(throughput)이 유지되어야 하는 경우에 채널에서의 비트율을 더 크게 해야 하기 때문에 전송에 필요한 대역폭이 더 넓어져서 신호 대 잡음비가 감소된다는 것이다. 위의 예제에서 이 비율은 코딩을 하지 않는 경우의 12/8이므로,

50% 증가한다. 그럼에도 불구하고 코딩을 사용하는 것이 이점이 있으며, 특히 워드 블록이 큰 경우에 코딩을 적용할 때 더욱 그렇다.

오류 확률은 대개 잡음이 비트별로 독립적이라는 가정 하에서 계산되는데, 실제로는 그렇지 않다. 잡음과 간섭은 버스트 형태로 발생하는 경향이 있어서, 몇 개의 인접한 비트들이 오염될 수 있다. 버스트 형태의 잡음을 방지하기 위한 하나의 방법은 코드 워드 블록을 인터리빙(interleaving)하는 것이다. 설명을 간단히 하기 위해 4개의 비트로 구성된 코드 워드를 사용하고 있다고 가정하자. 코드 워드를 인터리빙한다는 것은 인코더에서 패리티 비트가 부가된 각각의 워드를 만든 후에 송신기에서 첫 번째 워드의 첫 번째 비트를 전송하고, 다음에 두 번째 워드의 첫 번째 비트를 전송하는 식으로 하는 것이다. 전송되는 비트의 순서는 다음 표에서와 같이 행렬로 가장 잘 표현할 수 있다. 여기서 a_i는 첫 번째 워드의 비트들을 나타내고, b_i, c_i, d_i는 각각 두 번째 워드, 세 번째 워드, 네 번째 워드의 비트들을 나타낸다.

a_1	a_2	a_3	a_4
b_1	b_2	b_3	b_4
c_1	c_2	c_3	c_4
d_1	d_2	d_3	d_4

비트들의 전송 순서는 $a_1 \cdot b_1 \cdot c_1 \cdot d_1 \cdot a_2 \cdot b_2 \cdot \ldots \cdot d_3 \cdot a_4 \cdot b_4 \cdot c_4 \cdot d_4$이다. 수신기에서는 오류 검출과 정정을 수행한 후에 인터리빙을 해소하여 비트들을 원래의 순서대로 되돌려 준다. 인터리빙의 결과, 수신시 연속하는 4개의 비트에 오류가 발생하더라도 디코더에서는 단일 비트 오류 정정 알고리즘을 사용하여 오류를 정정할 수 있게 된다. 단점은 복원된 워드가 목적지에 나타날 때까지 3개의 워드 구간에 해당하는 시간 지연이 생긴다는 것이다.

블록당 하나 이상의 오류를 취급하는 전방향 오류 정정(forward error correction) 방식은 여기에서 설명한 해밍(Hamming) 코드보다 훨씬 더 복잡하고, 효율적이다. 콘볼루션 코드(convolutional code)라고 부르는 중요한 코드는 비트들의 블록을 근간으로 하지 않고, 적은 수의 이전 비트들에 대한 논리 연산에 바탕을 두어 패리티 비트들을 부가하는 코드이다. 일반적으로 코딩은 무선 통신에서 매우 중요한 분야이고, 코딩의 사용과 계속적인 코딩 방법의 개발은 무선 통신이 가용 스펙트럼과 제한된 송신기전력을 보다 효율적으로 사용하면서, 계속적으로 유선 통신을 대체할 수 있게 만든 중요한 이유이다.

10.3 요약

이 장에서는 확률과 코딩의 기초에 대해 살펴 보았다. 일련의 확률들은 신호원에서 발생되는 여러 신호들과 잡음에 의해 오염된 통신 채널의 특성들에 적용할 수 있다. 잡음이 있는 통신 채널과 연관된 것이 채널 용량이라 부르는 최대 데이터율이다.

전송될 데이터에 필요없는 비트를 삽입시키는 코딩의 사용을 통해서 채널 용량에 근접하는, 오류가 없는 통신을 가능하게 해준다. 효과적이고 효율적인 코딩 알고리즘은 매우 복잡하지만, 집적회로 소형화와 논리 회로 속도에 있어서의 최근의 큰 발전으로 인해 무선 통신의 여러 분야에 걸쳐 오류 정정 코딩을 적용할 수 있게 되었다. 많은 분야에서 대량 생산되고 상대적으로 가격이 저렴한 제품이 출시되었는데, 그 중에는 휴대폰과 무선 LAN이 있다. 이런 경향은 확실히 계속될 것이고, 심지어는 통신 신뢰도의 관점에서 볼 때 유선 통신의 특성을 지닌 가장 간단한 근거리 무선 제품도 나올 것이다.

이 장에서는 무선 통신에 국한되지 않은 문제들을 다루었고, 이것들을 근거리 무선 통신을 포함한 일반적인 무선 통신에 적용해 보았다. 그러나, 근거리 무선 통신 링크부터 대부분의 것을 얻으려는 사람들은 정보 이론과 코딩에 관한 지식을 갖춰야 한다. 복잡한 논리 회로의 집적화와 디지털 신호 처리에 대한 계속적인 발전으로 인해 50여 년 전에 Shannon이 예측한 오류가 없는 통신에 대한 이론값에 근접하는 성능을 지닌, 배터리로 동작하는 소형 무선 장치가 등장하게 되었다.

제 11 장

응용과 기술

사무실과 가정에서 근거리 장치의 광범위한 보급에 대한 핵심요인은 산업표준에 맞고 많이 알려진 응용들에 좌우된다. 이장은 그 중, 도출된 표준들과 응용에 관해 알아본다. 알아볼 규격은 홈RF(HomeRF), 와이파이(Wi-Fi), 하이퍼랜(HIPERLAN/2), 블루투스(Bluetooth), 그리고 지그비(ZigBee) 등이다. 표준이 정해지면 개발된 원안의 초창기 소자들은 쓸모 있고 적절한 수정을 통해 빠른 기술적 진전을 유지시킨다. 적절한 예가 SWAP(shared wireless access protocol) 규격에 근거한 홈RF 워킹 그룹에 의해 개발된 무선랜(WLAN) 표준과 일반적으로 와이파이로 알려진 IEEE 802.11 규격사이의 경합이다. 전자는 주파수 도약 대역확산 기술을 사용하고, 데이터율 증가로 본래 1~2Mbps 속도이상이 제공되었지만, 첫 세대인 직접수열 대역확산(DSSS) 방식과 호환성이 유지되면서, 데이터율을 50 배로 키운 새로운 대역폭의 효율적 변조 방식을 적용한 와이파이에 따라갈 수 없었다. 홈RF가 와이파이를 놓친 이유는 다음에 있다.

북미와 유럽은 물론, 가상적으로 전 세계 다른 지역에서 많은 새로운 근거리 무선 시스템들이 미인가 동작이 가능한 2.4GHz ISM 대역 동작을 위해 설계 된다. 대부분 시스템들이 간섭에 의한 오류 처리 규정을 가지지만, 한 개 또는 많은 시스템의 운용 밀도가 높으면, 통신 성공도(throughput), 음성 명료함, 또는 서비스 질 등으로 제약을 받는다. 우리는 이런 문제의 면을 보고 블루투스와 와이파이에 관련해 이를 해결하는 방법에 대해 알아본다.

독특한 기술적 특성을 가진 근거리 통신에 대한 새로운 접근은 초광대역(UWB) 신호 발생과 검출이다. UWB는 종래 스펙트럼 사용에 방해 없이 근거리 통신 응용과 사용자를 추가한다. 추가로, 기본 동작 원리에서 도출된 거리인지(range finding)와 고전력 효율 등이 포함한 다른 장점을 가진다. UWB 통신의 주요 특징과 작동 원리를 소개 한다.

11.1 무선 랜(WLAN)

근거리 무선 통신의 가장 적절한 응용 중의 하나가 무선 랜이다. 유선 랜에 비해 무선 랜의 장점이 명백하여도, 무선랜의 초기 제품들은 심하게 뒤떨어지는 데이터율을 가지므로, 휴대성이 관심사가 아니면, 무선이 가치가 없는 것으로 인식 된다. 하지만, 발전된 변조 기술이 무선 통신 성공률을 유선 네트워크 성공률에 도달이 되게 하고, 장치 가격을 감소시킴에 따라, 휴대용 랩톱과 컴퓨터 인기가 멀티 컴퓨터 사무실이나 가정에서 컴퓨터 네트워킹 구축을 당연하게 만든다.

아직까지 유선에 비해 무선 네트워크는 세 가지 기본적 단점을 가지는데, 통신 거리 한계, 전자기 간섭 영향, 그리고 보안이다. 직접 링크는 주파수 대역과 환경에 좌우되고 50~ 100m 범위의 수행이 예상된다. 더 긴 거리와 장애물들은 데이터 성공율을 감소시킨다. 네트워크 참여자들 사이의 긴 거리에서는 원격 네트워크 노드를 연결해 주는 추가 액세스 포인트 장비 설치로 수행이 가능하다. 무선 신호 수신은 동일한 주파수 대역과 그 주변에서 동작하는 다른 서비스들에 의해 간섭을 받는다. 무선 전송은 도청에 영향를 받는데, WEP(Wired Equivalent Privacy)으로 불리는 와이파이의 표준화 보안 구현 기술은 집요한 지능적 해커에 의해 쉽게 깨짐을 알았다. 연결 설치와 성능 면에서 편리함의 감소되지만, 가장 절묘한 암호 기법이 사용된다.

구현된 여러 가지 시스템들이 무선 네트워크에서 사용되며 산업 표준에 근거를 두는데, 여러 제조업자 또는 독점설계로 만든 장치들 사이의 호환을 가능하게 한다. 후자는 일차적으로 모든 소자들이 동일한 제조업자에 의해 제작이 되고, 성능 제한 없이 개선되며, 널리 퍼진 표준에 근본적으로 부합된 산업 응용과 같은 특정 목적의 네트워크에 사용된다.

◈ 홈RF 워킹그룹

홈RF 워킹그룹은 가정 내 주변의 어느 장소에서도 개인 컴퓨터와 가정용 전자 장치들 사이의 무선 디지털 통신을 위한 산업 표준을 구축하기 위해서, 유명한 컴퓨터 회사와 무선 회사들에 의해 설립되었다. SWAP(Shared Wireless Access Protocol) 규격으로 개발되었으며, 주요 응용은 전화를 포함해 파일 공유, 모뎀, 프린터, 그리고 다른 전자장치 목적으로 주변장치와 여러 대 컴퓨터들을 연결하는 무선 홈 네트워크를 구현하는 것이다. 명백히 유선 대체 수단으로 적용된 것 이외에도, 컴퓨터 네트워크로 휴대용 주변장치 결합이 허용된다. 설계자는 두 개 또는 더 많은 개인 컴퓨터를 가진 가정에서 그 시스템의 사용을 예상하였다.

핵심 시스템의 기술적 변수는 다음과 같다.

- 주파수 도약 네트워크: 초당 50번 도약
- 주파수 범위 : 2.4GHz ISM 대역
- 송신기전력 : 100mW

- 데이터율 : 2FSK 변조 방식인 경우 1Mbps, 4FSK 변조 방식인 경우 2Mbps
- 범위 : 가정과 안마당
- 지원 중계기 : 네트워크 당 최대 127 장치
- 음성 통화 : 최대 6개의 전이중 방식 통화
- 데이터 보안 : Blowfish 암호화 알고리즘(1조 부호)
- 데이터 압축 : LZRW3-A(Lempel-Ziv) 알고리즘
- 48 비트 네트워크 ID : 복수 동시위치(multiple co-located) 네트워크 동시작동이 가능

홈RF 워킹그룹은 2003년초 활동이 시작되었다. 여러 논리들이 그 권리를 위해 인용된다. 가장 큰 경쟁자인 와이파이 가격 감소는 싼 가격인 홈 네트워크용의 홈RF 장점을 없애 버렸다. 와이파이와 호환이 안 됨이 불리한데, 사무실에 랩톱 컴퓨터로 와이파이를 사용하는 사람들은 근무시간 후, 집에서 사용하므로 다른 터미널 보조 장치를 변경할 필요가 있다. 홈RF에 대한 기술적 장점, 음성지원, 주변장치들의 연결 등이 있으면, 예로써 블루투스 소개와 와이파이의 음성 인터페이스 개발이 덜 중요해진다.

◈ 와이파이

와이파이는 IEEE 규격 802.11과 부속자료에 근거한 모든 장치들에 대한 일반적 명칭이며, 장치들 사이 정보처리의 상호운용을 확신하며 장치들을 인증하는 와이파이 연합회에 의해 추진된다. 원래 규격은 비중이 있는 사용자들과 산업계 대표들의 다양한 표현과 일치된 기술적 개선과 기능 향상을 제공하는 IEEE 워킹그룹에 의해 지속으로 개선되는 중이다. 802.11은 무선랜을 위한 탁월한 산업표준이며, 이를 채택한 생산품은 전 세계 시장에서 판매가 허용된다.

802.11은 로우레벨 소프트웨어인 데이터 링크 계층, 물리적 계층인 하드웨어 정의, 그리고 그들 사이 인터페이스를 다룬다. 응용 소프트웨어와 무선 하드웨어사이의 연결은 MAC(Medium Access Control) 계층이다. 기본 규격은 무선통신 기술의 세 가지 형식을 정의 한다: DSSS(직접수열 대역확산), FHSS(주파수도약 대역확산), 그리고 IR(적외선). 규격이 정해지면, 상위응용 소프트웨어는 사용된 무선기술(채택된 MAC 인터페이스) 이 무엇인지 알 필요가 없다. 사실, 응용 소프트웨어는 사용된 무선 연결 전부를 알 필요 없고, 동일한 네트워크에서 유무선 혼합 링크가 공용된다.

802.11에 따른 무선통신은 미국과 캐나다, 대부분 유럽과 기타 나라에서 미인가 장

비 동작으로 인정한 2.4~2.4835GHz 주파수 대역 동작을 권장된다. 많은 나라의 미인가 사용은 단지 이대역만 허용된다. 본래 문서의 보완으로 802.11b 규격은 기본 규격의 DSSS 물리적 계층을 사용하는 장비와 호환성이 유지되면서, 데이터 증가와 다른 특징이 추가 되었다. 보완된 802.11a 규격은 5.2~5.8GHz 사이 주파수 대역에서 주목할 만한 고속 데이터 동작이 규정된다. 이런 데이터 속도는 802.11b와 하향 호환되는 802.11g 규격에도 2.4GHz 대역에서 가능하게 되었다.

◈ 네트워크 구조

와이파이 구조는 매우 유연하며, 중계기의 뛰어난 이동성과 유선 IEEE 네트워크와 명백한 통합이 허용한다. 명백함은 상위 응용 소프트웨어 계층들이 실제 중계국들 사이의 통신 링크의 물리적 성질에 좌우되지 않는 점에 있다. 유선 또는 무선의 모든 IEEE 랜 중계국은 48 비트 어드레싱 모드를 사용하며, 응용은 신호원과 목적 주소를 참조하며, 기본 로우레벨 프로토콜은 나중에 수행된다.

세 가지 와이파이 네트워크 형식이 그림 11-1부터 그림 11-3까지 있다. 그림 11-1은 떨어져 있는 두 가지 기본 서비스 세트(BSS)와 두 중계국(STA)을 보여 준다. BSS는 802.11 무선랜의 기본 빌딩 블록이다. 중계국은 무선 통신 범위 안의 다른 중계국과 애드 혹(ad hoc) 연결을 만들지만, 범위 밖에 있는 또 다른 BSS와는 연결 하지 않는다. 다른 것과 직접 범위에 없는 단말들을 서로 연결하기 위해, 그림 11-2에서 본 분산 시스템이 필요하다. 여기서, 액세스 포인트(AP)를 나타내는 중계국 범위의 단말들은 직접 범위가 아니고, 동일하거나 다른 AP와 연합된 다른 단말들과 통신을 한다. 두 개 또는 더 많은 액세스 포인트(AP)들이 무선 또는 유선 매질에서 서로 통신을 하여 네트워크에 있는 모든 단말들 사이에 데이터 교환이 지원된다. 중요한 것은 AP로 STA를 연결한 매질, 그들 중의 AP 연결이 전체적으로 독립인 것이다.

임의 크기와 복잡도의 네트워크는 그림 11-3에 보인 확장 서비스 세트(ESS)들의 구조를 통해 유지된다. 여기서, STA들은 완전 이동성을 가지며 네트워크를 유지하면서 한 쪽의 BSS에서 또 다른 쪽으로 이동된다. 그림 11-3은 또 다른 형태의 문이다. 이 문은 무선 랜과 유선 랜사이의 출입구이며, 예로써 AP들은 동축케이블 또는 꼬인 쌍선 등의 유선 랜 도구인 통신수단과 연결 된다.

와이파이 기능들이 네트워크를 통해 데이터 분산을 제공하는 것 이외에도 선택 사용되지만, 두 개의 다른 중요한 서비스가 제공되는데, 인증과 암호화이다. 인증은 또

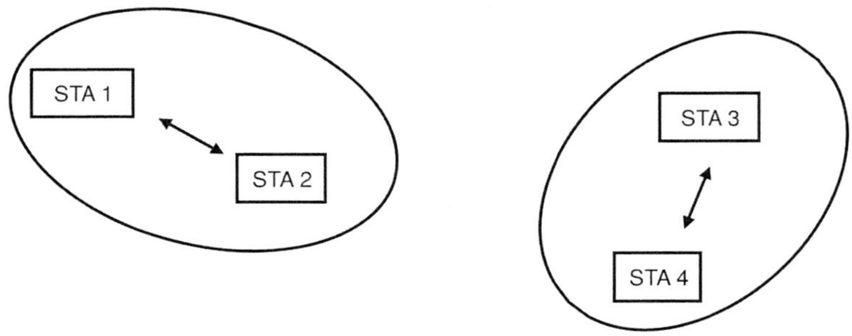

그림 11-1 기본 서비스 세트

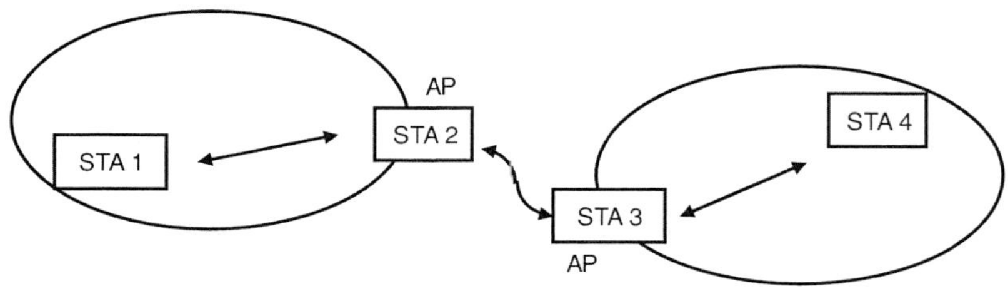

그림 11-2 분산 시스템과 액세스 포인트(AP)

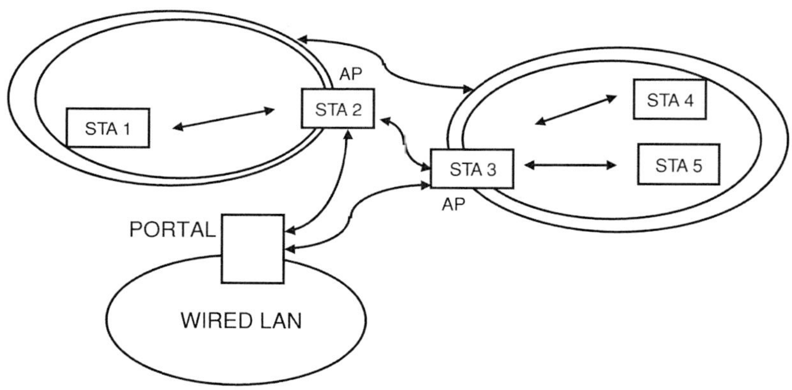

그림 11-3 확장된 서비스 세트

다른 중계국과 연합되게 인증된 중계국 세트들의 구성원으로 한 개 중계국의 주소를 설정하는 데 사용되는 과정이다. 암호화는 데이터를 엿듣는 도청객을 방지하려고 데이터를 부호화하는 데 적용된다. 802.11은 MAC 계층에 이런 서비스 구현이 열거된다. 향후 비밀 보안은 802.11 부분이 아닌 네트워크의 더 상위 소프트웨어 계층에 의해 제공된다.

무선랜의 동작 규격은 로우레벨 소프트웨어 계층들 사이의 프로토콜로 정의된 용어이며 IEEE 802.11을 설명한다. 일반적으로 네트워크는 그림 11-4에서 본 개방 시스템 상호연결 참조 모델(OSI/RM)의 인접 계층들 사이의 데이터와 제어 통신, 네트워크에 두 개 또는 여러 대의 단말 계층들 사이 단말 대 단말(peer to peer) 통신으로 설명된다. 바닥계층인 물리적 계층은 네트워크의 단말들, 예를 들어 케이블 모뎀, 무선 트랜시버, 안테나 적외선 트랜시버, 전력선 트랜시버 등과 연결된 전송 수단으로 하드웨어 연결을 나타낸다. 상위계층 소프트웨어는 전적으로 전송 수단과 무관하며, 원리상 도구 특성과 그것에 대한 물리적 연결이 무엇이라도 변경 없이 사용된다. IEEE 802.11은 두 개의 가장 낮은 계층인 물리와 데이터 링크 계층에만 관련 있다.

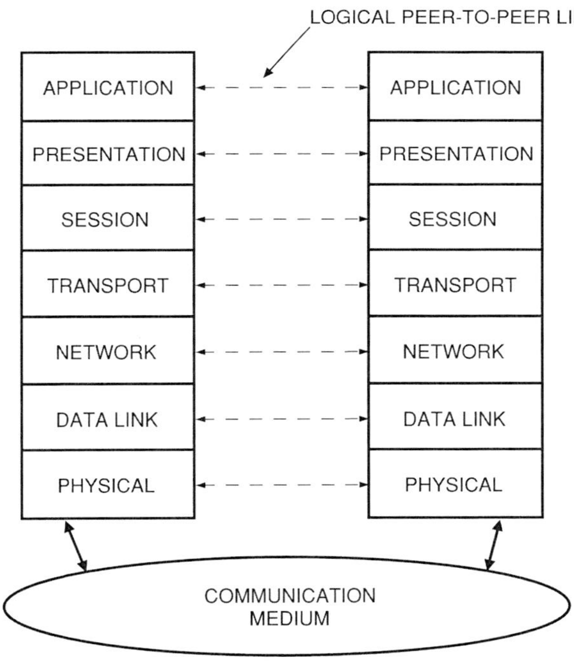

그림 11-4 개방 시스템 상호 연결 참조모델

IEEE 802.11은 물리 계층의 전기적 규격뿐만 아니라, 데이터 계층의 MAC 세부 계층과 물리 계층들 사이의 프로토콜을 나타낸다. 그림 11-5는 논리 링크 제어 계층(LLC)으로 정의된 상위계층 응용 소프트웨어 인터페이스를 통해 네트워크의 여러 형

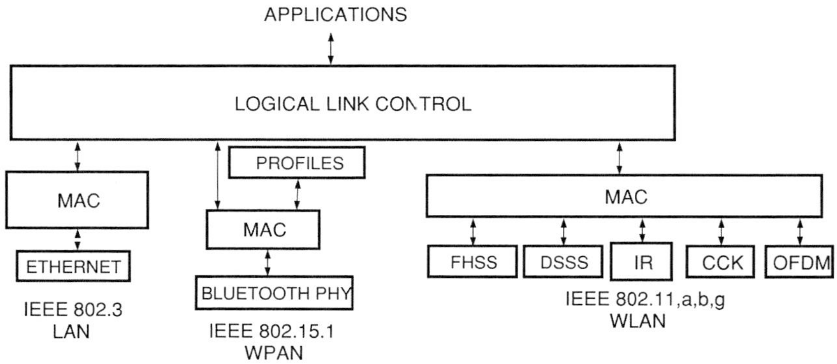

그림 11-5 데이터 링크와 물리 계층(PHY)

태인 물리 계층과 MAC 계층사이의 관계를 설명한다. LLC는 모든 IEEE 무선 랜의 네트워크에 공용되며, 전송 수단 또는 수단 접근 방법에 독립이다. 그 프로토콜은 유선 랜과 유선 네트워크의 다양한 형식과 동일하다. 그것은 ANSI/IEEE 802.2 표준 규격에서 설명된다.

MAC 기능은 무선랜의 두뇌이며, 그 구현은 상위레벨 디지털 논리회로 또는 논리와 마이크로 콘트롤러와 결합 또는 디지털 신호 프로세서로 된다. IEEE 802.11 표준과 부속자료(일반적으로 802.11x로 표시된다)는 여러 데이터율, 수단(무선 전파 또는 적외선), 그리고 변조 기법(FHSS, DSSS, CCK, OFDM) 등을 지정한다. MAC의 주요 기능은 다음과 같다.

- 프레임 범위 설정과 인지
- 목표 중계국의 주소 설정
- 상위계층에서 온 패킷 분해와 조립을 포함한 명확한 데이터 전달
- 전송 오류에 대한 보호
- 물리적 수단에 대한 접근 제어
- 보안 서비스 - 인증과 암호화

통신 네트워크의 중요한 특성은 통신 수단을 액세스하는 방법이다. 802.11은 두 가지 실현 방법인 DCF(distributed coordination function)과 PCF(point coordination function) 기법을 규정한다.

IEEE 802.11 표준의 기본 액세스 방법은 CSMA/CA(carrier sense multiple access with collision avoidance) 기법으로 더 널리 알려진 DCF 기법인데, 전송하길 원하는 중계국이 채널을 듣고 혼잡하지 않다고 결정한 후, 수행하는 과정에 근거한다. 채널이 혼잡하면, 중계국은 채널이 한가할 때까지 기다린다. 한 개의 중계국 이상이 동시에 전송하기를 원할 경우 충돌 가능성을 최소화하기 위해 각 중계국은 전송하기 전 채널이 한가해진 후 백오프 주기(back off interval)로 불리는 랜덤시간 주기 동안 기다린다. 그림 11-6에서 이 방법이 작동법을 보여준다.

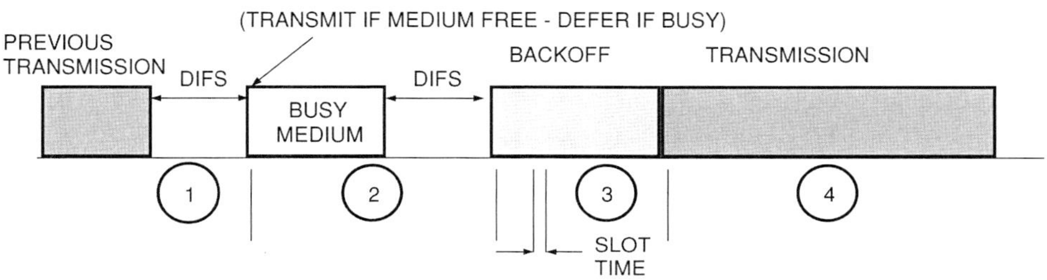

그림 11-6 CSMA/CA 엑세스 방법

그림에서는 전송을 시도한 중계국에서 생긴 한 개 채널의 동작을 보여준다. 중계국은 채널이 어떤 전송 이후,(그림에서 ①) 최소 DIFS(distributed coordination function interframe space) 기간의 한 주기 동안 한가해지면, 전송이 시작된다. 채널이 혼잡하면, 그림의 ②에서 볼 수 있듯이, 액세스를 연기하고 백오프 과정에 들어간다.

중계국은 채널이 한가할 때까지 기다리며, DIFS 추가시간도 기다린다. 슬롯 시간(slot time)이라 부르는 상수를 곱한 의사랜덤 수와 동일한 백 오프 창(back off window)이라 부르는 시간 주기를 계산한다. 채널이 한산한 동안은 그림의 ③에서 있듯이 중계국은 백 오프 창의 끝에서 그 프레임을 전송한다. 백 오프 창의 모든 슬롯 시간 동안, 중계국은 채널에 센싱 하고, 혼잡하면 백 오프 창의 좋은 시간을 유지할 카운터를 채널이 한가해질 때까지 정지시키고, 백 오프 카운터를 다시 시작한다.

실제, 백 오프 과정이 채널의 모든 액세스에서 사용되지 않는다. 예로써, 인지 전송, RTS, CTS에는 그것을 사용하지 않고 대신 응답 전송이 따르는 SIFS(short interframe space)라는 간격 후에 채널을 액세스한다. SIFS는 DIFS 보다 짧아, 송신을 기다리는 다른 중계국들은 이전 전송 후 오랜 시간을 기다려야 하므로, 접속할 수 없고, 그때까지 그 채널은 이미 채워진다.

채널이 한가하기를 기다리면서, 전송 경쟁자는 연속해 들을 필요는 없다. 또 다른 중계국이 채널을 액세스하는 것을 들을 경우 매 프레임마다 전송된 프레임 길이 필드를 해석한다. 데이터 전송에 응답한 전송승인 시간을 고려한 후, 채널이 한가해 진 시간에는 실제 센싱 없이도 알 수 있는데, 이를 가상 캐리어 센스 메카니즘(virtual carrier sense mechanism)이라 부른다.

그림 11-6에 보인 과정은 어떤 환경에서 잘 동작되지 않는다. 예로써, 여러 개 중계국들이 한 개의 단일 액세스 지점에 전송하길 노력하면, 그들 중 여러 개 들의 위치가 정해져 그것들이 액세스 지점 범위에 모두 있지만, 서로는 아니다. 이 경우, 채널 활동을 감지하는 중계국은 동일한 네트워크에서 전송하는 또 다른 중계국은 듣지 않는다. CSMA/CA 과정 정리는 AP로 짧은 RTS 제어 프레임을 보내는 채널을 고려한 중계국에 관한 것이다. 데이터 전송을 하기 전, 전송의 모든 경쟁자 범위에 있는 AP로부터 CTS 응답을 받기 위해 기다린다. 본래 중계국은 채널이 혼잡하다고 가정해 CTS를 듣지 못해서 다수 채널을 액세스하도록 노력해야 한다. RTS/CTS 과정은 네트워크 상 모든 중계국의 고속 통신을 위한 호환성 있는 변조 능력을 보유하지 못해 한 개 중계국이 또 다른 전송 필드 길이를 검출하지 못하는 경우에 효과적이다. RTS와 CTS 전송은 항상 네트워크의 모든 참여자에 공통인 기본 속도로 전송된다.

PCS는 네트워크 구성원을 폴링(polling)하며 주종(master-slave) 과정을 사용하는 선택 액세스 방법이다. AP 중계국은 마스터 역할을 가정하고, 시간과 정보 우선순위를 비콘(Beacon) 관리 전송을 통해 분배하여, 경쟁 없는(Contention free) 액세스 방법을 생성한다. PCS 사용의 한 가지는 음성 통신인데, 정규 시간 슬롯을 사용하며, 랜덤 액세스 환경에서는 작동되지 않는다.

◈ 물리계층

무선랜(WLAN) 조직과 서비스에 대한 지금까지의 토론은 네트워크 구성원들 사이의 무선 연결 실제 형태에 좌우되지 않았다. 802.11 표준과 부속자료는 이장에서 다룰 두 가지 주파수 대역의 여러 가지 비트율, 변조 방법, 그리고 작동 주파수 채널에 대해 규정한다.

IEEE 802.11 기초

802.11 표준의 본래 안은 두 가지 데이터율을 가진 세 가지 다른 공간 접속(air

interface)을 규정한다. 하나는 적외선, 다른 하나는 주파수도약 대역확산(FHSS)과 직접수열 대역 확산에 근거하며, 각각은 1과 2Mbps 데이터율을 지원한다. 다음은 IR과 FHSS 링크의 간략한 설명이며, DSSS에 대한 자세한 설명이다.

적외선 PHY

적외선 통신 링크는 무선 전파 전송의 장점을 가지며, 완벽히 잘 쌓인 포장 안에 있으므로, 외부 간섭 문제와 같은 도청 문제에 크게 안심된다. 또한, 의도적인 방사 규정에 종속되지 않는다. IEEE 802.11 적외선 물리계층은 널리 퍼진 적외선 링크에 근거하며, 시스템이 가시거리에 좌우되지 않고, 수신 센서는 천장과 벽 등에 반사된 방사를 검출한다. 범위 제한은 10m 단위이다. 250nsec인 정규 펄스폭의 펄스 위치 변조가 사용된다. 적외선 파장은 850~950nm이다. 1Mbps 비트율은 16개의 연속된 250nsec 슬롯 중의 하나에 한 개 펄스로 구성되고, 4 비트를 나타낸 심볼 전송으로 수행된다. 이 변조 방법은 16-PPM이라고 부른다. 선택적인 4-PPM 변조는 두 개 비트 심볼 당 4개 슬롯을 가지며 2Mbps 비트율이 제공된다.

IEEE 802.11의 본래 규격의 한 부분과 어떤 응용에 유용한 특성들이 되는 무선랜을 위한 적외선 물리 계층에 근거한 제품들은 일반적으로 상업적으로 유용하지 않아 보인다. 하지만 점 대 점이며 IrDA(Infrared Data Association) 표준을 사용하는 근거리 적외선 링크는 널리 퍼져있다(3 억개 이상의 장치 보유). 그 링크들은 1m의 가시거리에서 신뢰도 있게 작동되며, 데스크톱과 노트북 컴퓨터, 휴대용 PC, 프린터, 카메라, 그리고 장난감 등에서 발견된다. 2400bps에서 16Mbps까지의 데이터율 범위를 가진다. 블루투스 장치들은 어느 응용에서도 적용되지만, 많은 경우 IrDA 응용은 아직까지 높은 데이터율로 장점을 가진다.

주파수도약 대역 확산(FHSS) PHY

802.11 표준에서 DSSS PHY로 가려졌지만, FHSS 선택은 규정에 근거한 제품이 존재하므로 유용하다. FHSS 무선 랜 전송은 2.4GHz ISM 대역의 완전 범위에서 의사 랜덤(pseudo random) 순서의 주기적 도약(hopping) 되는 캐리어 주파수에서 발생된다. 북미와 대부분의 유럽에서 이 범위는 2.400~2.485GHz 이며, 이 지역에서 2.402~2.480GHz까지 캐리어 주파수 도약(hopping) 들이 있다. 각 주파수 점유가 시스템 결정 변수이지만, 추천된 거주시간은 초당 50번의 도약율이 제공하는 20msec이다. FHSS 네트워크 중계국들이 동기가 되기 위해, 중계국들은 동일한 의사 랜덤 주파수 시퀀스

(sequence)를 사용해야 되며, 주파수 합성기들이 일치되어야 한다. 그들 모두 동일 시간에 같은 주파수 대역에 동기가 되어야 한다. 동기화는 핵심 변수인 체류시간(dwell time), 주파수 열 번호, 그리고 현재 채널 번호 등을 주기적으로 채널에 보내는 비콘(beacon) 전송과 다른 관리 프레임들의 한 부분인 주파수 변수 세트 필드의 전송에 의해 802.11 표준에서 수행된다. 네트워크에 가입하길 원하는 중계국은 비콘(beacon)을 듣고 네트워크 연합 과정의 부분으로 그 도약 형태로 동기화가 된다.

FHSS 물리계층은 GFSK(Gaussian Frequency Shift Keying) 변조 방식이 사용되며, 피크 캐리어에서 20dB 아래로 전송 대역폭이 1MHz로 제한된다. 이 대역폭은 1Mbps와 2Mbps 데이터율 모두가 프함된다. 1Mbps 데이터율에서 정규 주파수 편이는 ±160kHz이다. 변조기에 입력된 데이터는 500kHz의 3dB 대역폭을 가진 가우시안 필터(일정한 위상 지연)로 필터링이 된다. 수신기 민감도는 3% 프레임 오율을 위해 −80dBm보다 더 좋아야 된다.

2Mbps 데이터율에서도 동일한 전송 대역폭을 유지하기 위해, 4준위 주파수 시프트 키잉(4-ary FSK) 방식이 적용된다. 데이터 비트율은 두 개 비트가 심볼로 그룹화 되며, 각 심볼들은 네 가지 레벨 중의 하나이다. 네 가지 레벨 중의 정규 주파수 편이들은 ±72kHz와 ±216kHz이다. 500kHz 가우시안 필터는 FSK 변조기 입력에서 네 가지 레벨인 1Msps(symbol per second) 데이터로 완화된다. 최소 필요한 수신기 민감도는 −75dBm 이다. 증가된 데이터율을 위한 와이파이 개발이 DSSS 기준을 따라 진행이 되지만, FHSS 방식은 장점을 가진다. 독립적인 네트워크들은 DSSS 보다는 FHSS 방식 사용에 의한 상호 간섭 없이 가상적으로 함께 둔다. 나중에 보겠지만, 세 개의 독립적 DSSS 방식의 네트워크들을 함께 둘 수 있다. 세 개의 정의된 세트에서 26개의 다른 도약 열(북미와 유럽)은 낮은 충돌 확률로 동일한 지역에서 사용된다. 다른 사용자들에 발생된 간섭뿐만 아니라 다른 2.4GHz 대역 사용자에 의한 유효출력 감소 정도가 FHSS 방식보다 더 낮게 된다. FHSS 구현은 더 비쌀 수 있다. 하지만, 802.11의 개선된 표준안인 802.11a, 802.11b, 그리고 802.11g 등은 1과 2Mbps의 DSSS 방식에 하향 호환이 되며(다른 주파수 대역에서 작동되는 802.11a 안은 제외), 802.11의 DSSS 광대역 채널 특성으로 증대된 데이터율 방법에 근거된다.

직접수열 대역확산(DSSS) PHY

802.11 표준의 직접수열 대역확산 물리 계층의 채널 특성은 개선된 규격의 고속 데이

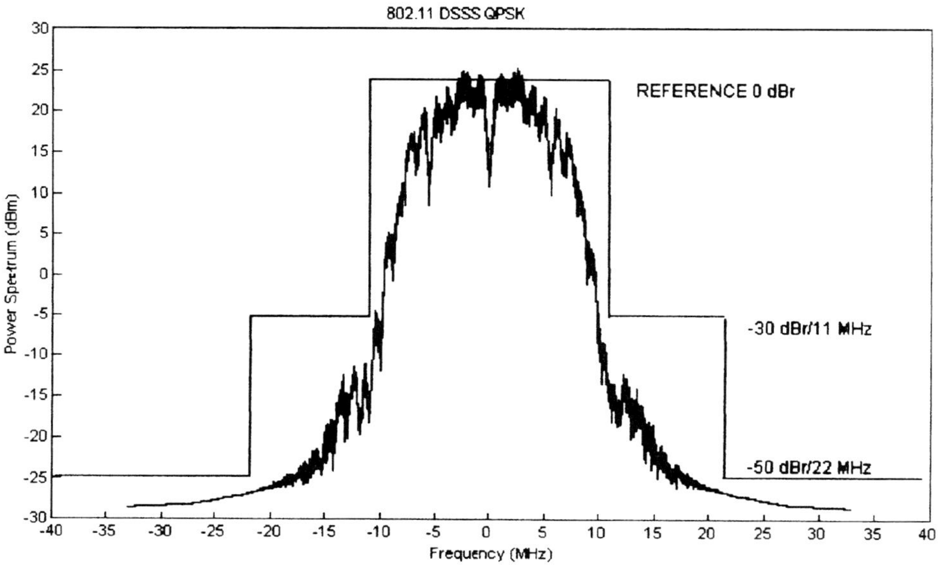

그림 11-7 802.11 DSSS 스펙트랄 마스크

터율 규격에도 유지된다. 새로운 규격 안에 근거한 시스템들이 기본 1과 2Mbps 물리계층과 호환성이 유지되어야 되므로, 이는 당연하다. 그림 11-7에 보인 채널 스팩트럼 마스크는 필터링 된 1Mbps 전송의 모의 실험된 스펙트럼에 부과되며, −30dB 지점에서 22MHz 폭이다. 14개 채널이 2.4GHz ISM 대역에 할당되며, 중심 주파수들은 2.412GHz에서 2.484GHz 까지 5MHz 간격이다. 14번의 가장 높은 채널은 일본에서 허용된 대역 모서리로 2.471GHz와 2.497GHz로 설계된다. 미국과 캐나다에서 첫 번째 11번 채널이 사용된다. 그림 11-8은 어떻게 1번, 6번, 그리고 11번 채널이 상호 간섭이 없이 세 개의 인접된 독립 네트워크에 의해 사용되는 지를 보여 준다. 동일한 지역의 두 개 네트워크만이 있는 경우, 그들은 대역 내 다른 간섭 또는 협대역 전송을 피하기 위해 그들의 동작 채널을 선택한다.

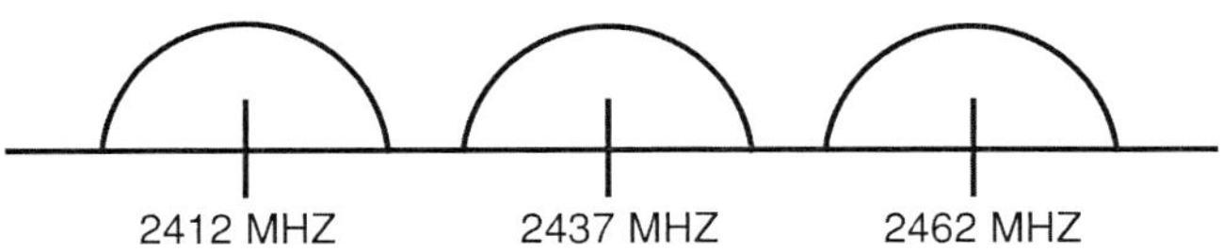

그림 11-8 DSSS 간섭 없는 채널

802.11 DSSS 방식에서 의사 랜덤 비트 시퀀스 위상은 캐리어 주파수를 변조하며, 이 확산 시퀀스에서 비트는 칩(chip) 이라 부른다. 칩율은 11Mcps(chip per second)이다. 데이터는 확산된 캐리어를 위상 변조하는데 인가된다. 데이터 심볼당 11개 칩이 있으며, 선택된 의사 랜덤 시퀀스는 바커(Barker) 시퀀스로 1, −1, 1, 1, −1, 1, 1, 1, −1, −1, −1로 표현된다. 복원성질은 정합필터 또는 상관 검출기에 의해 수신기에서 최적으로 검파가 된다. 그림 11-9에서 변조기 구현의 한 가지 경우를 볼 수 있다. DSSS 방식의 물리계층(PHY)은 두 가지 종류의 데이터 속도인 1과 2Mbps 이다. 차등 인코더(differential encoder)는 데이터 열을 받아 1Mbps에서 한 심볼에서 다음으로 데이터 극성 변화를 나타내는 두 가지 출력 데이터 열을 생성한다. 1Mbps 데이터율에서 차등 이진 위상 시프트 키잉(differential binary phase shift keying) 방식이 사용된다. 1Mbps의 입력 데이터율은 연속적인 입력 비트들 사이의 변화를 나타내는 두 가지 동일한 출력 데이터 열을 가져온다. 차등 직교 위상 시프트 키잉(differential quadrature phase shift keying) 방식은 2Mbps 데이터를 다룬다. 두 가지 입력 비트의 각 시퀀스는 두 가지 입력에 네 가지 순열(permutation)을 생성한다. 차등 인코더는 그림 11-9에 보인 배타적(exclusive) OR 논리 게이트의 입력으로 가는 선로 상에 심볼 대 심볼 차이가 출력된다. I와 Q 선로의 출력은 반전된 11Mcps의 바커(Barker) 시퀀스이거나 배타적 OR 게이트 입력에서 차등 인코딩 된 데이터에 따라 1 Msps 속도로 보내진다. 이런 출력들은 직교변조기에서 RF 캐리어 주파수(또는 부가적인 상향 변환에서 중간 주파수)로 스펙트럼이 전이된다.

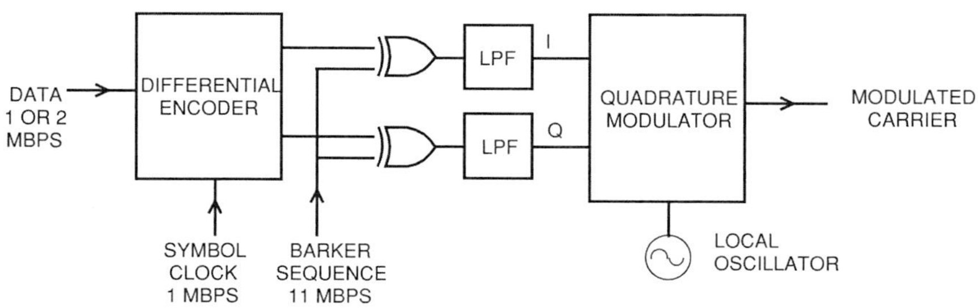

그림 11-9 DSSS 방식 변조

DSSS 방식 신호 수신은 그림 11-10에 있다. 하향 변환된 I와 Q 신호들은 정합필터 또는 상관 검출기에 인가된다. 이런 회로들은 바커(Barker) 시퀀스를 입력 신호와 상관(correlate)을 만들고 상관 정도를 나타내는 아날로그 신호를 출력한다. 다음의 차등

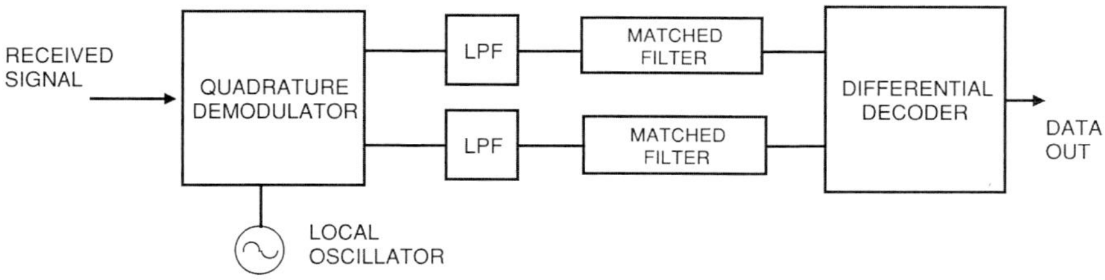

그림 11-10 DSSS 방식 수신

디코더는 앞에서 언급된 차등 인코더의 반대 동작이 수행하며 1 또는 2Mbps 데이터가 출력된다.

저장된 확산 시퀀스를 가지고 입력신호와의 상관 작업에 의한 입력 신호의 역 확산 과정은 송신기의 타이밍과 주파수를 가지고 수신기와 동기화가 필요하다. 이를 쉽게 하기 위해 전송 프레임은 그림 11-11의 물리계층 프로토콜 데이터 단위의 시작에서 볼 수 있는 동기화 필드(SYNC)와 함께 시작 된다. 시작 프레임 딜리미터(delimiter)(SFD)는 뒤따르는 정보가 포함된 필드 시작점에서 설계 된다. 지정된 프리앰블의 모든 비트들은 차후의 데이터율이 무엇이든가에 1Mbps 속도로 전송된다. 신호 필드는 프레임의 다음 필드에 데이터율을 지정하여 수신기가 자체적으로 조정한다. 다음 필드인 SERVICE 는 802.11의 기본 안에만 부합되는 소자에서 모두 '0' 이 포함되지만, 어떤 비트들은 개선된 안에 일치된 장치들이 사용된다.

128	16	8	8	16	16	VARIABLE	BITS
SYNC	SFD	SIGNAL	SERVICE	LENGTH	CRC	MPDU (PAYLOAD)	
PREAMBLE		PLCP HEADER					

그림 11-11 DSSS 방식의 프레임 포맷

길이 필드 값은 길이로 마이크로초 단위이며, MPDU(MAC protocol data unit)로 표시된 데이터 운반 필드를 전송하는 데 필요하다. CRC로 표시된 오류 점검 필드는 SIGNAL, SERVICE, LENGTH 필드의 보존을 막는다. 마지막 필드인 MPDU는 MAC 계층에서 물리계층으로 보내는 데이터 하향 통과이거나 수신 후 MAC 계층으로 상향 통과시킨다. 전송 프레임의 모든 비트들은 스펙트럼 상에 전력 배분을 확실히 하기 위해 의사 랜덤하게 흩어진다. 데이터는 수신기에서 다시 모아 원래 형태로 되돌린다.

802.11b

본래 안인 802.11 규격의 보조 표시 'b'는 2.4GHz 대역을 위한 고속의 물리계층 규정을 지원한다. 와이파이 규정안에 추진력을 제공한 것이 802.11b 규정이다. 이를 가지고, 원래의 1과 2Mbps 속도 규정에 하향 호환을 유지하면서 5.5Mbps와 11Mbps 데이터율이 가능하다. 더 느린 속도는 속도 확장을 할 수 없는 장치와의 호환성 뿐만 아니라 고속 통신을 위해 필요한 신호 대 잡음비가 제공되지 않는 간섭 또는 거리 조건에서 데이터율 하향 맞춤인 폴 백(fall back) 기능을 위해 사용된다.

이전에 언급되었듯이 802.11b 규정안에서 제공하는 고속 데이터율은 더 많은 채널 대역폭이 요구되지 않으며, 협대역 간섭 제거 또는 직접수열 대역확산의 잼머(jammer) 저항 품질이 보유된다. 데이터 대역폭으로 나눈 칩 율 값인 DSSS 방식을 위한 프로세싱 이득의 고전적 정의는 여기에 적용되지 않는다. 사실 수년간 직접수열 대역확산 방식에 대한 FCC 규정 15.247 절의 정의 부분인 프로세싱 이득 요구사항은 2002년 8월에 개선작업에서 제거되고, 동시에 DSSS 참고표시는 디지털 변조로 대체가 되었다.

802.11b 규정 안의 강제 사항인 고속 변조 방법은 보완적 코드 키잉(CCK, complementary code keying)이라고 부른다. 패킷 이진 콘벌루션 코드(PBCC, packet binary convolutional coding)로 부르는 선택 모드도 규격에서 설명된다. 개념상 유사하게 있어도, 두 가지 모드는 구현과 성능에서 다르다. 우선, 고속 DSSS 방식의 일반적 원리는 CCK와 PBCC 방식 모두를 적용하여 다음과 같이 표현된다. CCK의 상세한 면이 다음에 주어진다.

본래 802.11에서 11Mcps 속도의 의사 랜덤 잡음 시퀀스는 802.11b에서 고속 전송의 기본이며, 22MHz 널(null) 대 널 대역폭을 제공하는 11Mcps로 변조가 된다. 하지만, 원래 규격에 비해 5.5 또는 11Mcps의 데이터를 전송할 때 심볼율은 1.375 Msps 이다. 1 또는 2Mbps로 전송 할 때 심볼 당 11개 칩 대신에 심볼 당 8 칩이 전송된다. 802.11에서 사용된 표준 DSSS 방식에서의 BPSK 또는 QPSK 변조는 심볼을 구성하는 11개 칩 그룹에 인가된다. 심볼 당 11개 칩 열은 항상 동일하다(이전에 바커 시퀀스로 정의됨). 반대로, 고속 DSSS 방식은 각 심볼에 인가되는 데이터 비트 열에 좌우되면서, 각 심볼에 다양한 8개 칩 시퀀스가 사용된다. 직교변조가 사용되며 1과 어떤 각도 α의 정규화된 크기이며 복소수인 I 값과 Q 값을 각 칩은 가진다. 여기서 $\alpha = \tan^{-1}(Q/I)$이다. α는 360° 근처에서 균등하게 나눈 네 개 값의 하나로 가정된다. 각 복소수 비트는 네 가지 가능한 값이므로, 전체 $4^8 = 65536$의 가능한 8 비트 복소수 단어이다. 11Mbps 데이터율에서 이런 가능성 중에 256개만이 실제 사용되는데, 특정 심볼에 인가되는 8개의 데이터 비트 시퀀스에 의해 결정된다. 단지 16칩 시퀀스는 5.5Mbps에 필요하며, 심볼 당 네 개 데이터 비트로 정해진다. 고속 알고리즘은 65536 가능성에서 선택된 256 코드 워드 또는 16 코드 워드에서 방법이 설명한다. 선택된 256 또는 16 복소 워드는 상관 검출기가 수신 신호의 I와 Q 선로에서 사용될 경우, 기저대역으로 하향 변환되어 원래의 8 비트(11Mbps 속도) 또는 4 비트(5.5Mbps 속도) 시퀀스가 설사 수신이 잡음과 다른 형식의 채널 왜곡이 동반 발생하여도 높은 확률을 가지고 정확하게 디코딩되는 매우 바람직한 성질을 가진다.

CCK 변조와 복조 개념은 그림 11-12와 그림 11-13에서 보인다. 아래에 11Mbps 데이터 속도를 참고로 설명한다. 그림 11-12의 다중화 장치는 8개의 직렬 데이터 비트 블록을 가지며 11Mbps가 입력되고 1.375MHz의 심볼율로 개선되어 병렬로 출력된다. 여섯 개의 최후 데이터 비트들은 $64(2^6)$ 복소 워드 중에 1을 정한다. 각 코드 워드는 위상 각도 α_1에서 α_8까지 크기 1을 가지며 8개의 복소 칩 열이다. 첫 번째 두 개 데이터 비트 d_0와 d_1은 코드 회전기(그림 11-12)에서 이전 코드 워드의 α_8에 관해 전체 코드 워드를 회전한 α'_8 각도를 결정한다. 이 회전각도는 현재 코드 워드의 절대 각도 α_8이 된다. 캐리어(또는 중간) 주파수로 상향 변환을 위해 필터링 후, 직교변조로 입력된 코드 회전기의 정규화된 I와 Q 출력은 다음과 같다.

$$I_i = \cos(\alpha_i),\ Q_i = \sin(\alpha_i),\ i = 1, \cdots, 8.$$

그림 11-13에 11Mbps 속도의 CCK 변조 방식을 위한 코드 워드 개발에 대한 요약이 있다. 고속 변조는 그림 11-11의 페이로드(payload)인 MPDU에만 적용된다. 그림

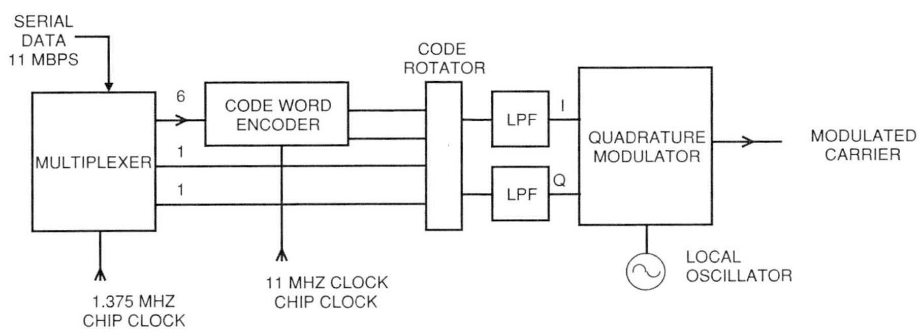

그림 11-12 고속 변조기 2 11Mbps

Data symbol: $d_0\ d_1\ d_2\ d_3\ d_4\ d_5\ d_6\ d_7$

Phase Table	
$d_i\ d_{i+1}$	φ
0 0	0^0
1 0	180^0
0 1	90^0
1 1	-90^0

Phase $(d_0,d_1) = \varphi_1$
Phase $(d_2,d_3) = \varphi_2$
Phase $(d_4,d_5) = \varphi_3$
Phase $(d_6,d_7) = \varphi_4$

$\alpha_1 = \varphi_1 + \varphi_2 + \varphi_3 + \varphi_4$
$\alpha_2 = \varphi_1 + \varphi_3 + \varphi_4$
$\alpha_3 = \varphi_1 + \varphi_2 + \varphi_4$
$\alpha_4 = \varphi_1 + \varphi_4 + 180^0$
$\alpha_5 = \varphi_1 + \varphi_2 + \varphi_3$
$\alpha_6 = \varphi_1 + \varphi_3$
$\alpha_7 = \varphi_1 + \varphi_2 + 180^0$
$\alpha_8 = \varphi_1$

$I_i = \cos(\alpha_i)$
$Q_i = \sin(\alpha_i)$
$i = 1 \ldots 8$

그림 11-13 코드 워드 설명

11-13에 설명된 코드워드는 페이로드의 모든 심볼과 처음 심볼에 보인 것 같이 사용된다. 하지만, 두 번째 심볼, 네 번째 심볼 등의 코드 워드의 각 소자에 180°를 더해 수정한다.

심볼 코드 워드 또는 칩 시퀀스 개발은 그림 11-13에 있는 예제로 설명된다. 심볼 당 8 비트 데이터 시퀀스를 $d_0 \cdots d_7$ = 10101101 라고 하자. 그림 11-13의 위상표로부터 각도들은 다음과 같이 알 수 있다. $\varphi_1 = 180°$, $\varphi_3 = -90°$, $\varphi_4 = 90°$ 각 복소 칩의 각도 α_i를 구하기 위해 이 값들을 합하고, I_i와 Q_i를 얻기 위해 코사인과 사인 함수를 취하면 다음 표의 결과처럼 요약된다.

i	1	2	3	4	5	6	7	8
α	0	180	90	90	−90	90	180	180
I	1	−1	0	0	0	0	−1	−1
Q	0	0	1	1	−1	1	0	0

표 11-1 5.5Mbps CCK 디코딩

d_3, d_2	α_1	α_2	α_3	α_4	α_5	α_6	α_7	α_8
00	90°	0°	90°	180°	90°	0°	−90°	0°
10	−90°	180°	−90°	0°	90°	0°	−90°	0°
01	−90°	0°	−90°	180°	−90°	0°	90°	0°
11	90°	180°	90°	0°	−90°	0°	90°	0°

5.5Mbps 속도의 CCK 변조를 위한 코드 워드는 11Mbps CCK 방식의 부분집합이다. 이 경우 전체 16개의 복소수 칩 시퀀스를 정하는 심볼 당 네 개 데이터 비트들이 있다. 4 개의 8개 부분으로 구성된 코드 워드(복소 칩 시퀀스)는 심볼의 마지막 두 데이터 비트인 d_2와 d_3를 사용하여 결정한다. 이런 코드 워드의 인수들(각도들)은 표 11-1에서 보여준다. 비트 d_0와 d_1은 11Mbps 변조와 그림 11-13의 위상 표에서 보인 것과 같이 이전 코드 워드에 관해 코드 워드들을 회전하는 데 사용된다. 코드 워드들은 11Mbps 변조와 같이 매 다른 심볼마다 180°만큼 수정된다.

고속 데이터 수신을 위한 CCK 디코딩 개념은 그림 11-14에서 볼 수 있다. 11Mbps 데이터율에서 상관 뱅크(bank)는 64개의 가능한 코드들 중에 최상으로 수신된 8 비트 심볼을 일치시킨다. 이전 심볼(네 가지 값의 하나)에서 전체 코드의 회전 각도를 발견한다. 전체 256(64 × 4)개의 가능성이 있으며 선택은 직렬 데이터출력이다. 5.5Mbps 속도에서 선택된 네 가지 코드 워드들과 코드 회전 후에 출력 데이터로 정한 전체 16개 선택들이 있다.

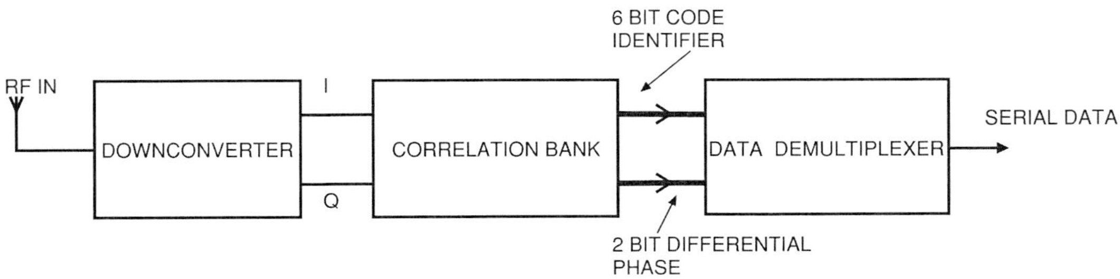

그림 11-14 CCK 디코딩

초기 고속이 아닌 시스템과의 호환성을 유지하기 위해 그림 11-11에 보인 DSSS 방식의 프레임 형식이 802.11b 에서도 유지된다. 페이로드(payload) MPDU가 5.5 또는 11Mbps 고속으로 보내는 반면, 128 비트 프리앰블과 헤더는 1Mbps 속도로 전송된다. 길고 느린 프리앰블은 유효출력을 감소하고 고속 데이터 속도의 장점도 없앤다. 802.11b 규정은 긴 프리앰블과 헤더를 위해 192μsec 대신 전체 오버헤드 96μsec 길이로 2Mbps로 헤더를 전송하고 단지 72 비트의 프리앰블을 전송하여 표준 프레임과 다른 선택적 짧은 프리앰블과 헤더(header)를 정의한다. 이런 선택을 사용하는 소자는 단지 동일한 능력을 가진 다른 중계국들과 통신할 수 있다.

더 높은 데이터율의 사용은 민감도와 범위손실을 일으킨다. 11Mbps 속도에서 최소로 지정된 민감도는 2Mbps의 데이터 속도로 동일한 프레임 오율과 페이로드 길이를 위해 −80dBm의 민감도에 비교해 1024 바이트의 페이로드를 전송할 경우 8%의 프레임 오율에서 −76dBm이다.

802.11a 규정과 OFDM 기술

802.11b 규격 적용보다 더 고속인 데이터율 통신 방법을 찾기 위해서 완전히 다른 변조 기법인 OFDM(orthogonal frequency division multiplexing) 기술이 802.11a 규정에 응용되었다. 이전의 DSSS 시스템과 유사한 채널 대역폭이지만 DSSS 방식은 아니다. 802.11a 규정의 부록에서 5.2~5.85GHz사이의 채널 주파수가 정의되며, 2.4GHz 대역의 802.11b 신호와는 호환이 안 된다. 변조의 채널 점유 특성이 DSSS 와이파이 방식과 유사하므로, 802.11b 규격에 부합된 전송이 하향 호환이 되면서 2.4GHz 대역의 802.11a 규정의 고속 데이터율이 가능 하도록 동일 시스템을 IEEE 802.11g 규정에 응용하였다.

802.11a 규정은 6, 9, 12, 18, 24, 36, 48, 54Mbps 데이터율이 있다. 전송 데이터율이 더 커질수록 다중경로 간섭 문제는 더 심각해진다. 실내 환경의 반사는 100nsec 단위의 다중경로 지연이지만, 250nsec 만큼 길수 있어서 10Mbps 비트율의 신호(100nsec 주기)는 그 반사 신호와 완전히 겹친다. 각기 다른 시간에 수신기에 도달하는 여러 가지의 반사가 있는 경우, 신호 인지가 안 되어 일부가 사라진다. OFDM 방식의 전송 시스템이 그 문제를 해결할 수 있는데, 예상 반사경로 길이 시간 차이를 여러 배 길이의 심볼로 나눈 데이터 전송으로 달성한다. 한 심볼의 각 데이터 비트들은 전송 채널 안에서 분리된 부 캐리어(subcarrier) 주파수에 의해 모두 병렬 전송 된다. 동일 시간의

많은 비트 전송 방식인 다양한 주파수의 전송 비트를 늘려 다중경로 현상 영향을 없게 하는 것이다. 실제 높은 비트율은 특별히 전송된 캐리어 위상과 크기로 데이터 비트 그룹을 표현해 달성한다. 직교 위상 시프트 키잉(QPSK) 방식을 사용하면, 변조된 캐리어는 두 가지 데이터 비트들로 표현이 되며 64QAM 방식은 한 개의 부 캐리어당 단일 데이터 단위로 여섯 개의 데이터 비트가 표현한다.

자연적으로 주어진 폭의 채널에 많은 캐리어 전송은 부 캐리어들 사이의 간섭 문제가 발생된다. 부 캐리어들이 모두 직교이며 심볼 주기 동안에 두 개의 부 캐리어들의 적분 값이 '0' 이면 그것들 사이에 간섭이 없다. 인접된 부 캐리어들 사이의 주파수 차이가 심볼 주기의 역수이면 이러한 조건의 존재는 보기 쉽다.

OFDM 방식에서 직교 부 캐리어는 수학적으로 역 푸리에 변환(IFT) 이나 이산 등가 형식의 역 이산 푸리에 변환(IDFT)을 사용해 수학적으로 생성 된다. IDFT는 다음과 같이 표현된다.

$$x(n) = \frac{1}{N}\sum_{m=0}^{N-1} X(m)[\cos(2\pi mn/N) + j \cdot \sin(2\pi mn/N)]$$

여기서 $x(n)$은 시간 영역에서의 복소수 표본 값들이다. $n = 0, \cdots, N-1$이며 $X(m)$은 주파수 영역에서 각 주파수에 주어진 복소수 값들로 크기와 위상이다. IDFT 표현으로 시간 영역 신호는 N개의 고조파 성분과 관련되며 $X(m)$에 의해 주어진 크기와 위상인 사인파와 코사인파의 합이다. 표현식의 우변 항은 절대 주파수 관계식으로 다음 같이 표현된다. f_s/f_s에 의해 인수 $2\pi mn/N$이 곱해지면

$$x(n) = \frac{1}{N}\sum_{m=0}^{N-1} X(m)[\cos(2\pi m f_1 n t_s) + j \cdot \sin(2\pi m f_1 n t_s)] \tag{11-1}$$

를 얻는다. 여기서 f_1은 기본 부 캐리어 주파수이고 인접 부 캐리어사이의 차이이며, t_s는 표본 시간으로 $1/f_s$이다. 802.11a 방식의 OFDM 규격에서 표본 주파수는 20MHz, $N = 64$이므로, $f_1 = 312.5$kHz이다. 심볼 시간은 $N_{ts} = 64/f_s = 3.2\mu$sec이다.

심볼 간 간섭을 막기 위해 802.11a 규정은 IDFT 변환 후, 심볼 앞면에 0.8μsec의 보호시간(guard time)을 둔다. 이 시간동안, 심볼의 마지막 0.8μsec는 복사 되며 보호시간을 써클러 프리픽스(circular prefix) 라고 부른다. 전송된 확장 심볼 시간은 3.2 + 0.8 = 4μsec이다. 보호시간은 수신 후와 전송 데이터 재생 전에 제거 된다.

이전 식에서 64 개의 부 캐리어가 사용되어도, 단지 48개가 데이터 운반에 사용되며 전송된 캐리어에서 위상이 잠긴 수신기를 돕기 위해 파일럿 신호를 위해 4 개만 사용한다. 점유 대역폭 밖에 있는 나머지 캐리어와 DC 항((11-1)식에서 $m = 0$)은 널(null)이다. 널이 된 중심 주파수의 각 면에 26((48 + 4)/2) 개 캐리어가 있다. 채널 폭이 312.5kHz로서 점유 채널은 전체 폭인 16.5625MHz(53 × 312.5kHz) 이다.

넓은 범위의 데이터율 제공을 위해 심볼 당 1, 2, 4, 6비트들이 필요한 네 가지 변조 방식인 BPSK, QPSK, 16-QAM, 64-QAM 방식들이 사용된다. 전방향 오류정정(FEC) 코딩기술이 OFDM 방식에 적용되는데, 각 심볼에 추가 비트를 더해야 된다. 코딩 성능의 다양한 면을 위해 세 가지 코딩 비율인 1/2, 2/3, 3/4 등은 심볼 당 전체 비트 수에 대한 데이터 비트 비율이다. 설사 48개 데이터 채널에서 여러 개 채널이 손실 심볼이 되는 선택적 간섭이 있는 경우에도, FEC는 수신기에서의 정확한 메시지 재생을 허용한다. 심볼 비트들은 인터리빙(interleaving) 작업이 수행되며, 인접 캐리어 비트가 오류와 함께 복조가 되어도, 오류 정정 과정은 정확한 심볼을 생산한다. 그림 11-15에서 OFDM 송신기와 수신기의 블록도를 보여준다. FFT와 IFFT 블록은 수학적으로 동등하며 위에 사용된 이산 푸리에 변환과 역 이산 푸리에 변환 대신에 구현하기 좋은 고속 푸리에 변환과 그 역이다. 표 11-2는 변조 형식과 데이터율에 사용된 코딩 비율, 데이터 비트와 코드 비트가 포함된 OFDM 심볼당 전체 비트 수를 나열하여 보여 준다.

U-NII 장치를 위해 FCC 규정의 15.401-15.307절에 부합된 5GHz 대역의 허용 주파수 채널들이 표 11-3에 있다. 채널 할당은 5MHz로 분리되며 20MHz 간격이 동일 채널 간섭 방지를 위해 필요하다. 12 개의 동시 네트워크가 상호 간섭 없이 동시 존재

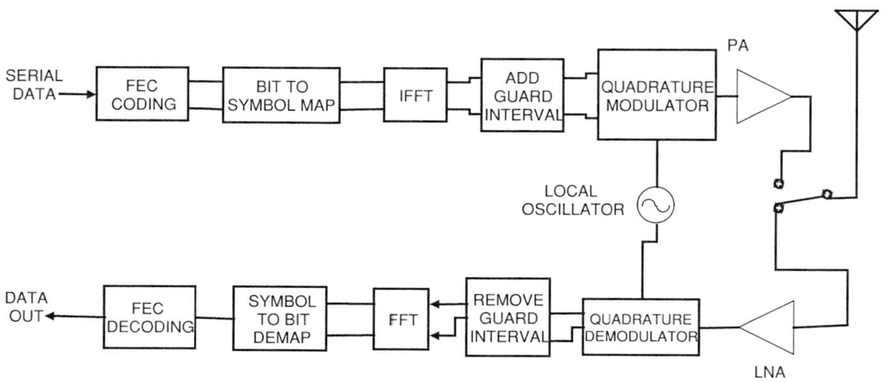

그림 11-15 OFDM 시스템 블록도

표 11-2 데이터율에 따른 OFDM 특성

Data Rate Mbps	Modulation	Coding Rate	Codid Bits per Subcarrier	Codid Bits per OFDM Symbol	Data Bits per OFDM Symbol
6	BPSK	1/2	1	48	24
9	BPSK	3/4	1	48	36
12	QPSK	1/2	2	96	48
18	QPSK	3/4	2	96	72
24	16-QAM	1/2	4	192	96
36	16-QAM	3/4	4	192	144
48	64-QAM	2/3	6	288	192
54	64-QAM	3/4	6	288	216

한다. 전력 제한도 표 11-3에 있다.

802.11b 규정의 데이터율을 802.11a 규정의 데이터율의 확장이 2.4GHz 대역이지만 802.11g 규정의 부록에서 다룬다. 5GHz 대역에 정의된 OFDM 물리계층은 본래

표 11-3 채널 할당과 미국의 802.11a 규정의 최대 전력

Band	Pperation Channel Numbers	Channel Center Frequencies (MHz)	Maximum Power with up to 6 dBi antenna gain (mW)
U-NⅡ lower band (5.15-5.25 CHz)	36 40 44 48	5180 5200 5220 5240	40
U-NⅡ middle band (5.25-5.35 CHz)	52 56 60 64	5260 5280 5300 5320	200
U-NⅡ upper band (5.725-5.825 CHz)	149 153 157 161	5745 5765 5785 5805	800

표 11-4 HIPERLAN/2 주파수 채널과 전력 레벨

Center Frequency (MHz)	Radiated Power (mean EIRP) (dBm)
Every 20 MHz from 5180 to 5320	23
Every 20 MHz from 5500 to 5680	30
5700	23

2.4GHz 로 변화 없이 적용 된다. 802.11g 규격에 맞는 장치는 저속 특징과 802.11b 규정의 CCK 변조 기법을 가지므로 현존하는 와이파이 시스템과 하향 호환이 된다.

◈ HIPERLAN/2

802.11b 규정이 유럽연합과 전 세계 다른 지역 규정에 부합되게 설계가 된 반면, 802.11a 규정은 특별히 FCC와 일본 MPT 규정에 부합한다. ETSI(European Telecommunication Standards Institute)는 HIPERLAN/2(high performance local area network)이라고 부르는 고속 무선랜 규격을 개발했다. 유럽 규격에 적합하며 많은 면에서 802.11a 규정 능력을 능가한다. HIPERLAN/2 규정은 코딩된 OFDM 기술과 54Mbps까지의 동일 데이터율이 사용되며 본래 802.11a 규정과 동일한 물리 계층이 정의된다. 두 번째 계층인 소프트웨어 레벨은 802.11 MAC 계층에서 다르며 두 개 시스템은 호환이 안 된다. IEEE 802.11과 구분 되는 HIPERLAN/2 규정의 내부 특징은 다음과 같다.

- 서비스 품질(QOS, Quality Of Service): 시분할 다중접속/시분할 다원화(TDMA/TDD) 프로토콜은 멀티미디어 통신을 허용한다.
- 동적 주파수 선택(DFS, Dynamic Frequency Selection): 간섭과 경로 훼손에서 통신 품질을 유지하기 위해 네트워크 채널들이 선택되고 자동으로 변경 된다.
- 전송전력 제어(TPC, Transmit Power Control): 다른 주파수 대역 사용자들에게 간섭을 줄이고 평균 전력 공급 소비를 줄이기 위해, 전송전력은 자동으로 통제된다.
- 높은 데이터 보안: 강한 인증과 암호화 과정

HIPERLAN/2 규정의 모든 특징은 802.11 규정을 구현하는 IEEE Task 그룹에 의해 다루어지는 중이다. 특히, DFS와 TPC 기능은 유럽연합 규정에 대한 802.11a 규정 부합에 필요하다. HIPERLAN/2 규정의 주파수 채널과 전력 레벨은 표 11-4에 있다.

11.2 블루투스(Bluetooth)

블루투스 규격은 두 가지 소스가 있는데, 하나는 Bluetooth Special Interest Group(SIG) 이며 1.1 버전이다. Core와 Profiles의 두 권으로 정리되었다. 1권 'Core'는 무선과 높은 레벨의 사용자 소프트웨어사이의 인터페이스로 작동되는 로우 레벨 소프트웨어 또는 펌웨어 뿐만 아니라 블루투스의 물리적 또는 하드웨어 무선 특성이 설명된다. 2권의 "Profiles' 은 여러 가지 광범위하게 사용되는 응용 분야의 프로토콜과 과정이 상세하게 다루어진다. 블루투스 소스의 다른 규격은 IEEE 802.15.1 규정으로 기본적으로 SIG Core 규격을 IEEE 통신 형식에 맞게 재작성한 것이다.

블루투스는 무선랜(WLAN)에 대조적인 무선팬(WPAN) 예제이며, *애드 혹*(ad hoc) 생성 또는 임시로 개인과 개인사이의 주변에 위치된 장치사이의 공간 연결에 기초를 둔다. 네트워크에서의 블루투스 소자는 마스터(master)와 슬레이브(slave) 기능을 가지며, 모든 통신은 마스터와 여러 개의 슬레이브 사이에 있으며, 슬레이브들 사이의 직접 통신은 불가능하다. 기본 블루투스 네트워크는 피코네트(piconet)라고 부른다. 하나의 마스터와 하나에서 일곱 개까지의 슬레이브가 있다. 스캐터네트(scatternet)는 인접 피코네트에 있는 임의의 구성원이 있는 피코네트들의 상호 관련 네트워크이다. 그래서 개념적으로 블루투스 네트워크는 무한히 확장가능하다. 그림 11-6은 세 개의 피코네트로 구성된 스캐터네트이다. 거기서 한 개 피코네트의 슬레이브는 다른 곳의 마스터이다. 한 개의 피코네트에는 한 개의 마스터만 있다.

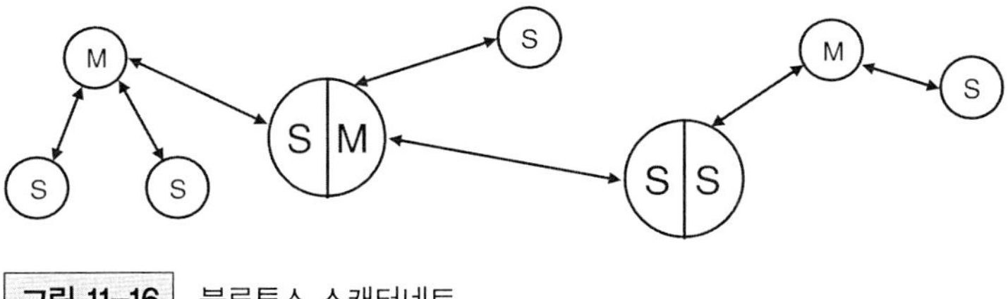

그림 11-16 블루투스 스캐터네트

블루투스의 기본 RF 통신 특성이 표 11-5에 있다.

블루투스 트랜시버의 블록도는 그림 11-17에 있으며, RF, 기저대역, 응용 소프트웨어 등의 세 가지 기본 파트로 구성된다. 블루투스 칩셋(chip set)는 시스템 컴퓨터 또는

표 11-5 블루투스의 기술적 변수

CHARACTERISTIC	VALUE	COMMENT
Frequency Band	2.4 to 2.483GHz	May differ in some countries
Frequency Hopping Spreda Spectrum(FHSS)	79 1-MHz channels from 2402 to 2480MHz	May differ in some countries
Hop Rate	1600 hops per second	
Channel Bandwidth	1MHz	20 dB down at edges
Modulation	Gaussian Frequency Shift Keying(GFSK)	
	Filte BT = 0.5	Gaussian Filter bandwidth = 500kHz
	Nomial modulation index = 0.32	Nominal deviation = 160 kHz
Symbol Rate	1 Mbps	
Transmitter Maximum Power		
Class 1	100 mW	Power control required
Class 2	2.5 mW	Must be at least 0.25 mW
Class 3	1 mW	No minimum specified
Receiver Sensitivity	-70 dBm for BER = 0.1%	

제어기에 포함된 응용 소프트웨어와 함께 RF와 기저대역 파트에 포함한다. 사용자 데이터 열은 응용 소프트웨어에서 생성되며 종단이 된다. 기저대역 부분은 데이터를 다루며 전송을 위해 프레임 또는 데이터 버스트(burst)를 수행한다. 블루투스 주파수 도약 프로토콜에 따라 주파수 합성기드 제어한다. 그림 11-17의 블록들은 다양한 제조업체에 의해 채택된 송신기와 수신기 형식들이다. 변조 전의 가우시안(Gaussian) 저역통과 필터 블록은 복소수 신호인 I/Q 변조 단위 부분으로 디지털로 구현이 되며, 출력이 VCO 주파수 제어 선에 인가된 이산소자 필터이다. 유사하게 수신기는 6장에서 다룬 여러 가지 형식의 하나이다. 수퍼헤테로다인 형식이 선택되면, 하향 변환기출력에서 필터는 하향 변환기의 복소수 I와 Q 출력에서 저역통과 필터가 사용된다. 여러 제조업체들이 블루투스 무선을 구현하기 위해 다양한 방법을 적용하지만, 모두가 엄격히 정

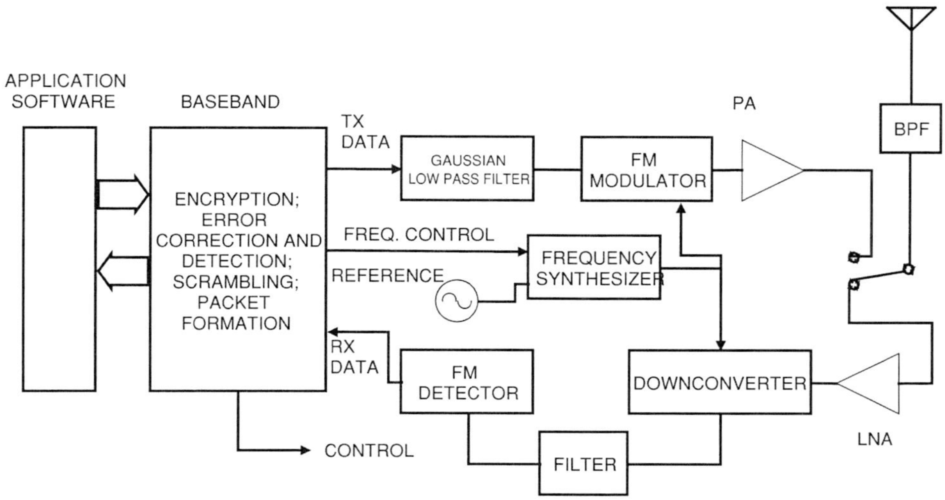

그림 11-17 블루투스 트랜시버

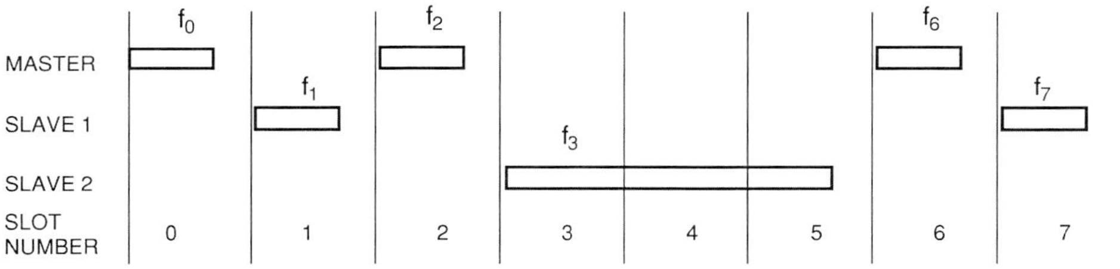

그림 11-18 블루투스 타이밍

의된 블루투스 규격과 일치해야 된다.

블루투스 프로토콜은 표 11-5에서 주어진 도약율의 역수인 625μsec의 고정된 시간 슬롯이다. 전송 버스트는 한 개 도약 채널에서 하나, 세 개, 다섯 개의 연속 슬롯 기간 내에 발생된다. 전송은 항상 피코네트 마스터와 슬레이브 또는 브로드캐스트(broadcast) 또는 점 대 다점(point to multi point) 전송인 경우 여러 개의 슬레이브들 사이에서 있다. 피코네트에서의 모든 슬레이브는 마스터 소자 타이머에 동기된 내부 타이머를 가지며, 타이머 상태는 마스터의 전송 도약 주파수와 슬레이브 응답을 결정한다. 그림 11-18은 마스터와 두 개의 슬레이브들 사이의 전송 순서를 보여 준다. 슬롯은 마스터 클록(clock) 상태 또는 위상에 따라 번호가 할당이 되는데, 피코네트에 결합되면 슬레이브는 복사를 한다. 마스터 전송은 짝수 할당된 클록 위상 동안에 발생되고 슬레이브 전송은 홀수로 정한 위상에서 생긴다. 전송 주파수는 클록 위상에 좌우되는데, 소자가 세 개 또는 다섯 개 슬롯 전송을 만들면(그림에서 두 개의 슬레이브), 단일 슬롯 전송일 경우, 사용할 중간 주파수들이 생략된다(이 경우 f_4와 f_5이다). 전송은 전체 슬롯에서 생기지 않는다. 단일 슬롯 전송 버스트는 366μsec 동안 지속 되며, 합성기, 위상 동기 루프의 주파수 변화와 송신기와 수신기 모드사이의 트랜시버 스위칭을 위해 259μsec 동안 멈춘다.

두 가지의 다른 블루투스 연결과 연합된 무선 링크의 형식이 있다. 비동기로 연결이 없는 링크(ACL, asynchronous connectionless link) 형식은 패킷 데이터 전송에 사용되고 동기 연결된 방향 링크(SOC, synchronous connection oriented link) 형식은 음성에 사용된다. 두 가지 링크 형식에는 주요한 차이가 있다. SCO 링크 형식이 마스터와 슬레이브 사이에 설치되면, 전송은 그들 사이의 일정 간격으로 지정 슬롯에서 생성 된다. ACL 링크 형식과 다르게 전송된 프레임은 수신 오류의 경우 반복되지 않는다. 음성은 연속이며 실시간 과정이며 데이터율의 명백한 영향없이 랜덤하게 변하므로, 이런 조건들 모두가 필요하다. 패킷 데이터 전송은 데이터 누적을 규정하기 위해 핸드쉐이킹(handshaking) 프로토콜이 사용되는데, 순간 속도는 민감하지 않다. ACL 링크에서는 네트워크의 슬레이브와 함께 데이터 전송에 비례하여 마스터가 현저한 느낌을 가진다. 데이터 전송의 가장 높은 신뢰도를 확신하기 위해 선택적 오류 정정 기법 외에 추가적으로 ARQ(automatic repeat request) 프로토콜이 사용된다.

블루투스는 배터리에 의한 전력 공급이 되는 이동, 휴대용 소자 적용으로 계획되었다. 그래서 전력 소비가 중요한 관심사이다. 저전력 레벨 전송에 의한 저전력 소비 달성을 위해 블루투스는 통신 프로토콜에 전력 저장 기능이 포함된다. 낮은 평균 전력은 전송 듀티 사이클(duty cycle) 감소르 되며, 최소 데이터 흐름의 요구조건을 유지하면서 송신과 수신 시간에 대해 가능한 긴 주기의 저전력 대기모드 상태로 두면 달성이 된다. 블루투스는 작동 중의 전력 소비 달성을 위해 세 가지 모드를 가진다. 스니프(sniff), 홀드(hold), 파크(park) 모드들이다. 정상 액티브(active) 모드에 전력 저장은 다음과 같이 가능하다.

액티브(active) 모드

정상 작동 중에 슬레이브가 앞선 슬롯의 마스터에 의해 지정된 어드레스가 되면 특별한 타임 슬롯으로 전송 된다. 그 주소가 마스터 메시지 헤더에 포함이 안 되는 것을 보자마자 다음 마스터 전송 시간까지 저전력 상태 또는 슬립(sleep) 모드로 간다. 마스터는 메시지 헤더에서 전송 길이(하나, 셋, 다섯의 슬롯)를 정하고, 슬레이브는 다중 슬롯 기간 동안에 슬립 시간을 확장한다.

스니프(sniff) 모드

이 모드에서 마스터가 슬레이브를 어드레스하는 동안, 슬롯들 사이의 앞선 시간 간격을 슬레이브가 알기 때문에 슬립(sleep)시간이 증가된다. 약속된 슬롯에서 어드레싱이 안 되면 동일한 주기에서 저전력 상태로 되돌아오고 기동(wake up)이 되어 다시 듣는다. 슬레이브는 어드레싱이 되거나 약속된 시간초과 주기에서 보조 마스터 전송 슬롯 동안 슬레이브를 계속해 듣는다.

홀드(hold) 모드

마스터는 그들 사이의 데이터 전달이 주어진 시간 주기에 매어 있으면 슬레이브를 홀드(hold) 모드에 둔다. 슬레이브는 저전력 상태로 자유롭게 되거나 다른 피코네트에 참여하는 다른 것을 한다. 원래 피코네트의 구성원은 아직까지 유지된다. 협약된 시간 간격 끝에 슬레이브는 피코네트상의 트래픽과 재동기가 되어 마스터로부터 명령을 기다린다.

파크(park) 모드

파크 모드는 전력보존에 가장 큰 가능성이 있지만, 홀드와 스니프 모드의 반대 특성으로, 직접 피코네트 어드레싱이 가능한 구성원이 아니다. 직접통화 범위 밖에서, 자기시동 또는 마스터 자격으로 스크래치(scratch)로부터 피코네트에 가입하는 빠른 방법으로 파크모드의 슬레이브는 계속해 피코네트와 동기가 되며 후에 다시 가입할 수 있다. 전력 저장과 부가적으로, 파크모드는 가상으로 8개에서 255개 또는 더 이상의 소자로 네트워크 용량 증대 방법으로 고려된다. 파크모드로 들어갈 때, 슬레이브는 액티브 피코네트 어드레스를 포기하며 8 비트 파크 구성원 어드레스를 받는다. 저전력 모드로 가지만, 때로 트래픽을 듣고 동기를 유지하기 위해 기동 된다. 마스터는 네트워크를 액티브로 유지하기 위해 주기적으로 비콘(beacon) 전송을 보낸다. 모두 파크 모드인 소자에의 브로드캐스트(broadcast) 전송은 네트워크 재가입을 위해 누구라도 초대되는 데 사용된다. 파크 단위는 '임시비콘(beacon instant)' 후의 설정시간이 발생한 액세스 창(access window) 동안, 전송 메시지에 의해 액티브 모드의 네트워크와 재결합을 요청한다. 폴링(polling) 기법은 충돌 방지에 사용된다.

◈ 패킷 포맷

블루투스 패킷은 하이레벨 응용 소프트웨어에서 생성된 데이터 이외에도, 획득, 어드레싱, 흐름제어 등의 목적으로 기저대역 하드웨어나 펌웨어의 생성 비트 필드가 포함된다. 패킷 비트들은 데이터 형식에서 정의된 데이터 화이트닝(whiting) 또는 랜덤화(randomization), 오류 정정 코딩, 암호화 등에 종속 된다. 그림 11-19는 표준 패킷 포맷을 보여준다.

ACCESS CODE	HEADER	PAYLOAD
72 BITS	54 BITS	0 TO 2745 BITS

그림 11-19 블루투스 패킷

액세스 코드는 동기화, DC 레벨 압축, 식별자(identification)에 사용 된다. 블루투스 소자는 유일(unique) 어드레스를 가지며, 특정 피코네트에 포함된 전송 패킷 식별에 사용되며 마스터로서 작동하는 소자의 어드레스이다. 64 비트 동기워드는 네 개 비트 헤더와 네 개 비트 트레일러(trailer)사이에 속하며, DC 압축이 제공되며 마스터 어드레스의 기초이다. 이 워드는 뛰어난 상관 성질을 가지는데, 임의의 피코네트 구성원에 의해 수신될 때, 동기와 그들 네트워크에 포함된 패킷의 양(positive)수 식별자가 제공된다. 피코네트 구성원에 의해 전송된 모든 메시지 패킷에는 동일 액세스 코드가 사용된다.

헤더에는 링크 제어 정보와 함께 여섯 개 필드가 있는데, 마스터 메시지가 의도하는 일곱 개의 슬레이브를 식별하는 3 비트의 액티브 구성원 어드레스를 가진다. 모든 값이 '0' 인 어드레스는 피코네트의 모든 슬레이브에 대한 브로드캐스트 메시지를 의미한다. 다음 필드는 전송 패킷 형식을 정의한 4 비트이다. 예로써, 하나, 셋, 다섯 개 슬롯의 점유를 지정하고 오류 정정 레벨도 적용한다. 나머지 필드에는 흐름제어(핸드쉐이킹), 오류검출, 연속 등이 포함된다. 헤더는 패킷에서 가장 중요하므로, 세 번의 중복(redundancy)을 가지는 정방향 오류정정 기법이 부여된다.

패킷에서 헤더를 따르는 것은 페이로드(payload)로 실제 응용이나 블루투스 소자들 사이에 전달되는 제어 데이터가 포함된다. 페이로드 필드 내용은 링크가 ACL 또는

SCO 이냐에 좌우된다. ACL 링크의 페이로드는 데이터 바이트 수를 지정하고 데이터 버퍼링 제어를 위한 핸드쉐이킹 비트의 페이로드 헤더 필드를 가진다. CRC(cyclic redundancy check) 필드가 데이터 보전을 위해 포함된다. 위에서 언급했듯이 SCO 링크들은 패킷을 재전송하지 않아 CRC를 포함하지 않는다. SCO 페이로드는 일정한 길이로 헤더가 필요하지 않다.

이전의 패킷 설명은 사용자 데이터를 전달하는 패킷을 다루었지만, 다른 형식의 패킷도 있다. 예를 들어, 최소길이 패킷은 전체 68 비트로 4 비트의 트레일러(trailer) 없이 액세스 코드만이 포함된다. 초기 주파수도약 동기를 위한 요구(inquiry)와 페이징(paging) 과정에 사용된다. 액세스 코드와 헤더만을 가지는 NULL과 POLL 패킷들이 있지만, 페이로드는 없는데, 슬레이브가 동기 유지를 위해 폴링 중이거나 전송 데이터는 없지만 피코네트에서 패킷 수신(NULL 경우)을 확인할 때 전송된다.

◈ 오류 정정과 암호화

정방향 오류정정(FEC) 사용은 재전송되는 나쁜 패킷의 수를 줄이므로 잡음채널에서 유효출력을 개선시킨다. 재전송을 사용하지 않는 SCO 링크의 경우, FEC 기법은 음성 품질을 개선시킨다. 잡음이 없는 링크에서 그것을 사용해 비트 중복의 오류 정정이 유효출력을 줄인다. 그래서 응용에서 FEC 기법의 사용 여부를 결정한다.

이전에 언급했듯이, 여러 가지 형식의 패킷이 있으며, 패킷 형식은 FEC 기법의 사용 여부로 정의된다. 가장 중복되는 FEC 방법은 패킷헤더와 SCO 패킷의 형식에서 페이로드를 위해 사용되는데, 입력 비트의 각 그룹에 할당된 데이터 비트의 다수 법칙에 근거하여 수신기가 결정을 허용하면서 단순히 각 비트를 세 번 반복한다.

ACL과 SCO 패킷 형식에 적용된 FEC 방법은 (15,10)의 단축된 해밍(Hamming) 코드로 부른다. 매번 열 개의 데이터 비트에서 다섯 개의 패리티 비트가 생성된다. 모두 15개의 전송 비트 중에 10개 비트만 얻기 때문에 데이터율은 코딩기법이 없는 경우의 2/3이다. 이런 코드는 모든 단일 오류를 정정하고 15 비트 코드 워드의 이중 오류가 감지된다.

무선통신이 도청에 민감하므로 블루투스 기술은 인증과 암호화를 위해 선택적 보안도구를 사용한다. 인증은 오류 메세지가 삽입된 것이 아니라 예상된 부분의 실제 수신된 메시지를 검증하는 과정이다. 암호화는 의도된 수신자만이 해독하기 때문에 편취(intercept)된 통신에서의 도청을 막는다. 인증과 구현 과정 모두는 동일한 방법으로 구현 되며, PIN(personal identification number) 코드인 유일한 블루투스 소자 어드레스와 블루투스 단위의 랜덤 또는 의사랜덤 과정에서 얻은 랜덤 번호로부터 보안 키 생성이 포함된다. 랜덤 번호와 키들은 자주 변화된다. 키의 길이는 코드를 해독하는 어려움에 대한 측정도이다. 블루투스 인증은 128 비트 키를 사용하지만 암호화를 위한 키 크기는 가변적으로 8~128 비트 범위이다.

◈ 요구(inquiry)와 페이징(paging)

블루투스 기술의 뛰어난 기능은 애드 혹(ad hoc) 프로토콜이며, 연결은 본래상태 또는 어드레스의 이전 지식이 없는 소자들 사이에서 자주 요구된다. 블루투스 네트워크는 무선랜에 비해 매우 가변적이며 적절한 주파수로 연결이 구축되고 해체된다. 새로운 연결을 만들기 위해, 기동자(initiator)인 마스터는 새로운 슬레이브의 어드레스를 알아야만 되고 슬레이브는 송수신된 채널의 도약 시간과 주파수를 정렬하기 위해 클록은 마스터 클록에 동기가 되어야 한다. 요구와 페이징 과정들은 피코네트의 소자들 사이의 연결 생성을 위해 사용된다.

요구(inquiry) 사용으로 연결 기동자는 범위 안에서 블루투스 소자 목록을 생성한다. 후에 원하는 단위들은 페이징순서에 의해 기동자가 마스터인 피코네트 안으로 호출 된다.

이전에 언급했듯이 액세스 코드는 마스터의 주소에 근거한 동기화 워드가 포함된다. 요구 동안에 액세스 코드는 이런 목적으로 남긴 어드레스로 된 GIAC(general inquiry access code) 코드이다. DIAC(dedicated inquiry access code) 코드는 기동자가 소자의 어떤 형식만을 쳐다볼 때 사용된다. 잠재 슬레이브가 마스터의 전송시간과 전송 주파수 동안에 수신되면, 마스터에 잠긴다(lock). 이를 쉽게 하기 위해 요구과정은 특별한 주파수 도약 순서와 타이밍이 사용된다. 32개 주파수 채널들이 사용되며 기동자는 하나 대신 표준 시간 슬롯 당 두 개의 버스트 도약(hop)을 전송한다. 전송 요구 버스트를 따르는 슬롯에서 기동자는 이전 전송 주파수들에 좌우되는 두 개의 연속 수신 채널들 상에 잠재 슬레이브 응답을 듣는다.

소자가 요구(inquiring)하는 마스터에 유용하게 만들 경우, 1.28초 주기에서 단일 주파수로 동조된 상태로 유지되며, 정의 간격과 기간에 전송 채널이 스캔된다. 1,28초주기 끝에 다른 채널 주파수로 변화 된다. 마스터는 1250μsec 당 두 개 버스트 신호의 빠른 비율로 전체 요구(inquiry) 주파수 범위 위에서 버스트 신호를 전송 하고 단일 주파수로 유지되므로 스캐닝 소자는 적어도 한 개 전송을 잡는 높은 가능성이 있다. 채널이 간섭 방해를 받으면, 슬레이브는 차후의 주파수 변화 후, 전송을 수신한다. 슬레이브가 신호를 들을 때, 슬레이브의 블루투스 어드레스와 내부 클록 레지스터 상태에 포함된 FHS(frequency hop synchronization)의 특별 패킷과 함께 다음 슬롯 동안 슬레이브가 응답된다. 마스터는 응답하지 않지만 슬레이브의 명세서를 주목하고 범위에서 허용된 소자들을 목록으로 만들 때까지 요구(inquiry)를 계속한다. 프로토콜은 동일한 주파수와 시간에 마스터를 검출하는 한 개의 스캐닝 소자이상으로 충돌을 피하는 설비를 가진다.

마스터는 페이징 순서를 사용하여 요구 목록에 나타난 새로운 소자와의 실제 연결을 만든다. 페이징 과정은 요구과정과 매우 유사하다. 하지만, 마스터는 페이징(paging)된 소자의 어드레스를 알고 그 액세스 코드로 동기화 워드를 만들기 위해 사용된다. 지정된 슬레이브는 자신의 어드레스로부터 도출된 엑세스 코드를 예상하면서 페이지 스캔을 한다. 도약 시퀀스는 요구(inquiry)보다 페이징 동안에 다르지만, 마스터의 전송 버스트와 슬레이브의 스캐닝 순서는 유사하다.

페이지 상태 전송도는 그림 11-20에 주어진다. 슬레이브가 마스터로부터 전송을 검출하면(1단계), 자신의 블루투스 어드레스에 근거한 다량의 액세스 코드에 응답한다. 그러면 마스터는 슬레이브의 액세스 코드 정보(마스터 어드레스에 근거해서)와 타이밍을 제공하면서 FHS를 전송하고, 피코네트 활동 구성원 어드레스(1에서 7사이)에는 네트워크 참여가 필요하다. 슬레이브는 4단계의 FHS 수신을 인지한다. 5단계와 6단계는 마스터의 어드레스와 타이밍에 근거해 정상적인 79 채널 도약 시퀀스를 사용하는 네트워크 전송 시작을 보여준다.

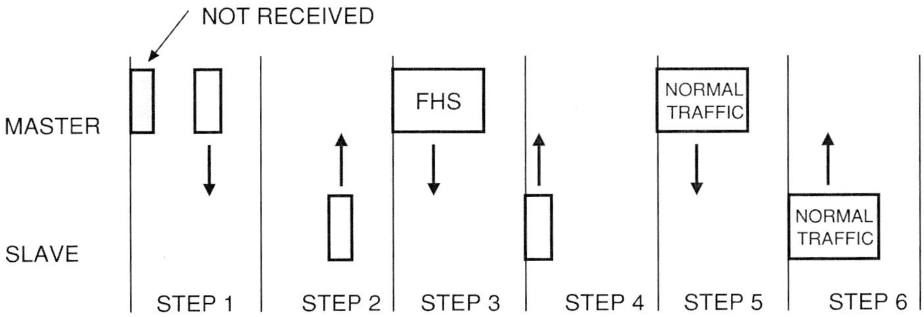

그림 11-20 페이징 전송

11.3 지그비(Zigbee)

지그비는 원격 모니터링과 제어 응용을 다루는 무선 네트워크 기술에 근거한 하나의 표준 이름으로, 그 추진과 개발은 두 레벨로 다루어진다. 물리 계층과 데이터 링크 계층인 IEEE 802.15.4 규정은 저속 데이터율인 WPAN(wireless personal area network) 규정으로 IEEE 워킹 그룹에 의해 작성되었다. 참여 회사들의 연합체인 Zigbee Alliance는 802.15.4의 물리 계층와 MAC 계층 위의 네트워크, 보안, 그리고 응용 계층을 정의하고 상호 운영 인증과 시험을 다룬다.

IEEE 표준안 자체인 지그비의 뛰어난 기능은 다음과 같다.

- 저속 데이터율 - 10~115.2Kbps 사이의 유효출력
- 저전력 소비 - 표준 일차 배터리로 수개월에서 2년 까지
- 다중 센서 모니터링과 제어 응용에 적합한 네트워크 구조

표 11-6 지그비와 블루투스 비교

	Bluetooth	Zigbee
Transmission Scheme	FHSS(Frequency Hopping Spread Spectrum)	DSS(Direct Sequence Spread Spectrum)
Modulation	GFSK(Gaussian Frequency Shift Keying	QPSK(Quadrature Phase Shift Keying) or BPSK (Binary Phase Shift keying)
Frequency Band	2.4GHz	2.4GHz, 915MHz, 868MHz
Raw Data Bit Rate	1 MBPS	250 KBPS, 40 KBPS or 20 KBPS (depends on frequency band)
Power Putput	Maximum 100mW, 2.5 mW, or 1mW, depending on class	Minimum capability 0.5 mW; maximum as allowd by local regulations
Minimum Sensitivity	−70dBm for 0.1% BER	−85dBm(2.4GHz) or −92 dBm(915/868MHz) for packet error rate < 1%
Network topology	Master−Slave 8 active nodes	Star or Peer−Peer 255 active nodes

- 낮은 가격과 쉬운 사용을 위한 낮은 복잡도
- 매우 높은 신뢰성과 보안

가정용 전자, 가정과 빌딩 자동화, 보안 시스템, 산업 제어, PC 주변기기, 의료와 산업용 센서 응용, 장난감 게임과 유사한 응용 분야에 내장되어 광범위하게 사용된다. 지그비와 다른 WPAN 표준인 블루투스를 비교하는 것은 당연한데, 구현에서 겹치는 면이 있다. 하지만, 표 11-6의 비교로부터 명백하듯이 두 시스템은 다르다.

◈ 구조

지그비의 기본 구조는 그림 11-21의 간단한 표현으로 와이파이, 블루투스인 다른 IEEE 표준과 유사하다. 규정에는 RF 트랜시버 함수를 위한 두 가지 선택이 있으며, 바닥에는 물리 계층이 있다. 이런 선택은 단일 소자에서 안 되며, 전송 특성, 주파수, 데이터율, 변조 시스템이 각각 매우 다르다. 내장 펌웨어와 소프트웨어는 본래 어떤 물리 계층이 적용이 되어도 동일하다. 물리계층 위에는 두 개의 부 계층인 MAC(medium access control)과 LLC(logical link control)로 구성되는 데이터 링크 계층이다. MAC 부 계층은 물리계층의 관리를 담당하고 그 기능 중에는 채널 액세스, 슬롯시간 관찰과

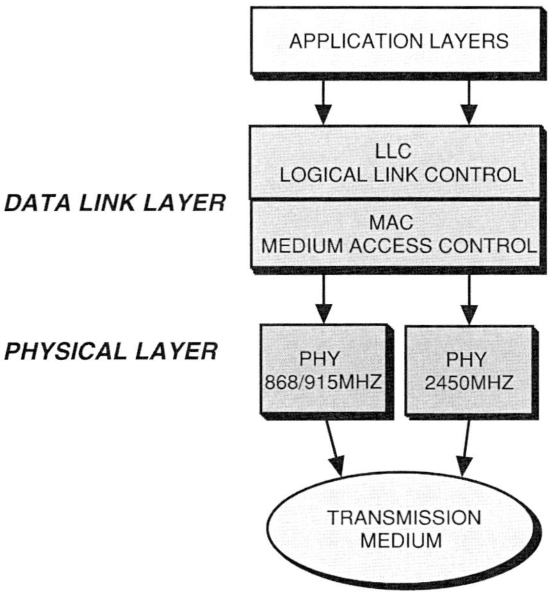

그림 11-21 지그비 구조

메시지 전달인지 등이 있다. LLC 부 계층은 MAC과 물리계층, 상향응용 소프트웨어 사이의 인터페이스이다.

응용 소프트웨어는 IEEE 802.15.4 규격 부분이 아니며, Zigbee Alliance는 프로파일(profile)이나 제조업자 독립성과 생산의 상호운영 보증을 위해 다양한 기능을 표현한 프로그래밍 안내서와 요구사항을 제공한다. 이런 프로파일들은 저전력과 고신뢰도인 지그비 특징을 유지하면서 네트워크 형태, 보안, 응용 요구사항을 정의한다.

◈ 통신 특성

지그비 기술로 계획된 응용에 대한 높은 유연성의 달성을 위해, 동작은 세 가지 미인가 대역인 2.4GHz, 915MHz, 868MHz 조건으로 지정한다. 뒤의 두 대역은 동일 물리계층에 포함된다. 그 두 대역은 상호 배타적이며, 지질학적 위치와 지역 규정에 의해 사용이 정해진다. 다음의 27개 전송 채널이 정의된다.

채널 번호	중심 주파수 범위	채널 폭
0	868.3MHz	600kHz
1 ~ 10	906 ~ 924MHz	2MHz
11 ~ 27	2405 ~ 2480MHz	5MHz

데이터율과 각 대역의 변조형식은 표 11-7에 보인다.

표 11-7 데이터율과 변조

PHY (MHz)	Frequency Band(MHz)	Spreading Parameters		Data Parameters		
		Chip Rate (kcps)	Modulation	Bit Rate (kcps)	Symbol Rate(kcps)	Symbols
868-915	868-868.6	300	BPSK	20	20	Binary
	902-928	600	BPSK	40	40	Binary
2450	2400-2483.5	2000	Offest-QPSK	250	62.5	16-ary Orthogonal

모든 물리계층에서 변조는 DSSS 방식이다. 확산 변수들은 원하는 데이터율 뿐만 아니라 다양한 지역의 통신 인증 규정을 지키기 위해 정의 된다. 예로써, 디지털 변조를 위해 6dB 아래 최소 500kHz 대역폭의 FCC 규정 15.247절 요구를 만족하기 위해 902-928 대역의 600kbps 칩율 전송이 허용된다. 하지만, 칩율과 데이터율은 ERC 권고안 70-03과 ETSI 규격 EN 300-220 규정의 허용된 868~868.6MHz의 채널 내로 제한하기 위해 0번 채널에서는 감소되어야 한다. PC 주변기기의 사용 속도인 115.2kbps를 달성하기 위해 2400~2483.5MHz 대역의 250kbps 비트율은 패킷전송에 포함된 오버헤드가 고려된 후, 유효출력이 된다.

원하는 캐리어 대역폭을 달성하면서 칩율의 증가 없이 데이터율 증가를 위해, 2450MHz 물리계층에 사용된 확산 변조는 IEEE 802.11b(고속 와이파이) 규정에서 사용한 것과 원리적으로 유사성을 가진다. 16개의 다른, 그리고 거의 직교되는 32 비트 길이의 긴(long) 확산 코드가 2Mcps/sec 속도 전송을 위해 사용된다. 16개의 확산 시퀀스 중에서 네 개 데이터 비트의 연속 시퀀스를 보내는 것을 결정한다. 수신기는 확산코드로 분류되고 데이터 비트로 디코딩된다. 사인파의 반주기를 이동한 O-QPSK (offset quadrature phase shift keying) 변조 방식은 본래 주파수 시프트 키잉(FSK) 형식의 MSK(minimum shift keying) 방식과 본래 등가이다. 그것은 명백히 생성이 쉽고 주어진 칩 율에서 적절히 좁은 대역폭을 가진다. 후자의 특징은 간섭을 피하기 위해 혼잡한 2.4GHz 대역에서 상위계층으로 사용되는 많은 수의 겹치지 않는 채널들을 허용한다.

지그비의 다른 물리계층 특성은 출력전력과 수신기 민감도이다. 다른 사용자들에 대한 간섭제한을 위해 필요한 최소값의 출력으로 감소되어도, 적어도 −3dBm 출력을 방사하는 소자들이어야 한다. 최대 전력은 인증기관에 의해 정해진다. 큰 전력이 허용되지만, 저가와 저전력 소비의 일반 목적과 불요 방사에 대한 절대 한계점으로 10dBm 너머의 전송은 실용적이지 않다. 868/915MHz 물리 계층을 위한 최소 수신기 민감도는 2.4GHz에서 −92dBm과 −85dBm으로 지정된다. 이런 한계는 1%의 패킷오율을 위한 것이다.

◈ 소자형식과 구조

다양한 복잡도의 두 가지 소자 형식들이 정의된다. 완전 기능소자(FFD, full function device)는 완전 프로토콜 세트가 구현되고 네트워크 코디네이터(coordinator)로 작동

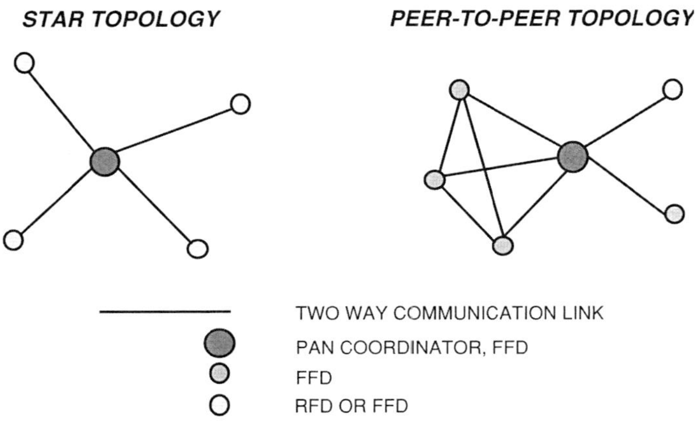

그림 11-22 네트워크 구조들

된다. 최소 프로토콜이 구현된 소자들은 생략 기능소자(RFD, reduced function devices)이다. 소자 형식들의 차이로 인해 대부분 구성원이 최소 기능인 스위치와 센서들로 요구한 네트워크들은 현저히 싼 가격으로 만들며 모든 소자들이 최대 능력을 가지기 위해 설정된 것보다 저전력 소비이다.

네트워크 형식의 유연성은 그림 11-22에 있는 스타(star)와 피어 투 피어(peer to peer) 구조 방식들을 통해 달성이 된다. 한 개 네트워크는 255개의 구성원만큼 구성이 되며, 그 중 하나가 팬(PAN, personal area network) 코디네이터이다. 팬 코디네이터 기능은 그것이 가지는 특수 응용 이외에도 네트워크 주변에 통신을 기동하고, 종단하며, 순서를 정한다. 또한, 동기화 서비스도 제공한다. 스타 네트워크에서 각 소자는 코디네이터와 직접 통신한다. 코디네이터는 FFD 이며, 다른 것들은 FFD 또는 RFD 일 수 있다. PC 주변기기와 장난감과 같은 적절히 간단한 응용들은 전형적으로 스타 구조를 사용한다.

피어 투 피어 구조에서 임의의 소자는 그 범위 내에 있는 동안 다른 소자와 통신을 할 수 있다. RFD는 단지 한 개 FFD와 통신하므로, RFD들은 관여할 수 없다. 더 복잡한 구조들이 피어 투 피어 그룹과 스타 구조가 혼합하여 구축된다. 전체 네트워크에 한 개의 팬 코디네이터만이 있다. 이런 구조의 예제로 그림 11-23의 클러스터 트리(cluster - tree) 구조의 네트워크이다. 네트워크 끝단에 정렬된 소자들은 서로의 무선 범위 밖에 있지만, 각 클러스터들을 통한 메세지 연결로 통신이 된다.

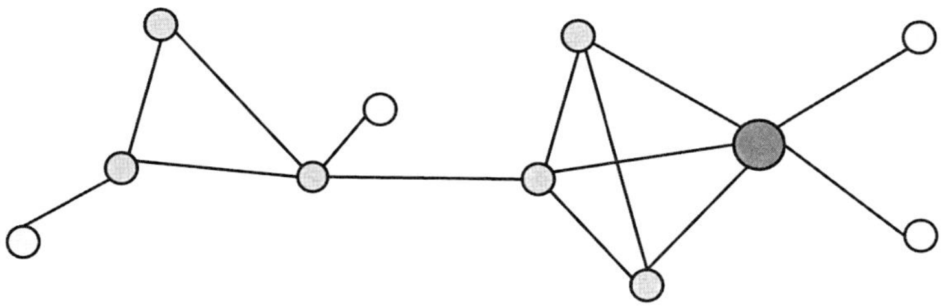

그림 11-23 클러스터 트리 구조

◈ 프레임 구조, 충돌 회피, 신뢰성

지그비 프레임 구조와 채널 액세스는 무선랜 802.11(와이파이) 규정과 유사하지만 덜 복잡하다. 전송 패킷은 그림 11-24에 보인 기본 구조이다. 프리앰블의 목적은 칩과 심볼 타이밍의 획득을 허용한다. 딜리미터(delimiter) 바이트에 의해 신호를 주는 PHY 헤더는 차후 데이터 길이를 수신기 기저대역 소프트웨어에 알려준다. PSDU(PHY 서비스 데이터 단위)는 프로토콜 상위계층을 통해 하향 통과된 메시지이다. 보는 것 같이, 모니터링과 제어응용에서 일반적으로 짧아도 최대 127 바이트를 가진다. PSDU에 포함된 것은 메시지 프레임 형식에 대한 정보, 시퀀스 번호, 어드레스 정보, 데이터 페이로드, 그리고 끝의 두 바이트는 프레임 체크 시퀀스(frame check sequence) 이다. 수신기가 이 프레임 체크 시퀀스의 독립적 계산을 수행하고 수신된 번호는 그것과 비교되므로, 신뢰도가 보장 된다. 어떤 비트들이 간섭 또는 잡음에 의해 변하면, 번호들은 일치되지 않는다. 일치가 되면, 수신 측은 메시지 생성자의 인식으로 응답한다. 인식이 없으면, 전송은 그것이 성공적으로 수신될 때까지 반복된다.

동시에 전송을 하는 여러 중계국을 막기 위해, 와이파이, IEEE 802.11 규정에서 사용된 충돌회피 순서의 캐리어 센스 다중 접속(CSMA-CA) 기법이 적용된다. 지그비 수신기는 채널을 감시하고 채널이 한가할(idle) 때만 전송을 시작한다. 채널이 점유 되면, 단말이 다시 액세스를 시도하기 전, 랜덤 백 오프 주기를 기다려야 한다.

32 BITS	8 BITS	8 BITS	127 BYTES MAXIMUM
PREAMBLE	START-OF-FRAME DELIMINATOR	FRAME LENGTH	PSDU -- PHY SERVICE DATA UNIT

그림 11-24 전송 패킷

인식 메시지들은 충돌 방지 기법을 사용하지 않고 전송한다.

◈ 지그비 응용들

지그비 기술을 추진하는 사람들은 저속 데이터율이 필요한 응용 관점에서 큰 시장을 공략하는 의도였지만, 허용이 안 되는 일반 규격의 응용들이 있으므로, 생산자들은 독점 규격과 특성 소자들을 계속해 발전시킬 것이다. 개방 규격과 이에 부합된 인증서는 많은 상황에서 하나의 장점이다. 예로써, 가정용 침입 경보 시스템은 다양한 제조업체들에 의해 생산된 무선 센서를 사용하는데, 미래에 확장을 쉽게 하며, 사용할 수 없는 본래 시스템 제작업자의 센서 형식의 추가를 설치자에게 허용한다. 인증된 표준안에 따라 인가된 소자 사용은 소비자에게 노화에 대한 보안을 제공한다.

지그비가 대부분의 제어 응용에 적합해도, 모두 적합하지 않으며 미인가 소자 규격의 모든 점에서 장점이 되지 않는다. 지그비가 주장하는 50~75m인 최대 범위는 많은 시스템 요구에는 부족하다. 허용된 최대전력에서 큰 범위는 대역폭 감소와 데이터율 감소를 의미한다. 사실, 지그비에 의해 상상되는 많은 응용에서 초당 수천 비트 또는 수백 비트의 데이터율을 잘 얻고, 이 속도를 수신기 민감도와 일치하여 수 백 m 범위를 달성한다.

범위에 대한 일부 답변은 이전에 다룬 클러스터 트리 형식의 지그비 네트워크 운영으로 할 수 있다. 직접 통신을 하는 두 개 노드들 사이의 가장 큰 거리가 지그비의 기본 범위 능력을 넘지 않는 한 인접 노드들이 리피터(repeater)로 작동하여 더 큰 지역을 담당한다. 예로써, 여러 층의 빌딩에서 꼭대기 층에 있는 센서들은 각 층에 위치된 센서들을 통한 메시지 전송과 연결 중계국으로 작동하여 지하의 제어 박스로 경보를 전달한다.

어떤 응용에서 블루투스와 지그비 방식사이의 경쟁은 의심의 여지가 없지만 무선 제어 시스템들의 전체 운용과 신뢰도는 증대된다. 현재 해법에 비해 새로운 표준이 신뢰성, 보안, 편리성의 현저한 증대를 제공하므로, 무선 보안과 자동화 시스템은 증대할 것이다.

11.4 충돌과 호환성

블루투스 생산품 판매의 가파른 증가와 이미 커진 무선랜 사용으로 블루투스와 와이파이 소자들 사이의 상호 간섭에 대한 큰 관심이 있으며, 모두 2.4~2.4835GHz 미인가 대역을 점유하고 광대역 대역확산 변조기법을 사용한다. 그것들은 특히 사무실/상용 환경과 가정에서 동시에 작동되는 일이 많이 있다.

네트워크 단말이 원하는 수신신호 데이터에 오류가 생성되기 충분한 전력으로 또 다른 동일 위치의 네트워크 단말 수신 주파수 또는 근처로 전송될 때 간섭이 발생된다. 동일한 주파수 대역에서 작동되어도, 블루투스와 와이파이 성질은 많이 다르다. 블루투스 방식은 80MHz 대역에서 의사 랜덤하게 도약되는 1MHz 협대역 전송인 반면, DSSS 기법을 사용하는 와이파이는 근사적으로 그 대역에서 일정한 20MHz 대역폭을 가진다. 간섭 현상은 그림 11-25에서 보면 명백하다. 원하는 신호와 원하지 않는 신호의 상대적 신호세기에 좌우 되는가 또는 아니하든, 한 시스템의 전송과 다른 시스템의 수신에서 주파수와 시간 일치가 발생할 때마다 오류 발생이 가능하다. 그것은 송신기의 방사전력출력과 수신기사이의 거리에 좌우된다. 두 단말이 수 cm 단위로 매우 근접할 때, 전송 주파수가 영향을 주는 수신기 대역폭 밖에 있더라도 간섭 발생이 될 수 있다.

블루투스와 와이파이 시스템은 동기가 안 되며 그들 사이의 간섭은 통계적으로 정

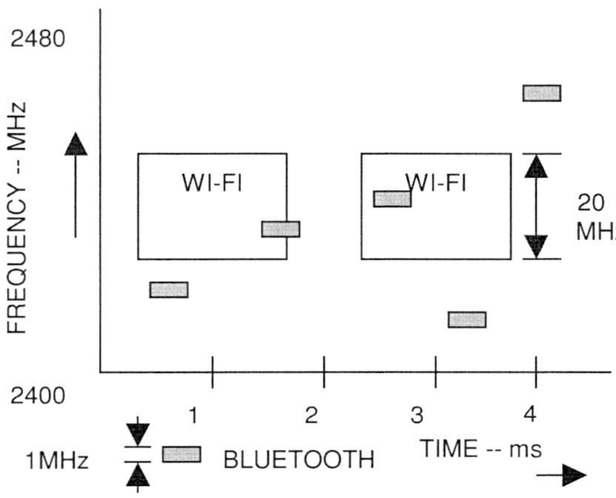

그림 11-25 와이파이, 블루투스 방식의 스펙트럼 점유

량화되어야 한다. 다른 시스템에 의해 생기는 한 시스템의 패킷 오류 가능성에 대해 다루자. 패킷 오류 결과는 패킷이 정확히 수신이 될 때까지 한번 또는 더 이상 재전송이 되어야만 하는데, 이는 메시지 유효출력의 지연이 생성된다. 음성 통신에서 일반적으로 유효출력이 지연될 수 없으므로 패킷 재전송이 허용되지 않는데, 그러므로 간섭은 메시지 품질의 감소를 가져온다.

다음은 블루투스와 와이파이사이 간섭에 영향을 주는 변수들이다.

- **주파수와 시간 겹침**: 간섭자가 원하는 송신기에 동시 전송될 경우와 충분히 커서 수신 패킷에 비트 또는 심볼 오류를 생성할 경우 충돌이 발생된다.
- **패킷 길이**: 일정한 패킷 길이와 블루투스의 도약율에 대해, 와이파이 시스템의 패킷길이가 길수록 한번 또는 여러 번 충돌로부터 간섭에 노출된 희생자들이 더 많아지고 패킷 오류 확률은 더 커진다.
- **비트율**: 일반적으로 비트율이 클수록, 수신기 민감도는 낮으며, 주어진 원하는 신호와 간섭세기에서 희생자는 더 많은 패킷오류가 발생된다. 한편, 큰 데이터율은 대개 감소된 패킷 길이로 반대 효과를 가져 온다.
- **사용 인자**: 명백히, 간섭자가 더 자주 전송 할수록, 패킷오류 확률이 높아진다. 간섭자의 모두 단말들과의 통신이 간섭 받는 희생자 부근에서 있으면, 사용인자는 단말들이 더 멀리 있는 것 보다 더 커지며, 그것 중 하나는 희생자와 간섭에 충분한 힘을 가지지 않는다.
- **상대적 거리와 전력**: 수신전력은 송신기전력과 그 거리에 좌우된다. 일반적으로, 와이파이 시스템은 블루투스 보다 더 많은 전력을 사용하는데, 대개 1mW에 비해 20mW이다. 1 클래스(class) 블루투스 시스템은 100mW 까지 전송되지만, 그 출력은 수신 단말에서 필요한 신호 레벨을 제공하기 충분한 전력이 되도록 제어 된다.
- 특별한 심볼 또는 프레임 오률을 위해, 희생 수신기의 신호 대 간섭 비, SIR
- 변조 형식과 사용된 오류정정 코딩

와이파이 위치와 간섭 블루투스 단말들의 일반적 형식은 그림 11-26에 보여진다. 이 토론에서 단지 액세스 지점에서 이동 단말까지의 전송만이 고려된다. 다음 변수를 검사하여 액세스 지점에서 이동 단말까지의 전송에 영향을 주며, 동작 중인 블루투스 단말에서 와이파이 이동 단말 부근의 아이디어를 얻는다.

CI_{cc}, CI_{ac} - 주어진 비트 또는 패킷 오율(확률)에서 신호 캐리어전력 대 동일 채널 또는

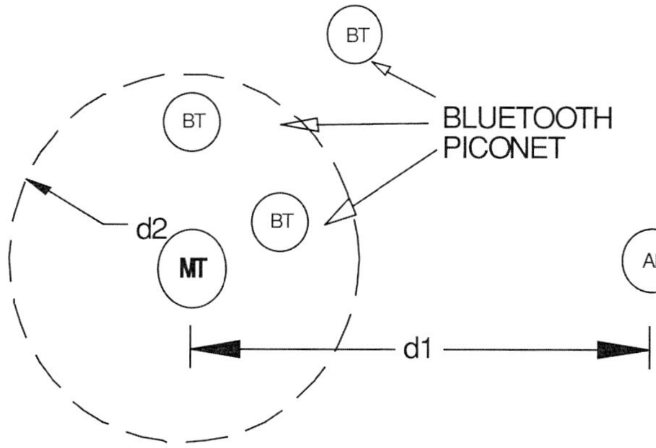

그림 11-26 상대적인 터미널 위치의 중요성

인접 채널 간섭전력 비

P_{WF}, P_{BT} - 와이파이와 블루투스 방사전력출력

$PL = Kd^r$ - 송신과 수신 단말들 사이 거리인 d의 함수로 경로손실과 전달 지수 r. K는 상수이다.

$d1$ - 와이파이 이동 단말과 액세스 지점사이 거리

$d2$ - 간섭 하는 블루투수 송신기 신호가 어떤 임계치 너머로 와이파이 비트오율을 증가시킬 이동 단말 부근 면적의 반경

PR_{WF}, PR_{BT} - 액세스 지점과 블루투스 간섭 송신기로 부터의 수신전력

dBm 단위를 사용하여 $d1$의 함수로 $d2$는 다음과 같다.

1) $PR_{WF} = P_{WF} - 10\log(Kd1^r)\ ;\ PR_{BT} = P_{BT} - 10\log(Kd2^r)$
2) $CI_{cc} = PR_{WF} - PR_{BT} = P_{WF} - 10\log(Kd1^r) - P_{BT} + 10\log(Kd2^r)$
3) $(CI_{cc} - P_{WF} + P_{BT})/10r = \log(d2/d1)$
4) $d2 = d1 \cdot 10^{(CI_{CC} - P_{WF} + P_{BT})/(10 \cdot r)}$ (11-1)

예로써, 반경 $d2$의 간섭면적은 (11-1)식에서 다음의 시스템 변수들을 사용해 계산된다.

$$CI_{cc} = 10\text{dB},\ P_{WF} = 13\text{dBm},\ P_{BT} = 0\text{dBm},\ r = 2(\text{자유공간})$$

(11-1)식을 풀면, $d2 = d1 \times 0.71$이다.

이 경우, 와이파이 단말이 액세스 지점에서 15m에 위치되면, 그로부터 10.6m 거리 내에서 활동 중인 모든 블루투스 소자들은 간섭의 가능성을 가진다. 단지 동일 채널 간섭만이 고려된다. 인접 채널 간섭이 크다면, 더 많은 블루투스 도약 채널들이 심볼 오류를 생성하기 때문에 패킷오류 확률이 증대된다. 하지만, 인접 채널 CI_{cc}는 CI_{cc}보다 45dB 낮은 정도이며, 블루투스가 와이파이 단말에서 수 센티미터 떨어진 경우에만 알 수 있다.

경로손실이 자유공간보다 큰 환경의 영향은 지수 $r = 3$을 사용해 알 수 있다. 동일한 15m의 와이파이 범위에서 블루투스 간섭의 반경은 11.9m가 된다.

(11-1)식이 블루투스 소자들의 와이파이 성능 저하의 책임을 지는 범위에 유용한 정보를 제공하지만, 그 개발에는 간편함이 포함되어야 한다. 임계치 너머 오류 확률이 발생되는 신호 대 간섭 비는 모든 원하는 신호 레벨들에서 일정한데, 그것은 그렇게 할 필요가 없다. 또한, 간섭 레벨의 영향 변화는 연속인 반면, 그것은 신호 대 잡음비와 성능 훼손사이의 단계적 관계를 제공한다. 개발에 사용되는 전달 법칙도 또한 근사이다.

◈ 블루투스와 와이파이 방식의 공유를 개선하는 방법

검출된 간섭 레벨에 따라 변수들을 동작시킨 하나 또는 여러 시스템들의 동적 수정에 의해 블루투수와 와이파이 방식사이의 공유문제는 개선된다. 이런 방법들을 아래에서 다룬다.

전력제어

만족할만한 성능 레벨을 위해 최대로 요구되는 전송전력의 한계는 나란히 위치된 네트워크에 간섭을 줄인다. 전력제어는 1급 블루투스 시스템들에서 의무사항인데, 거기서 최대전력이 100mW이다. 간섭 반경 상의 전력 영향은 (11-1)식에서 명확하다. 예로써, 마스터로부터 확산된 거리에 위치된 소자들 사이에 설치된 블루투스 피코네트에서 마스터는 네트워크 안의 각 슬레이브들과 통신에 필요한 전력 레벨만을 사용한다. 전력제어 부족은 모든 소자들이 최대 전력으로 통신을 하고 나란히 위치한 와이파이 시스템이 블루투스 패킷들과 고속으로 간섭되는 것의 노출을 의미한다.

적응 주파수 도약

와이파이와 블루투스 방식은 전체 80MHz 블루투스 도약 범위의 25% 를 근사적으로 공유한다. 아마, 두 시스템들 사이의 간섭을 피하는 가장 효과적인 방법은 와이파이에 의해 사용이 안 되는 주파수 범위로의 블루투스 도약을 제한하는 것이다. 나란히 위치된 네트워크들 사이의 조정 또는 협업이 없는 경우, 블루투스 피코네트 마스터는 와이파이 전송 존재를 감지해야만 하고 네트워크의 주파수 도약을 수정해야 한다. 이런 방법의 심각한 장애물은 2.4GHz 대역의 대역확산 전송을 지배하는 FCC 규정 변경에 의해 극복된다. 이전 주파수 도약 소자들은 적어도 75개의 의사 랜덤하게 선택된 도약 채널 상에 도약이 수행되었다. 2002년 8월에 블루투스와 와이파이 소자들의 규정 안에 따라 15.247절은 2400~2483MHz 대역에서 최소 15개의 겹치지 않는 채널이 허용되도록 변경이 되었다. 추가로, 75개의 도약 주파수보다 적게 사용될 때, 다른 전송 간섭과 최소 15개 도약의 점유채널 상에서 전송 압박을 피하기 위해 그 규정은 지능적 도약 기법 적용을 허용한다. 블루투스 규격은 간섭 회피의 적응 주파수 도약 방법 장점을 얻기 위한 변경 안이다.

적응 주파수 도약 기법이 효과적이지 않거나 부정적 영향인 경우들도 있다. 두 개 또는 여러 개의 인접된 와이파이 네트워크들이 동시에 작동될 경우, 2.4GHz 대역에서 22MHz의 다양한 구역들이 이용된다. 3개의 겹치지 않는 와이파이 채널이 가능하다. 이 경우 블루투스가 15개 도약 주파수의 최소 값을 사용할 경우 충돌을 피할 수 없다. 추가로 동일한 지역에 여러 개의 블루투스 피코네트들이 있는 경우, 79개 채널 도약 시퀀스 전부를 사용할 경우보다 더 많이 그들 사이의 충돌이 있다.

패킷 분해

위에 언급한 두 가지 간섭을 피하는 방법은 일차적으로 블루투스 네트워크 동작에 적용된다. 와이파이 네트워크의 유효출력 개선에 적용할 수 있는 한 가지 방법은 패킷 분해이다. 데이터 패킷 분해와 더 많은 전송에 의해, 하지만 짧은 전송 프레임으로 각 전송은 블루투스 패킷과의 더 낮은 충돌 확률을 가진다. 프레임 크기 감소가 전송에서 오버헤드 비트들의 비율을 증대하여도, 간섭이 심할 경우 전체 효과는 분해가 사용되지 않는 경우보다 더 많은 유효출력이 된다. 일정한 패킷 길이를 위한 비트율 증가는 짧은 전송 프레임과 간섭의 노출 감소를 가져온다.

위에 언급된 간섭을 줄이는 방법들은 나란히 위치된 무선 네트워크에서 두 가지 다른 형식들 사이의 조정이 없음을 가정한다. 하지만, 랩톱 또는 노트북 컴퓨터에서 와이파이와 블루투스 모두를 포함해서, 동일한 칩셋이라도 소자 생산이 진행 중이다. 이 경우 네트워크 사이의 충돌을 방지하기 위해 소자 소프트웨어에서 협업이 가능하다.

11.5 초광대역(UWB)

초광대역(UWB) 기법은 낮은 반복율의 매우 좁은 전자기파 펄스들의 전송에 근거한다. 이전에 다룬 대역 확산 시스템의 사용 대역폭보다 많이 넓은 대역폭에 널리 확산된 무선 스펙트럼이다. 초광대역 전송은 일반 무선 수신기에 의해 감지되지 않으며, 추가 스펙트럼 요구 또는 배타적 주파수 대역 없이 현존하는 무선 통신과 함께 동시에 존재한다.

초광대역 기술에서 언급된 장점들이다.

- 매우 낮은 스펙트럼 밀도—넓은 대역폭 상에 다른 무선 신호들과의 낮은 확률의 간섭
- 다른 무선 시스템과 간섭에 대한 높은 면역성
- 원하는 통신 링크 단말에서 가로챔/검출의 낮은 확률
- 높은 다중 경로 면역성
- 고속 데이터율의 초광대역 채널들이 동시에 작동 된다.
- 미세한 범위의 구별 능력
- 거의 모든 디지털 구조에 근거된 상대적으로 간편하고 낮은 가격 구조

전송과 수신 방법이 독특하며 간략하게 다음과 같이 설명된다. 무선 전달이 생기는 기저대역과 대역통과 주파수 채널들 사이에서 정보신호를 통과보내기 위해, 상향과 하향 변환의 일반 무선 통신 시스템과 다르게 UWB 신호 생성과 검파에는 기저대역 기법이 사용된다. UWB 캐리어의 예는 그림 11-27(참고문헌 43)에 있는 가우시안(Gaussian) 모노(mono) 펄스이며, 전력 스펙트럼은 그림 11-28에 있다. 그림 11-27에서 시간이 나노(nano) 단위이면, 펄스폭은 0.5nsec이며, 전력 스펙트럼의 3dB 대역폭은 2GHz에서 최대 전력 밀도이며 근사해서 3.2GHz이다.

UWB 통신 링크 상에 정보를 보내기 위해, 펄스열은 '0'과 '1'로 구분되는 펄스 그룹 또는 펄스의 특성을 가지고 전송되어야 한다. 연속 펄스들 사이 시간은 주파수 스펙트럼에서 에너지 스파이크(spike)를 부드럽게 하기 위해 의사 랜덤 순서로 결정되어야 한다. 전송된 펄스열 수신은 수신신호와 수신기에서 생성된 유사펄스 시퀀스와의

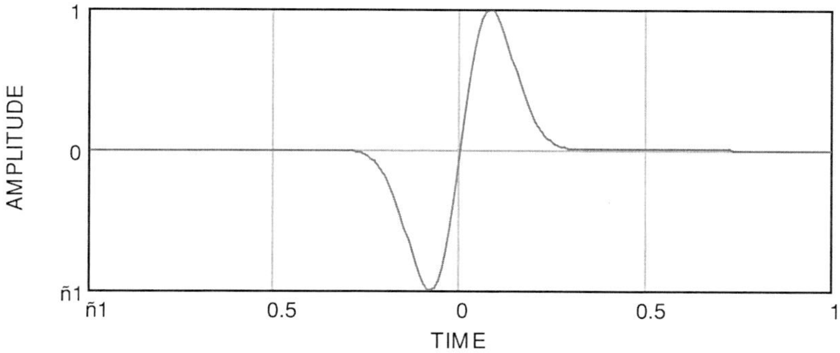

그림 11-27 UWB 모노 펄스

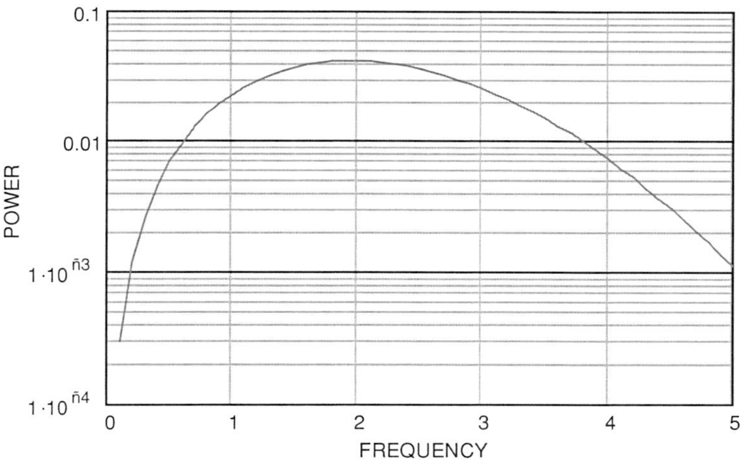

그림 11-28 단일펄스 스펙트럼

상관(correlating)으로 수행된다. 각 링크의 다양한 의사 랜덤 시퀀스 사용으로 동시에 많은 수의 통신 링크들이 유지된다.

그림 11-27의 것과 유사한 펄스는 임펄스 또는 더 편리한 스텝(step) 전압 또는 전류를 선형 대역의 제한 네트워크에 적용시켜 생성할 수 있다. 그림 11-29는 임펄스들의 의사 랜덤 시퀀스를 가진 대역 통과 필터를 모의실험을 통해 생성한 UWB 펄스열이다.

이 그림은 시퀀스의 전력 스펙트럼을 보여준다. 각 UWB 펄스를 생성하는 네트워크에는 송신기 안테나, 전달채널, 그리고 수신 안테나가 포함이 되며, 임펄스 응답 또는 위상과 주파수 관점에서 시스템이 설계될 때 특성을 알아야 되고 설명되어야 한다.

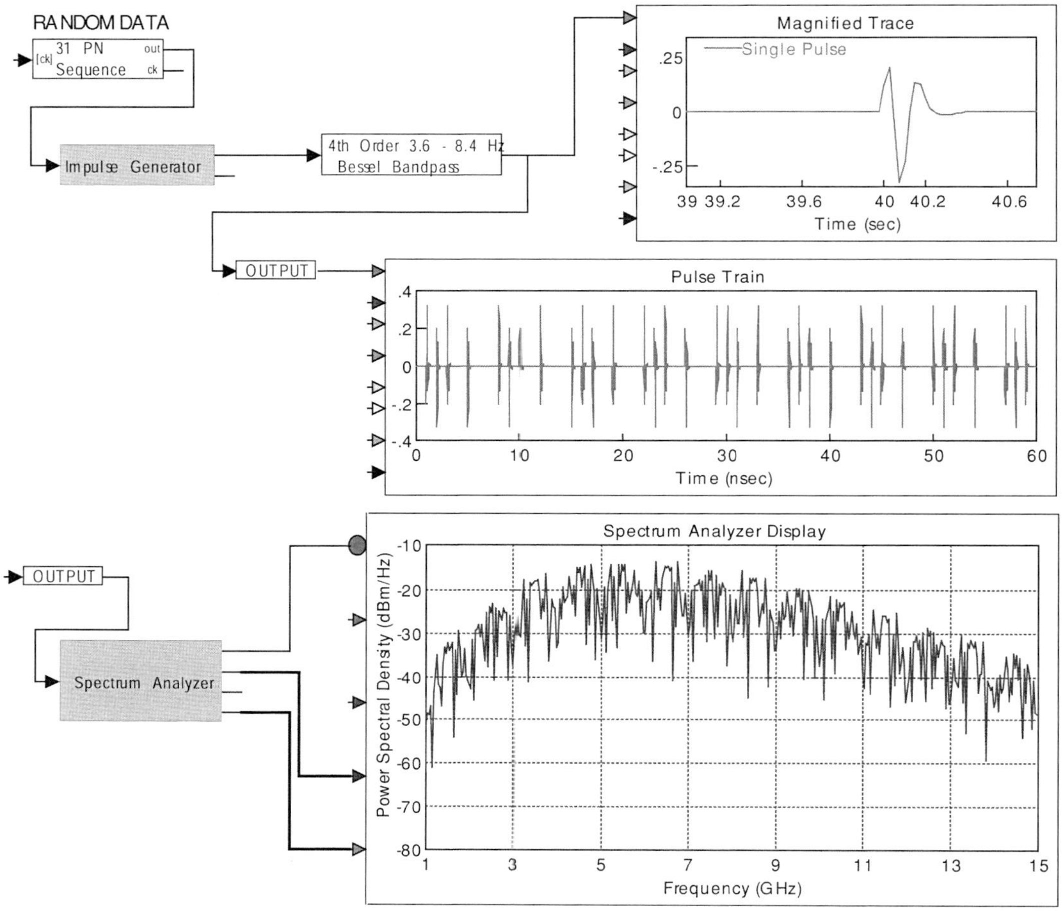

그림 11-29 UWB 펄스의 모의실험 시퀀스

'1' 또는 '0'의 UWB 펄스를 표현하는 여러 가지 방법들이 있다. 한 가지 방법은 약속된 의사 랜덤 시간 시퀀스에 따라 수신기에서 펄스의 예상 도착시간에 대해 전송 펄스를 전진 또는 후진하는 것이다. 다른 방법은 펄스를 역변환 또는 역변환 없이 전송하는 것이다. 모든 경우에서 수신신호와 수신기에서 생성된 템플릿(template) 펄스의 상관(correlation)은 '1' 또는 '0'이 전송되느냐에 좌우되어 다양한 극성이 된다.

UWB 비트의 검파는 그림 11-30에서 보여준다. '1'인 모노 펄스는 양(+) 축이 따르는 음(−)축에 의해 표현되며, '0' 모노 펄스는 양축과 음축이 역수가 된다. 수신기에서 생성된 동기 시퀀스는 두 번째 선에 그려지고, $f(t)$가 수신신호이고, $g(t)$가 국부에서 생성된 시퀀스인 경우 $\int f(t)g(t)dt$는 상관 동작 결과가 된다.

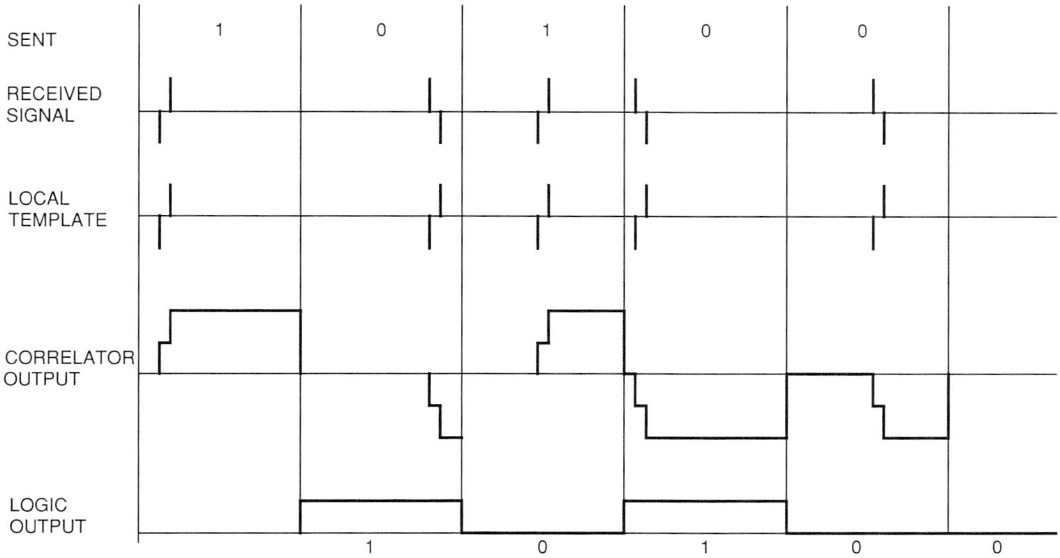

그림 11-30 UWB 비트 시퀀스 검파

비트 주기 끝에서 출력 표본화와 상관기의 재설정에 의해 전송 시퀀스는 수신기에서 재구축이 된다.

위에 언급 되었듯이 비트는 한 개의 연속된 모노 펄스로 표현된다. 그렇게 하는 것은 비트당 모노펄스 수에 의해 프로세싱 이득이 증대된다. 프로세싱 이득은 펄스 듀티 사이클의 역함수이다. 이것은 일정한 평균 전력을 위해 각 비트에 공헌하는 펄스전력이(1/ 듀티 사이클) 값만큼 커져야 하기 때문이다. 예상 입력 펄스 기간 동안을 제외하고 잡음이 출입하는 것에 의해, 듀티 사이클에 관계없이 펄스에서 신호 대 잡음비는 전력의 함수가 된다. 한 예로 명백하게 설명이 된다. 10Mbps 데이터율로 전송한다고 하자. 송신기의 UWB 펄스는 200psec 로 넓다. 이는 비트당 20개 펄스를 의미한다. 그러면, 비트들 사이 시간은 $1/(10 \times 10^6) = 100$nsec이다. 그래서 펄스들 사이 시간은 (100nsec)/20 = 5nsec가 된다. 듀티 사이클은(200psec)/(5nsec) = 25가 된다. 비트 당 UWB 펄스 수에 공헌하는 프로세싱 이득은 10log(2) = 12dB가 된다. 듀티 사이클에 의한 것은 10log(25) = 14dB이고, 전체 프로세싱 이득은 13 + 14 = 27dB 가 된다.

UWB 시스템의 간단한 블록도가 그림 11-31에 있다. UWB 펄스 생성의 핵심은 수십 또는 기껏해야 수백 피코 초 단위의 상승 시간을 가진 짧은 펄스 또는 스텝 함수의 생성 능력이며, 그 응용에서 오는 UWB 펄스를 검출하는 것이다. 고속 집적회로들이

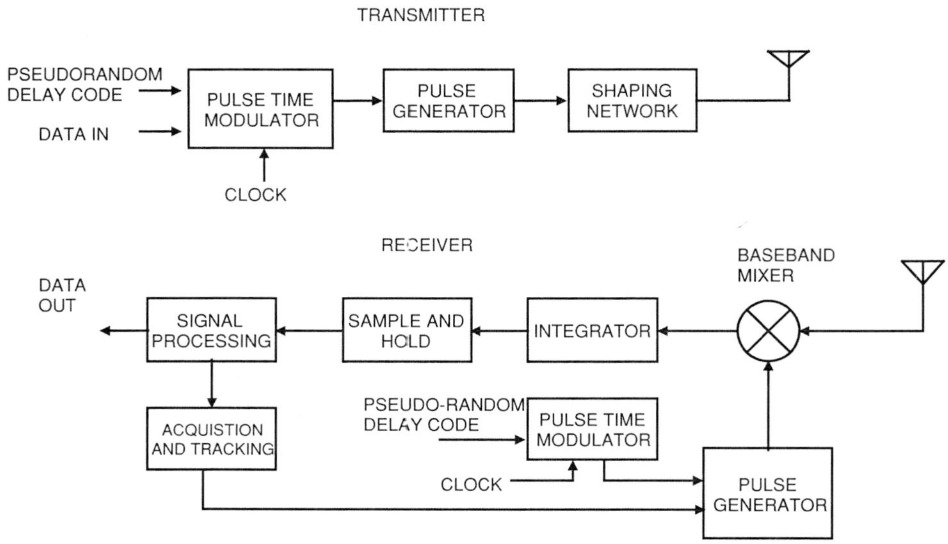

그림 11-31 UWB 방식의 단순화된 블록도

적용되거나 터널 다이오드 또는 스텝(step) 회복 다이오드와 같은 특별한 회로 소자들이 포함된다.

초광대역 전송에 관한 주요한 FCC 규정들을 9장에서 다루었다. 유럽에서의 UWB 사용 조건을 유럽 연합이 고려하는 중이다. UWB 방사가 포함된 넓은 대역폭에서 생명에 대한 무선 서비스와의 간섭 두려움으로 인해 스펙트럼 밀도는 FCC에 의해 제한되며 유럽연합에 의해 추정 허용된 것은 미인가 전송을 위한 불요 방사 제한 단위로 매우 낮다. 하지만, 보았듯이 높은 프로세싱 이득은 UWB로 달성이 되며 높은 데이터율에서 수십 또는 수백 m 단위의 통신 범위가 예상된다. FCC는 다른 서비스에 대한 UWB 전송 영향을 감시하는 의도를 지시하며, 그 기관은 간섭이 문제가 되지 않는 것을 알면 그 제한을 더 관대하게 하거나 수정이 예상된다. 어떤 경우에 UWB의 유일한 특징은 충분히 매력적이며 이 기술은 다가올 근거리 무선통신을 위한 중요한 하나의 선물이 된다.

11.6 요약

주요 제조업자들에 의해 인증되고 많은 산업 표준을 모의실험 한 블루투스와 와이파이 방식의 생산제품의 매년 증가량은 기본 RF 부품뿐 만 아니라 복잡한 집적회로의 가격 감소를 가져온다. 이런 경향은 보안과 의료경보 시스템의 근거리 응용에서의 사용을 위해 그 방법이 개방될 것이다. 기술적으로 다른 로우 엔드(low end) 응용을 위해 복잡 미묘하게 증명된 두 가지 방식의 하드웨어와 링크 프로토콜 사용은 현재보다 더 많은 사용을 위해 개방될 것이다. 아직 남아 있는 무선사용의 기본 장애는 배터리 대체 문제이다. 집적회로 전압과 전력 소비 감소가 도움을 제공하는데, 블루투스에 내장된 복잡한 기동(wake-up) 프로토콜도 마찬가지이다. 범위 제한은 현재 시스템보다 리피터의 사용 면에서 다루어야 된다. 근거리 무선에 영향을 주는 또 다른 부분이 안테나이다. 고주파수와 새로운 설계는 안테나 크기 경감과 유선과 무선 소자들 사이의 차이에 대한 남은 시각을 제거 중이다.

FCC 승인 때문에 일반적이지 않은 초광대역 기술은 거리 측정 분야, 물체위치 분야, 그리고 고속 정밀 위치인식 시스템 분야에서 근거리 무선을 위한 새로운 응용이 창출되는 중이다. 높은 간섭 면역성과 간섭이 발생하지 않는 성질 때문에 개인 통신 시스템, 보안 센서, 그리고 RFID 태그의 근거리 무선 응용을 위해 보완적인 다른 기술들과 성공적으로 경쟁을 할 것이다.

요약하면, 한 분야에서 근거리 무선통신의 발전은 다른 분야로 확장 · 공급된다. 전체적 근거리 무선은 다가오는 통신 혁명에서 지속적으로 중요한 역할을 할 것이다.

약어

2FSK	Frequency shift keying with two frequencies
4FSK	Frequency shift keying with four frequencies
ADC	Analog-to-digital converter
AGC	Automatic gain control
AM	Amplitude modulation
AP	Access point
ARQ	Automatic repeat request or automatic repeat query
ASH	Amplifier sequenced hybrid (receiver)
ASIC	Application specific integrated circuit
ASK	Amplitude shift keying
BER	Bit error rate
CCK	Complementary code keying
CDMA	Code division multiple access
CDROM	Compact disk read-only memory
CENELEC	European Committee for Electrotechnical Standardization
CEPT	European Conference of Postal and Telecommunication Administrations
CSMA/CA	Carrier sense multiple access with collision avoidance
DAC	Digital-to-analog converter
DDS	Direct digital synthesizer
DPSK	Differential phase shift keying
DSSS	Direct sequence spread spectrum
EIRP or e.i.r.p.	Equivalent isotropic radiated power
EMC	Electromagnetic compatibility
ERP or e.r.p.	Effective radiated power (from dipole antenna)
ETSI	European Telecommunication Standards Institute
EU	European Union
FCC	Federal Communications Commission
FEC	Forward error correction
FHSS	Frequency-hopping spread spectrum

FM	Frequency modulation
FRS	Family radio service
FSK	Frequency shift keying
GMSK	Gaussian minimum shift keying
GSM	Global system for mobile communications
HIPERLAN	High performance local area network
IC	Integrated circuit
IF	Intermediate frequency
ISM	Industrial, scientific, medical (frequency bands)
LC	Inductive-capacitive or Inductor-capacitor
LNA	Low noise amplifier
LPRS	Low power radio service
MDS	Minimum discernable signal
OFDM	Orthogonal frequency division multiplex
PD	Phase detector
PLL	Phase-locked loop
Q	Quality factor
QAM	Quadrature amplitude modulation
RFID	Radio frequency identification
RMS	Root mean square
RSSI	Receive signal strength indicator
R&TTE	Radio and telecommunications terminal equipment
SAW	Surface acoustic wave (device)
SRD	Short-range device
SWAP	Shared wireless access protocol
TDMA	Time division multiple access
TRF	Tuned radio frequency (receiver)
UHF	Ultra high frequency (300 to 3000 MHz)
U-NII	Unlicensed national information infrastructure
UWB	Ultra-wideband
VCO	Voltage controlled oscillator
VFO	Variable frequency oscillator
VHF	Very high frequency (30 to 300 MHz)
WBFM	Wide-band frequency modulation
WLAN	Wireless local area network
WPAN	Wireless personal area network

참고문헌

References supplementary to text are designated by chapter number in brackets [ ].

1. "A Saw Stabilized FSK Oscillator," RF Monolithics. [5]
2. "High Performance Low Power FM IF System," Product Specification NE/SA604A, Philips, 1990.
3. "Low-Cost Integrated Solution for Analog Cellular RF Block," Application Note TA0009, RF Micro-Devices.
4. "Reviewing Key Areas When Designing With the NE605," Application Note An1994, Philips, 1985. [8]
5. ANSI/IEEE Std 802.11, 1999 Edition, Part 11: Wireless LAN Medium Access Control (MAC) and Physical Layer (PHY) Specifications.
6. Anthes, John, "OOK, ASK and FSK Modulation in the Presence of an Interfering Signal," Application Note, RF Monolithics, Dallas, Texas. [4]
7. Application Note AN-282A, "Systemizing RF Power Amplifier Design," Motorola
8. Bensky, Alan, "Range Estimation for Short-range Event Transmission Systems," RF Design Magazine, November 2002, p. 30.
9. Bluetooth Special Interest Group, Specification of the Bluetooth System, Version 1.1, February 2001.
10. Buchman, Isador, "Choosing a Lasting Battery," Radio Resource International, Quarter 4 1999, p. 21. [7]
11. Carlson, Bruce A., *Communication Systems: An Introduction to Signals and Noise in Electrical Communication*, McGraw-Hill Book Company, New York, 1968.
12. Chipal Chou, Welman Si, Jasen Chen, "Reviewing Fractional-N Frequency Synthesis," Microwaves & RF, June 1999, p. 53. [5]

13. Dacus, Farron L., "Understanding Regulations for Short-range Radios," Microwaves & RF, October 2001, p. 79. [9]

14. Dacus, Farron L., Van Niekerk, Jan, and Bible, Steven, "Constructing Circuits for Short-range Radios, Microwaves & RF, February 2002, p. 59.

15. Dacus, Farron L., Van Niekerk, Jan, and Bible, Steven, "Introducing Loop Antennas for Short-range Radios," Microwaves & RF, July 2002, p. 80. [3]

16. Dacus, Farron L., Van Niekerk, Jan, and Bible, Steven, "Tracking Phase Noise in Short-range Radios," Microwaves & RF, March 2002, p. 57. [7]

17. Dixon, Robert C., *Spread Spectrum Systems*, John Wiley & Sons, New York, 1984. [4]

18. Drabowitch, S., Papiernik, A., Griffiths, H., Encinas, J. *Modern Antennas*, Chapman & Hall, London, 1998. [3]

19. Draft P802.15.4/D18, February-2003, Draft Standard for Part 15.4: Wireless Medium Access Control (MAC) and Physical Layer (PHY) specifications for Low Rate Wireless Personal Area Networks (LR-WPANs) (Zigbee).

20. ETSI TR 101 031 V2.2.1 (1999-01) Technical Report, HIPERLAN/2 Requirements and architectures for wireless broadband access.

21. ETSI TR 101 683 V1.1.1 (2000-02) Technical Report, HIPERLAN/2 System Overview.

22. ETSI TS 101 475 V1.3.1 (2001-12) Technical Report, HIPERLAN/2 Physical (PHY) Layer.

23. Fu, T. L., "Optimize the Performance of Pager Antennas," Microwaves & RF, August 1994, p. 141.

24. Fujimoto, K., Henderson, A., Hirasawa, K., and James, J. R., *Small Antennas*, Research Studies Press, Ltd, England, 1987. [3]

25. Gallager, Robert G., *Information Theory and Reliable Communication*, John Wiley and Sons, Inc., New York, 1968.

26. Gibson, Jerry D., Editor-in-Chief, *The Mobile Communications Handbook*, CRC Press, Inc., 1996.

27. Hall, Barclay, and Hewitt, *Propagation of Radio Waves*, IEE, 1996.

28. Hall, Gerald, Editor, *The ARRL Antenna Book,* The American Radio Relay League, Newington, CT, USA, 1991.

29. Hall, Gerald, Editor, *The ARRL Antenna Book,* The American Radio Relay League, Newington , CT, U.S.A. 1991.

30. Hayward, Wes and DeMaw, Doug, *Solid State Design For the Radio Amateur,* American Radio Relay League, Inc. Newington, CT, 1986.

31. Heftman, Gene, "Cellular IC's Move Toward 3G Wireless – Gingerly," Microwaves & RF, February 99, p. 31. [6]

32. IEEE Std 802.11a-1999, High-speed Physical Layer in the 5 GHz Band.

33. IEEE Std 802.11b-1999, Higher-Speed Physical Layer Extension in the 2.4 GHz Band.

34. IEEE Std 802.15.1™-2002, Part 15.1: Wireless Medium Access Control (MAC) and Physical Layer (PHY) Specifications for Wireless Personal Area Networks (WPANs) (Bluetooth).

35. Jacobs, Sol, "How to Choose a Primary Battery," Tadiran Battery Division, Port Washington, NY. [7]

36. Jasik, Henry, Editor, *Antenna Engineering Handbook*, McGraw-Hill, NY, 1961. [3]

37. Kleinschmidt, Kirk A., Editor, *The ARRL Handbook for the Radio Amateur,* American Radio Relay League, Newington, CT, USA, 1990.

38. Larson, Lawrence E., *RF and Microwave Circuit Design for Wireless Communications*, Artech House, Inc., Norwood, MA, 1997.

39. Lo, Y.T., Lee, S.W., *Antenna Handbook, Theory, Applications and Design*, Van Nostrand Reinhold Company, Inc., New York, 1988.

40. Milligan, Thomas A., *Modern Antenna Design*, McGraw-Hill, NY, 1985 [3]

41. Motorola Specification and Application Notes for MC4344/MC4044 Phase-Frequency Detector.

42. Papoulis, Athanasios, *Probability, Random Variables, and Stochastic Processes,* McGraw-Hill, New York, 1965.

43. Petroff, Alan and Withington, Paul, "Time Modulated Ultra-Wideband (TM-UWB) Overview," Presented at Wireless Symposium/Portable by Design, Feb 25, 2000, San Jose, California (http://www.time-domain.com). [11]

44. Rambabu, K., Ramesh, M., and Kalghatgi, A. T., "Antenna Design Offers Small Size With Wide Bandwidth," Microwaves & RF, September 1997, p. 105.

45. Rappaport, Theodore S., *Wireless Communications, Principles and Practice*, Prentice Hall, Upper Saddle River, NJ, 1996. [2]

46. *Reference Data for Radio Engineers*, Fourth Edition, International Telephone and Telegraph Corporation, New York, 1956.

47. Reza, Fazlollah M., *An Introduction To Information Theory*, McGraw-Hill Book Company, Inc. New York, 1961.

48. RFM Product Data Book, 1997.

49. Robert, B., Razban, T., and Papiernik, A., "Compact Patch Antenna Integrates Monolithic Amp," Microwaves & RF, March 1995, p. 115.

50. Rohde, Ulrich L., "Fractional-N Methods Tune Base-Station Synthesizer," Microwaves & RF, April 1998, p. 151. [5]

51. Sklar, Bernard, "Digital Communications, Fundamentals and Applications, Prentice Hall, Upper Saddle River, NJ, 2001.

52. Smith Greg, "Solid Polymer Lithium-ion Batteries Provide a Good Fit for Wireless Designs," Wireless Systems Design, August 1998, p. 41. [7]

53. Smith, Kent, "Antennas for Low Power Applications," Application Note AN36, RF Monolithics, Dallas, Texas.

54. Spix, George J., "Maxwell's Electromagnetic Field Equations," unpublished tutorial, copyright 1995 (http://www.connectos.com/spix/rd/gj/nme/maxwell.htm). [2]

55. Stutzman & Thiele, *Antenna Theory and Design*, John Wiley & Sons, Inc., 1998. [3]

56. Taylor, Larry, "HIPERLAN Type 1 Technology Overview," TTP Communications LTD, 1999.

57. Terman, Frederick E., *Electronic & Radio Engineering*, McGraw Hill, New York, 1955.

58. Van Niekerk, Jan, Dacus, Farron L., and Bible, Steven, "Matching Loop Antennas to Short-range Radios," Microwaves & RF, August 2002, p. 72. [3]

59. Van Valkenburg, Editor-in-Chief, *Reference Data for Engineers*, Eighth Edition, SAMS, Prentice Hall, Carmel, Indiana, 1993.

60. Vear, Tim, "Selection and Operation of Wireless Microphone Systems," Shure Brothers Inc. 1998. [4]

61. Weeks, W. L., *Antenna Engineering*, McGraw Hill, NY, 1968. [3]

62. Wong, Michael, and Placer, Maria Lourdas, "Designing Receiver Front Ends From System Specifications," RF Design, April 1998, p. 44. [7]

63. Yestrebsky, Tom, "MICRF001 Antenna Design Tutorial," Application Note 23, Micrel, Inc. San Jose, California. [3]

참고 웹사이트

Bluetooth Special Interest Group (SIG) – www.bluetooth.com/

ETSI – www.etsi.fr/

European Radiocommunication Organization (ERO) – www.ero.dk/

Federal Communications Commission – www.fcc.gov/oet/

HIPERLAN/2 Global Forum – www.hiperlan2.com

Institute of Electrical and Electronic Engineers – www.ieee.org

Japanese Telecommunications Ministry – www.tele.soumu.go.jp/e/

Low Power Radio Association – www.lpra.org/

Microwaves & RF Magazine – www.planetee.com

Radiocommunications Agency, UK – www.radio.gov.uk/

RF Design Magazine – www.rfdesign.com

Shure – www.shure.com/

Ultra-wideband Working Group – www.uwb.org/

Wi-Fi Alliance – www.weca.net

Zigbee Alliance – www.zigbee.org

찾아보기

◆ ㅊ ◆

◆ ㅌ ◆

◆ ㅍ ◆

◆ ㅎ ◆

◆ 기타 ◆

역자 소개

이용업

1998~현재 한림대학교 전자공학과 교수
1985 서울대학교 전자공학과 학사
1987 KAIST 의료영상처리 시스템 전공 공학석사
1996 KAIST 무선통신 전공 공학박사
1986~1998 삼성전자 정보통신 연구소 유무선 통신 연구
2005 호주 UNSW 방문교수

박중후

2000 ~ 현재 한양대학교 (안산) 전자통신공학과 교수
1985 서울대학교 전자공학과 학사
1987 서울대학교 전자공학과 공학 석사
1995 University of Missouri - Rolla 전기공학과 공학 석사
1997 University of Missouri - Rolla 전기공학과 공학 박사
1987 ~ 1992 LG 전자 중앙연구소 (차세대 TV 개발)
1997 ~ 2000 삼성전자 통신연구소 (IMT 2000 연구)

정가 20,000원

무선 통신 시스템 개론(근거리 무선 통신 기초와 응용), 2/e

2010년 2월 18일 초판 인쇄
2010년 2월 26일 초판 발행

저 자 | Alan Bensky
공역자 | 이용업 · 박중호
발행자 | 우명찬 · 송 준
발행처 | 홍릉과학출판사
주 소 | 서울시 강북구 수유5동 455-60
142-885
등 록 | 1976년 10월 21일 제5-66호
전 화 | (02) 999-2274, 996-8341, 903-7037
팩 스 | (02) 905-6729
ISBN | 978-89-7283-846-3

e-mail: hongpub@hongpub.co.kr
http://www.hongpub.co.kr

역자와의 협의하에 인지생략